"十四五"国家重点出版物
出版规划项目

 固体废物处理与资源化技术进展丛书

Design and Typical Cases of
Kitchen Waste Resource Utilization Engineering

# 厨余垃圾资源化工程
# 设计与典型案例

上海市政工程设计研究总院（集团）有限公司　组织编写

张 辰　王艳明　主编　　　曹伟华　副主编

化学工业出版社

·北京·

## 内容简介

本书以厨余垃圾资源化工程设计和典型案例为主线，系统介绍了厨余垃圾资源化工程的技术应用、主流工艺技术特点、关键设备选型以及调试运维，并提供了众多典型厨余垃圾资源化工程建设案例，旨在总结厨余垃圾资源化工程建设的实践经验，为提升行业从业人员的专业技术能力和设计建设水平以及促进行业的健康发展提供理论指导、技术支撑和案例借鉴。

本书不仅具有一定的科学技术总结价值，而且具有显著的实用参考价值，可供从事有机固体废物处理处置及资源化利用等的工程技术人员、科研人员与管理人员参考，也可供高等学校环境科学与工程、市政工程、生态工程以及相关专业师生参阅。

**图书在版编目（CIP）数据**

厨余垃圾资源化工程设计与典型案例 / 张辰，王艳明主编；曹伟华副主编. —北京：化学工业出版社，2023.11
（固体废物处理与资源化技术进展丛书）
ISBN 978-7-122-43910-9

Ⅰ. 厨… Ⅱ. ①张… ②王… ③曹… Ⅲ. ①垃圾处理-工程设计 Ⅳ. ①X705

中国国家版本馆 CIP 数据核字（2023）第 140466 号

---

责任编辑：刘兴春　卢萌萌　张　龙
文字编辑：王云霞
责任校对：刘曦阳
装帧设计：王晓宇

---

出版发行：化学工业出版社
　　　　　（北京市东城区青年湖南街 13 号　邮政编码 100011）
印　　装：北京建宏印刷有限公司
787mm×1092mm　1/16　印张 25¼　彩插 4　字数 526 千字
2024 年 2 月北京第 1 版第 1 次印刷

---

购书咨询：010-64518888
售后服务：010-64518899
网　　址：http://www.cip.com.cn
凡购买本书，如有缺损质量问题，本社销售中心负责调换。

---

定　　价：198.00 元

# 《厨余垃圾资源化工程设计与典型案例》
# 编写人员

主　　编：张 辰　王艳明

副 主 编：曹伟华

编写人员：张 辰　王艳明　曹伟华　邹锦林　谢 奎　张昊昊

　　　　　鲁庆丹　陈振东　仲 健　卢成洪　张伟贤　俞士洵

　　　　　孟伟忠　夏发发　杨政勃　费 青　黄安寿　程雪婷

　　　　　杨姝君　戴小冬　王天宇　王华金

# 前言

近年来，垃圾分类成为新时尚，开展垃圾分类是国家生态文明建设和环境保护的重要举措。随着各地垃圾分类工作的深入推进，厨余垃圾分类收运、分质处置迫在眉睫。上海作为国内首个推行垃圾强制性分类的特大型城市，在厨余垃圾资源化方面率先开展探索和工程实践，并取得了良好的综合效益，相关经验也在全国范围逐渐推广。"十四五"期间乃至今后更长时间，厨余垃圾资源化仍将具有广阔的拓展空间。

近些年来，我国各大城市相应建设了一批餐厨垃圾和厨余垃圾资源化利用项目，总体而言，餐厨垃圾处理在国内起步相对较早，物料相对单一可控，餐厨垃圾处理工艺路线与技术装备相对成熟；而厨余垃圾资源化项目起步相对较晚，且由于各地垃圾分类水平参差不齐、厨余垃圾组成及特点差异明显，国内外各类技术的工程应用远未成熟。为此，厨余垃圾资源化处理设施的设计与建设水平急需总结和提升。

为促进厨余垃圾资源化处理行业的健康发展，本书基于国内外先进的主流处理工艺及装备的工程实践，结合不同地区厨余垃圾资源化处理项目的典型案例，系统总结了厨余垃圾资源化处理工程的规划设计、工艺技术及关键设备选型、系统调试与运维等环节的要点，以期为类似项目的设计、建设与运行提供参考，力求提升行业的整体建设水平和从业人员的知识技术能力。因此，本书不但具有一定的科学技术总结价值，而且具有显著的实用参考价值。

上海市政工程设计研究总院（集团）有限公司是国内最早从事厨余垃圾处理工程设计咨询的设计院之一，近年来承担了众多具有代表性的项目。本书是上海市政工程设计研究总院（集团）有限公司近年来开展厨余垃圾资源化工程设计实践成果的总结，是总院全体固体废物处理专业设计人员共同创新的成果。本书列入的典型项目各具特点，例如列选国家餐厨垃圾试点项目之一的常州餐厨废弃物综合处置工程、浦东新区有机质固废处理厂等，国内首个垃圾强制性分类城市上海建成投运的最大湿垃圾处理厂上海生物能源再利用工程，国内处理规模最大的重庆洛碛餐厨垃圾处理工程，等等。参与本书编写的作者深刻感受到厨余垃圾资源化处理工程设计是专业性和综合性很强的技术工作，在日益强调智慧、低碳、安全、环保的今天，如何选择先进、高效、安全、稳定的工艺技术，需要在取得大量实践经验的基础上，不断总结，不断发展。

本书由上海市政工程设计研究总院（集团）有限公司组织编写，由张辰、王艳明担任主编并负责审稿，曹伟华担任副主编。第 1 章、第 2 章由王艳明、张昊昊编写，第 3

章由谢奎编写，第 4 章由邹锦林、鲁庆丹编写，第 5 章由谢奎、张昊昊编写，第 6 章由陈振东、仲健编写，第 7 章由孟伟忠编写，第 8 章由卢成洪、陈振东编写，第 9 章由曹伟华编写，第 10 章由张伟贤编写，第 11 章由俞士洵编写，第 12 章由孟伟忠、夏发发编写，第 13 章由杨政勃、费青编写，第 14 章由黄安寿编写，第 15 章由各工程实例设计负责人曹伟华、程雪婷、杨姝君、戴小冬、谢奎、邹锦林、王天宇、王华金等编写。本书编写过程中也得到全国厨余垃圾资源化相关同行的支持和配合，在此表示衷心感谢。

限于编者水平及编写时间，书中存在不足和疏漏之处在所难免，敬请读者提出修改建议。

王艳明

2023 年 3 月于上海

# 目录

## 第 3 章
# 总体布局                                          37

## 第 4 章
# 预处理系统                                        58

第 7 章
# 沼液处理与利用　　　　143

第 8 章
# 沼渣利用系统　　　　151

# 第 9 章
# 餐厨废油资源化系统

# 第 10 章
# 厨余垃圾昆虫生物处理

第 11 章
恶臭（异味）控制设计 **206**

第 12 章
## 消防与安全

226

第 13 章
## 电气与自控

273

## 第 14 章
# 厨余垃圾资源化项目调试

### 285

## 第 15 章
# 厨余垃圾资源化项目实例

### 298

# 参考文献

第**1**章

# 概述

▶ 厨余垃圾的定义

▶ 厨余垃圾组分及特性

▶ 厨余垃圾相关规范、标准与政策

▶ 国内外餐厨垃圾与厨余垃圾处理
　与资源化现状概述

"民以食为天"，人类每天消耗掉大量的食物，与此同时，不可避免会产生数量可观的厨余垃圾。厨余垃圾包括餐厨垃圾、家庭厨余垃圾及其他厨余垃圾，作为日常生活垃圾的重要组成部分，由于其具有有机物含量高、含水量高的特点，近年来逐渐开始分类出来实施单独处理，以取得更好的资源化利用效果。

随着社会的发展，人们一直在努力探索有机垃圾的资源化利用，从传统的农业沤肥、农村沼气池产沼等，到城市有机垃圾的集中处理处置，包括饲料化、肥料化、厌氧产沼等多途径资源化利用。总体来看，相关研究和各种技术都取得长足的发展，随着全国垃圾分类工作的深入推进，厨余垃圾资源化利用的工程案例越来越多，一些主流技术的发展与应用正日趋成熟可靠。

近20年来，厨余垃圾或者有机垃圾的处理走过不平凡的发展历程。随着2000年建设部推出首批生活垃圾分类试点城市，包括北京、上海、广州、深圳、厦门等，部分试点城市尝试建设了一批好氧堆肥项目，开启了有机垃圾好氧堆肥资源化的有益探索，例如北京南宫有机垃圾处理厂、北京阿苏卫生活垃圾堆肥厂、上海青浦生活垃圾堆肥厂等，但由于受到多种因素的影响，堆肥产品的出路都存在不同程度的问题，所以首批投运的有机垃圾好氧堆肥项目总体营运效果都不理想。有调查显示，期间几乎所有试点城市的垃圾分类工作进展缓慢，大多仍停留在宣传阶段或少数小区示范阶段，城市生活垃圾的混合收集现状客观上限制了各类有机垃圾处理技术的可持续发展。

2010年随着多起地沟油事件的爆发，餐厨垃圾的规范化处理成为全社会备受关注的环保热点。严禁地沟油和餐厨垃圾处理后回流餐桌很快成为行业管理的共识，餐厨垃圾的无害化处理与资源化利用迫在眉睫。为此，国家发展改革委联合相关部委推动城市餐厨垃圾处理工程建设试点，2011~2015年间，国家发展改革委共推出5批餐厨垃圾处理工程建设试点城市名单，涉及100多个城市，以大力推进餐厨垃圾资源化处理工程的建设与餐厨垃圾资源化技术的发展。2018年国内出现非洲猪瘟事件，餐厨垃圾的处理与资源化得到强化，进一步助推了餐厨垃圾资源化处理行业的升温。期间餐厨垃圾资源化技术路线逐渐发展成为以厌氧产沼为主，餐厨垃圾资源化处理工程的建设与运营管理日趋成熟。

在绿水青山就是金山银山"两山发展"理念的引领下，2019年国家住房城乡建设部确定46个城市实行垃圾强制分类试点，上海市率先在2019年7月1日实施垃圾强制分类；同时，随着国家无废城市建设试点亦在2019年推行，全国城市生活垃圾分类工作扎实推进。2020年是全国垃圾分类工作全面推进且卓有成效的一年，此时各大城市分类收运的厨余垃圾产量呈爆发式增长，所以合理解决分类后厨余垃圾的出路迫在眉睫，是"十四五"期间城市生活垃圾处理领域的新热点。

综上所述，随着垃圾分类的推行和近年来各类技术的发展和应用，探索适合我国国情、技术先进、运行可靠性和经济性合理的厨余垃圾处理技术十分必要。本章将从厨余垃圾的来源和特点出发，探讨国内外工程技术发展现状与趋势。

# 1.1 厨余垃圾的定义

厨余垃圾是指居民日常生活及食品加工、饮食服务、单位供餐等活动中产生的垃圾，包括丢弃不用的菜叶、剩菜、剩饭、果皮、蛋壳、茶渣、骨头等，其主要来源为家庭厨房、餐厅、饭店、食堂、市场及其他与食品加工有关的行业。

根据《生活垃圾分类标志》（GB/T 19095—2019），厨余垃圾指易腐烂的、含有机质的生活垃圾，包括家庭厨余垃圾、餐厨垃圾和其他厨余垃圾等。其中，家庭厨余垃圾是指居民家庭日常生活过程中产生的菜帮、菜叶、瓜果皮壳、剩菜剩饭、废弃食物等易腐性垃圾；餐厨垃圾是指相关企业和公共机构在食品加工、饮食服务、单位供餐等活动中，产生的食物残渣、食品加工废料和废弃食用油脂等；其他厨余垃圾是指农贸市场、农产品批发市场产生的蔬菜瓜果垃圾、腐肉、肉碎骨、水产品、畜禽内脏等。

# 1.2 厨余垃圾组分及特性

厨余垃圾具有含水率高、有机成分多、易腐烂、热值低、有害成分少等特点。

2010 年 7 月 19 日，随着《国务院办公厅关于加强地沟油整治和餐厨废弃物管理的意见》（国办发〔2010〕36 号）的发布，各地餐厨垃圾的管理日臻完善，餐厨垃圾基本实现专门收集与合理处置，餐厨垃圾的处理技术亦日趋成熟。相比餐厨垃圾，家庭厨余和其他厨余的分类收集发展相对滞后。2017 年 3 月 18 日，国务院办公厅颁布《国务院办公厅关于转发国家发展改革委 住房城乡建设部生活垃圾分类制度实施方案的通知》（国办发〔2017〕26 号），随后家庭和其他厨余垃圾的分类收集在全国各地逐步推进，但由于地域特点以及经济条件等方面的差异，全国大多数城市家庭和其他厨余垃圾的分类收集效果和处理途径差异明显，大部分地区仍处于探索阶段，本章节重点针对厨余垃圾的组分及特点，分别以上海、深圳、重庆、杭州等地为样本进行研究，分析厨余垃圾特性，为厨余垃圾处理工程设计提供参考。

## 1.2.1 上海

（1）垃圾强制分类前上海市厨余垃圾物料特性研究

对垃圾强制分类前的上海市厨余垃圾共进行 3 次采样调研，物料特性调研周期为夏季（6~8 月份）。调研中将各粒径范围内的厨余垃圾共分为 12 类，分别为有机物、塑料、纸类（纸、硬纸板和纸箱）、包装物、纺织物、玻璃、铁金属、非铁金属、木块、矿物组分、余下物及少量特殊垃圾，特殊垃圾主要指有毒、有害性垃圾，如灯泡、电池、药品瓶、非空的化妆品盒等。

3 次采样的厨余垃圾组分数据如表 1-1 所列。

**表 1-1　分类前上海市厨余垃圾组分**

| 组分 | 第 1 次 | 第 2 次 | 第 3 次 | 平均值 |
|---|---|---|---|---|
| | 质量分数/% | 质量分数/% | 质量分数/% | 质量分数/% |
| 有机物 | 58.9 | 57.2 | 55.8 | 57.3 |
| 塑料 | 20.9 | 14.7 | 15.5 | 17.0 |
| 纸类 | 6.3 | 11.2 | 11.4 | 9.6 |
| 包装物 | 1.7 | 1.2 | 1.3 | 1.4 |
| 纺织物 | 1.2 | 3.0 | 1.5 | 1.9 |
| 余下物 | 1.1 | 1.1 | 1.2 | 1.1 |
| 木块 | 0.0 | 0.2 | 0.1 | 0.1 |
| 铁金属 | 0.2 | 0.3 | 0.4 | 0.3 |
| 非铁金属 | 0.0 | 0.1 | 0.1 | 0.1 |
| 少量特殊垃圾 | 0.8 | 1.8 | 1.9 | 1.5 |
| 矿物组分 | 0.7 | 0.4 | 0.5 | 0.5 |
| 玻璃 | 2.5 | 1.9 | 4.2 | 2.9 |
| 总计 | 94.3 | 93.1 | 93.9 | 93.8 |

可以看到，分类前的厨余垃圾组成较为复杂。其中，有机物组分含量最高，质量占比约为 57%；塑料基本为包装物及塑料袋、吸管等，质量占比约为 17%；纸类含量约为 10%，被浸泡、结团现象较明显，且与有机物，特别是有机物中厨余物质混存，从技术和经济角度考虑其资源化回收利用价值较低；包装物与有机物中厨余组分混存现象亦很明显；纺织物主要为破衣服类，含量较低；木块和矿物组分含量相对较低，木块一般为一次性筷子和冰棍棒，矿物组分主要为家居装修后丢弃的较大混凝土块和瓷砖；特殊垃圾主要为未使用完的化妆品塑料瓶；余下物主要为丢弃的卫生用品。

（2）垃圾强制分类后上海市厨余垃圾物料特性研究

2019 年 7 月 1 日，《上海市生活垃圾管理条例》正式实施，上海市正式进入生活垃圾强制分类时代。根据上海市绿化市容局统计数据，至 2019 年 8 月底，厨余垃圾（湿垃圾）分出量达到 9200t/d，较 2018 年底增长了 1.3 倍。厨余垃圾"破袋"回收方式使得强制分类后厨余垃圾分类质量以及有机物品质显著提高。针对上海市主城六区[虹口区、黄埔区、静安区（含闸北）、徐汇区、长宁区、普陀区]厨余垃圾分类情况，进行连续监测和取样调查，分析餐厨垃圾和厨余垃圾的组分特性。

1）餐厨垃圾

调研期间，上海市主城区的餐厨垃圾组分及特性如表 1-2 所列。

表 1-2　垃圾分类后上海各区餐厨垃圾组分

| 区 | 物理成分/kg | | | | | | | | | 容重/（kg/m³） | 杂质量/kg | 杂质比例/% |
| --- | --- | --- | --- | --- | --- | --- | --- | --- | --- | --- | --- | --- |
| | 纸类 | 塑料及泡沫 | 竹木 | 布类 | 厨余 | 金属 | 玻璃 | 渣石 | 其他 | | | |
| 徐汇 | 0.1 | 1.3 | 0.0 | 0.1 | 27.5 | 0.2 | 0.1 | 0.0 | 0.0 | 917.2 | 1.7 | 5.8 |
| 静安 | 0.0 | 1.1 | 0.0 | 0.6 | 27.5 | 0.4 | 0.0 | 0.0 | 0.0 | 916.9 | 2.1 | 7.0 |
| 黄埔 | 0.0 | 1.3 | 0.0 | 0.0 | 28.8 | 0.0 | 0.3 | 0.0 | 0.0 | 959.4 | 1.6 | 5.2 |
| 虹口 | 0.0 | 2.2 | 0.0 | 0.0 | 31.2 | 0.1 | 0.0 | 0.0 | 0.0 | 982.5 | 2.3 | 7.0 |
| 长宁 | 0.0 | 1.2 | 0.0 | 0.0 | 30.1 | 0.2 | 0.0 | 0.0 | 0.0 | 993.3 | 1.4 | 4.4 |

从垃圾组分来看，杂质主要以塑料为主，各区杂质含量均不超过 10%，各区餐厨垃圾质量总体控制较好。

2）厨余垃圾

对上海几个城区的厨余垃圾进行组分调研，结果如表 1-3 所列。

表 1-3　垃圾分类后上海各区厨余垃圾组分

| 区 | 物理成分/kg | | | | | | | | | 容重/（kg/m³） | 杂质量/kg | 杂质比例/% |
| --- | --- | --- | --- | --- | --- | --- | --- | --- | --- | --- | --- | --- |
| | 纸类 | 塑料及泡沫 | 竹木 | 布类 | 厨余 | 金属 | 玻璃 | 渣石 | 其他 | | | |
| 长宁 | 0.0 | 0.9 | 0.0 | 0.2 | 30.8 | 0.0 | 0.0 | 0.0 | 0.0 | 850.5 | 1.1 | 3.5 |
| 徐汇 | 0.0 | 1.3 | 0.0 | 0.0 | 25.9 | 0.0 | 0.0 | 0.0 | 0.0 | 864.8 | 1.3 | 4.8 |
| 普陀 | 0.0 | 2.5 | 0.0 | 0.6 | 19.3 | 0.0 | 0.1 | 0.0 | 0.0 | 643.5 | 3.2 | 14.2 |
| 静安 | 0.0 | 0.9 | 0.0 | 0.0 | 28.3 | 0.0 | 0.0 | 0.0 | 0.0 | 895.3 | 0.9 | 3.1 |
| 黄埔 | 0.0 | 0.7 | 0.0 | 0.0 | 22.6 | 0.0 | 0.1 | 0.4 | 0.0 | 752.3 | 1.2 | 5.0 |

可以看到，实施垃圾分类后，厨余垃圾的组分出现显著变化，杂质含量大幅降低，有机质含量大幅提高。

依托上海生物能源再利用项目建设，前后 3 次对进入老港基地的分类后厨余垃圾进行取样，并送实验室进行化学特性分析，结果如表 1-4 所列。

表 1-4　垃圾分类后上海市厨余垃圾组分

| 序号 | 物理成分（湿基）/% | | | | | | | | | 容重/(kg/m³) | 含水率（湿基）/% | 有机质（干基）/% |
| --- | --- | --- | --- | --- | --- | --- | --- | --- | --- | --- | --- | --- |
| | 纸类 | 塑料及泡沫 | 竹木 | 布类 | 厨余 | 金属 | 玻璃 | 渣石 | 其他 | | | |
| 1 | 0.36 | 14.62 | 0.04 | 0.00 | 82.34 | 0.00 | 0.53 | 1.85 | 0.00 | 780.75 | 76.79 | 78.90 |
| 2 | 0.18 | 15.89 | 0.00 | 0.00 | 82.50 | 0.02 | 0.03 | 1.38 | 0.00 | 760.75 | 78.08 | 78.90 |
| 3 | 0.36 | 13.65 | 0.00 | 0.00 | 84.08 | 0.00 | 0.27 | 1.65 | 0.00 | 762.12 | 82.78 | 84.72 |

上海市实行生活垃圾强制分类后,厨余垃圾分类普及率及分类效果显著提升,分类后的厨余垃圾基本无竹木、布类、金属、玻璃等杂质,主要组分为有机质类、塑料及泡沫类,其中有机质含量为 70%～88%,这对厨余垃圾预处理除杂工段的要求显著降低,有利于厨余垃圾处理工艺的简化。

厨余垃圾的组成及有机质含量受地区生活垃圾分类方式的影响显著,实行"定时定点督导投放"模式可以显著提高厨余垃圾分类的效果。对仍处于垃圾分类推广及试点阶段的城市,厨余垃圾的组分会存在较大波动,随着居民分类习惯逐步规范,厨余垃圾有机质含量会稳步提升,这有利于厨余垃圾处理工程预处理除杂工段的简化,并提高工艺运行效能。

# 1.2.2　深圳

(1)餐厨垃圾

根据深圳市有关部门的统计信息,深圳市拥有公共餐厨服务单位、宾馆酒店、机关企事业单位食堂等餐厨废弃物产生单位 6 万余家,日产餐厨垃圾约 1800t,废弃食用油脂约 150t。

2021 年 6 月,对深圳市宝安区和光明区的餐厨垃圾中转站进行连续监测和取样调查,餐厨垃圾组成如表 1-5 所列。

表 1-5　深圳市餐厨垃圾组分

| 序号 | 物理成分(湿基)/% | | | | | | | | | | | 容重/(kg/m³) | 含水率(湿基)/% | 有机质(干基)/% |
| | 厨余类 | 纸类 | 橡塑类 | 纺织类 | 木竹类 | 灰土类 | 砖瓦陶瓷类 | 玻璃类 | 金属类 | 其他 | 混合类 | | | |
| --- | --- | --- | --- | --- | --- | --- | --- | --- | --- | --- | --- | --- | --- | --- |
| 1 | 99.5 | 0.0 | 0.5 | 0.0 | 0.0 | 0.0 | 0.0 | 0.0 | 0.0 | 0.0 | 0.0 | 1115 | 61.2 | 89.8 |
| 2 | 99.3 | 0.7 | 0.0 | 0.0 | 0.0 | 0.0 | 0.0 | 0.0 | 0.0 | 0.0 | 0.0 | 861 | 77.5 | 81.9 |
| 3 | 100.0 | 0.0 | 0.0 | 0.0 | 0.0 | 0.0 | 0.0 | 0.0 | 0.0 | 0.0 | 0.0 | 940 | 84.4 | 79.0 |
| 4 | 100.0 | 0.0 | 0.0 | 0.0 | 0.0 | 0.0 | 0.0 | 0.0 | 0.0 | 0.0 | 0.0 | 740 | 79.3 | 79.9 |

表 1-5 表明,深圳市餐厨垃圾中转站的餐厨垃圾中 99% 以上的物质都是有机质类,杂质类极少,含水率在 61%～85% 之间,有机质(干基)在 79%～90% 之间,餐厨垃圾分类效果很好。

(2)厨余垃圾

2021 年 6 月,对深圳市宝安区、光明区、福田区大型垃圾转运站、厨余垃圾暂存站进行连续监测和取样调查,深圳市厨余垃圾典型组成如表 1-6 所列。

**表 1-6　深圳市厨余垃圾组分**

| 序号 | 物理成分（湿基）/% | | | | | | | | | | | 容重/（kg/m³） | 含水率（湿基）/% | 有机质（干基）/% |
|---|---|---|---|---|---|---|---|---|---|---|---|---|---|---|
| | 厨余类 | 纸类 | 橡塑类 | 纺织类 | 木竹类 | 灰土类 | 砖瓦陶瓷类 | 玻璃类 | 金属类 | 其他 | 混合类 | | | |
| 1 | 90.2 | 0.0 | 8.7 | 0.0 | 0.4 | 0.0 | 0.0 | 0.0 | 0.7 | 0.0 | 0.0 | 849 | 67.4 | 80.3 |
| 2 | 91.8 | 2.3 | 2.1 | 0.0 | 1.2 | 0.0 | 1.5 | 0.4 | 0.8 | 0.0 | 0.0 | 693 | 60.5 | 51.6 |
| 3 | 37.5 | 19.5 | 23.4 | 13.5 | 6.1 | 0.0 | 0.0 | 0.0 | 0.0 | 0.0 | 0.0 | 186 | 56.4 | 70.1 |
| 4 | 95.0 | 0.0 | 5.1 | 0.0 | 0.0 | 0.0 | 0.0 | 0.0 | 0.0 | 0.0 | 0.0 | 731 | 70.0 | 76.2 |
| 5 | 100.0 | 0.0 | 0.0 | 0.0 | 0.0 | 0.0 | 0.0 | 0.0 | 0.0 | 0.0 | 0.0 | 921 | 78.6 | 78.5 |
| 6 | 98.2 | 0.0 | 1.5 | 0.0 | 0.0 | 0.0 | 0.0 | 0.0 | 0.4 | 0.0 | 0.0 | 650 | 62.3 | 81.7 |
| 7 | 99.3 | 0.0 | 0.7 | 0.0 | 0.0 | 0.0 | 0.0 | 0.0 | 0.0 | 0.0 | 0.0 | 981 | 69.7 | 79.7 |
| 8 | 94.9 | 0.0 | 5.1 | 0.0 | 0.0 | 0.0 | 0.0 | 0.0 | 0.0 | 0.0 | 0.0 | 318 | 81.7 | 73.1 |
| 9 | 97.5 | 0.0 | 1.7 | 0.0 | 0.8 | 0.0 | 0.0 | 0.0 | 0.0 | 0.0 | 0.0 | 333 | 86.6 | 76.5 |
| 10 | 99.1 | 0.0 | 0.9 | 0.0 | 0.0 | 0.0 | 0.0 | 0.0 | 0.0 | 0.0 | 0.0 | 438 | 83.7 | 75.3 |

　　表 1-6 表明，深圳大型垃圾中转站和厨余垃圾暂存站中，除了个别采样点以外，其余采样点的有机质类含量在 90.2%～100.0% 之间，仅有少量的橡塑类和木竹类杂质，含水率在 56%～87% 之间，有机质（干基）在 51%～82% 之间，厨余垃圾分类效果良好。

# 1.2.3　重庆

（1）餐厨垃圾

　　根据重庆大学 2007 年对重庆市主城区餐厨垃圾理化性质的监测结果，重庆市主城区餐厨垃圾成分组成、粒径范围、物理性质、化学性质分别见表 1-7～表 1-10。

**表 1-7　重庆市主城区餐厨垃圾成分组成（湿基状态）**

| 成分组成/% | | | | | | | 合计/% |
|---|---|---|---|---|---|---|---|
| 厨余 | 食物残渣 | 竹木 | 塑料 | 脂类 | 骨类 | 织物 | |
| 3.407 | 90.723 | 0.015 | 0.186 | 0.305 | 5.237 | 0.123 | 100 |

**表 1-8　重庆市主城区餐厨垃圾粒径范围**　　　　单位：mm

| 项目 | 成分组成 | | | | | | |
|---|---|---|---|---|---|---|---|
| | 厨余 | 食物残渣 | 竹木 | 塑料 | 脂类 | 骨类 | 织物 |
| 粒径 | 70～170 | 72～130 | 65～190 | <200 | <20 | 60～105 | — |

表 1-9　重庆市主城区餐厨垃圾物理性质

| 项目 | 类别 | | | | | |
|---|---|---|---|---|---|---|
| | 大中餐 | 汤锅 | 西餐 | 小中餐 | 食堂 | 混合 |
| 含固率/% | 19.74 | 12.88 | 18.28 | 10.72 | 26.08 | 12.93 |
| 有机干物质（干基）/% | 92.34 | 93.40 | 93.57 | 93.30 | 93.11 | 92.88 |
| 含水率/% | 86.88 | 89.68 | 85.19 | 89.39 | 78.78 | 88.48 |
| 容重/（kg/m³） | 1105 | 1077 | 1094 | 1111 | 1141 | 1096 |
| 含油率/% | 20.25 | 14.44 | 11.80 | 26.69 | 13.99 | 17.02 |
| 动力黏度/（mPa·s） | — | — | — | — | — | 4875 |

表 1-10　重庆市主城区餐厨垃圾化学性质

| 项目 | 类别 | | | | | |
|---|---|---|---|---|---|---|
| | 大中餐 | 汤锅 | 西餐 | 小中餐 | 食堂 | 混合 |
| 盐分（湿基）/% | 0.265 | 0.219 | 0.202 | 0.212 | 0.208 | 0.237 |
| 蛋白质（干基）/（g/100g） | 18.40 | 12.76 | 17.00 | 15.49 | 11.96 | 14.45 |
| 总碳含量（干基）/（g/kg） | 346.72 | 389.07 | 368.31 | 362.38 | 245.89 | 359.37 |
| 总氮含量（湿基）/（g/kg） | 65.36 | 51.94 | 60.81 | 43.74 | 58.15 | 47.47 |
| 总氮含量（干基）/% | 2.94 | 2.04 | 2.72 | 2.48 | 1.91 | 2.31 |
| C/N 值 | 11.78 | 19.03 | 13.54 | 14.63 | 12.85 | 15.53 |
| 有机酸/（mg/L） | — | — | — | — | — | 乙酸：581.85 丙酸：720.48 丁酸：28.54 |
| 有机废水 TOC/（mg/L） | — | — | — | — | — | 132620 |
| 有机废水 COD/（mg/L） | 61227 | 52707 | 66073 | 66740 | — | 64640 |
| 有机废水 BOD$_5$/（mg/L） | 21667 | 17567 | 30233 | 21400 | — | 19967 |
| 有机废水 pH 值 | 3.79 | 3.69 | 3.91 | 3.89 | — | 3.67 |
| 有机废水混合样硫酸盐/（mg/L） | — | — | — | — | — | 684.00 |
| 有机废水总磷/（mg/L） | 284 | 409 | 292 | 252 | — | 350 |

以上调查数据分析表明，重庆市主城区餐厨垃圾具有以下特性：

① 含水率高，混合测试样含水率高达 88.48%。

② 易腐性，富含有机物，混合测试样有机干物质高达 92.88%（干基）。

③ 油脂及盐分含量高，餐厨垃圾含油率为 17.02%，含盐量（湿基）为 0.237%。

（2）厨余垃圾

根据相关调查，重庆市居民厨余垃圾中有机物的含量在 59.8%~83.5%，平均为 70.6%；可回收物（包括纸类、橡塑类、纺织类、玻璃类和金属类）占厨余垃圾总量的 6.7%~21.8%，平均为 16.3%；有害类占厨余垃圾总量的 0.0%~1.2%，平均为 0.2%；残留垃圾占厨余垃圾总量的 4.2%~15.7%，平均为 7.9%。

## 1.2.4 杭州

为调查杭州市厨余垃圾组成，对杭州市某厨余垃圾处理厂的进场袋装垃圾分别两次取样进行分析，厨余垃圾的组分详见表 1-11。

表 1-11 杭州市厨余垃圾组分

| 组成 | 第 1 次 | | 第 2 次 | | 平均占比/% |
|---|---|---|---|---|---|
| | 质量/kg | 占比/% | 质量/kg | 占比/% | |
| 取样量 | 415.58 | 100 | 678.44 | 100 | — |
| 有机物 | 327.06 | 78.7 | 570.00 | 84.0 | 81.4 |
| 塑料 | 61.32 | 14.8 | 840 | 12.4 | 13.6 |
| 骨头 | 7.76 | 1.9 | 8.40 | 1.2 | 1.6 |
| 玻璃 | 5.20 | 1.3 | 7.30 | 1.1 | 1.2 |
| 纸类 | 9.58 | 2.3 | 3.40 | 0.5 | 1.4 |
| 纤维织物 | 3.48 | 0.8 | 2.84 | 0.4 | 0.6 |
| 金属 | 1.18 | 0.3 | 2.50 | 0.4 | 0.3 |

从表 1-11 中可以看到，杭州市厨余垃圾中虽然混入了部分其他垃圾，但是袋装垃圾的组成以有机垃圾为主，有机垃圾平均占比达到 81.4%。进场厨余垃圾主要杂质物包括调料瓶/盒、废旧衣物、快餐包装物等，其中塑料含量较高，平均占比为 13.6%。

## 1.2.5 厦门

2021 年 7 月厦门市某厨余垃圾处理厂对入场袋装垃圾分别两次取样进行分析，厨余垃圾的组分详见表 1-12。

表 1-12　厦门市厨余垃圾组分　单位：%（取样量除外）

| 组成 | | 第 1 次 | 第 2 次 |
|---|---|---|---|
| 取样量/kg | | 144.63 | 125.56 |
| 易腐类 | | 78.41 | 80.60 |
| 软杂质（可燃物） | 橡塑 | 14.21 | 12.06 |
| | 纸类 | 1.31 | 1.20 |
| | 木竹类 | 0.37 | 0.16 |
| | 织物 | 0.48 | 0.42 |
| | 小计 | 16.37 | 13.84 |
| 硬杂质 | 玻璃类 | 0.21 | 0.16 |
| | 陶石类 | 0.00 | 0.00 |
| | 大骨 | 3.37 | 2.99 |
| | 贝壳 | 0.68 | 2.29 |
| | 金属类 | 0.55 | 0.12 |
| | 小计 | 4.81 | 5.56 |
| 有害垃圾 | | 0.00 | 0.00 |
| 其他（卫生用品） | | 0.41 | 0.00 |
| 含水率 | | 69.19 | 70.07 |

从表 1-12 中可以看到，厦门市厨余垃圾中易腐类有机质占比约 80%，由于厨余垃圾袋装化投放，杂质以橡塑类为主，另外大骨占 2.99%～3.37%，贝壳占 0.68%～2.29%，还含有少量的纸类、织物等，总体品质较好。

# 1.3　厨余垃圾相关规范、标准与政策

## 1.3.1　厨余垃圾相关规范、标准

厨余垃圾相关的规范及标准主要包括以下：
① 《生活垃圾处理处置工程项目规范》（GB 55012—2021）
② 《沼气工程规模分类》（NY/T 667—2022）；
③ 《餐厨垃圾处理技术规范》（CJJ 184—2012）；
④ 《大中型沼气工程技术规范》（GB/T 51063—2014）；
⑤ 《规模化畜禽养殖场沼气工程设计规范》（NY/T 1222—2006）；
⑥ 《秸秆沼气工程工艺设计规范》（NY/T 2142—2012）；

⑦ 《沼气工程技术规范　第 1 部分：工程设计》（NY/T 1220.1—2019）；

⑧ 《沼气工程技术规范　第 2 部分：输配系统设计》（NY/T 1220.2—2019）；

⑨ 《沼气工程技术规范　第 3 部分：施工及验收》（NY/T 1220.3—2019）；

⑩ 《沼气工程技术规范　第 4 部分：运行管理》（NY/T 1220.4—2019）；

⑪ 《沼气工程技术规范　第 5 部分：质量评价》（NY/T 1220.5—2019）；

⑫ 《沼气工程沼液沼渣后处理技术规范》（NY/T 2374—2013）；

⑬ 《生活垃圾分类标志》（GB/T 19095—2019）；

⑭ 《生活垃圾堆肥处理技术规范》（CJJ 52—2014）；

⑮ 《生活垃圾填埋场填埋气体收集处理及利用工程技术规范》（CJJ 133—2009）；

⑯ 《有机肥料》（NY/T 525—2021）。

## 1.3.2　厨余垃圾相关政策

2000 年 5 月，建设部、国家环境保护总局、科学技术部联合发布《城市生活垃圾处理及污染防治技术政策》，提出垃圾处理要积极发展适宜的生物处理技术，鼓励采用综合处理方式。2008 年颁布的《中华人民共和国循环经济促进法》中第四十一条提到，县级以上人民政府应当统筹规划建设城乡生活垃圾分类收集和资源化利用设施，建立和完善分类收集和资源化利用体系，提高生活垃圾资源化率。

餐厨垃圾具有高度资源性和严重污染性的双重特点，我国政府对其资源化利用的政策逐渐完善，国家发展计划委员会等部委联合签发的计价格［2002］872 号文提出，生活垃圾处理要坚持"无害化、减量化、资源化"的原则，积极推进垃圾分类收集，鼓励废物回收和综合利用，标志着我国垃圾处理进入产业化发展阶段，也意味着我国对餐厨垃圾单独进行产业化处理探索的开始。

针对城市餐厨垃圾用于炼地沟油和喂猪的现状，2010 年 7 月 13 日国办发［2010］36 号文明确指出，各地要提出餐厨垃圾管理办法，要求对餐厨垃圾分类放置、日产日清，不得用未经无害化处理的餐厨垃圾喂养畜禽。

与此同时，发改办环资［2010］1020 号文要求，组织开展城市餐厨废物资源化利用和无害化处理试点工作，拟建立适合我国城市特点的餐厨垃圾资源化利用和无害化处理的法规、政策、标准和监管体系，探索适合的处理工艺技术路线。

2016 年 12 月 31 日，国家发展改革委办公厅、住房城乡建设部办公厅编制了《"十三五"全国城镇生活垃圾无害化处理设施建设规划》。规划中提到，要大力推动垃圾分类，科学设定垃圾分类标准，鼓励对厨余等易腐垃圾进行单独分类；继续推进餐厨垃圾无害化处理和资源化利用能力建设，鼓励使用餐厨垃圾生产油脂、沼气、有机肥、土壤改良剂、饲料添加剂等。

2017 年 3 月 18 日，国办发［2017］26 号文《国务院办公厅关于转发国家发改委　住房城乡建设部生活垃圾分类制度实施方案的通知》要求部分范围内先行实施生活垃圾强制分类，随着城市生活垃圾分类收集的逐步推广，加强餐厨垃圾的系统收集与落实餐厨垃圾的专门处置设施势在必行，亦迫在眉睫。近年来，上海、北京、广州、重庆、宁波、苏州等大中城市已经推出垃圾分类等相关政策文件，如上海在 2019 年 7 月 1 日发布《上海市生活垃圾分类管理条例》，明确将湿垃圾（即易腐垃圾）与干垃圾分类收集、处置，湿垃圾采用生化处理、产沼、堆肥等方式进行资源化利用或者无害化处置，这有利于推进餐厨垃圾管理和处置设施建设的全面启动。同时，为从源头控制地沟油等回流餐桌，各省市已经出台了《餐厨垃圾管理办法与条例》，进一步加大了对餐厨垃圾的管理力度。2020 年 3 月 20 日，发布《住房和城乡建设部办公厅关于进一步做好城市环境卫生工作的通知》，通知中明确了严格生活垃圾收集运输管理、规范生活垃圾处理设施运行管理和 46 个重点城市扎实推进生活垃圾分类工作等内容。2020 年 7 月，国家发展改革委、住房城乡建设部、生态环境部联合发布了《城镇生活垃圾分类和处理设施补短板强弱项实施方案》，方案中提出了加快完善垃圾分类收集和分类运输体系、因地制宜推进厨余垃圾处理设施建设的重点任务，稳步推进了厨余垃圾处理设施的建设。

在各类政策的引导和支持下，我国城市的生活垃圾源头分类减量工作已经取得了一定的进展，但是该任务在农村的进展缓慢，农村分类基础设施不完善，没有相应的配套垃圾处理设备。因此，大力提升农村厨余垃圾处理能力任务迫切。2022 年 2 月 22 日，《中共中央　国务院关于做好 2022 年全面推进乡村振兴重点工作的意见》发布，意见中提出推进农村生活垃圾源头分类减量，加快村庄有机废弃物综合处置利用设施建设，推进就地利用处理。农村生活垃圾分类收集和处理设施建设工作的开展，对稳妥推进乡村建设意义重大。

# 1.4　国内外餐厨垃圾与厨余垃圾处理与资源化现状概述

## 1.4.1　餐厨垃圾处理与资源化现状

目前，国内外餐厨垃圾处理工艺主要有填埋、焚烧、厌氧消化、好氧堆肥、直接烘干作饲料、湿解和微生物处理技术等，国外较先进的餐厨垃圾处理技术主要分布在美国、韩国、日本、欧盟国家等。

## 1.4.1.1　国外餐厨垃圾处理与资源化现状

（1）美国

美国每年餐厨垃圾产生量约 3500 万吨，占生活垃圾总量的 14%。90%以上家庭采用机械研磨机，一些城市甚至强制使用，如图 1-1 所示，经研磨的餐厨垃圾进入下水系统。餐厨垃圾产生量较大的单位设置垃圾粉碎机（见图 1-1，书后另见彩图）和油脂分离装置，餐厨垃圾经粉碎机粉碎后进入油脂分离装置，碎料进入下水道，油脂则送往相关加工厂加以利用。餐厨垃圾产生量较小的单位，则将其混入有机垃圾中进行处理。由于美国采用的是垃圾处理收费制度，其收费标准是以家庭垃圾的产生量为基准，家庭产生的垃圾多，收费就相应高。所以以堆肥方式处理家庭产生的餐厨垃圾及庭院垃圾非常普及。由于欧美国家采用分餐制，社会提倡食品赠予的方式，剩下的餐厨垃圾也都比较干净，部分餐厨垃圾作为食物赠送给福利机构等。

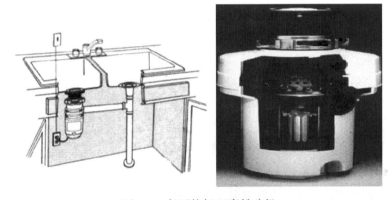

图 1-1　餐厨垃圾研磨粉碎机

在法规方面，美国政府扩大了动物饲料禁用范围，将原来对动物脑和脊髓组织的禁用范围从牛扩大到狗、猫、猪和家禽饲料。

（2）韩国

韩国 1995 年成立了厨余废弃物管理委员会，餐厨垃圾回收率由 1995 年的 2%提高到 2001 年的 21%。由于餐厨垃圾填埋而引起的渗滤液和气味等问题，韩国于 2005 年起所有填埋场不再接收餐厨垃圾。韩国餐厨垃圾的主要处理方式以厌氧消化制气和饲料化为主。

由于韩国近来对饲料源头和生产过程的安全监督做出更严格的规定，在一定程度上影响了餐厨垃圾饲料化处理设施的运行和发展。

（3）日本

日本每年来源于食品销售渠道和酒店的餐厨垃圾约 600 万吨，占生活垃圾总量的12%。在过去，日本的食品废弃物处理方法主要是堆肥和填埋。近年来出现了新的方向，主要包括利用食品废弃物生产动物饲料及生产生物气，其中生产生物气得到较大发展。

（4）欧盟国家

欧盟国家已实施的垃圾填埋法令禁止将餐厨垃圾填埋处理。从 2003 年开始执行的动物副产品条例，严禁在饲料生产中使用同类动物的任何部位，严禁向毛皮类动物以外的牲畜喂厨房泔水，由于餐厨垃圾中各类动物的皮、肉、骨混合在一起无法分离，用这种原料作饲料确实在动物食品安全中存在重大隐患（同源性）。

受到法律规定的影响，欧盟国家在餐厨垃圾处理中主要采用厌氧生物制气技术。

（5）其他国家

新西兰虽然在 1998 年以前就颁布了要求对用于饲料的餐厨垃圾进行消毒处理的法规，但没有认真执行，农业和林业部主要通过加强边境检查来防止病菌的输入。直到英国发生口蹄疫时，上述法规得到重视并执行。由于英国暴发口蹄疫，新西兰的农业和林业部于 2002 年在国内进行了有关餐厨垃圾喂养牲畜的调研，意见中既有认为应彻底禁止该项行为，以杜绝口蹄疫等疾病的传播，但也有认为不应对国内餐厨垃圾喂养牲畜进行控制，而应通过加强边境检查来防止病源输入。

在澳大利亚，除非将餐厨垃圾处理至国家要求的标准，或州政府特批，否则不允许用餐厨垃圾喂养牲畜。加拿大则对餐厨垃圾喂养牲畜采用许可证制度。

## 1.4.1.2　国内餐厨垃圾处理与资源化现状

我国餐厨垃圾无论从成分上还是从分选程度上都与国外有较大的差别，国外的处理技术并不适合国内的餐厨垃圾处理，且国外技术大部分关键设备尚未实现国产化，设备成本非常高，国外餐厨垃圾处理技术在国内尚无完全适用的应用先例。

目前国内餐厨垃圾处理大规模应用主要集中在北京、上海、重庆等大城市，现对各种技术应用情况介绍如下。

（1）北京

自 2020 年 5 月 1 日修订的《北京市生活垃圾管理条例》实施后，北京市餐厨垃圾、厨余垃圾日分出量翻倍提升。2020 年 6 月初日均餐厨垃圾分出约 2276t。2020 年底，北京市共有 23 家餐厨垃圾处理设施，处理能力约为 2700t/d，主要采取的处理方法有厌氧消化、好氧堆肥、深埋、燃烧发电等。主要的餐厨垃圾处理设施有以下几个。

北京市海淀区餐厨厨余垃圾处理厂项目总规模 400t/d，包括 200t/d 餐厨垃圾和 200t/d 厨余垃圾。该项目自 2017 年 6 月开始带料运行，目前处理量约 100000t/a，可满足海淀区约 100 万居民所产生的餐厨厨余垃圾的终端处置需求；同时，日产有沃土功效的土壤调理剂约 70t，日产生物沼气约 12000m³。该项目主工艺为有机废物生物强化腐殖化和控氧制肥，充分利用餐厨废弃物固相中的营养成分，快速降解为生物腐殖酸；辅助工艺采用高浓度有机液相厌氧消化，产生沼气可供给锅炉燃烧回用于工艺用热，实现沼气的自身循环利用；沼液进入污水处理系统处理。

南宫餐厨垃圾应急改造项目位于北京市大兴区瀛海镇，餐厨垃圾处理能力为400t/d。餐厨垃圾在除杂系统经水力旋流预处理后制备成浆液，随后浆液（含固率10%～22%）经泵送进入除油系统。除油系统可实现餐厨垃圾中油脂高效回收，将有机质浆液和杂质进行有效分离，为后续的循环利用提供了保障。

另外，通州区有机质资源生态处理站、丰台区餐厨垃圾处理厂均采用"预处理+厌氧消化"处理工艺，通过分选、制浆、脱水厌氧等多种工序，将餐厨垃圾分为废水、油脂和有机质，然后进行分类处理。废水进入污水处理系统进行净化，油脂进一步纯化制成润滑油、汽油等，有机质进行发酵产生沼气，沼渣进行焚烧或填埋。

北京市朝阳区高安屯餐厨垃圾处理厂和北京市顺义区餐厨垃圾处理厂都采用高温好氧发酵工艺，餐厨垃圾处理能力分别为400t/d和100t/d。选取自然界生命活力和增殖能力强的天然复合微生物菌种，以餐厨垃圾、过期食品、罚没肉品、果蔬残渣等有机废弃物为培养基进行高温好氧发酵，产出高活性、高蛋白、高能量的活性微生物菌群，然后进行二次发酵，将其加工成微生物肥料菌剂。

（2）上海

上海是国内最早实施全方位餐厨垃圾和废弃食用油脂管理的城市。上海先后制定颁布了《上海市餐厨垃圾处置和管理试行办法》《上海市餐厨垃圾收运处置收费管理试行办法》《上海市餐厨垃圾处理管理办法》等政策法规。目前上海已建成和正在建设的餐厨垃圾处理设施主要有以下几座。

① 上海浦东黎明餐厨垃圾处理厂一期工程处理规模为 200t/d，二期建设 300t/d 的餐厨垃圾处理线，餐厨垃圾处理总规模为 500t/d。采用"预处理+协同湿式厌氧"工艺，污水处理至纳管标准，沼气净化后与填埋场沼气一并发电上网，沼渣脱水后送至园区内焚烧厂进行焚烧处置。

② 上海闵行餐厨废弃物项目餐厨垃圾处理规模为 200t/d，采用生化技术制取有机肥。

③ 上海生物能源再利用项目，一期餐厨垃圾设计处理规模为 400t/d，二期餐厨垃圾设计处理规模为 600t/d，均采用干式与湿式协同厌氧消化工艺，即固相进干式厌氧，液相进湿式厌氧，厌氧产生的沼气除锅炉供热以及发电自用外，多余部分外供，沼渣干化至含水率 40%后外运至老港再生能源利用中心焚烧处置，该项目已建成投运。

④ 上海市嘉定区湿垃圾资源化处理项目设计处理规模为餐厨垃圾 300t/d，厨余垃圾 200t/d。上海市松江区湿垃圾资源化处理项目设计处理规模为餐厨垃圾 150t/d，厨余垃圾 350t/d。上述两个项目均采用"预处理+湿式厌氧消化+沼气发电利用"的主体工艺路线，处理效率高，沼渣产生量少。

随着垃圾生活分类减量工作在上海的全面开展，上海市启动了一批大规模的湿垃圾处理厂（含餐厨垃圾、厨余垃圾、废弃油脂）的建设，"十四五"期间湿垃圾处理能力达到11000t/d。除上述处理厂外，另有上海生物能源再利用项目三期、嘉定区湿垃圾资源化处理项目二期、闵行华漕湿垃圾资源化利用项目二期等。上述几个在建项目除闵行沿用一期的好氧发酵工艺外，其余项目均采用"预处理+厌氧消化产沼"技术路线。

（3）杭州

杭州市从 2015 年开始启动全市餐厨垃圾处理设施的建设，目前已建成投运的餐厨垃圾集中处理设施共 4 座，分别位于天子岭循环经济产业园、萧山区和余杭区。

① 天子岭循环经济产业园为综合性的废弃物处理基地，由杭州市环境集团有限公司建设及管理，其中杭州市餐厨垃圾处理厂一期工程设计处理规模为餐厨垃圾 200t/d、地沟油 20t/d，采用"预处理+湿式厌氧产沼+沼渣脱水"工艺，产生的沼液经过脱水后排至园区污水处理厂，与填埋场的渗滤液混合处理达标后排放，产生的沼气经过净化后与填埋场沼气混合送至园区集中的沼气发电厂进行发电。该项目于 2016 年建成投入试运行，2017 年全面投入运行。二期工程设计处理规模为餐厨垃圾 250t/d，主体工艺同一期工程基本相同，目前已建成投运。

② 萧山餐厨废弃物资源化利用生产生物燃料项目由浙江卓尚环保能源有限公司采用建设-经营-转让（BOT）模式建设，项目位于杭州市萧山区，一期工程处理餐厨垃圾 200t/d，年产生物柴油 20000t。采用"预处理+湿式厌氧产沼+沼渣脱水"工艺，脱水沼液经污水处理至纳管标准后排放，沼气供餐厨处理及生物柴油系统供热，油脂制成生物柴油外售。项目于 2016 年启动建设，2018 年建成投运。

杭州萧山餐厨生物能源利用项目由江苏常州维尔利环保科技集团股份有限公司采用 BOT 模式建设，项目位于萧山经济技术开发区钱江农场地块。设计处理规模为餐厨垃圾 200t/d、地沟油 20t/d，采用"预处理+湿式厌氧产沼+沼渣脱水"工艺，脱水沼液经污水处理至纳管标准后排放，沼气发电上网利用。项目于 2017 年启动建设，2018 年建成投运。

③ 余杭区镜子山资源循环利用中心由杭州市环境集团有限公司投资运行，项目位于宣杭铁路南侧沿山村东部镜子山地块。该项目设计处理规模为厨余废弃物 400t/d、餐厨废弃物 400t/d、生活垃圾压缩转运 1500t/d，采用"预处理+厌氧产沼+沼气发电"工艺。项目于 2020 年启动建设，2021 年建成投产。

（4）宁波

宁波市下辖 6 个区、3 个市、2 个县，中心城区建成区面积 250.93km²。至 2021 年底，常住人口 954.4 万。据初步统计，全市有餐厨垃圾产生单位 80000 多家。

宁波市餐厨垃圾处理厂工程（一期）设计处理规模为 400t/d，采用"预处理+制浆系统+油水分离+厌氧消化制沼气+沼渣制有机肥"的工艺技术路线。

随着宁波市垃圾分类的推广实施，日前宁波市餐厨垃圾处理厂工程（一期）餐厨垃圾实际日处理量已达到 360t。2020 年，宁波开诚餐厨废弃物处理有限公司在现有厂区内实施宁波市餐厨垃圾处理厂二期项目，项目新增餐厨垃圾接收及预处理系统、厌氧消化及沼渣脱水系统、废弃油脂接收及预处理系统和除臭系统等各子工艺系统，新增餐厨垃圾处理规模 200t/d、废弃油脂处理规模 20t/d。项目实施后，全厂可形成餐厨垃圾处理 600t/d、废弃油脂处理 60t/d 的规模。

（5）重庆

重庆市下辖 26 个区、8 个县、4 个自治县，截至 2021 年底，常住人口 3212.43 万。2020 年 9 月，主城中心城区餐厨垃圾收运量约 1800t/d。

目前，重庆市主城区的餐厨垃圾由重庆环卫集团建设的洛碛餐厨垃圾处理厂负责处理。该项目设计规模为餐厨垃圾 2100t/d、地沟油预处理 100t/d、原生厨余垃圾 1000t/d、转运站厨余垃圾 200t/d、市政污泥 600t/d；餐厨垃圾、厨余垃圾及污泥厌氧消化产生的沼气净化后用于场内锅炉和导热油炉用燃气，剩余沼气用于发电，沼气发电装机规模 10×1500kW；餐厨垃圾处理分离出的粗油脂和地沟油预处理产生的粗油脂作为生物柴油制取系统的原料，生物柴油制取系统处理规模 100t/d；餐厨垃圾、厨余垃圾及污泥厌氧消化产生的沼渣脱水后用于垃圾堆肥，沼渣堆肥规模 1000t/d。

（6）苏州

苏州市下辖 4 个县、5 个区，2021 年全市常住人口 1274.83 万。

2010 年，《苏州市餐厨垃圾管理办法》正式实施，苏州市开始规范管理餐厨垃圾，该市也成为全国第一批餐厨废弃物资源化利用和无害化处理试点城市，在全国较早建成了餐厨垃圾终端处置设施；2015 年起，规范管理农贸市场有机垃圾；2018 年起，开展居民厨余垃圾分类试点工作，并根据各区（市）的具体情况，建设了一批中小型的就地处理设施；2020 年起，按照《苏州市生活垃圾分类管理条例》要求单独建立厨余垃圾体系，根据前期餐厨垃圾设施建设和运行的经验，苏州市按照分区建设的原则，以厌氧处理技术为主，由各区（市）建成了一批厨余垃圾集中终端处置设施，同步建成了厨余垃圾管理信息系统，提高了厨余垃圾设施管理的精细化水平，确保设施安全稳定运行。2021 年 9 月，全市日均收集处置厨余（餐厨）垃圾 4341t，约占到垃圾清运总量的 24%。

苏州工业园区餐厨及园林绿化垃圾处理项目由华衍环境产业发展（苏州）有限公司投资建设，位于苏州工业园区金堰路东，承担苏州工业园区全区餐厨垃圾、厨余垃圾等各类有机垃圾的资源化集中处置。一期工程建成后实现处理餐厨垃圾（含过期食品）300t/d、垃圾压滤液 100t/d，于 2018 年投产。2020 年实施二期扩建项目，新增处理餐厨、厨余垃圾 300t/d，扩建工程于 2021 年 6 月投运。依托园区资源，建成了以"污水处理+污泥处置/餐厨及园林绿化垃圾处理+热电联产/沼气利用"为主要核心工艺的循环产业园。

（7）兰州

兰州市下辖 5 个区、3 个县，2021 年全市户籍总人口 438.43 万。相关调查数据显示，截至 2014 年底，兰州市 4 个区（城关区、七里河区、西固区、安宁区）餐饮废弃物产生单位共为 6568 户（城关区 4363 户、七里河区 1068 户、安宁区 799 户、西固区 338 户）；单日餐厨垃圾收运量约为 306t。

兰州市餐厨垃圾资源化处理项目自 2009 年开工建设，2011 年 3 月 24 日投入运营，负责处理兰州市主城区的餐厨垃圾。该项目占地 43 亩（1 亩=666.67m²），处理规模 500t/d，采用"厌氧消化＋好氧堆肥"组合式工艺，将餐厨垃圾转变成油脂、生物燃气、有机肥和液态的喷施肥、微生物菌剂、土壤调理剂等资源化产品。截至 2021 年 5 月，兰州市餐厨废弃物资源化处理厂收运处置总量已达 $10^6$t。

（8）香港

香港地区的有机废弃物清运量为 3280t/d，占每天生活垃圾填埋量的 37%。其中，来自餐馆、宾馆、菜市场和食品加工企业的有机废弃物约 960t/d。这部分有机废弃物的填埋处置会占用很大的填埋库容，并产生较多的渗滤液和温室气体。因此，相关管理部门制定了有机废弃物的十年处理规划。香港地区将逐步采用厌氧消化和好氧堆肥技术处理有机废弃物，产生的沼气用于发电，每年可发电约 $2.8 \times 10^7$kW·h，肥料产量约 7000t/a，主要用于绿化和农耕。同时，政府制定了一系列有机废弃物回收及减量计划，鼓励居民少产有机废弃物，并力争实现有机废弃物在居民家中得到就地处置。

# 1.4.2 厨余垃圾处理与资源化现状

## 1.4.2.1 国外厨余垃圾处理与资源化现状

近年来，国外对厨余垃圾资源化进行了较多的研究和工程实践。以下对国外典型的生物处理工艺技术做扼要的介绍。

（1）好氧堆肥工艺

目前，常用的主要好氧堆肥方法有条堆式堆肥、仓式堆肥、封闭好氧槽式堆肥等。从 20 世纪 30 年代开始，现代堆肥技术已经发展出了各种完善的工艺系统和成套设备。堆肥产品主要用于园林等的土壤改良。

1）条堆式堆肥工艺

条堆式堆肥工艺按其通风供氧方式可分为静态堆肥和翻堆堆肥两类。典型的条堆式静态堆肥技术亦称快速好氧堆肥技术。厨余垃圾堆置在硬化后的地坪和通风管道系统上，通过强制吸风和送风来保证发酵过程所需的氧量，堆体表面覆盖约 30cm 的腐熟堆肥，以减少臭味的形成及保证堆体内维持较高的温度，整个发酵周期为 2～6 周。

2）仓式堆肥工艺

物料经传送带由布料机在初级发酵仓内均匀布料，初级发酵仓采用矩形仓体，由仓顶进料，仓的一侧设置装载机进出的密闭门一扇，底部设置供风管道强制通风，以保证好氧发酵进行；顶部设抽风管道将初级发酵仓内气体抽出后经净化装置处理后达标排放；仓底设集水管道收集废水，在垃圾含水量偏低时可利用这些渗滤液回喷，初级发酵周期为 10～15d，次级发酵周期为 20d。

3）封闭好氧槽式堆肥工艺

封闭好氧槽式堆肥在室内进行，该工艺结合了静态好氧堆肥及翻堆堆肥两种工艺的优点，通过发酵，槽底部风道对堆体实现强制通风，同时槽上部依靠运行式搅拌装置对堆体进行翻堆，这种处理工艺具有通气阻力小、堆肥物压实现象少等优点。

4）改良型堆肥工艺

在工程实际运用中，对上述传统堆肥工艺进行了改良。其中膜盖法是近年来在条堆式和槽式工艺基础上较为成功的改进。

膜覆盖高温好氧发酵工艺技术是一种将特制功能膜作为垃圾好氧发酵处理覆盖物的工艺技术。该工艺技术的核心是一种具有特制微孔的功能膜，其半渗透功能能够实现一个较恒定的气候环境，在鼓风的作用下，发酵体内能够形成一个微高压内腔，使堆体供氧均匀充分，温度分布均匀，为好氧发酵构建了一个适宜的小环境。同时，水蒸气和二氧化碳能够借助功能膜的微孔结构扩散出去，维持了发酵堆体膜内外的气流平衡，保证了好氧发酵进行得更加充分彻底，致病性微生物得到有效杀灭，以确保发酵物的卫生化水平。

（2）厌氧消化工艺

厨余垃圾厌氧消化处理是在厌氧状态下利用微生物将垃圾中的有机物转化为甲烷和二氧化碳的技术，其反应机理与污水的厌氧消化过程类似。

近 10 年来，厨余垃圾厌氧消化技术在德国、瑞士、奥地利、芬兰、瑞典等国家发展迅速，日本荏原公司也从欧洲引进技术，建设了首座厌氧消化示范工程。厨余垃圾的厌氧消化处理正成为有机垃圾处理的一种新技术。

比较典型的厌氧技术有慕尼黑垃圾生物处理股份有限公司的 BTA 工艺、法国 Valorga 公司的 Valorga 工艺、日内瓦 OWS 公司的 Dranco 工艺、芬兰 Skanska Econet 公司的 WABIO 厌氧消化工艺和德国 Kompogas 公司的 Kompogas 工艺。

1）BTA 技术（加拿大 Newmarket 处理厂）

德国慕尼黑废物生物利用技术有限公司[Biotechnische Abfallverwertung GmbH（BTA）]于 20 世纪 80 年代开发了该技术，通过多级、低含固率系统处理混合收集的垃圾和分类收集的有机垃圾。至 2002 年，德国已有 5 座采用 BTA 技术的工厂在运行，在亚洲和北美也有采用 BTA 技术运行的工厂。BTA 技术可以是单级的和多级的，其处理规模为 1000～150000t/a，目前共有 13 座处理厂在运行。

经过分拣的发酵物料先送入水力粉碎机，与水进行充分混合，停留时间为 16h。通过水力粉碎后去除前处理过程中未分拣出的非有机类物质（重质和轻质），并形成有机浆状物，用泵将其送入消化罐。物料在罐内停留 15d 降解后，经螺杆式压榨机脱水后废水回用至水力粉碎过程，泥饼继续腐熟 20d。

处理过程中产生的沼气除用于供应工厂运行需要的电力和热量消耗外，剩余沼气送至安装于 Newmarket 的 520kW 联合发电机。

2）Valorga 技术（荷兰 Tilburg 处理厂）

处理厂于 1994 年建成运行，处理规模为 52000t/a，主要处理分类收集后的园林、果类及蔬菜类废物。

收集的废物经过孔径 80mm 的滚筒筛筛分。筛上物填埋处置，筛下物和水在螺旋式混料机混合后用泵送入消化罐，罐内设置垂直挡墙一道，将罐内的出料部分和进料部分分开。发酵沼气通过高压风机由罐底鼓入，以实现对物料的充分搅拌，并避免罐内物料的短流。出料泵设置于挡墙的另一侧。罐内温度、产气量和气体中甲烷浓度连续监测，pH 值、含固率和惰性物质量间隔监测。

发酵后的物料通过螺旋脱水机脱水，脱水后物料的含水率为 45%～50%，送至封闭构筑物进行条堆堆肥。条堆不鼓风，构筑物的废气抽出后先酸洗然后进入生物滤池。整个堆肥过程无搅拌，发酵时间为 7d。温度从 45℃降至 30℃，最终产品含固率为 60%。

3）Dranco 技术（比利时 Brecht Ⅱ处理厂）

Brecht 处理厂位于比利时北部，2000 年开始建成运行。该厂处理规模为 55000t/a，主要处理食品、庭院垃圾以及不可利用的废纸。分类收集的垃圾称重后卸料，诸如石头类的物质首先被去除，然后送入旋转滚筒内。旋转滚筒为整个处理工艺的重要设备，物料在筒内停留数小时经充分混合后其粒度明显减小（在离开滚筒前先经筛分至小于40mm 的粒度）。然后物料和消化罐出料按 1：6 比例混合，并通入蒸汽加热。混合料由泵送入消化罐。罐内物料由罐顶加入，垂直向下移动，从罐底排出。物料在罐内停留20d，罐内温度为 50～58℃。

有机垃圾处理后的最终产品为 2500t/a 废弃物、22000t/a 有机肥、1.3MW 电力。其中沼气发电中 30%用于厂内，70%上网出售。消化罐内物料出料先脱水，液体部分回用，部分外排。脱水固态物经 2 周好氧腐熟。供氧采用抽风方式，抽出的废气经生物滤池处理达标后排放。

4）WABIO 技术（荷兰 Vagron 处理厂）

Vagron 处理厂为城市生活垃圾综合处理厂，包括分选车间及发酵车间。整个处理厂处理垃圾量为 250000t/a，主要处理居民生活垃圾及商业垃圾（办公、商店及服务业垃圾）。

前分选车间主要将物料分为可制作垃圾衍生燃料（RDF）的原料、纸张和塑料、湿式有机组分、铁类物质等几类。厨余垃圾中惰性物质和难降解物质分离主要通过水选过程完成。水选设施主要包括几组水洗/旋转筛、升流式分离器、水力旋流器和排泥装置。通过水选物流主要分为有机垃圾，砂砾、石子、陶瓷和玻璃碎片等杂质，不需要的物质（塑料、织物类）。

水选后的有机垃圾泵入均质罐，均质罐内物料含固率控制在 12%，温度约 55℃。然后由泵送至消化罐。物料在消化罐内停留 18d 后，有机垃圾降解掉 60%。处理过程中产生 1000m³/h 沼气，脱水后储存于容积为 2124m³ 的低压沼气储罐中，即进入处理厂的原生垃圾沼气产生量为 40.8m³/t。

发酵后的物料先脱水再进行堆肥发酵处理。脱水过程中产生的废水经物理、化学方法处理去除悬浮物质后大部分回用于水洗设施。仅小部分废水和生活污水一起排入城市污水处理厂。

5）Linde-KCA-Dresden（奥地利 Wels 处理厂技术）

Wels 处理厂于 1996 年建成运行，处理规模为 15000t/a。与 BTA 技术相比，Linde-KCA-Dresden 技术的主要区别在于将轻质组分分离出来采用的技术不同。Linde-KCA-Dresden 技术采用滚筒筛而不是在粉碎机中将轻质物料分离出来。针对进厂垃圾情况，Linde-KCA-Dresden 两级发酵工艺可在中温和高温环境下运行。Linde-KCA-Dresden 技术的主要特点在于通过设置于罐中心的沼气供给系统实现较好的沼气循环。

厨余垃圾以批量方式送入搅碎机/滚筒筛，其中物料含固率为 13%。破碎后的物料进入缓冲罐，在此物料进行第一步的水解后泵入消化罐。消化罐设计负荷为 0.375kg/（m³·d）。物料在罐内停留 16d，以高温方式进行厌氧消化。

处理厂每周运行 5d，加入消化罐物料量为 66t/d，含水率为 70%。物料中挥发性物质含量为 75%～82%。沼气产率为 87.7～137.3m³/t，甲烷含量为 60%～65%。沼气送入锅炉供热，热量用于建筑物供暖及物料加热。消化罐出料脱水后产生的废水部分回用于发酵过程，部分排入当地污水处理厂，固态部分和污泥一起进行好氧堆肥。

6）Linde-BRV 技术（德国 Lemgo 处理厂）

Linde-BRV 技术与 Kompogas 技术类似，仅在细节上有所不同。如一部分加热在消化罐外采用短时换热器完成，但主要加热在消化罐内通过热水管完成。固液分离后仅液态部分回用导致较低的接种率，从而物料在罐内需要较长的停留时间。此外，整个发酵工艺因采用了特殊的搅拌设施，整个系统较 Kompogas 复杂。

在 Lemgo 处理厂，有机组分通过螺杆研磨机减小尺寸后（尺寸为 3.8cm 左右）先送入厌氧水解罐，停留 2～4d 后送至消化罐，停留时间为 21d，发酵结束固液分离后液态部分含固率为 20%，固态部分含固率为 45%，液态部分回用于发酵过程和固态部分堆肥所需水分，固态部分采用好氧堆肥，停留时间为 30d。

（3）提取生物降解性塑料技术

最近的研究表明，可通过发酵厨余垃圾生产乳酸，进而合成聚乳酸这种可降解性塑料，为厨房垃圾的资源化和降低乳酸的生产成本开辟了一条新的途径。

日本九州工业大学（Kyushu Institute of Technology）的 Shirai 等提出了一种将厨余垃圾减量化与资源化的新思路。家庭产生的垃圾首先经安装在厨房水池下面的粉碎机粉碎，再传送到住宅下面的排水系统，经固液分离，分离出的液相与污水一并排入污水处理厂进行处理；固相物质在储存过程中，其中存在的乳酸菌会自然发酵（初次发酵），腐败菌被抑制，有利于防止垃圾的腐败。当固相物质积累到一定数量后，运送到乳酸生产厂进行乳酸发酵（二次发酵），发酵后通过乳酸分离、纯化、聚合，可以得到生物降解性塑料（聚乳酸），发酵残渣可作为饲料和肥料，从而达到厨余垃圾"零排放"的目的。目前该技术仍在实验研究阶段。

## 1.4.2.2　国内厨余垃圾处理与资源化现状

目前国内大部分城市的生活垃圾分类工作处于逐步推进阶段，总体而言，生活垃圾分类成效参差不齐，同发达国家相比，国内厨余垃圾具有杂质和干扰物含量高的特点。随着厨余垃圾分类收集、分类处置政策的引导，近年国内厨余垃圾的出路大都以生化处理为主，而生化处理主要以好氧堆肥和厌氧消化两大处理工艺为主。

国内厨余垃圾处理在初期主要采用好氧堆肥技术，但由于厨余垃圾好氧堆肥存在环境控制困难以及堆肥产品肥效差、运输成本高昂和堆肥产品销路障碍问题，一批初期建成的好氧堆肥厂都纷纷难以为继直至停产废弃。近年来，厌氧消化技术由于其具有环境影响小、最终产品无销路障碍、受国家政策鼓励等特点，逐渐成为一些城市探寻厨余垃圾资源化途径的必然选择。

目前厨余垃圾大规模处理设施建设主要集中在上海、青岛、广州等一批经济发达城市，这些城市在厨余垃圾资源化利用方面的探索情况介绍如下。

（1）上海

目前上海已建成和正在建设的厨余垃圾处理设施如下。

① 上海生物能源再利用项目一期工程　厨余垃圾设计处理规模为 600t/d，采用干式厌氧消化工艺，产生的沼气除生产蒸汽外，多余部分发电，沼渣干化至含水率为40%后外运至老港再生能源利用中心焚烧处置。目前该项目已达产运行。

② 上海生物能源再利用项目二期工程　厨余垃圾设计处理规模为 600t/d，厨余垃圾预处理后固相采用干式厌氧消化工艺，挤压液相采用湿式厌氧消化工艺，产生的沼气除生产蒸汽外，多余部分发电，沼渣干化后资源化利用。该项目目前已达产运行。

③ 松江湿垃圾资源化处理项目　厨余垃圾设计处理规模为 350t/d，厨余垃圾经生物水解预处理后采用湿式厌氧消化工艺，产生的沼气通过内燃机发电上网利用；分离出来的粗油脂作为下游生物柴油生产企业的原料出售。

④ 嘉定区湿垃圾资源化处理项目　厨余垃圾设计处理规模为 200t/d，厨余垃圾经生物水解预处理后采用湿式厌氧消化工艺，产生的沼气通过内燃机发电上网利用；分离出来的粗油脂作为下游生物柴油生产企业的原料出售。

除上述处理厂外，另有宝山再生能源利用中心项目、金山区固废综合利用工程、浦东新区有机固体废弃物综合处理厂等，均采用"预处理+厌氧消化产沼"工艺技术。

（2）青岛

青岛小涧西厨余垃圾处理项目服务于青岛市市南区、市北区、李沧区、崂山区和城阳区，2021 年 12 月进入带料调试阶段。该项目设计规模为厨余垃圾 500t/d，采用"预处理+干式厌氧消化"工艺。

（3）广州

目前广州已建成的厨余垃圾处理设施主要有以下几个。

① 广州东部生物质综合处理厂　设计处理规模为 2040t/d，其中厨余垃圾设

计处理规模为 600t/d。厨余垃圾采用高压压榨工艺预处理后，与餐厨垃圾联合湿式厌氧消化。

　　② 广州李坑综合处理厂项目　设计处理规模为 1000t/d，厨余垃圾处理采用的主体工艺路线为"大件分选+热水解+压榨制浆+厌氧消化+废水处理+沼气发电"。

# 第2章

## 餐厨垃圾与厨余垃圾资源化工艺技术路线

▶ 餐厨垃圾与厨余垃圾物化特性
▶ 餐厨垃圾资源化工艺技术路线
▶ 厨余垃圾资源化工艺技术路线

厨余垃圾以有机物为主，具有自然的可资源化途径。因此，从资源化角度来说，最大化利用其中的有机物是各种技术发展的出发点。从目前几种典型的资源化技术路线来看，无论是饲料化、肥料化，还是厌氧产生沼气、生物养殖等，都是围绕厨余垃圾中有机质转化展开的。从近 20 年的发展历程来看，各种相关技术的研发和应用均取得长足的发展，并日趋成熟。

本章立足于厨余垃圾集中处理的资源化技术与应用，介绍各类工艺技术与特点，重点介绍当前以厌氧消化为主的主流工艺技术，兼顾介绍好氧堆肥及其他工艺技术。

# 2.1　餐厨垃圾与厨余垃圾物化特性

由于地区城市特点和各地区垃圾分类制度以及垃圾分类实施力度的差异，各地区的餐厨垃圾和厨余垃圾组分存在较大差异。上海、深圳、重庆、杭州、厦门等地区的餐厨垃圾和厨余垃圾具体组分及特性参见 1.2 部分相关内容。对这几个地区的餐厨垃圾和厨余垃圾物化特性进行对比分析，可得到如下基本特性。

## 2.1.1　餐厨垃圾物化特性

餐厨垃圾一般具有以下特性：

① 含水率较高，通常在 80%左右。

② 富含淀粉、脂肪、蛋白质、纤维素等有机物，有机质含量占干重的 70%～90%，蕴含大量的生物质能。

③ 油脂含量高，达到 2%，容易被回收加工成食用油，危害民众健康安全，但如果统一回收处理后用于工业用途，其附加值较高。

④ 腐烂变质速度快，从产生到处理存在组分时空差异，同时腐烂过程易滋生病菌，直接利用和不适当的处理会造成病原菌的传播和感染。

⑤ 组分复杂，偶尔有大件硬质干扰性物件，例如丢弃的刀具、餐具等。

## 2.1.2　厨余垃圾物化特性

厨余垃圾一般具有以下特性：

① 厨余类含量一般>70%，分拣后厨余有机物挥发性固体含量在 80%左右。

② 杂质含量较高，偶尔有大件硬质干扰性物件，一般杂质含量<30%。

③ 厨余垃圾含水率为 70%～80%，低于餐厨垃圾含水率。

# 2.2    餐厨垃圾资源化工艺技术路线

## 2.2.1    餐厨垃圾资源化工艺技术简介

目前，餐厨垃圾处理的主要途径包括填埋、焚烧、生产饲料、好氧堆肥、厌氧消化和亚临界水解处理等。

### 2.2.1.1    填埋

餐厨垃圾填埋处理技术通常是在分类收运尚未建立阶段而采取的不得已而为之的处理技术，通常是将餐厨垃圾直接填埋或与生活垃圾进行混合填埋。由于缺乏专门的处理设施，餐厨垃圾在国内大多城市只能进行填埋处理。然而，最近一系列由餐厨垃圾填埋导致的填埋场安全隐患逐渐引起人们的重视。

餐厨垃圾填埋产生的安全隐患主要有以下几方面。

（1）增加填埋场爆炸可能性

餐饮残渣理论产气量极高，填埋堆体满足微生物厌氧消化产气条件，致使填埋区沼气浓度较高，实测现场堆体表面甲烷浓度已达 3%，已经接近其爆炸极限（5%～13%），而在堆体内部，堆体的通气性不好，产生的甲烷气体在其内部积压，当达到其临界点时突然冲出，与外界空气混合，使甲烷浓度突增，达到其爆炸极限，存在极大的安全隐患。如果垃圾上覆盖土层或填埋深度增加，透气性更加受到影响，垃圾堆体中积累的甲烷迅速增加，爆炸的危险性也将进一步加大，特别是在连续阴雨天，上面垃圾层变得非常泥泞，透气性急剧降低，而垃圾堆体内在高温和湿润条件下的产气率激增，堆体发生爆炸的可能性将大大增加。

（2）导致填埋场自燃现象

由于餐厨残渣堆体中含有大量的有机质，在其内部发生微生物发酵反应，反应放热，而在堆体内部通风性能不佳，热量无法发散，在内部越积越多，最终引起堆体内部某些低燃点物质阴燃，当阴燃的物质遇到空气对流时会导致其内部的不完全燃烧迅速变成完全燃烧。另外，餐饮废油中含有大量的不饱和脂肪酸，不饱和脂肪酸中的碳碳双键与空气接触会发生氧化还原反应，释放大量热量。而餐厨垃圾中成分复杂，含有大量的纤维类物质，孔隙率高，比表面积大，保温性能好。浸油纤维将油与空气的接触面积放大了约 10000 倍，发生反应放出的大量热量又被纤维类物质吸收，在其内部积攒热量，当其内部达到一定温度会发生自燃现象。

（3）引起填埋场渗滤液导排系统堵塞

餐厨垃圾自身含水率极高且生物可降解性强，一旦进入垃圾填埋场，将产生大量高浓度和高黏度的渗滤液，极易引起填埋场渗滤液导排管道的堵塞，从而严重影响整个填埋场运行稳定性。

总之，在当前土地资源紧缺、人们对环境影响的关注度越来越高的前提下，填埋处理技术明显不适合我国餐厨垃圾的实际情况。但填埋处理可以作为餐厨垃圾分选处理后不适宜生化处理的残渣的最终处理手段，是餐厨垃圾处理的一个必要环节。

## 2.2.1.2　焚烧

焚烧是垃圾中的可燃物在焚烧炉中与氧进行燃烧的过程，焚烧处理量大，减容性好，焚烧过程产生的热量用来发电可以实现垃圾的能源化。单纯的餐厨垃圾热值低、含水量高，很难进行焚烧处理，餐厨垃圾焚烧处理技术在国内也没有成功应用的先例。但餐厨垃圾经预处理后，有协同生活垃圾焚烧处理的案例。

## 2.2.1.3　生产饲料

生产饲料是将餐厨垃圾加热消毒，经后续处理后，直接作为牲畜的饲料，该工艺具有机械化程度高、设备少、投资小的特点，目前在韩国、日本和我国台湾地区有较多应用。但该工艺随着各国对食品卫生安全的重视，生产饲料工艺面临越来越严格的标准。然而，生产饲料工艺也存在以下不足之处。

（1）食品安全问题

餐厨垃圾转变为家畜饲料，再次进入人类食物链，如处理过程没有达到要求，便存在极大的食品安全隐患问题。

（2）对环境影响

生产饲料工艺很难做到处理过程的全封闭，餐厨垃圾经高温蒸煮后，产生的废气中含有大量挥发性有机酸，在大气中扩散，对周边生态环境产生极大的影响。

（3）对动物影响

由于餐厨垃圾在收集运输时，针对饲料的食用对象进行分类收集十分困难，所以很难避免同源性动物饲料对动物的影响。此外，餐厨垃圾经高温加热后，其中的各种油脂中酸价、过氧化值无法消除，长期食用将极大增加动物患病的概率，而餐厨垃圾中的某些病毒，例如引起疯牛病的朊病毒因其蛋白质结构极其复杂，高温无法保证将其完全杀灭，因此欧盟近年来全面禁止餐厨垃圾任何形式的饲料化行为。

科学资料表明，使用同源性动物蛋白饲喂同种动物，将会有传播疾病的风险，作为一种预防措施，应禁止上述做法。目前，国外该工艺已处于逐步淘汰的趋势，国内对餐厨垃圾生产饲料的规定越来越严格，因此不做重点介绍。

### 2.2.1.4 好氧堆肥

餐厨垃圾有机干物质含量通常超过90%，易进行好氧堆肥处理，经好氧发酵腐熟后的餐厨垃圾通过添加 N、P、K 等制成复混肥，可作为优质肥料施用农田。20 世纪以前在欧美发达国家农业相对发达的地区应用广泛，好氧堆肥随之出现了 COMPOST、DONA、TUNNEL、GORE 等工艺。目前，常用的好氧堆肥方法主要有条垛式堆肥、仓式堆肥、动态好氧堆肥和槽式堆肥工艺。从 20 世纪 30 年代开始，现代堆肥技术已经发展出了各种完善的工艺系统和成套设备。堆肥产品主要用于园林等的土壤改良。

（1）好氧堆肥处理工艺优势

相对其他处理工艺，好氧堆肥处理工艺的主要优势有以下几方面。

1）处理规模较为灵活

好氧堆肥工艺处理规模可根据需要灵活控制，特别适合处理规模不大，且餐厨垃圾产量波动相对较大的地区应用。

2）技术可靠性较高

由于好氧堆肥工艺本身较为简单，对设备及控制等要求相对较低，因此其生产可靠性高，连续生产能力强。

（2）好氧堆肥处理工艺存在问题

1）餐厨垃圾特性影响

餐厨垃圾含水率通常在80%左右，高含水率的餐厨垃圾在好氧堆肥的过程中易将整个堆垛全部空间填死，致使微生物处于厌氧状态，从而使降解速度减慢并产生硫化氢等臭气，严重影响好氧堆肥过程；餐厨垃圾中含有大量油脂和盐分，同样制约了微生物的生命活动，导致其堆肥周期延长，堆肥产品质量下降。

2）无法实现减量化

好氧堆肥最适宜的含水率在 50%～60%，通常要添加大量调理剂才能满足好氧堆肥的要求，这一方面增加了前处理的难度，另一方面极大增加了堆肥物的体积，通常无法真正实现餐厨垃圾的减量化。

3）二次污染问题

由于好氧堆肥处理过程不封闭，且需在底部进行强制通风，好氧堆肥产生的大量臭气容易造成二次污染（主要为氨气、挥发性有机污染物），给周边环境带来较大影响。

4）处理周期长、占地面积大

好氧堆肥通常分为一次堆肥和二次堆肥，其堆肥周期一般在一个月左右，较长的处理周期使好氧堆肥占地面积大,对于土地资源日益紧张的地区,加大了处理厂的投资费用。

5)肥料出路难

受当地肥料市场及肥料季节性需求的制约,好氧堆肥处理规模通常不宜过大,否则将面临肥料成品出路问题。

## 2.2.1.5　厌氧消化

餐厨垃圾厌氧消化处理工艺在国外有着比较广泛的应用,特别是在欧洲,用厌氧消化的方法处理有机垃圾已成为其主流处理工艺。在欧洲、日本等发达国家和地区已经是发展了几十年的相对成熟技术,在欧洲等地都有很多成功运行的工程实例,包括 Passavant Roedige、OWS Dranco、Kompogas、Ros Roca、Valorga、BTA 工艺等。

(1)厌氧消化处理工艺优势

相对其他处理工艺,其主要优势有以下几点。

1)无害化处理程度高

采用湿式厌氧消化技术,可避免餐厨垃圾高含水率带来的影响,而餐厨垃圾中的油分又可被微生物降解利用,经过 20d 左右的连续高温处理,餐厨垃圾中有机物得到降解的同时,高温可杀死餐厨垃圾中的病原菌和致病性微生物,从而最大程度上实现餐厨垃圾的无害化处理。

2)产生清洁能源

厌氧消化技术将餐厨垃圾转变为生物质能,最终形成清洁能源,能够实现环境、社会和经济效益的协调统一,对环境和经济的可持续发展都具有重要的意义,符合国家节能减排、清洁能源的产业和方针政策。

3)环境影响小

厌氧消化整个过程采用密闭消化罐,可最大程度上减少处理过程对周边环境的影响。

4)资源化利用率高

餐厨垃圾厌氧消化所产生沼气既可以用来发电上网,又可以制取天然气,进入城市居民燃气管网,其资源化利用率高,可真正实现变废为宝。

5)适合餐厨垃圾本身特性

餐厨垃圾含水率及含油率均较高,而采用厌氧消化处理,一方面,由于湿式厌氧消化几乎不用调节其含水率,节省了新鲜水消耗量;另一方面,厌氧微生物能促进餐厨垃圾中油类的分解,耐盐毒性较强,且节省能耗。

(2)厌氧消化处理工艺不足

厌氧消化处理工艺本身的不足之处有以下几个方面。

1）前期投资较大

餐厨垃圾厌氧消化工艺流程复杂，其预处理、厌氧消化、沼液脱水、沼气利用、污水及臭气处理均需要较大的前期投资。

2）运行管理难度大

由于厌氧消化集成了多个系统，各系统的衔接是运行管理的一大难点。

3）处理规模有一定要求

餐厨垃圾厌氧消化处理工艺本身对处理规模有一定要求，餐厨垃圾处理规模一般在100t/d以上，具有一定的规模效应，才能实现餐厨垃圾资源化利用项目的高性价比。

### 2.2.1.6 亚临界水解

该技术利用高温高压产生亚临界水（又称近临界水），在亚临界水环境里，水的密度加大，导致离解系数加大，高温高压下水的化学作用具有促进有机物的溶解和强化水解反应的优点，使有机聚合物分解，淀粉、蛋白质被分解为葡萄糖及氨基酸，各种聚合物（包括合成聚合物如塑料制品，天然聚合物如脂肪、蛋白质）被分解和无害化。亚临界水解工艺流程见图2-1。

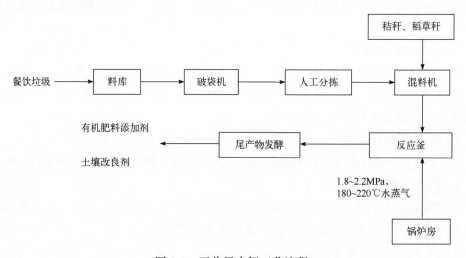

图2-1 亚临界水解工艺流程

餐饮垃圾由垃圾车收运过地衡后，倒入料库，经抓斗进料；餐饮垃圾经破袋机破碎后进行人工分拣，分拣后的垃圾同秸秆和稻草秆等辅料按一定的比例放入混料机进行混合，混合后的垃圾进入反应釜，在亚临界条件下，垃圾进行水热反应，大分子有机物（如蛋白质）转化为低分子有机物（如葡萄糖、氨基酸等）。垃圾在反应釜内停留

80min，反应后的尾产物通过出料口卸到出料传送带上，传到室外进行尾产物发酵，发酵后的产物可做成有机肥料添加剂或者土壤改良剂等。

（1）亚临界水解工艺优势

该工艺的主要优势在于：

1）生产周期短

该工艺在反应釜内仅需停留 80min，其生产周期相对较短。

2）操作简单

由于亚临界水解工艺本身较为简单，对设备及控制等要求相对较低，因此其生产可靠性高，连续生产能力强。

（2）亚临界水解工艺不足

该工艺的主要不足在于：

1）运行能耗高

该工艺需要连续高温高压处理，且工艺本身所需热量全部需要外界供给，仅适合小规模餐厨垃圾处理。

2）产品销路难

由于缺乏有效的除盐环节，该工艺产品作为肥料的市场前景较小，不适合大规模连续生产。

国内部分餐厨垃圾处理厂处理规模及工艺详见表 2-1。

表 2-1　国内部分餐厨垃圾处理厂汇总表

| 序号 | 城市 | 处理厂名称 | 餐厨垃圾处理规模/（t/d） | 主体工艺 | 建设情况 |
|---|---|---|---|---|---|
| 1 | 上海 | 上海生物能源再利用项目一期 | 400 | 厌氧消化 | 已建 |
| 2 | | 上海生物能源再利用项目二期 | 900 | 厌氧消化 | 已建 |
| 3 | | 上海市浦东新区有机质固废处理厂 | 200 | 厌氧消化 | 已建 |
| 4 | | 浦东新区有机固体废弃物综合处理厂扩建工程 | 300 | 厌氧消化 | 已建 |
| 5 | | 松江区湿垃圾资源化处理项目 | 150 | 厌氧消化 | 已建 |
| 6 | 北京 | 海淀区餐厨厨余垃圾处理厂项目 | 200 | 厌氧消化 | 已建 |
| 7 | | 南宫餐厨垃圾应急改造项目 | 400 | 厌氧消化 | 已建 |
| 8 | | 北京市高安屯有机质固废处理厂 | 400 | 制微生物菌剂 | 已建 |
| 9 | 杭州 | 杭州市餐厨垃圾处理一期项目 | 200 | 厌氧消化 | 已建 |
| 10 | | 杭州市餐厨垃圾处理二期项目 | 250 | 厌氧消化 | 已建 |
| 11 | | 萧山餐厨废弃物资源化利用生产生物燃料项目 | 200 | 厌氧消化 | 已建 |
| 12 | | 杭州萧山餐厨生物能源利用项目 | 200 | 厌氧消化 | 已建 |
| 13 | | 余杭区镜子山资源循环利用中心 | 400 | 厌氧消化 | 已建 |

续表

| 序号 | 城市 | 处理厂名称 | 餐厨垃圾处理规模/(t/d) | 主体工艺 | 建设情况 |
|------|------|-----------|------------------------|----------|----------|
| 14 | 重庆 | 洛碛餐厨垃圾处理厂 | 2100 | 厌氧消化 | 已建 |
| 15 | 苏州 | 苏州工业园区餐厨及园林绿化垃圾处理项目 | 300 | 厌氧消化 | 已建 |

从当前我国的相关技术应用来看，国内餐厨垃圾集中处理工程实例较多，主要技术包括厌氧消化、好氧堆肥、直接烘干作饲料和微生物处理技术等，其中厌氧消化产沼是国内餐厨垃圾资源化利用的主流工艺，截至 2020 年底，国内已建成厨余垃圾集中处理设施 216 座，处理能力 3.9 万吨/天；在建厨余垃圾处理设施 197 座，处理能力 2.4 万吨/天，共计 6.3 万吨/天。数据统计显示，国内已建和在建厨余垃圾处理设施中，厌氧消化工艺约占总量的 87.5%，其余工艺仅占 12.5%。因此，下面重点介绍餐厨垃圾厌氧消化工艺技术路线。

## 2.2.2  餐厨垃圾厌氧消化工艺技术路线

厌氧消化是目前国内最主流的餐厨垃圾资源化利用方式，特别适用于大规模餐厨垃圾处理，其优点在于能耗低、有机负荷高、工艺技术成熟、运行稳定，有机物转化成甲烷和二氧化碳，甲烷具有多种资源化利用途径，可用于发电自用或上网，或提纯制备天然气。

餐厨垃圾厌氧消化主体工艺流程见图 2-2。

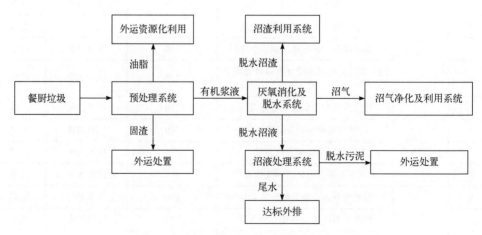

图 2-2  餐厨垃圾厌氧消化主体工艺流程

餐厨垃圾处理系统主要包括以下几个部分。

（1）预处理系统

餐厨垃圾经收集后运至预处理车间，分离油水、残渣等，达到厌氧消化的原料要求。

（2）厌氧消化及脱水系统

餐厨垃圾预处理后有机浆液进入厌氧消化罐进行厌氧消化，有效利用餐厨垃圾的有机质生产沼气，回收资源，沼渣经离心脱水后进入沼渣利用系统，沼液进入沼液处理系统。

（3）沼液处理系统

厌氧消化物料脱水产生沼液送至沼液处理系统处理，去除沼液中的有机物、氮磷等污染物，水质达到后续处置要求。

（4）沼渣利用系统

厌氧离心脱水沼渣送至沼渣利用系统，根据后续利用方式，采取一定的处理措施，如进一步降低含水率，深度脱水后的沼渣可用作土地利用改良剂或作为有机肥原料外售等。

（5）沼气净化及利用系统

厌氧消化及脱水系统产生的沼气进入沼气净化及利用系统。沼气净化后达到锅炉用气要求，供餐厨预处理系统使用，剩余沼气进入沼气利用系统，有效实现资源化，同时考虑应急火炬燃烧系统，当遇到设备需要检修等特殊情况时可进行应急燃烧处理。

（6）废弃油脂利用系统

产生的毛油可制取生物柴油、油酸等产品，作为化工原料外售。

（7）辅助配套系统

配备除臭系统、地衡等辅助设施，满足各项设施的协调、高效、有序运行。

# 2.3　厨余垃圾资源化工艺技术路线

## 2.3.1　厨余垃圾资源化工艺技术简介

国内外厨余垃圾处理主要以生物处理为主，常用的生物处理工艺有好氧和厌氧两大类，国内传统处理工艺以间歇动态好氧堆肥工艺和静态仓式好氧堆肥工艺为典型，从最初的印多尔法到目前的高温快速机械堆肥技术，已形成了特点各异、数量众多的处理方法，生物处理技术的理论研究及实际工程应用也日臻完善。

在生物处理技术大规模应用之前填埋和焚烧是厨余垃圾处理的主要手段。在垃圾分类未实施前，国内厨余垃圾通常直接填埋或与生活垃圾进行混合填埋。厨余垃圾填埋处理不仅占用大量的土地，而且在厌氧消化过程中会产生沼液和沼气，管理不善时容易对周围环境造成严重污染。同时，厨余垃圾一般含水率高、热值偏低，不宜单独焚烧。尽管有实际工程利用高压挤压的方式使厨余垃圾干湿物料高效分离，但是，厨余垃圾仍需要与其他垃圾协同焚烧处理，国内尚未有厨余垃圾单独焚烧成功应用的先例。

国内厨余垃圾处理在初期基本上以生化处理为主，其处理工艺大多采用对前处理要求相对较低的好氧堆肥技术。然而，实际运行过程中发现，厨余垃圾堆肥产品的销路是最大的问题，特别是随着好氧堆肥处理规模的增大，厨余垃圾大规模堆肥产品的连续生产和肥料市场季节性需求存在极大的供需矛盾，大量堆肥产品在施肥淡季无人问津。此外，堆肥产品肥效差且运输成本高昂也是制约其出路的极大障碍，全国多地堆肥处理厂均面临着堆肥产品无处可去的窘境。

近年来，随着好氧堆肥在国内面临的出路与环境扰民问题，诸多城市开始探寻工艺技术更为先进、产品出路更加可靠的厨余垃圾资源化之路。国内厨余垃圾处理工程通常具有较大规模，且随着分类工作的逐步推广，厨余垃圾处理对处理工艺的稳定性要求越来越高，蚯蚓制肥、提取生物降解性塑料等新技术仍处于试验或小规模生产阶段，无法作为大规模处理的主体工艺。

在欧洲及日本等发达国家和地区，厌氧消化被证实是有效可靠的厨余垃圾资源化途径，将厨余垃圾最终转变为清洁可再生能源，符合国家可持续发展和绿色能源的政策导向，具有广阔的应用前景。

目前，除填埋和焚烧两大类无害化处理工艺外，国内外单独处理厨余垃圾大多以生化处理资源化利用为主，而生化处理主要以好氧堆肥和厌氧消化两大处理工艺为主。对好氧堆肥和厌氧消化两种资源化利用工艺进行优缺点分析如表2-2所列。

表 2-2　厨余垃圾生化处理技术综合对比

| 比较项目 | 厌氧消化 | 好氧堆肥 | 备注 |
|---|---|---|---|
| 无害化程度 | 较高 | 高 | 高温好氧堆肥可有效杀灭垃圾中的病原菌，对中温厌氧消化病原菌灭活率相对较差 |
| 减量化程度 | 较高 | 较高 | 两种工艺减量化程度相当 |
| 资源化程度 | 高 | 较高 | 厌氧消化资源化程度更高 |
| 技术安全性 | 较好 | 好 | 厌氧消化存在沼气防爆安全管理问题 |
| 技术先进性 | 先进 | 一般 | 厌氧消化技术更为先进 |
| 技术可靠性 | 较好 | 好 | 好氧堆肥可靠性更强 |
| 预处理要求 | 较高 | 一般 | 好氧堆肥对预处理要求相对较低 |
| 工程占地 | 一般 | 大 | 好氧堆肥需要较大规模占地，以满足其工艺要求 |
| 环境影响 | 较小 | 较大 | 好氧堆肥通常为开放式，臭气难以集中控制 |
| 投资金额/(万元/吨) | 50～70 | 20～30 | 厌氧消化工艺复杂，设备较多，投资相对较大 |
| 运营成本/(元/吨) | 200～300 | 100～200 | 好氧堆肥受最终产品销路影响，运营成本较高 |
| 产品质量 | 好 | 较好 | 厌氧消化产生的清洁可再生能源产品质量更好 |

续表

| 比较项目 | 厌氧消化 | 好氧堆肥 | 备注 |
|---|---|---|---|
| 产品出路 | 较易 | 较难 | 好氧堆肥产品销路问题较多 |
| 政策鼓励性 | 鼓励 | 一般 | 好氧堆肥目前不属于国家鼓励的资源化利用技术 |

基于上述对比分析可知，厨余垃圾厌氧消化产沼技术是目前国内外主流技术路线。相对传统的好氧堆肥技术，厌氧消化主体反应于密闭环境中进行，环境影响相对较小，且其在国家政策的鼓励上、对周边环境影响及其最终产品的利用上都具有较大优势。

## 2.3.2　厨余垃圾厌氧消化工艺技术路线

厨余垃圾厌氧消化主体工艺流程见图 2-3。

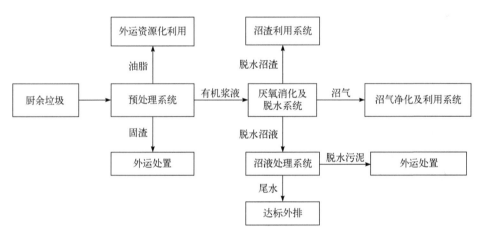

图 2-3　厨余垃圾厌氧消化主体工艺流程

厨余垃圾厌氧消化工艺一般由以下几个系统组成。

（1）预处理系统

厨余垃圾经收集后送至预处理车间进行厨余垃圾预处理，分选惰性物料及金属等杂质后，达到厌氧消化的进料要求。

（2）厌氧消化及脱水系统

经预处理后的厨余垃圾混料后进入厌氧罐进行厌氧消化，有效利用有机质生产沼气。厌氧消化后的沼渣经脱水，残渣外运，沼液进入二级脱水系统进一步脱水后，沼渣进入后续沼渣利用系统。

（3）沼气净化及利用系统

厌氧消化及脱水系统产生的沼气进入沼气净化及利用系统。沼气净化后达到锅炉用气要求，供厨余预处理系统使用，剩余沼气进入沼气利用系统，有效实现资源化，同时考虑应急火炬燃烧系统，当遇到设备需要检修等特殊情况时，可进行应急燃烧处理。

（4）沼渣利用系统

厌氧离心脱水沼渣送至沼渣利用系统，根据后续利用方式，采取一定的处理措施，如进一步降低含水率，深度脱水后的沼渣可用作土地利用改良剂或作为有机肥原料外售等。

总体而言，厨余垃圾厌氧消化工艺技术路线与餐厨垃圾厌氧消化工艺技术路线类似，但与餐厨垃圾相比，厨余垃圾一般含油率低、有机物含量低、含杂率高、来料性质不稳定。因此，厨余垃圾预处理系统应当考虑到这些性质的差异，通过采取合适的除油除杂、破碎筛分等预处理工艺，确保后续厌氧消化系统进料的稳定。

在总体技术线路的选择上，宜从项目的特点及需求出发，针对性采取不同的预处理和厌氧消化工艺，适当兼顾统筹厌氧沼渣、沼液、沼气等产物资源化利用设施，充分发挥协同处理的优势，节约工程投资和工程占地。

# 第3章
# 总体布局

▶ 总图设计
▶ 总图设计案例

# 3.1 总图设计

## 3.1.1 总图布置原则

① 厨余垃圾处理厂总图布置应满足厨余垃圾处理工艺流程的要求，各工序衔接应顺畅，平面和竖向布置合理，建构筑物间距应符合安全要求。

② 150t/d 以上厨余垃圾处理厂宜分别设置人流和物流出入口，两出入口不得相互影响，且应做到进出车辆畅通。

③ 厨余垃圾处理厂各项用地指标应符合国家有关规定及当地土地、规划等行政主管部门的要求。

④ 厂区道路的设置应满足交通运输和消防的需求，并应与厂区竖向设计、绿化及管线敷设相协调。

⑤ 当处理工艺中有沼气产生时，沼气产生、储存、输送等环节及相关区域的设备、设施应符合国家现行相应防爆标准要求。

## 3.1.2 总图布局要点

① 总图设计应根据厂址所在地区的自然条件，结合生产、运输、环境保护、职业卫生与劳动安全、职工生活，以及电力、通信、热力、给排水、污水处理、防洪和排涝等设施，经多方案综合比较后确定。

② 环境协调原则，总图的布置充分考虑与周边的综合环境有机协调，最大限度地减少周边环境的影响。

③ 总体布局应功能分区明确，各功能区相对独立，布置规整，便于分区管理及臭气管控。

④ 管理区与生产区宜分开，布置于厂区上风向。

⑤ 沼气柜、沼气净化装置、沼气火炬等设施均有防爆要求，应独立成区。为便于安全管理，宜设置隔离措施。

⑥ 工艺固、液、气等物料流线顺畅，输送管线路径短捷。

⑦ 分期建设的厨余垃圾处理厂，近远期工程应统一规划。近远期设施间距除满足检修、消防等要求外，还应满足远期工程施工作业空间、施工过程安全距离等要求。

⑧ 总平面布置应节约集约用地，提高土地利用率。在符合生产流程、操作要求和使用功能的前提下，建构筑物等设施应采用集中、联合布置。

⑨ 总变配电间、供热锅炉宜靠近负荷中心或主要用户，除臭装置宜靠近除臭风量

最大的设施。

　　⑩ 产生高噪声的车间应与产生低噪声的车间分开布置，且远离管理区。

## 3.1.3　竖向设计

　　① 总平面布置应充分利用地形、地势、工程地质及水文地质条件，布置建筑物、构筑物和有关设施，应减少土（石）方工程量和基础工程费用。

　　② 竖向设计形式应根据场地的地形和地质条件、厂区面积、建筑物大小、生产工艺、运输方式、建筑密度、管线敷设、施工方法等因素合理确定。

　　③ 场地设计标高的确定应符合下列规定：a. 应满足防洪水、防潮水和排除内涝水的要求；b. 应与所在城镇、相邻设施的标高相适应；c. 应方便生产联系、运输及满足排水要求。

## 3.1.4　交通组织

　　① 人流和物流出入口宜分开设置，应避免管理、参观人流和物流的交叉。

　　② 厂区物流交通组织顺畅，减少不同物流之间的交叉。

　　③ 在满足高峰期车辆排队的需求下，餐厨垃圾车在厂内行驶路径宜尽量短捷，避免经过管理区。

## 3.1.5　消防安全

　　① 各设施之间的安全距离应参考《建筑设计防火规范》（GB 50016—2014）、《大中型沼气工程技术规范》（GB/T 51063—2014）和《石油化工企业设计防火标准》（GB 50160—2008）等要求进行设计。与厂外道路、设施之间距离除参照上述标准外，还应满足《公路安全保护条例》与《电力设施保护条例》。典型厨余垃圾处理厂建筑物、设施、储罐间的防火间距见表 3-1。

　　② 宜根据规范《爆炸危险环境电力装置设计规范》（GB 50058—2014）及《爆炸性环境　第 14 部分：场所分类　爆炸性气体环境》（GB 3836.14—2014）的要求，划分相应的防爆区等级。

　　③ 厂区应设置环形消防通道，消防通道满足《建筑设计防火规范》（GB 50016—2014）要求。

表 3-1 厨余垃圾处理厂建筑物、设施、储罐间的防火间距

| 序号 | 单体名称 | 周边建构筑物 | 防火间距/m | 参考条文 | 备注 |
|---|---|---|---|---|---|
| 1 | 厌氧发酵装置（室外甲类） | 均质罐（水罐）、厌氧发酵罐（室外甲类装置）、沼液储罐（水罐） | 满足检修要求 | 《大中型沼气工程技术规范》条文说明 4.1.4 | |
| | | 膜式沼气柜（可燃气体储罐） 气柜容积≤1000m³ | — | 《大中型沼气工程技术规范》条文说明 4.1.4 | |
| | | 膜式沼气柜（可燃气体储罐） 气柜容积>1000m³ | — | 《大中型沼气工程技术规范》条文说明 4.1.4 | |
| | | 车间（甲、乙、丙、丁、戊类） | ≥12 | 《建筑设计防火规范》表 3.4.1，条文说明 3.4.6 | 厌氧罐按室外甲类设备考虑，按一、二级耐火等级建筑考虑 |
| | | 毛油/生物柴油储罐（丙类储罐）5≤V<250 | ≥12 | 《建筑设计防火规范》表 4.2.1，条文说明 3.4.6 | 厌氧罐按室外甲类设备考虑，按一、二级耐火等级建筑考虑 |
| 2 | 膜式/钢制/湿式沼气膜的厌氧消化器（可燃气体储罐）V>1000m³，括号内为 V≤1000m³ 要求 | 甲类车间（沼气净化间、沼气增压机房等） | ≥12（10） | 《大中型沼气工程技术规范》表 4.1.5 | 露天沼气净化装置（室外甲类装置）按甲类厂房考虑，若条件无法满足，并合并考虑 |
| | | 乙类车间（秸秆粉碎间等） | ≥25（20） | 《大中型沼气工程技术规范》表 4.1.5 | |
| | | 丙类储罐区（毛油罐区、生物柴油罐等） | ≥15 | 《石油化工企业设计防火标准》表 5.2.1 | ① 可燃气体总储存容积在 1000~5000m³；② 可燃液体总储存容积在 100~1000m³；③ 参考可燃气体储罐（甲乙类）与丙 A 类液体储罐间距考虑 |
| | | 丙类车间（操作温度低于自燃点，如地沟油车间等） | ≥15 | 《石油化工企业设计防火标准》表 5.2.1 | ① 可燃气体总储存容积在 1000~5000m³；② 参考可燃液体设备间（丙 A 类）与可燃气体储罐间距要求 |
| | | 丁戊类车间（发电机房、监控室、配电间、化验室、维修间等生产辅助用房，除钠炉房外） | ≥15（12） | 《大中型沼气工程技术规范》表 4.1.5 | |

续表

| 序号 | 单体名称 | 周边建构筑物 | | 防火间距/m | 参考条文 | 备注 |
|---|---|---|---|---|---|---|
| 2 | 膜式/钢制/湿式沼气柜以及带储气膜的厌氧消化器（可燃气体储罐）V>1000m³，括号内为 V≤1000m³要求 | 泵房（戊类） | | ≥12（10） | 《大中型沼气工程技术规范》表 4.1.5 | ① 未列出总容积 10000m³ 以上的气柜；② 建规中未提到膜式气柜，而大中型沼气柜防火间距与湿式气柜一致，故膜式气柜防火间距参照湿式气柜考虑；③ 钢制气柜按膜式气柜考虑 |
| | | 锅炉房（丁类） | | ≥20（15） | 《大中型沼气工程技术规范》表 4.1.5 | |
| | | 单、多层民用建筑、裙房（生活设施、管理用房） | | ≥20（18） | 《大中型沼气工程技术规范》表 4.1.5 | |
| | | 甲类仓库明火或散发火花地点甲、乙、丙类液体储存场可燃材料堆场室外变配电室 | | ≥25（20） | 《建筑设计防火规范》表 4.3.1 | |
| | | 高层民用建筑 | | ≥30（25） | 《建筑设计防火规范》表 4.3.1 | |
| | | 其他建筑 | 一、二级 | ≥15（12） | 《建筑设计防火规范》表 4.3.1 | |
| | | | 三级 | ≥20（15） | 《建筑设计防火规范》表 4.3.1 | |
| | | | 四级 | ≥25（20） | 《建筑设计防火规范》表 4.3.1 | |
| | | 膜式/钢制/湿式沼气柜以及带储气膜的厌氧消化器（可燃气体储罐）之间 | | ≥相邻设备较大直径的 1/2 | 《大中型沼气工程技术规范》条文说明 4.1.7 | |
| | | 次要道路路边 | | ≥5 | 《大中型沼气工程技术规范》表 4.1.5 | |
| | | 主要道路路边 | | ≥10 | 《建筑设计防火规范》表 4.3.6 | |
| | | 场外道路路边 | | ≥15 | 《建筑设计防火规范》表 4.3.6 | |
| 3 | 干式气柜 | 干式气柜与站内主要设施的防火间距按湿式气柜（膜式、钢制、带储气膜的厌氧消化器）的规定增加 25% 考虑，建规中有特殊要求当储存的可燃气体密度比空气小时，可不增加 25% | | | | |

续表

| 序号 | 单体名称 | 周边建构筑物 | | 防火间距/m | 参考条文 | 备注 |
|---|---|---|---|---|---|---|
| 4 | 火炬或储气柜沼气放散口（存在甲类气体逸散处），封闭式火柜按规定减少50% | 不带储气柜的厌氧消化器组 | | ≥20 | 《大中型沼气工程技术规范》表4.1.8 | |
| | | 膜式/钢制/湿式沼气柜以及带储气膜的厌氧消化器（可燃气体储罐） | 气柜容积≤1000m³ | ≥20 | 《大中型沼气工程技术规范》表4.1.8 | |
| | | | 气柜容积>1000m³ | ≥25 | 《大中型沼气工程技术规范》表4.1.8 | |
| | | 干式气柜（可燃气体储罐） | 气柜容积≤1000m³ | ≥25 | 《大中型沼气工程技术规范》表4.1.8 | |
| | | | 气柜容积>1000m³ | ≥32 | 《大中型沼气工程技术规范》表4.1.8 | |
| | | 甲类车间（沼气净化间、沼气增压机房等） | | ≥20 | 《大中型沼气工程技术规范》表4.1.8 | 露天沼气净化装置（室外甲类装置）建议按甲类厂房考虑，若条件无法满足，可合并考虑 |
| | | 乙类车间（地沟预处理车间等） | | ≥30 | 《大中型沼气工程技术规范》表4.1.8 | |
| | | 丙类车间（秸秆粉碎间等） | | ≥9 | 《石油化工企业设计防火标准》表5.2.1 | 参照石化规明火地点与丙A液体房间间距要求 |
| | | 地上/埋地丙类储罐（毛油罐、生物柴油罐等） | ≤500m³ | ≥15 | 《石油化工企业设计防火标准》表4.2.12 | 参照石化规明火地点与丙A储罐间间距要求 |
| | | | 5m³≤总容积<250m³ | ≥25 | 《建筑设计防火规范》表4.2.1，注3 | 火柜按明火设备考虑 |
| | | | 250m³≤总容积<1000m³ | ≥31.25 | 《建筑设计防火规范》表4.2.1，注3 | 火柜按明火设备考虑 |
| | | 丁戊类车间（发电机房、监控室、配电间、化验室、维修间等生产辅助用房，除锅炉房外） | | ≥25 | 《大中型沼气工程技术规范》表4.1.8 | |

续表

| 序号 | 单体名称 | 周边建构筑物 | | 防火间距/m | 参考条文 | 备注 |
|---|---|---|---|---|---|---|
| 4 | 火炬或沼气放散口（存在甲类气体逸散处），封闭式火柜按规定减少50% | 锅炉房（丁类） | | ≥25 | 《大中型沼气工程技术规范》表4.1.8 | |
| | | 泵房（戊类） | | ≥20 | 《大中型沼气工程技术规范》表4.1.8 | |
| | | 民用建筑（生活设施、管理用房） | | ≥25 | 《大中型沼气工程技术规范》表4.1.8 | |
| | | 站内道路 | | ≥2 | 《大中型沼气工程技术规范》表4.1.8 | |
| 5 | 封闭式火柜 | 按火柜的间距要求减少50% | | | | |
| 6 | 丙类储罐区（地上立式，如毛油罐区，生物柴油罐区等），5m³≤总容积<250m³，括号内为250m³≤总容积<1000m³要求 | 一、二级建筑物 | 高层民用建筑 | ≥40（50） | 《建筑设计防火规范》表4.2.1及附注 | ①储罐防火堤外侧基脚线至相邻建筑的距离不应小于10m；<br>②储罐区与甲类厂房（仓库），民用建筑增加25%，且与甲类民用建筑防火间距应≥25m；单/多层民用建筑应≥25m；<br>③浮顶储罐区或闪点大于120℃的液体储罐与其他建筑的防火间距可按规定减少25%；<br>④当数个储罐区布置在同一库区内时，储罐区之间的防火间距不应小于相应小于容量罐的防火间距的较大值；<br>⑤直埋地下的甲、乙、丙类液体储罐，总容量不大于50m³，单罐容积不大于200m³，与建筑物防火间距可按四级耐火等级建筑的防火间距减少50%；<br>⑥35~500kV、A及总油量大于5t的室外降压变压1MV·A及总油量大于5t的室外降压变电站 |
| | | | 裙房、其他建筑 | ≥12（15） | 《建筑设计防火规范》表4.2.1及附注 | |
| | | 三级建筑物 | | ≥15（20） | 《建筑设计防火规范》表4.2.1及附注 | |
| | | 四级建筑物 | | ≥20（25） | 《建筑设计防火规范》表4.2.1及附注 | |
| | | 室外变、配电站 | | ≥24（28） | 《建筑设计防火规范》表4.2.1及附注 | |

续表

| 序号 | 单体名称 | 周边建构筑物 | | 防火间距/m | 参考条文 | 备注 |
|---|---|---|---|---|---|---|
| 6 | 丙类储罐区（地上立式，如毛油罐区、生物柴油罐区等），5m³≤总容积内为＜250m³，括号内为250m³≤总容积＜1000m³要求 | 丙类储罐之间 | 固定顶 | 0.4D | 《建筑设计防火规范》表4.2.2，注1 | 半地下及地下式不限 |
| | | | 卧式储罐 | ≥0.8 | 《建筑设计防火规范》表4.2.2，注3 | 两排卧式罐之间间距不应小于3m |
| | | 甲类储罐（如甲醇储罐）（丙类） | | ≥20（25） | 《建筑设计防火规范》表4.2.1，注5 | ①总容量不大于1000m³的甲、乙类罐区及不大于5000m³的丙类罐区可减少25%；②泵房、装卸鹤管与储罐防火堤外侧基脚线的距离不应小于5m |
| | | 装卸鹤管平台（丙类） | | ≥12 | 《建筑设计防火规范》表4.2.7，注1，注2 | |
| | | 泵房（服务于储罐） | | ≥10 | 《建筑设计防火规范》表4.2.7，注1，注2 | |
| | | 厂内主要道路路边 | | ≥10 | 《建筑设计防火规范》表4.2.9 | |
| | | 厂内次要道路路边 | | ≥5 | 《建筑设计防火规范》表4.2.9 | |
| | | 场外道路路边 | | ≥15 | 《建筑设计防火规范》表4.2.9 | |
| 7 | 甲类储罐区（地上立式，如甲醇储罐区等），1m³≤总容积＜50m³，括号内为50m³≤总容积＜200m³要求，总容积≥200m³的要求，未列出 | 一、二级建筑物 | 高层民用建筑 | ≥40（50） | 《建筑设计防火规范》表4.2.1，注6 | ①储罐防火堤外侧脚线至相邻建筑的距离不应小于10m；②储罐区与甲类厂房（仓库）、民用建筑增加25%，且与甲类厂房（仓库）、单多层民用建筑防火间距≥25m；③浮顶储罐或闪点大于120℃的液体储罐与其他建筑的防火间距可按规定减少25%；④当数个储罐区布置在同一库区内时，储罐区之间的防火间距不应小于容器量的规定，储罐区与四级耐火等级建筑物防火间距的较大值； |
| | | | 裙房、其他建筑 | ≥12（15） | 《建筑设计防火规范》表4.2.1，注3 | |

续表

| 序号 | 单体名称 | 周边建构筑物 | | 防火间距/m | 参考条文 | 备注 |
|---|---|---|---|---|---|---|
| 7 | 甲类储罐区（地上立式，如甲醇罐等），1m³≤总容积<50m³，括号内为50m³≤总容积<200m³要求，未列出总容积≥200m³的要求 | 三级建筑物 | | ≥15（20） | 《建筑设计防火规范》表4.2.1 | ⑤直埋地下的甲、乙、丙类液体储罐，单罐容积不大于50m³，总容量不大于200m³，与建筑防火间距可按要求减少50%；⑥35～500kV·A及总油量大于5t的室外降压变1MW·A及总油量大于5t的室外降压变压站 |
| | | 四级建筑物 | | ≥20（25） | 《建筑设计防火规范》表4.2.1 | |
| | | 室外变、配电站 | | ≥30（35） | 《建筑设计防火规范》表4.2.1，注7 | |
| | | 储罐之间 | 单罐容积≤1000m³ | 地上式：≥0.75D 半地下式：≥0.5D 地下式：≥0.4D 浮顶罐或设置充氮保护设备：≥0.4D | 《建筑设计防火规范》表4.2.2，注1、注4、注5 | ①当地上式储罐同时设置液下喷射泡沫灭火、固定冷却水灭火和扑救防火堤内液体灭火的泡沫灭火设施时，间距可适当减小，但不宜小于0.4D；②单罐容积大于1000m³且采用固定顶储罐之间的防火间距不应小于0.6D |
| | | | 单罐容积>1000m³ | 地上式：≥0.6D 半地下式：≥0.5D 地下式：≥0.4D 浮顶罐或设置充氮保护设备：≥0.4D | 《建筑设计防火规范》表4.2.2，注1 | 当地上式储罐同时设置液下喷射泡沫灭火、固定冷却水灭火和扑救防火堤内液体灭火的泡沫灭火设施时，间距可适当减小，但不宜小于0.4D |
| | | | 卧式储罐 | ≥0.8 | 《建筑设计防火规范》表4.2.1，注3 | 两排卧式储罐之间间距不应小于3m |

续表

| 序号 | 单体名称 | 周边建构筑物 | | 防火间距/m | 参考条文 | 备注 |
|---|---|---|---|---|---|---|
| 7 | 甲类储罐区（地上立式，如甲醇储区等）1m³≤总容积<50m³，拆号内为50m³，<200m³要求，容积≥200m³按总容积≥200m³要求，未列出总的要求 | 装卸鹤管平台（丙类） | 拱顶罐 | ≥20 | 《建筑设计防火规范》表4.2.7，注1、注2 | ①总容量不大于1000m³的甲、乙类罐区及不大于5000m³的丙类罐区的罐区，装卸鹤管与储罐防火堤外侧距离可减少25%；②泵房、装卸鹤管与储罐防火堤外侧脚线的距离不应小于5m |
| | | | 浮顶罐 | ≥15 | 《建筑设计防火规范》表4.2.7，注1、注2 | |
| | | 泵房（服务子储罐） | 拱顶罐 | ≥15 | 《建筑设计防火规范》表4.2.7，注1、注2 | |
| | | | 浮顶罐 | ≥12 | 《建筑设计防火规范》表4.2.7，注1、注2 | |
| | | 厂内主要道路路边 | | ≥15 | 《建筑设计防火规范》表4.2.9 | |
| | | 厂内次要道路路边 | | ≥10 | 《建筑设计防火规范》表4.2.9 | |
| | | 场外道路路边 | | ≥20 | 《建筑设计防火规范》表4.2.9 | |
| 8 | 丙类（毛油、生物柴油等）装卸鹤管平台 | 建筑物 | 一、二级 | ≥10 | 《建筑设计防火规范》表4.2.8 | |
| | | | 三级 | ≥12 | 《建筑设计防火规范》表4.2.8 | |
| | | | 四级 | ≥14 | 《建筑设计防火规范》表4.2.8 | |
| | | 泵房（服务鹤管） | | ≥8 | 《建筑设计防火规范》表4.2.8 | |
| | | 甲乙类厂房（仓库） | | | | |
| | | 甲乙类液体储罐 | | | | |
| 9 | 架空电力线路 | 可燃助燃气体储罐 | | ≥电杆（塔）高度的1.5倍 | 《建筑设计防火规范》表10.2.1 | |

续表

| 序号 | 单体名称 | 周边建构筑物 | | 防火间距/m | 参考条文 | 备注 |
|---|---|---|---|---|---|---|
| | | 直埋地下的甲乙类液体储罐和可燃气体储罐 | | ≥电杆（塔）高度的0.75倍 | 《建筑设计防火规范》表10.2.1 | |
| | | 丙类液体储罐 | | ≥电杆（塔）高度的1.2倍 | 《建筑设计防火规范》表10.2.1 | |
| | | 直埋地下的丙类液体储罐 | | ≥电杆（塔）高度的0.6倍 | 《建筑设计防火规范》表10.2.1 | |
| 9 | 架空电力线路 | 架空电力线路保护区（导线边线向外侧水平延伸并垂直于地面所形成的两平行面内的区域） | 1~10kV | 5 | 《电力设施保护条例（2011年版）》 | 任何单位或个人在电力电缆线路保护区内，必须遵守下列规定：①不得在地下电缆保护区内堆放垃圾、矿渣、易燃物、易爆物品、倾倒酸、碱、盐及其他有害化学物品，兴建建筑物、构筑物或种植树木、竹子；②不得在海底电缆保护区内抛锚、拖锚、拖网、拖捕；③不得在江河电缆保护区内抛锚、拖锚、炸鱼、挖砂 |
| | | | 35~110kV | 10 | 《电力设施保护条例（2011年版）》 | |
| | | | 154~330kV | 15 | 《电力设施保护条例（2011年版）》 | |
| | | | 500kV | 20 | 《电力设施保护条例（2011年版）》 | |

# 3.2　总图设计案例

## 3.2.1　厦门生物质资源再生项目

（1）建设规模

项目分三期建设，建设规模如下。

一期：餐厨垃圾 400t/d；

二期：家庭及其他厨余垃圾 750t/d；

三期：家庭及其他厨余垃圾 750t/d。

总规模 1900t/d。

（2）场址条件

项目总规划地面积约 12.98hm²，地势平整。

场址西侧为园区内人流通道，东侧为园区内物流通道。

场址东侧为已建餐厨垃圾处理厂，南侧为危废处理厂，西侧红线外有园区环境监测站。

最近的居民点位于西侧。

（3）总图布置原则

① 执行国家有关环境保护的政策，符合国家的有关法规、规范及标准，严格执行国家现行防火、卫生、安全等技术规划，确保生产安全。

② 按照一、二、三期共建共享的协同设计理念，集约用地的原则，统筹布局，分阶段实施。

③ 总图布置充分满足生产工艺流程和运行管理方便的要求，工艺流程顺畅，布置集中紧凑，节约用地。

④ 厂区道路系统的布置在满足生产生活的需要的同时，合理组织物流，交通组织顺畅，减少人流和物流之间的干扰，做到人、物、车流合理、经济。

⑤ 总图布置需与周边的综合环境有机协调，各功能区布局既要与生产工艺协调，也应与周边环境条件融为一体。

⑥ 注重环境保护，对污水、臭气、噪声进行有效控制，使本项目的环境影响降至最低程度。

（4）总图方案比选

根据用地、地形及上述原则，初步有两种总图布局方案，见图 3-1（书后另见彩图）和图 3-2（书后另见彩图），总图方案综合比较表见表 3-2。

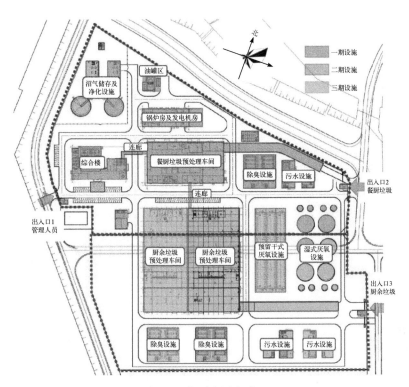

图 3-1　总图布局方案一

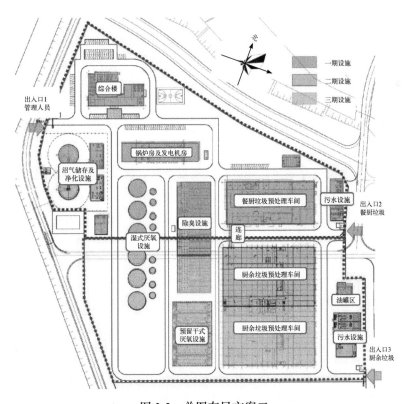

图 3-2　总图布局方案二

表 3-2　总图方案综合比较

| 项目 | 方案一 | 方案二 | 比较结论 |
|---|---|---|---|
| 功能分区 | 功能分区较清晰，各区相对独立，便于统筹管理 | 功能分区清晰，各区相对独立，便于统筹管理 | 相似 |
| 交通组织 | 清污分流、人车分流，餐厨垃圾车经栈桥卸料，交通流线与残渣沼渣运输车分开，交通顺畅 | 清污分流、人车分流，餐厨垃圾车、沼渣运输车有交叉，通过将主干道设为 3 车道，可减少交通干扰 | 方案一较优 |
| 人流动线 | 总体路线较短，人员主要活动区集中在西侧及中部。综合楼、预处理车间距离较近，便于管理 | 总体路线较长，人员活动区域范围较大，综合楼距离预处理车间较远 | 方案一较优 |
| 物料流线 | 物料流线较顺畅，但沼气输送距离较远 | 各物料流线顺畅，输送距离较短 | 方案二较优 |
| 环境影响 | 综合楼基本远离厌氧罐区、污水处理区，其上风向为锅炉房，环境较好。环境监测站周边无臭气散发点，影响较小 | 综合楼基本远离厌氧罐区、污水处理区，且位于厂区上风向，环境较好。但沼气区、厌氧区靠近环境监测站，检修时易存在无组织排放臭气，有一定影响 | 方案一较优 |
| 投资 | 预处理车间为地上建筑，无须开挖地下料坑，投资略低 | 预处理车间料坑、设备坑位于地下，深度 5～6m，开挖涉及中风化岩层，投资略高（一期设备坑占地面积约 400m²） | 方案一较优 |

根据综合分析，方案一在交通组织、人流动线、环境影响方面更优，因此选择方案一为推荐方案。

（5）总图设计

本工程厂区平面功能分为两大区域，即管理区和生产区。综合考虑厂区内工艺流程的顺畅性、厂区的功能性要求，以及厂区周边的环境、景观要素，确定管理区和生产区的平面位置，详见图 3-3（书后另见彩图）。

1）管理区

位于一期工程场地西侧，包含消防水池及泵房，与生产区通过绿化隔离带隔离。

2）生产区

生产区按工艺系统可分为预处理区、厌氧发酵区、污水预处理及除臭区、沼气净化及利用区、辅助生产区及预留用地。

① 预处理区　由垃圾预处理车间、栈道组成，位于场地中心侧，通过栈道进出垃圾预处理车间，便于垃圾的进料。

② 厌氧发酵区　位于厂区东侧，集约布设一、二、三期工程湿式厌氧发酵设施，同时预留有机固相资源化利用用地。

③ 污水预处理及除臭区　布置在厌氧发酵区两侧，分别服务一期和二、三期工程，设有污水调节池、污水预处理设施、除臭设施等。

④ 沼气净化及利用区　本区内含有沼气净化装置、沼气柜等。考虑到沼气柜、沼气净化装置等建构筑物的防爆要求，将该区放置在一期工程厂区西北侧，用围栏将该区与其他区域隔离，防止非授权人员进入，便于集约化管理。

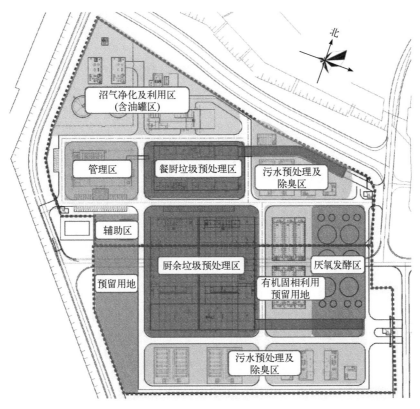

图 3-3 总图功能分区

⑤ 辅助生产区及预留用地 位于管理区南侧，主要为绿化和消防泵房，作为厂区与外界的隔离带。

（6）交通组织

1）出入口设置

项目共设 3 个入口，分别如下：

① 管理出入口 位于一期工程厂区西侧，供管理车辆和人员出入。

② 餐厨生产出入口 位于一期工程厂区东南侧，用于餐厨运输车、餐饮沼渣运输车辆、餐饮预处理残渣运输车、毛油运输车出入。

③ 厨余生产出入口 位于二期工程厂区东北侧，用于厨余运输车、厨余沼渣运输车辆、厨余预处理残渣运输车出入。

通过合理设置出入口，有利于用地的功能区域划分；有利于合理组织人流、物流，污物通道最短化；有利于形成洁污分区完全清晰的总体布局形式，减少污物运输的干扰。

2）交通组织

厂内物流包括管理车流和生产车流，生产车流包括餐厨垃圾收运车、厨余垃圾收运车、预处理残渣运输车、沼渣运输车及油脂运输车。厂内物流交通组织详见图 3-4（书后另见彩图）。各种车辆在厂内的物流组织为：

① 厨余收集车作业 由厂区厨余生产出入口进厂，经栈道进入预处理车间卸料，卸料完成后原路出厂。

② 预处理残渣运输车 由预处理车间西侧门沿厨余预处理车间南侧道路从厨余生产出入口出厂。

③ 沼渣运输车 由预处理车间内脱水机房沿厨余预处理车间南侧道路从厨余生产出入口出厂。

④ 油脂运输车 由北侧油罐区沿厌氧罐区北侧道路从餐厨垃圾出入口出站。

⑤ 管理车辆人员及车辆：由厂区管理出入口进出厂。

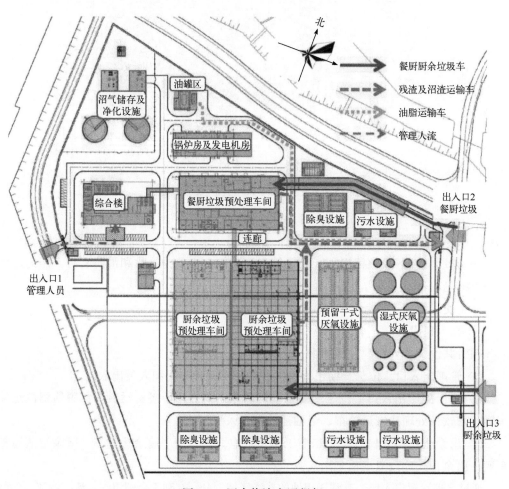

图 3-4　厂内物流交通组织

## 3.2.2　奉贤生物能源再利用项目

（1）建设规模

项目规模为处理餐厨及厨余垃圾 530t/d，包括餐厨垃圾 200t/d，厨余垃圾 300t/d，废弃油脂 30t/d。

（2）场址条件

用地规模为 35963.4m²（约 53.9 亩），场地较平整，地块形状近似梯形。

场址北边界为内河河道，西侧为再生能源综合利用中心，南侧为 9m 宽内部公共通道。

（3）总图布置原则

① 执行国家有关环境保护的政策，符合国家的有关法规、规范及标准，严格执行国家现行防火、卫生、安全等技术规划，确保生产安全。

② 总图布置充分满足生产工艺流程和运行管理方便的要求，布置尽量集中紧凑，节约用地。

③ 充分考虑与园区其他废物处理厂衔接，不应对现有设施造成较大影响。

④ 合理组织物流，减少人流和物流之间的干扰，做到人、物、车流合理、经济。

⑤ 总图布置需与周边的综合环境有机协调，各功能区布局既要与生产工艺协调，也应与周边环境条件融为一体。

⑥ 注重环境保护，对污水、臭气、噪声进行有效控制，使本项目的环境影响降至最低程度。

（4）总图方案比选

根据用地、地形及上述原则，初步有两种总图布局方案，见图 3-5 和图 3-6（书后另见彩图），总图方案综合比较表见表 3-3。

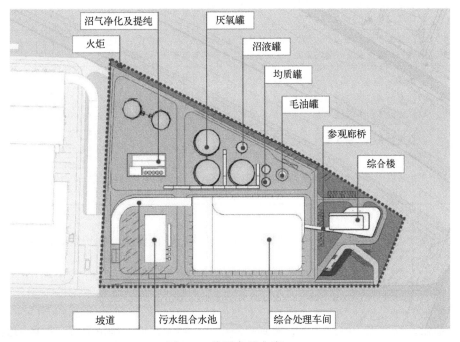

图 3-5　总图布局方案一

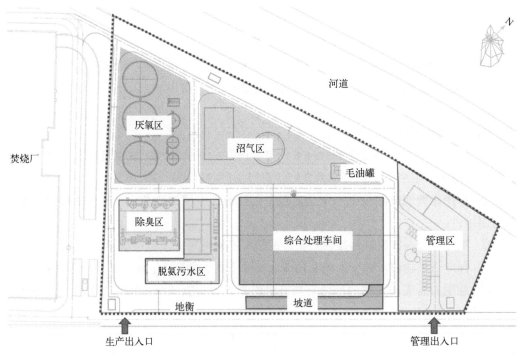

图 3-6　总图布局方案二

表 3-3　总图方案综合比较

| 项目 | 方案一 | 方案二 | 比较结论 |
|---|---|---|---|
| 功能分区 | 功能分区较清晰,各区相对独立,便于统筹管理 | 功能分区清晰,各区相对独立,便于统筹管理 | 相似 |
| 交通组织 | 清污分流、人车分流,垃圾卸料、残渣运输等各交通流线顺畅,无交叉 | 清污分流、人车分流,垃圾卸料、残渣运输等各交通流线顺畅,无交叉 | 相似 |
| 人流动线 | 预处理车间东侧为管理辅房,靠近管理区,人员活动区与物流线、生产区分开,可提升管理环境及安全性 | 预处理车间北侧为管理辅房,与综合楼之间被卸料大厅分隔,管理区人员经卸料大厅封闭通道至预处理车间辅房,动线较长 | 方案一较优 |
| 物料流线 | 物料流线顺畅,输送距离较短,便于运行管理 | 物料流线较顺畅,输送距离较方案一长 | 方案一较优 |
| 立面效果 | 主出入口位于南侧,综合楼、预处理车间南立面完整,可塑性较强 | 主出入口位于南侧,南侧坡道对立面效果有一定影响 | 方案一较优 |

根据综合分析,方案一在交通组织、人流动线、环境影响方面更优,因此选择方案一为推荐方案。

（5）总图设计

本项目总图布置方案综合考虑各功能处理区之间的相互关系和交通物流组织,在满足各功能设施安全生产的前提下,做到统筹规划,物流合理,整洁美观。厂区功能分区见图 3-7（书后另见彩图）。

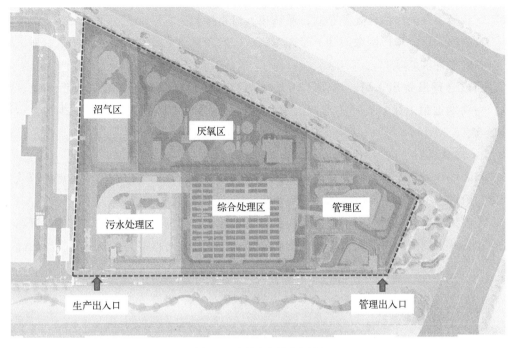

图 3-7　厂区功能分区图

① 结合用地红线、出入口要求和周边设施，将拟建场地分成两个相对独立的区域，形成本项目的主要功能分区。

管理区：该区域应相对于生产区独立设置，并与生产区通过绿化措施良好隔离，做到环境优良，满足项目办公、参观、环保教育功能。

生产区：垃圾收集车辆进厂道路最短，布设生产区，根据功能要求分为综合处理区、厌氧区、沼气区、污水处理区等。

② 在满足物料、水、气等流向顺畅的基础上，因地制宜地布置各项处理设施，便于各子项间物质和能量交换。餐厨垃圾、厨余垃圾及废弃油脂以尽量短的路径进入厂区预处理系统的卸料大厅，各子项与预处理环节紧密衔接。

③ 充分结合外部市政设施条件，布置物流主通道及环形消防通道，实现各子项间的物流的合理分流，便于污染集中控制，减少对周边环境的影响。

④ 厂区物流通道应与管理通道相分离，并采用一定的技术措施控制污水、臭气、噪声等污染物的溢散。

（6）交通组织

1）出入口设置

项目选址地块内，南侧已建成内部进场通道与目华北路相接，进场道路宽 9m，本工程出入口设置实行人车分流，考虑设置两个出入口，分别为生产出入口和管理出入口。

生产出入口位于厂区西南角，收运车辆从南侧沿物流出入口向北进入本厂。收运车辆卸料后沿原路驶出综合处理车间，从该出入口直接驶离本厂。

人流出入口位于厂区东南侧，管理车辆从厂区东侧目华北路通过管理出入口驶入本厂东侧的管理区。

通过合理设置出入口，有利于用地的功能区域划分；有利于合理组织人流、物流，污物通道最短化；有利于形成洁污分区完全清晰的总体布局形式，减少污物运输的影响。

2）物流组织

园区设计人流、物流完全分离，管理流线从东南角管理出入口进出，生产物流从生产出入口进出，实现物流流线洁污分流。

厂内物流主要包括服务于餐厨、厨余垃圾收运车，残渣、沼渣运输车，毛油罐车，等等。各种车辆在厂内的物流组织如图3-8所示（书后另见彩图）。

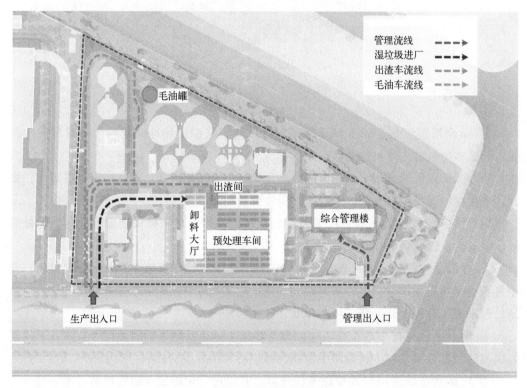

图3-8　厂内交通组织图

主要车辆作业路径如下：

① 管理车辆　由厂区管理出入口进厂，沿厂区道路至停车区或配套管理用房。

② 湿垃圾运输车辆　由厂区生产出入口进厂，称重计量后直接驶入卸料大厅内进行卸料，卸料完成后原路返回，如有必要经洗车台冲洗后从生产出入口出厂。

③ 出渣车辆　预处理分选的杂质、沼渣脱水后的沼渣、污水污泥通过综合处理车

间的出渣间出料，出渣车辆沿厂区西侧道路过地衡后出厂。

④ 毛油罐车　毛油罐车经生产出入口进场过地衡后，至毛油罐处，随后继续向前绕沼气区返回中央道路，经地衡称重后出厂。

⑤ 水处理药剂运输车辆　药剂运输车辆由厂区生产出入口进出厂区，沿厂区道路至污水处理区。

第**4**章

# 预处理系统

▶ 餐厨垃圾预处理工艺
▶ 厨余垃圾预处理工艺

由于餐厨垃圾和厨余垃圾的特性不同，预处理系统也存在一定的差异，本章进行分别阐述。

# 4.1　餐厨垃圾预处理工艺

## 4.1.1　预处理目标

餐厨垃圾以湿式厌氧产沼资源化为主流技术路线，结合国内已建成投运的餐厨垃圾处理工程的实践经验，餐厨垃圾预处理工艺应满足以下要求：

① 接料斗及预处理设备应能适应不同垃圾收运系统，具有抗冲击负荷的能力。

② 预处理将物料制成含固率在 6%～15%的浆液。

③ 预处理流程包含除杂设备，去除浆液中的杂质（砂石、纤维类杂质等）。

④ 设备选型充分考虑物料的特性，确保系统设备的稳定运行。

⑤ 预处理流程考虑回收物料中的油脂。

## 4.1.2　典型预处理工艺介绍

目前，国内已建成的餐厨垃圾处理厂预处理主要工艺主要分为：

① 大物质分拣+精分制浆工艺（上海生物能源再利用项目一、二期）；

② 大物质分拣+螺旋挤压制浆工艺（深圳市东部环保电厂特殊垃圾预处理项目）；

③ 水力制浆工艺[成都中心城区厨余（餐厨）垃圾无害化处理项目（三期）项目]；

④ 分选破碎+湿热水解工艺；

⑤ 卧式一体式分选机+淋滤水解工艺；

⑥ 固液分离+立式一体式分选工艺。

本章节重点针对国内已建成并投入使用的典型餐厨垃圾预处理工艺进行分析和探讨。

### 4.1.2.1　大物质分拣+精分制浆工艺

（1）工艺介绍

大物质分拣+精分制浆包括接收单元、大物质分拣单元、精分制浆单元、除砂除杂、油水分离单元。预处理分选杂质由车辆运至焚烧厂，毛油作为产品定期外运，预处理后的液相浆料进入湿式厌氧系统。工艺流程见图 4-1。

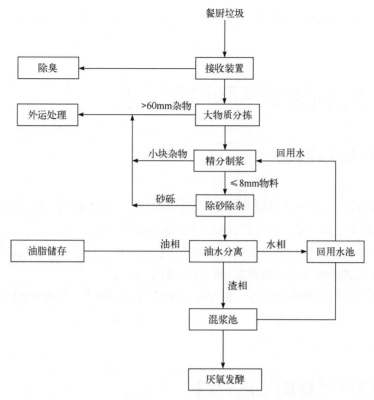

图 4-1  大物质分拣+精分制浆预处理工艺流程

1）接料

将收集的餐厨垃圾通过接料装置实现滤水和输送功能，接料后液相进入三相分离工段，固相通过螺旋输送机输送。

2）大物质分拣

沥水后的固相物质由无轴螺旋输送机输送至大物质分拣机进行餐厨原料的粗分选，分拣机以机械分选方式将物料中粒径>60mm 的大块金属、瓷片、玻璃瓶及塑料袋等杂物分离出，得到的以有机质为主的均质物料进入下一级分选制浆系统。

3）精分制浆

分选制浆系统的主要作用是将提升机送来的餐厨垃圾中轻物质和部分不易破碎的杂质分离出来，同时将有机物料破碎制成浆液。

分选制浆一体机集餐饮垃圾破碎制浆和轻物质分离于一体，具有一体化程度高、功能完善、结构紧凑、杂质分离效果好的优点。餐饮垃圾进入分选制浆一体机后，其中大的固体有机物（食品、骨头、纸张等）和易被破碎的重物质（贝壳、玻璃、瓷片等）被破碎为 8mm 以下的颗粒，并从设备下部滤网排出，而其中轻物质（塑料、纤维、竹木等）和不易破碎的金属等杂质被分选制浆一体机输送至尾端排出，再通过无轴螺旋直接送至杂质收集箱。分离出的塑料等轻物质比较干燥，可进一步回收利用或焚烧处理。

4）二级分拣

将经过一级分选的餐厨垃圾，经打击破碎，然后加热清洗，筛分出直径 25mm 以下的物料和直径 25mm 以上杂物如瓶盖、小塑料袋及少量的筷子等。

5）除砂除杂

除砂除轻飘物系统主要作用是去除有机浆液中的重物质（贝壳、玻璃、瓷片、砂石等）及细碎纤维等轻飘物，防止其对油水分离机、泵、管道等设备造成损害。

6）三相分离

精分制浆出料先进入卧离进料器，通过蒸汽直喷加热至 55～65℃后送入三相离心机（卧式离心机）进行分离，分离出三种状态的物料——水相、渣相、轻相（油水混合物料）。轻相（油水混合物料）再经输送泵输送至立离进料器，通过蒸汽直喷将轻相物质加热至 80～90℃后，再进入立式离心机进行立式分离提油；分离出的粗油脂暂存至室外毛油储罐，外运处置，水相与三相离心机分离出的水相和渣相暂存在混浆池，之后泵送至湿式厌氧发酵系统。

通过上述预处理过程，餐厨垃圾最终实现杂质分离并被制成浆液，进入湿式厌氧消化系统，从而完成整个预处理过程。

（2）工艺分析

该工艺技术的主要优点是：

① 采用国外成熟的分选制浆一体机，餐厨垃圾中大部分杂质被分出，杂质去除率超过 90%。

② 制浆一体机使无法破碎的物料被分选出，避免了强制破碎带来的设备磨损问题。

③ 基于分选制浆一体机，将破碎、制浆、有机质分离置于一台设备，设备衔接少，可靠性较好。

该工艺技术的主要不足在于分拣机属于单纯的粒径筛分，餐厨垃圾中黏性较大的有机质往往黏附在无机杂物表面，使其有机质分选效率较低。

## 4.1.2.2　大物质分拣+螺旋挤压制浆工艺

（1）工艺介绍

大物质分拣+螺旋挤压制浆预处理工艺餐厨垃圾通过大物料粗分拣，保证了餐厨垃圾物料在粗分拣过程中，最大化地将一些对后道工序设备损坏最大的硬性物质和易缠绕的纤维类轻性物质有效地分离出来，最大化地减轻后道挤压脱水系统的处理压力；经过粗分拣系统分选后的均质有机物料送入挤压脱水系统。经过挤压后的滤液进入除砂除杂系统，并进行一级热解提油，提油后的浆液预处理后进入后续湿式厌氧系统。工艺流程见图 4-2。

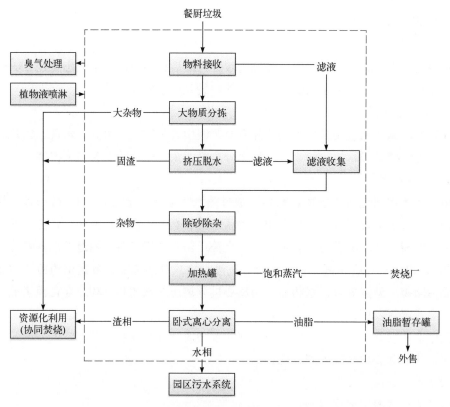

图 4-2　大物质分拣+螺旋挤压制浆预处理工艺流程

1）接料

餐厨垃圾卸料至接料斗，考虑到餐厨垃圾中水分及杂质较多，设置滤液缓存箱，用于收集餐厨垃圾在输送过程中所滤出的有机浆液，缓存箱内的滤液由泵送至后续除杂除砂系统。

2）分拣

滤水后的固相物质由无轴螺旋输送机输送至大物质分拣机进行餐厨原料的粗分选，分拣机以机械分选方式将物料中粒径>60mm 的大块金属、瓷片、玻璃瓶及塑料袋等杂物分离出，得到以有机质为主的均质物料。

大物质分拣机采用变频控制，通过调节转速，可有效应对不同组分的餐厨垃圾，有效减少选出异物中夹带的有机质；在设备运行过程中，设置温水冲洗喷嘴，减少选出异物中夹带的有机质和油分，经粗大物分选处理后的大于 60mm 的杂物去除率不低于90%。

3）除砂除杂

除杂主要作用是有效去除浆液中的细碎塑料、辣椒籽、木质纤维等轻飘物。除砂主要作用是有效去除有机浆液中的重物质（贝壳、玻璃、瓷片、砂石等）。除杂除砂主要防止杂物对离心机、泵、管道等设备造成损害，保障后端工艺设备安全稳定运行。

压榨脱水后浆液送入除杂分离机进行轻飘物的去除，经除杂分离机处理后，有机浆液中的细碎纤维等轻飘物得到有效去除。除砂装置通过重力沉砂原理，去除物料中的砂砾等重物质，除砂后的有机浆液溢流进入加热罐。

4）油水分离系统

浆料与蒸汽在加热罐中充分混合加热至 60～80℃后，泵送入三相离心机（卧式离心机）进行分离，分离出三种状态的物料——水相、渣相、油相。

（2）工艺分析

该工艺技术的主要优点是：

① 餐厨垃圾一级分拣（60mm 分选粒径）作为预处理工艺的筛分环节，将餐厨垃圾中大块物料筛除，可有效保护后续预处理设备。

② 工艺可兼容性强，可以在不增加过多的设施的情况下，同时具备接纳部分城市垃圾分类后的厨余垃圾、菜市场垃圾等其他生物质有机垃圾的处理能力。

该工艺技术的主要不足是相对出渣率较高。

## 4.1.2.3　水力制浆工艺

（1）工艺介绍

餐厨废弃物进场地衡称重后卸至接收料斗。物料输送至水解制浆机，滤液经管道溢流至滤水收集槽。水力制浆后的流动性浆料透过筛网后经泵输送至旋流除砂器进行初级沉砂处理，剩余固渣经过自流入提渣螺旋输送机。水力制浆后的液相经除砂除杂后进入三相分离机提油，经三相分离的固相和部分液相进入混浆池，三相分离的部分液相回流至水力制浆机，油相进入室外毛油暂存罐。工艺流程见图 4-3。

1）接料

餐厨垃圾倒入料斗后，料斗中的餐厨垃圾经过螺旋输送装置迅速运送至后续的水力制浆装置进行水力清洗和初步分离。

2）水力制浆

餐厨垃圾的组成以有机质为主，在生活垃圾分类过程中因掺杂其他的废弃物如硬质物（碎玻璃、陶瓷片及小石子等）和软质物（塑料薄膜、木片及抹布等），通过预处理工艺实现有机浆液与杂质的分离。制浆机利用餐厨垃圾含水率极高的特性，通过流体动力学原理，对餐厨垃圾杂物组分进行表面附着物清洗和有机质制浆，并实现废渣与有机浆液的分离。

3）渣水分离

经过制浆机处理后产生的废渣，多为塑料、废旧碎织物等，阶段清洗结束后，存留在制浆机的设备内部，通过预留通道将废渣排入提渣输送设备。在螺旋提升与重力作用下，液相通过筛板流出特定粒径的浆液及污水，初步脱水后的废渣进行输送。

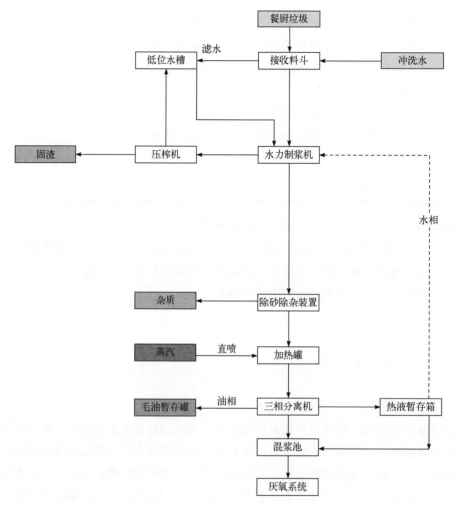

图 4-3　水力制浆预处理工艺流程

4）除砂除杂

除砂除杂系统主要作用是去除有机浆液中的重物质（贝壳、玻璃、瓷片、砂石等）及细碎纤维等轻飘物，防止其对油水分离机、泵、管道等设备造成损害。

5）油水分离

经除砂除杂后的出料先进入加热罐，通过蒸汽直喷加热至 80℃后送入三相离心机（卧式离心机）进行分离，分离出三种状态的物料——水相、渣相、轻相。轻相为含水杂率≤3%的工业粗油脂；分离出的粗油脂暂存至室外毛油储罐，外运售卖，水相与三相离心机分离出的部分水相和渣相暂存在混浆池，之后泵送至湿式厌氧发酵系统，另外一部分水相进入水力制浆机。

（2）工艺分析

该工艺技术的主要优点是：

① 工艺流程短，处理能力强，车辆排队时间缩短。

② 浆液纯度高，惰性物质少，残渣率较低。

该工艺技术的主要不足是对粗纤维类物料制浆效果较差。

## 4.1.2.4　分选破碎+湿热水解工艺

（1）工艺介绍

分选破碎+湿热水解工艺系统由进料仓、提升机、分选机、破碎机、湿热罐、储料罐、卧螺离心机等组成。工艺流程见图4-4。

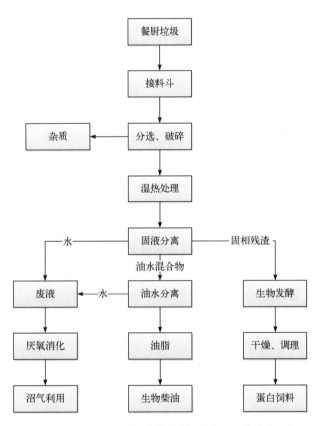

图 4-4　分选破碎+湿热水解预处理工艺流程

1）分选

利用机械分选与人工分选相结合的方式，分选出餐厨垃圾中的筷子、一次性餐盒、啤酒瓶、废塑料、废钢铁、废陶瓷等非营养性杂物。

2）破碎

利用餐厨垃圾破碎机，将餐厨垃圾破碎成浆状经管道输送至湿热系统处理。

3）湿热水解

湿热蒸煮罐带有搅拌装置，内设蒸汽盘管对物料进行间接加热。湿热处理后的垃圾分为废液、油水混合物和固相残渣，其中废液及油水分离后的水相进入厌氧消化系统，固相残渣经生物发酵，并通过干燥调理后制成蛋白饲料。

（2）工艺分析

湿热水解前后样品对比见图4-5（书后另见彩图）。

(a) 湿热水解前　　　　　　　　　　　　　(b) 湿热水解后

图 4-5　湿热水解前后样品对比

1）预处理工艺的主要优点

① 利用高温高压湿热水解，可有效灭杀病原菌，去除异味。

② 湿热水解使大分子有机物水解为易于消化吸收的小分子有机物。

③ 湿热水解可改变油脂形态，促进固相油脂浸出、液化、上浮，改善分离特性。

2）预处理工艺的主要不足

① 湿热水解工艺需要大量蒸汽进行加温、加热，相对能耗高。

② 出料垃圾的降温很难实现，垃圾经过加热后，出料温度需要维持不变。因此又需要大量的冷凝水和复杂的换热设备对该部分垃圾进行降温，增加了投资。

③ 湿热水解罐均为高温高压容器，难以管理和保障安全性。

## 4.1.2.5　卧式一体式分选+淋滤水解工艺

（1）工艺介绍

卧式一体式分选+淋滤水解工艺预处理系统包括卧式一体式分选机和淋滤水解系统。

其预处理主要工艺流程如下：

1）接收输送

餐厨垃圾经称重后卸至进料斗，每个料斗底部两组双螺旋给料机并排布置，将餐厨垃圾输送至集料螺旋输送机，再经提升螺旋输送机提升至自动分选机。为防止螺旋底部滤网堵塞，设置热水冲洗装置和人工检修孔，用热水定期清洗，并在极端情况下可通过人工检修孔排除故障。

料斗底板采用多孔结构，并在接收料斗底部设置滤液收集箱，用于收集餐厨垃圾在输送过程中所产生的滤液，并由螺杆泵输送至有机浆液缓冲罐。

2）自动分选

卧式一体式分选机的主要作用是将接收输送系统送来的餐厨垃圾破碎制成 20mm 以下浆液，同时将餐厨垃圾中的轻物质和部分重物质分离出来。卧式一体式分选机包括自动分选机、杂物螺旋输送器、柱塞泵。

餐厨垃圾进入自动分选机后，其中大的固体有机物被机内特殊的转锤破碎为 20mm 以下的颗粒并从下部滤网排出，这样可以有效地将餐厨垃圾的有机物组分与塑料、玻璃、砖石等杂质有效分离。从底部排出的浆液，通过螺旋输送机输送到后续处理设备。而其中轻物质（塑料、纸张等）和不易破碎的金属等杂质由于其特殊设计则没有被完全粉碎，被输送至尾端排出，再通过无轴螺旋直接送至杂物接收斗，此部分分离出来的杂质主要为塑料、纸张等轻物质，其余为少部分小块不易破碎杂质，塑料可进一步回收利用。

该设备技术原理及外形如图 4-6 和图 4-7 所示。

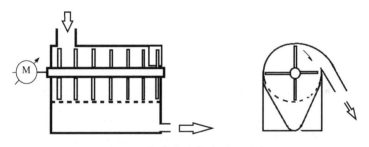

图 4-6  自动分选技术原理示意

图 4-7  自动分选机外形

3）固液分离步骤

制浆后的物料进入固液分离系统。首先经过初级水解器，其作用是对物料加热升温，使得物料中的固态油脂分离出来，以便提高除油率。升温后的物料进行挤压脱水固液分离，将浆液送至油水分离系统。固液分离系统工作流程是有机浆料泵入初级水解器，通入 0.2MPa 的高温饱和蒸汽将物料升温至 70～80℃。初级水解器工作示意见图 4-8（书后另见彩图）。机内设搅拌器，通过搅拌保证物料与蒸汽快速混合升温，同时低速推进保证蒸汽和物料有充分的接触时间。升温后的物料送入挤压脱水机进行固液分离，分离机下端孔径约 5mm，有机浆液则通过螺杆泵输送至油水分离系统。

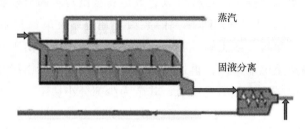

图 4-8　初级水解器工作示意

4）油水分离

油水分离系统主要包括自动隔油池、油储池、卧式离心机、立式提纯机和毛油储池。液相物料进入自动隔油池，隔油池设有蒸汽加热装置，隔油池内的带式刮油机利用亲油疏水的性能，通过特殊处理的防腐蚀钢带进行刮油，能够高效地进行油水分离。隔油池所分离出的油分送入油储池，油储池设有蒸汽加热装置。依次泵送至卧式离心机和立式提纯机提纯得到高品质的毛油，毛油纯度可达 99.5%左右。

分离出的液相物质直接进入厌氧消化系统，而固相杂质则与固液分离系统的固相物质一同输送至制浆除砂系统。

5）深度水解

餐厨垃圾预处理的固液分离系统与油水分离系统分别会产生固相物质和固相杂质，统称固相残渣，残渣中仍携带有大量的有机物。为了保证有机物的最大化利用，同时将其中的无机砂砾及惰性纤维排出，采用深度水解系统进行处理。

深度水解系统由水解反应器、挤压脱水机组成。水解反应器见图 4-9。固相残渣排入水解反应器，加入适量厌氧反应器回流水用于接种，反应器内部设有搅拌器，保证物料与厌氧反应器出水的充分接触。固形物料与残渣中的有机物质在厌氧细菌的作用下，发生水解、酸化反应，有机物从大分子态水解为小分子态溶入液相。经过淋洗后的无机颗粒的含水率降至 60%以下，而液相物质则被泵送至厌氧调节池。

图 4-9 水解反应器

（2）工艺分析

1）预处理工艺的主要优点

① 卧式一体式分选机集餐厨垃圾破碎、轻物质分离于一体，具有一体化程度高、功能完善、结构紧凑、杂质分离效果好的优点。

② 卧式一体式分选机破碎能力较一体式破碎分选制浆机低，其分选后的有机物料中碎塑料片相对较少。

③ 淋滤水解使得物料中的固态油脂分离出来，提高提油率。

2）预处理工艺的主要不足

① 淋滤水解反应器水解时间通常需要 2～3d，当处理规模较大时，其占地面积较大。

② 餐厨垃圾杂质含量较高时，卧式一体式分选机磨损较为严重，需要定期更换转锤，预处理维修费用增加。

## 4.1.2.6 固液分离+立式一体式分选工艺

（1）工艺介绍

固液分离+立式一体式分选预处理工艺包括接料、固液及油水分离、生物质分离等步骤，在杭州、重庆等地均有应用，该预处理工艺流程见图 4-10。

1）接料

餐厨垃圾倒入接料系统，接料斗内通入蒸汽加热，使餐厨垃圾中的固态油脂熔化。接料斗上部安装栅距为 10cm 的格栅将大块物料筛除。

接料斗底部装设三轴可正转和反转的水平螺旋输送机，反转螺旋可以混合物料，正转螺旋可以输送物料。水平螺旋输送机后在接料斗侧面设置倾斜的螺旋输送机将物料输送到后续的分选系统。

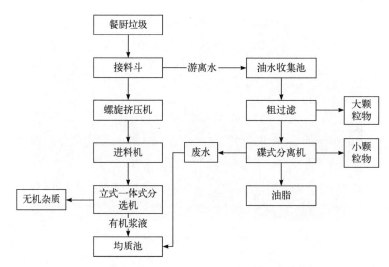

图 4-10　固液分离+立式一体式分选预处理工艺流程

2）固液及油水分离

餐厨垃圾在倾斜螺旋输送过程中，游离水靠重力自流实现固液分离，进入油水收集池。由固液分离系统分离后的油水通过油水分离系统将其中的油脂分离出来。

收集到的油水，首先经过粗过滤器，将其中的大块有机物质或颗粒物去除，去除杂质后的物料再进入碟式分离机。

3）生物质分离

从螺旋挤压固液分离机出来的料液中含有塑料、纸、玻璃、竹木、贝壳、陶瓷、金属以及大件垃圾等杂物。如果不把这些物质从有机质中去除，将会对后续的厌氧系统产生不可挽回的影响。

螺旋挤压固液分离机出来的料液首先进入进料机，然后进入立式一体式分选机，将料液中的塑料、纸、玻璃、竹木、贝壳、陶瓷、金属以及大件垃圾等杂物分离出来，并经破碎、粉碎等措施后将料液制成浆液，制浆后的浆料颗粒直径在 8mm 以下。立式一体式分选机见图 4-11。

利用立式一体式分选机将料液中的轻物质分离去除，轻物质分离的原理为：利用料液中物质的性质不同，在离心场中重的物质及相对轻的物质会出现分离，轻物质分离器内部带有螺旋结构，顶部为电机，在电机的高速旋转下会产生强的离心力，重的物质（浆液）被甩至分离器内壁，并沿着分离器内壁下降，轻物质通过内部螺旋上升，再通过设置在分离器侧面的出料孔出料。塑料和纸张的去除率达到95%。分离出的纸屑、塑料等见图 4-12（书后另见彩图），分离出的金属等杂物见图 4-13（书后另见彩图），分离出的有机质浆液放大形状见图 4-14（书后另见彩图）。

（2）工艺分析

1）预处理工艺的主要优点

① 将破碎、分选、制浆三种功能融为一体，极大减少了各种设备衔接过程中出现

的问题，从而提高了整个预处理工艺的高效性。

图 4-11　立式一体式分选机

图 4-12　分离出的纸屑、塑料等

图 4-13　分离出的金属等杂物

图 4-14　分离出的有机质浆液放大图

② 通过高速离心风场将餐厨垃圾中的轻质物料剔除，与传统筛分分离方式相比，极大减少了轻质物料表面黏附的有机物料，从而大大提高了有机质分离效率。

2）预处理工艺的主要不足

① 该设备破碎能力较强，餐厨垃圾中塑料袋易被破碎成小塑料片，直接进入后续厌氧消化系统，易引起消化罐内浮渣累积问题。

② 该设备目前价格较为昂贵，运行和维护成本较高。

## 4.1.3　预处理主要设备介绍

### 4.1.3.1　制浆分选一体机

制浆分选一体机适用于餐厨垃圾的破碎和分选。进料口位于前部顶端连接进料斗，出渣口位于尾部单侧面连接出渣斗，顶部安装有搓板，底部安装有筛网。工作时，物料由顶部进料口进入，经进料斗掉落机体滚筒内，经动刀破碎，一部分小的物料经前端小孔径筛网出料。其余料在刀片的带动下，继续破碎并输送到滚筒后部大孔径筛网下料。渣料经动刀螺旋传动，形成物料环，并从滚筒出渣口甩出，通过出渣内外斗出渣。制浆分选一体机见图 4-15。

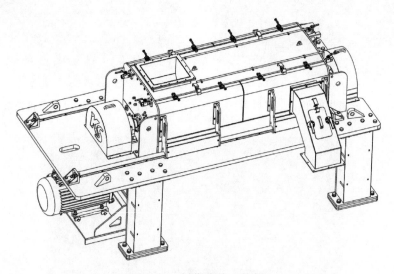

图 4-15　制浆分选一体机

制浆分选一体机常用于餐厨垃圾处理，集分拣、破碎、制浆功能于一体，故障率低，一般能将物料破碎至粒径<8mm。

### 4.1.3.2 螺旋挤压脱水机

螺旋挤压脱水机由机架、固定筛网、可移动筛框、螺压轴、进出料斗、罩壳、驱动装置及液压系统组成。厨余垃圾从进料口流入挤压脱水机内部，此时螺压叶片推动物料朝出料口方向移动，靠近出料口有一段螺压轴胎体上没有叶片的区域称作料塞。主轴的直径逐渐变大，螺距逐渐减小，物料逐渐堆积，由于物料之间的摩擦力，以及筛框和螺压轴形成的封闭空间，该区域形成反作用力，随着内部压力的积聚，游离液体就会从外面包围的筛框孔缝中被挤出，固体被保留，从固相出料口排出。挤压脱水机见图 4-16，挤压脱水机挤压后的固渣见图 4-17（书后另见彩图）。

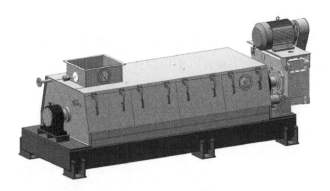

图 4-16  挤压脱水机

图 4-17  挤压脱水机挤压后的固渣

各种形式的螺旋挤压脱水机的原理都类似，形式上除了上述介绍的通过放大主轴直径、减小螺距来压缩物料体积的，还有通过直接减小螺旋外壳外径的形式压缩物料体积的。新型的螺旋挤压脱水机压缩比为 6∶1 左右，筛网孔径可做到 5mm。

### 4.1.3.3 水力制浆机

水力制浆机采用大拨轮、大筒体设计，集破袋、揉搓、水洗、分离于一体，一次性处理量大，拨轮制浆过程无缠绕，制浆过程可实现一次渣浆分离，排渣后进入二次渣水分离，通过 1～2 次浆渣分离，使有机质得到高效回收。设备设计合理，故障率低，效率高且能耗低。水力制浆机见图 4-18。

### 4.1.3.4 湿热水解罐

湿热水解技术的原理是将待处理的物料置于密闭反应器中，利用蒸汽加热，在高温高压条件下使有机质从固态垃圾中溶析出来，充分水解糖类、淀粉、脂肪、蛋白质等有机质（选择性回收），并使难降解有机质或固体有机质分解为小分子或氧化降解为 $CO_2$、$H_2O$ 等无机质，能做到灭活有害病菌，能通过增强物料流动性同时提高油脂回收率。部分设备具备蒸汽回收功能，降低蒸汽消耗。设备采取全密闭形式，废气不外逸，设备不需机械旋转机构，维护成本低。湿热水解罐见图 4-19。

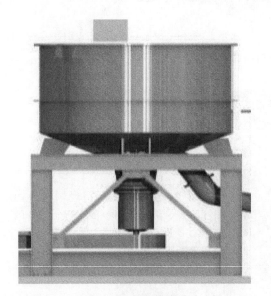

图 4-18　水力制浆机

图 4-19　湿热水解罐

### 4.1.3.5 三相离心机

三相离心机结构主要由差速器、螺旋、转鼓、罩壳、机座、润滑系统、电机组成。其工作原理是：悬浮液经进料管、螺旋出料口进入转鼓，在转鼓高速旋转产生的离心力作用下，密度较大的固相颗粒沉积在转鼓内壁上，与转鼓做相对运动的螺旋叶片不断地将沉积在转鼓内壁上的固相颗粒刮下并推出排渣口，而澄清液因密度不同又分成内外两层，分别从重相液出口及轻相液出口排出后得到收集。离心机工作原理见图4-20。

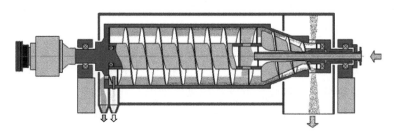

图 4-20　离心机工作原理

螺旋与转鼓之间的相对运动是由差速器实现的，差速器内部为摆线针轮结构，主电机与差速器外壳通过皮带传动，差速器的外壳与转鼓相连。副电机与差速器输入轴通过皮带传动，输出轴带动了螺旋的旋转。螺旋转速与转鼓转速之间形成了速度差，使得螺旋不间断地将物料输送至离心机出渣口，实现了对物料的连续分离过程。

## 4.1.3.6　除杂分离机

除杂分离机由筛网、螺旋输送器、直筒体、主轴体、底架、液固相收集腔、上盖、电机传动装置、变频器等部件组成。主要用于实现厨余垃圾浆料固液相的分离。转速通过变频器逐步提高，在联轴器带动下，使螺旋以一定的速度旋转，产生离心力，以实现螺旋卸料功能，机器转速稳定后悬浮液泵入分离机的筛网内，在强大的离心力场作用下，密度大的固相粒子被甩在沉降壁上，并很快沉积到筛网的内壁上，经螺旋的推动，沉渣不断被推向一端，从出渣口经固相收集罩壳排出。分离后的清液经分离叶片进一步澄清由筛孔排出，分离后的滤液由滤液收集腔排出，进入浆液缓存池。在整个分离过程中悬浮液不断地输入，澄清的液相、滤网排出的沉渣不断被排出，因此是连续自动分离过程。其分离效果受以下因素的限制。

（1）螺旋转速

随着螺旋转速的升高，分离因数上升，分离效果提高，处理能力加大，但分离机的振动、噪声也随之增加，使用寿命会有所缩短，一般在能满足分离要求的前提下选用合适的转速十分重要。

（2）进料流量（处理量）

进料流量小，料液在转鼓的轴向流速也小，物料在机器内停留时间则长，分离效果提高；进料流量增大，轴向流速也增大，物料在机器内停留时间缩短，分离效果随之下降。此外进料流量还受到螺旋排渣能力的限制。当物料含固量较高，进料量过大，会造成分离后的沉渣因不能及时排出而引起转鼓堵料，影响分离，甚至不能分离。因此在使用本机器时，应按物料的固相含量和分离要求选择适当的进料流量（即处理量），一般可在各种流量下进行分离效果比较后，确定最佳的进料流量。

（3）悬浮液的特性

物料中固相粒子越大，则越易分离；固相颗粒大小不一，则能被分离的极限粒子决定了最终的分离效果，部分小于极限粒子的小颗粒，将会随分离清液夹带出去。液固两相的密度差越大，则分离越容易，悬浮液的黏度越小，则越易分离，反之则越难分离。为此可适当提高物料进料温度或通过絮凝方法加快自由沉降速度的预先处理，以降低黏度来改善分离条件。

### 4.1.3.7 砂水分离器

螺旋式砂水分离器由无轴螺旋、衬条、U形槽、水箱、导流板和驱动装置等组成。当浆液从分离器的一端输入水箱，浆液中重物质如砂粒等将沉积于 U 形槽底部，在螺旋的推动下，砂粒沿斜置的 U 形槽底提升，离开液面后继续推移一段距离，砂粒和除砂浆液分别进入后续输送装置。

砂水分离机的沉淀装置和输砂装置为封闭式一体化结构，具有结构紧凑、质量轻、可靠性高、维修工作量少等特点。砂水分离器分离效率可达 96%～98%，可分离出粒径>0.2mm 的颗粒，直径>0.1mm 的砂砾去除率不低于 80%。

# 4.2　厨余垃圾预处理工艺

## 4.2.1　预处理目标

厨余垃圾具有有机质含量高、杂物成分复杂的特点，且根据垃圾分类工作的成效不同，会有较大的波动性；所以厨余垃圾的预处理工艺应充分考虑来料的复杂性，以满足后续厌氧消化工艺的要求。

① 去除厨余垃圾中的大件干扰物料，减少对设备稳定运行的影响。

② 对原料进行破碎、筛分，使其满足后续厌氧进料要求。

③ 预处理后进入后续干式厌氧的固相物料粒径不大于 40mm，含固率为 20%～35%。

④ 预处理后进入后续湿式厌氧的浆料粒径不大于 8mm，含固率为 6%～15%。

⑤ 对有回收价值的物料如油脂、金属、塑料等进行适当回收。

## 4.2.2 典型预处理工艺介绍

目前，国内已建成的厨余垃圾预处理工艺主要分为：

① 破碎+筛分+生物质分离（杭州天子岭厨余垃圾处理一期工程）；

② 破碎+两级筛分（青岛小涧西生化处理厂改扩建项目）；

③ 破碎+筛分+固液分离（上海生物能源再利用项目二期）；

④ 破碎+筛分+生物水解（上海嘉定区湿垃圾资源化处理项目）。

本节重点针对国内已建成并投入使用的典型厨余垃圾预处理工艺进行介绍，拟以杭州天子岭厨余垃圾处理一期工程、青岛小涧西生化处理厂改扩建项目、上海生物能源再利用项目二期、上海嘉定区湿垃圾资源化处理项目为典型案例进行介绍和分析。

### 4.2.2.1 破碎+筛分+生物质分离工艺

（1）工艺介绍

破碎+筛分+生物质分离工艺流程如图 4-21 所示，应用于杭州天子岭厨余垃圾处理一期工程，厨余垃圾经料斗接料+板式给料机输送+人工分选+滚筒筛+生物质分离机的全量化预处理后，有机质输送至厌氧消化产沼系统。该工艺主要由以下几个阶段组成。

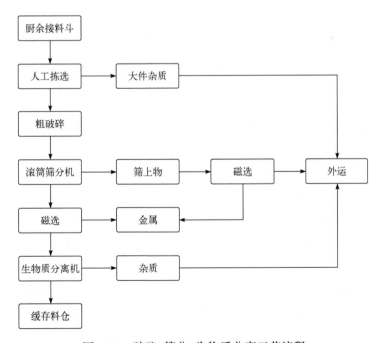

图 4-21 破碎+筛分+生物质分离工艺流程

1）接料

厨余垃圾收运车辆进厂后，首先通过电子汽车衡称重并记录，然后进入厨余垃圾预处理车间卸料大厅，运输车辆将厨余垃圾投入料斗中。料坑内的垃圾滤水及场地清洗水流入滤水集液池中暂存，然后泵送至污水收集池。

坑内的垃圾通过抓斗抓至进料斗中，并通过料斗底部的链板输送机输送至后续处理设备，每条厨余垃圾预处理生产线设置 1 台链板输送接料斗设备，用于接收垃圾原料，并通过接料斗底部设置的链板输送机将厨余垃圾原料投入后续拣选皮带机，出料通过皮带输送至后续分拣单元。

2）分选

厨余垃圾分选单元，垃圾通过板式给料机并经皮带提升将厨余垃圾提升至人工分拣平台，主要分拣对后续设备有干扰的大件物、惰性物，如石块、长条木块等。

分拣后的物料由螺旋输送机输送至 250mm 粗破碎机，随后进入破袋滚筒筛，塑料、纸张等大尺寸物质从筛上物筛出，破袋滚筒筛设置 120mm 筛孔，筛上物经磁选后外运，筛下物经磁选后进入 12mm 生物质分离机，进一步去除杂质，分离出物料中的有机物。

（2）工艺分析

1）预处理工艺的主要优点

① 采用滚筒筛+生物质分离机，将物料中绝大部分无机杂质去除，分选效果好；

② 采用两级磁选，充分回收物料中的金属物质，减少了对后续设备的磨损。

2）预处理工艺的主要不足

① 采用人工分拣，未实现全程机械化，环境控制一般；

② 在垃圾分类较差的情况下，采用生物质分离机容易堵塞，处理能力受限。

## 4.2.2.2 破碎+两级筛分工艺

（1）工艺介绍

破碎+两级筛分工艺流程如图 4-22 所示，应用于青岛小涧西生化处厂改扩建项目。收集到的厨余垃圾经接料系统后进入破碎机，将袋装的垃圾进行破碎，增大物料和后续处理设备的接触面积，破碎后的垃圾提升至滚筒筛，筛网孔径为 120mm，大于 120mm 的筛上物多为塑料袋、纸壳等高热值物料外运焚烧，筛下物主要为有机物及少量塑料、木竹等杂物，经磁选分选出金属后进入碟形筛。碟形筛筛孔孔径为 50mm，筛下物基本为有机质，送入干式厌氧中间储料仓，筛上物进入出渣间外运焚烧处置。

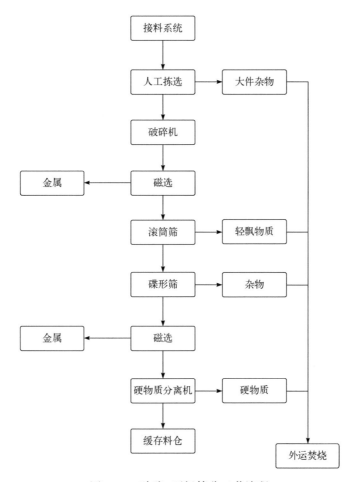

图 4-22　破碎+两级筛分工艺流程

该工艺主要由以下几个阶段组成。

1）接料

厨余垃圾经称重后进入卸料大厅，厨余垃圾卸料采用料坑。料坑内的厨余垃圾通过抓斗抓料至链板给料机，给料机末端设置均料器，通过皮带输送至人工拣选小屋，拣选后物料送至后续处理设备。人工分拣对象主要为易碎的瓶子、超大粒径杂质、砖石等大颗粒硬质杂质等。

厨余料坑中的滤水通过料坑侧壁的开孔自流至厨余滤水池，厨余滤水池中暂存的厨余滤水泵送入组合池，最终通过泵送入渗滤液处理厂。

2）破碎筛分

人工拣选后的物料用皮带输送机送入粗破碎机，使袋装厨余垃圾破袋，物料与后续的预处理设备充分接触，保证后续机械设备稳定运行。破碎后的物料在滚筒筛内筛分，经 120mm 的筛孔将物料分为 120mm 以上的物料（以无机杂质为主）及 120mm 以下的物料（以有机质及无机砂砾为主）。120mm 以上的物料外运焚烧处置，120mm 以下的物料设置碟形筛装置筛分，最大限度地将厨余垃圾中的有机物挑选出来，同时满足后续干式厌氧消化进料要求。

二级筛分选择孔径为50mm的碟形筛做精筛分。碟形筛通过多组并列同向转动的多角盘组对厨余垃圾进行上下翻滚式传送，转动的多角盘可有效将缠结的大物质进行破解拨散，并将大物质翻滚排出，剩余物料穿过多角盘组间的间隙直接掉入接料输送设备，实现厨余垃圾的有效分选。筛下物料经磁选筛分出金属，以保护后续输送设备的稳定运行。

碟形筛筛下物经过磁选后进入最后一道硬物质分离机，采用弹跳分选原理，硬物质（砂石等）回弹至一侧，其他物质（有机质为主）下落后随滚筒进入另一侧，进入后续的干式厌氧系统。

（2）工艺分析

1）预处理工艺的主要优点

① 能适应垃圾分类差的物料，运行稳定；

② 单线处理能力大。

2）预处理工艺的主要不足

① 采用人工拣选，未实现全机械化生产，环境控制一般；

② 粒径控制较大，最终厌氧进料依然包含部分无机物质，有机质分选效果相对较差；

③ 两级磁选分选出的金属物质中包含较多杂质。

### 4.2.2.3 破碎+筛分+固液分离工艺

（1）工艺介绍

破碎+筛分+固液分离工艺流程如图 4-23 所示，应用于上海生物能源再利用项目二期。厨余垃圾由运输车卸至垃圾料坑，由抓斗提升至垃圾进料斗，料斗内物料通过螺旋提升经磁选去除金属物质后进入粗破碎机，破碎后物料由螺旋进入碟形筛进行筛分，筛下物进入挤压脱水机，挤压固相进入干式厌氧系统，液相进入湿式厌氧系统。该工艺主要由以下几个阶段组成。

1）接料

厨余垃圾经称重后进入卸料大厅，厨余垃圾卸料采用料坑。料坑内的厨余垃圾通过抓斗进入进料螺旋。

厨余垃圾料坑中的滤水通过料坑侧壁的开孔，采用自动通孔设备流至厨余滤水池，厨余滤水池中暂存的厨余滤水泵送至滤水砂水分离器，滤水分离出砂石后进入后续湿式厌氧系统。

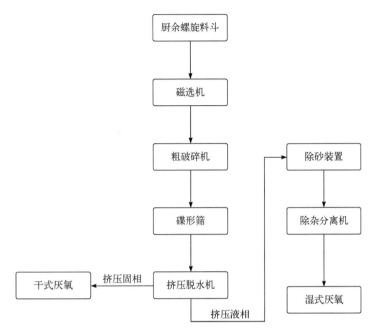

图 4-23　破碎+筛分+固液分离工艺流程

2）破碎

料斗内物料通过螺旋提升，经磁选去除金属物质后进入粗破碎机，将物料破碎至200mm。

3）筛分

经粗破碎磁选后的物料进入碟形筛，碟形筛筛孔尺寸为 40mm，筛上物直接进入出渣间，筛下物进入固液分离单元。

4）固液分离

为满足干式厌氧进料含水率的要求，碟形筛筛下物还需再经过一道挤压脱水机，挤压固相直接进入干式厌氧系统，粒径<5mm 的物料进入液相，经过后续除砂除杂后进入湿式厌氧系统。

（2）工艺分析

1）预处理工艺的主要优点

① 固液分离后固相和液相分别进入干式、湿式厌氧系统，充分利用物料中的有机质；

② 挤压液相经过除砂除杂，去除大部分杂质，有利于充分厌氧消化；

③ 进料首端采用磁选去除金属物质，最大限度减少了后续设备的磨损。

2）预处理工艺的主要不足

多半有机质进入挤压液相中，而挤压固相中包含许多难降解物质，导致后续厌氧消化难度加大。

厨余垃圾资源化工程设计与典型案例

### 4.2.2.4　破碎+筛分+生物水解工艺

（1）工艺介绍

破碎+筛分+生物水解工艺流程如图 4-24 所示，应用于嘉定区湿垃圾资源化处理项目。厨余垃圾接收滤水后，滤水进入厌氧发酵系统，厨余垃圾品质不佳时进入滚筒筛进行分选，筛上物焚烧处理，筛下物进入下一单元，常规工况厨余垃圾品质较好，可直接进入磁选、人工拣选，分离出的杂物填埋，金属出售，剩余物质与餐厨垃圾预处理中分离出的大块杂质一起进入生物水解反应器进行生物水解，生物水解后有机物大部分转化至浆液中，浆液经过螺旋挤压，制浆固渣焚烧处理，挤压出的浆液进行除渣除砂，沉砂填埋处理，除渣除砂后的浆液输送至湿式厌氧发酵系统。

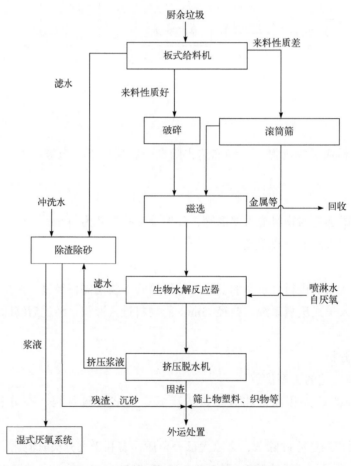

图 4-24　破碎+筛分+生物水解工艺流程

该工艺主要由以下几个阶段组成。

1）接料

厨余垃圾收运车辆进厂后，首先通过电子汽车衡称重并记录，然后进入厨余垃圾预

82

处理车间卸料大厅，运输车辆将厨余垃圾投入料斗中。料坑内的垃圾滤水及场地清洗水流入滤水集液池中暂存，然后泵送至污水收集池。

2）破碎筛分

料斗内物料通过螺旋提升进入粗破碎机，将物料破碎至 200mm。来料性质差时厨余垃圾先进入滚筒筛，筛上物直接进入出渣间，筛下物经过磁选后进入生物水解反应器。

3）生物水解

经过预处理后的厨余垃圾进入生物水解反应器进行生物水解，物料在反应器内的停留时间为 2～3d。生物水解反应器是一个卧式的、中间带缓慢搅拌装置、底部有渗漏栅格的设备，厌氧发酵后的沼液回流作为生物水解液。在生物水解反应器内部通过连续搅拌使微生物和垃圾充分接触，垃圾为微生物提供营养，在适宜温度下，生物水解反应器中酸化菌进行大量繁殖，酸化菌可以将垃圾中的复杂有机物、糖类、蛋白质、脂类等水解成简单溶解性有机物，简单溶解性有机物在酸化菌作用下进一步分解成脂肪酸、醇类、丙酸、丁酸、乙酸、乳酸等。在淋洗的作用下，垃圾中的小颗粒无机物、被酸化菌分解成的小颗粒有机物，以及酸类、醇类等被冲洗出生物水解反应器进入液相，从而实现垃圾的减量化。同时，有机物在这个过程中被酸化菌分解，主要以小颗粒有机物以及挥发性脂肪酸（VFA）等的形式进入液相，液相化学需氧量（COD）浓度增加，淋洗出来的液相进入浆液预处理单元。

垃圾经过生物水解后，通过螺旋输送机输送至挤压脱水机进行脱水处理。挤压脱水机可将水解后的固相物料挤压至含水率40%，挤压后固渣外运处置，同时挤压的过程中进一步把垃圾中的有机物转化至浆液中，提高有机物转化率。挤压脱水浆液与生物水解浆液经过除砂除杂后进入后续湿式厌氧系统。

（2）工艺分析

1）预处理工艺的主要优点

① 对有机物的回收率高；

② 主要利用生物水解作用，反应在常温常压下进行，能耗低，操作安全性好；

③ 处理皆在密闭的设备内进行，臭气易于控制，没有其他二次污染风险。

2）预处理工艺的主要不足

工艺流程环节较长，设备占地较大。

# 4.2.3　预处理主要设备介绍

## 4.2.3.1　粗破碎机

厨余垃圾处理中第一道程序往往面临破袋的需求，特别是针对采用袋装化厨余垃圾分类的区域；较传统破袋机，粗破碎机往往具备更强的通过能力，在垃圾袋被破碎的同时，垃圾袋等大尺寸惰性物质可维持较大的粒径，而有机质则被破碎机破碎，便于后续进一步筛分。

粗破碎机见图 4-25。

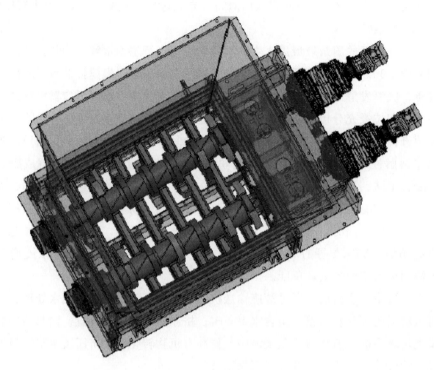

图 4-25　粗破碎机

### 4.2.3.2　滚筒筛

滚筒筛是较为常见的垃圾筛分设备，具有结构简单、粒径控制相对较好的优点。然而，近年来，随着垃圾分类质量的提高，各地厨余垃圾物料含水率普遍增高，滚筒筛分容易出现滑料问题。滚筒筛内部设置刀片可将袋装垃圾破袋，其对大袋破袋效果相对较好，但对小袋的破袋效果往往相对较差。因此，滚筒筛对于垃圾分类质量相对较差的区域，作为第一道筛分的粒径控制设备，其效果相对较好；但对于垃圾分类相对较好的区域，滚筒筛分的效果往往降低。滚筒筛的另一个弊端是其设备相对较大，占地及占用空间相对较大。滚筒筛见图 4-26。

滚筒筛作为一级筛分设备，其孔径通常选取 80～120mm，当物料中塑料杂质较多时可取大孔径；当塑料杂质相对较少时可取小孔径。

图 4-26　滚筒筛

### 4.2.3.3　碟形筛

碟形筛是近年来用于厨余垃圾筛分的新型设备，其通过不同的碟片组合而成，运行过程中，物料在筛面上弹跳输送，对于黏附垃圾的筛分效果相对较好，设备原理简单且故障率极低。但是，碟形筛对于过多长条形物料，容易出现物料缠绕问题，因此碟形筛往往作为二级筛分设备。对于厨余垃圾分类质量相对较好的区域，碟形筛可以作为第一道筛分设备。碟形筛见图 4-27。

图 4-27　碟形筛

### 4.2.3.4　生物质分离机

生物质分离机也是近年来广泛用于有机垃圾筛分的设备，与制浆分选一体机的工作原理类似。该设备集破碎与细分选功能于一体，杂物去除率高，有机物损失率低，其筛网是动态旋转的结构；动态的筛网能够将旋转的物料切削剥碎，使旋转的锤片线速度和物料旋转的速度永远存在一个速度差，其凭借处理能力强和优良的分离效率使其在业内独具特色。旋转滚筒筛网的结构为框架结构，筛网片为组合式安装，可任意组合安装，满足不同物料的特性，其中包含有各种各样的不同形状和质量的物料，设备可以组合不同孔径的筛网。生物质分离机见图 4-28。

图 4-28　生物质分离机

生物质分离机适用于垃圾分类较好的地区，可与粗破碎、碟形筛组合使用。

# 第5章
# 厌氧消化系统

▶ 厌氧消化系统概述
▶ 厌氧消化工艺设计与计算

# 5.1 厌氧消化系统概述

## 5.1.1 厌氧消化原理

自然界中，厌氧消化广泛存在，但发酵速度缓慢。采用人工方法，创造厌氧微生物所需的营养条件，使其在一定设备内具有很高的浓度，厌氧消化过程则可大大加快，称为厌氧消化工艺。

目前，常见的厌氧消化理论包括两阶段理论、三阶段理论和四阶段理论。

（1）两阶段理论

两阶段理论认为厌氧消化分别要经历产酸过程和产甲烷过程，产酸过程的主要参与菌种是产酸菌（厌氧和兼性厌氧菌），产甲烷过程的主要参与菌种是产甲烷菌（专性厌氧菌）。

（2）三阶段理论

三阶段理论认为厌氧消化分别经历水解、酸化（产氢和产乙酸）和产甲烷过程。该理论认为产甲烷菌只能利用乙酸、$H_2/CO_2$ 和甲醇，其他物质需要通过产氢产乙酸菌转化为乙酸、$H_2$ 和 $CO_2$ 等后，才能被产甲烷菌利用。

（3）四阶段理论

四阶段理论认为，除了水解发酵菌、产氢产乙酸菌、产甲烷菌（食氢产甲烷菌和食乙酸产甲烷菌）以外，还有一种同型产乙酸菌。它们可以将 $H_2$ 和 $CO_2$ 转化为乙酸。四个阶段分别为水解、酸化、产氢产乙酸和产甲烷阶段。

① 水解阶段，在微生物胞外酶作用下，颗粒态的高分子物质分解为小分子溶解态物质，如纤维素在纤维素酶作用下水解为纤维二糖与葡萄糖，淀粉被淀粉酶水解为麦芽糖和葡萄糖，蛋白质被蛋白酶水解成短肽与氨基酸等，这些物质能透过细胞膜被细胞利用。

② 酸化阶段是指水解阶段产生的小分子化合物在产酸菌作用下转化为更为简单的物质[如长链挥发性脂肪酸（VFA）、醇类、乳酸、二氧化碳、氢气、硫化氢、氨等]并分泌到细胞外。

③ 酸化阶段产物在产氢产乙酸阶段进一步转化为乙酸、氢气、碳酸以及细胞物质。

④ 乙酸、氢气、碳酸、甲酸、甲醇等在产甲烷阶段被转化为甲烷、二氧化碳和新的细胞物质。

每个阶段由不同功能、不同环境条件要求的微生物菌群完成，而不同阶段的各类菌群的代谢过程又相互影响、相互制约、紧密联系，形成复杂的生态系统。

## 5.1.2　厌氧消化工艺分类

厌氧消化工艺类型主要根据原料性质、含固率、运行温度、进料方式等参数确定。一般按照厌氧消化罐（反应器）的操作条件（如消化物的含固率、运行温度等），厌氧消化处理工艺可分为以下几类：

① 按照固体含量可分为湿式厌氧消化、干式厌氧消化。

② 按照温度可分为中温厌氧消化、高温厌氧消化。

③ 按照阶段数可分为单相厌氧消化、两相厌氧消化。

④ 按照进料方式可分为序批式厌氧消化、连续式厌氧消化。

### 5.1.2.1　湿式与干式厌氧消化工艺

（1）湿式厌氧消化

湿式厌氧消化工艺基于高浓度污水处理工艺发展而来，主要针对含水率90%以上的物料进行发酵产沼。该工艺主要特点是物料输送难度相对较低，同时较高的含水率有利于发酵过程中的物料混合，从而有效提高厌氧微生物的传质效率。然而湿式厌氧消化通常对物料预处理要求相对较高，其预处理过程要求对物料进行破碎并制浆，以满足输送、搅拌及发酵的要求。

湿式厌氧消化工艺流程见图 5-1。

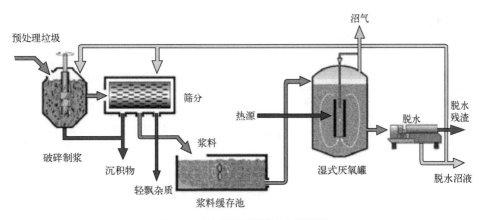

图 5-1　湿式厌氧消化工艺流程

（2）干式厌氧消化

干式厌氧消化工艺主要针对高含固率的物料的厌氧消化产沼。由于该工艺对物料输送、发酵搅拌、进出料设备要求相对较高，传统设备很难适应其物料要求，因此该工艺在形成初期应用较少。近年来，随着厌氧消化工艺设备的发展，特别针对湿式厌氧消化沼液污水处理量大、处理难度大，以及各国对污水处理标准要求越来越高的矛盾，国外有机垃圾逐渐采用干式厌氧消化替代传统湿式厌氧消化工艺。而相对湿式厌氧消化工艺，干式厌氧消化对物料预处理要求相对较低，发酵反应器规模相对小，且污水产量低，特别适合本身含固率较高的分类厨余垃圾和园林有机垃圾。干式厌氧消化反应器有卧式和立式，国内都有一定应用。

卧式干式厌氧消化工艺流程见图 5-2。

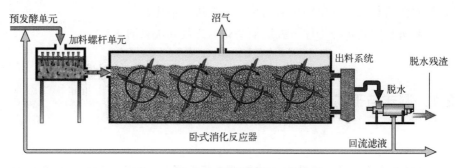

图 5-2  卧式干式厌氧消化工艺流程

（3）工艺对比

湿式厌氧消化工艺和干式厌氧消化工艺比较见表 5-1。

表 5-1  湿式和干式厌氧消化工艺比较

| 项目 | 湿式厌氧消化工艺 | 干式厌氧消化工艺 |
| --- | --- | --- |
| 进料性质 | 含固率宜为 8%～12% | 含固率宜为 30%～35% |
| 物料适应性 | 对物料的均匀性要求较高，预处理要求高，一般用于含水率较高的污泥及餐厨垃圾等 | 对物料的均匀性和预处理要求较低，能适应分类效果不好的有机垃圾 |
| 能耗 | 低 | 较高 |
| 设备技术国产化 | 成套技术相对成熟，设备基本实现国产化 | 预处理关键设备基本实现国产化，干式厌氧反应器关键设备以进口为主 |
| 产气率 | 单位体积产气率较低 | 单位体积产气率高 |
| "三废" | 水的耗量大，产生的沼液量也大 | 水的耗量和热耗较小，产生废水的量较少 |

湿式厌氧消化和干式厌氧消化在西欧发达国家广泛应用，其处理规模见图 5-3。

由图 5-3 可以看出，两种厌氧消化工艺各有千秋，在欧洲干式厌氧消化技术应用相对多些。

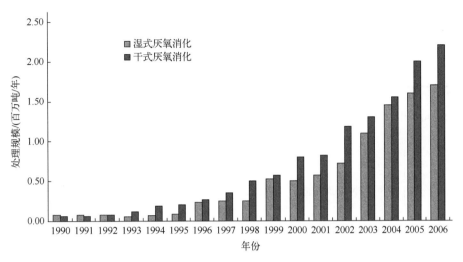

图 5-3　干式和湿式厌氧消化处理规模

来源：Baere L D . Will anaerobic digestion of solid waste survive in the future[J]. Water Science & Technology A Journal of the International Association on Water Pollution Research, 2006, 53（8）:187-194.

　　由于湿式厌氧消化过程中发酵设备中物料含固率低于干式厌氧消化，预处理设施和发酵设备需要的空间更大，设备费用也更高，而干式厌氧消化物料含固率高，具有更高的有机负荷率和产气效率，对混合收集的生活垃圾处理效果更好，沼液产量相对较低。

　　根据国内外类似项目经验，单一餐厨垃圾由于含水率较高，较多采用湿式厌氧消化工艺，单一厨余垃圾由于含水率较低，采用干式厌氧消化工艺较普遍，而对餐厨垃圾与厨余垃圾混合处理，则需根据物料的特性综合分析确定。

## 5.1.2.2　中温与高温厌氧消化工艺

　　厌氧消化是微生物分解有机物的过程，温度作为影响微生物生命活动过程的重要因素，主要是通过影响酶活性来影响微生物的生长速率和基质的代谢速率。在厌氧消化应用的三个温度范围（常温 20～25℃，中温 30～40℃，高温 50～55℃），中温和高温消化是生化速率最高和产气率最大的区间。

　　中温和高温厌氧消化比较见表 5-2。

表 5-2　中温和高温厌氧消化比较

| 项目 | 中温 | 高温 |
| --- | --- | --- |
| 温度范围 | 30～40℃ | 50～55℃ |
| 优点 | （1）应用广泛；<br>（2）运行稳定；<br>（3）后续水处理无须考虑降温措施 | （1）容积负荷高、消化时间短；<br>（2）产气率高 |

续表

| 项目 | 中温 | 高温 |
|---|---|---|
| 缺点 | （1）消化时间长；<br>（2）温度控制要求相对较低 | （1）运行稳定性较差；<br>（2）温度控制要求严格 |

中温和高温厌氧消化在西欧发达国家广泛应用，其处理规模见图 5-4。

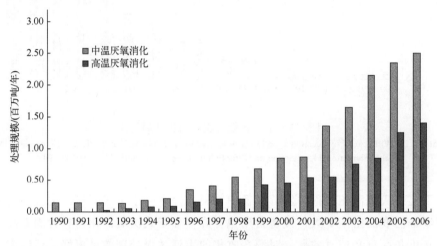

图 5-4　中温和高温厌氧消化处理规模

来源：Baere L D . Will anaerobic digestion of solid waste survive in the future[J]. Water Science & Technology A Journal of the International Association on Water Pollution Research, 2006, 53（8）:187-194.

由图 5-4 可以看出，两种厌氧消化工艺各具特色，也都有广泛应用，中温厌氧消化应用相对更多一些。

国内餐厨垃圾具有含油率高的特点，其在预处理过程中通常需进行油水分离，以利于毛油的资源化利用从而提高经济效益。在实现油水分离的过程中，需要将物料加热至50～90℃，如果采用中温厌氧消化，反而需要将物料进一步降温以满足中温厌氧消化对温度的要求。因此，从节能的角度，国内有些项目比如重庆黑石子和宁波开诚餐厨垃圾处理厂等均在后端厌氧工段采用高温厌氧消化工艺。

相比高温厌氧消化，中温厌氧消化需要的反应时间长，消化过程需要的空间及设备均大于高温厌氧消化，但其运行费用较低，系统稳定性高于高温厌氧消化，因此，国内采用中温厌氧消化的处理厂也逐渐增多。

## 5.1.2.3　单相与两相厌氧消化工艺

单相厌氧消化工艺的产酸相和产甲烷相在同一个处理单元中进行。两相厌氧消化本质特征是实现了生物相的分离，即产酸相和产甲烷相分成两个独立的处理单元，通过调控两个单元的运行参数，形成产酸发酵微生物和产甲烷发酵微生物各自的最佳生态条件，从而形成完整的发酵过程，大幅度提高了废物的处理能力和工艺运行的稳定性。

单相和两相厌氧消化比较见表 5-3。

表 5-3　单相和两相厌氧消化比较

| 项目 | 单相 | 两相 |
|---|---|---|
| 优点 | （1）投资少；<br>（2）易控制 | （1）系统运行稳定；<br>（2）提高了处理效率；<br>（3）加强了对进料的缓冲能力 |
| 缺点 | 反应器可能出现酸化现象导致产甲烷菌受到抑制，厌氧消化过程正常进行受到影响 | （1）投资高；<br>（2）运行维护复杂，操作控制困难 |

单相和两相厌氧消化在西欧发达国家广泛应用，其处理规模见图 5-5。

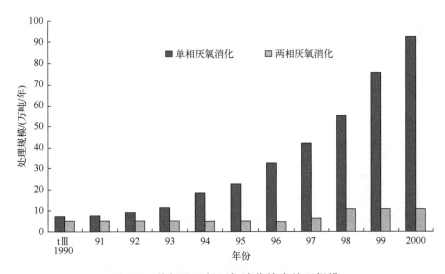

图 5-5　单相和两相厌氧消化技术处理规模

来源：Baere L D . Will anaerobic digestion of solid waste survive in the future[J]. Water Science & Technology A Journal of the International Association on Water Pollution Research, 2006, 53（8）:187-194.

欧洲厌氧消化技术一直处于全球领先地位，从近年来单相厌氧消化和多相厌氧消化的应用情况可知，在欧洲有机垃圾厌氧消化处理工程中，单相厌氧消化工艺占绝大多数，而且呈现出逐年增加的趋势。

从国内实际工程应用统计来看，由于两相厌氧消化系统需要更多的投资，以及运行维护也更为复杂，因此两相厌氧消化技术应用很少。此外，对于大部分有机垃圾而言，只要设计合理、操作适当，单相系统与两相系统具有相同的功能，国内目前已建的厌氧消化厂也基本采用单相厌氧消化工艺。

#### 5.1.2.4　序批式与连续式厌氧消化工艺

序批式是将垃圾分批次投入厌氧反应器中,接种后密闭直到垃圾降解完全再投入另一批新物料。

连续式是将新垃圾和降解完全的垃圾分别连续地投入和排出厌氧反应器。

序批式反应器的缺点是气体主要在消化后期产生,气体产生随时间分配不均匀,反应器容积利用率低。同时,序批式系统通常比连续式系统占地面积大。针对厨余垃圾的厌氧消化,目前大多采用连续式进料工艺。

## 5.1.3　影响厌氧消化效率的因素

厌氧消化是一种普遍存在于自然界的生物学过程,是一个复杂的微生物降解有机物质的过程。有机垃圾厌氧消化过程的影响因素比较复杂,大体可分为环境因素和工艺操作因素,其中,环境因素的影响主要通过微生物作用,是影响厌氧消化的根本因素。工业化的厌氧消化工艺通常需要人工控制厌氧消化所需要的营养条件和环境条件,以保证整个发酵过程快速、高效、稳定进行。

### 5.1.3.1　温度

温度是影响厌氧消化的重要因素,厌氧消化中的微生物对温度的变化非常敏感,温度的突然变化会影响产气性能,维持温度恒定对厌氧消化有重要意义。目前厌氧消化工艺研究主要以中温与高温为主,中温工艺多在 30～40℃之间,高温工艺多在 50～60℃之间。一般来说,在 5～75℃范围内,温度越高,厌氧菌代谢越快。因此,高温消化较中温消化反应速率快得多,微生物代谢功能更强,高温系统效能更高。但是,高温厌氧消化系统对温度的波动更敏感,对温度的小波动需要很长时间适应;中温厌氧消化系统在系统波动±3℃范围内,不会引起明显的气体产率下降。温度较高同时增加了氨氮抑制的可能性,氨氮毒性随着温度的升高而增强,还可能引起不同阶段速率的不平衡导致系统紊乱。

### 5.1.3.2　pH 值

pH 值对有机垃圾厌氧消化的控制非常重要,pH 值的变化能够影响微生物的细胞膜电荷的产生，从而影响其代谢中的酶活性。不同的厌氧消化菌群对 pH 值的要求不同，产酸菌的适宜 pH 值在 5.2～6.3 之间，产甲烷菌的适宜 pH 值在 6.7～7.5 之间。总的来说，厌氧系统的 pH 值应该维持在 6.8～7.8 之间。

在正常情况下，沼气发酵过程中的 pH 值变化是一个自然平衡过程，一般不需要进行人为调节，依靠原料进料本身可维持厌氧消化所需的 pH 值。但是，如果进料浓度过高，系统的冲击负荷过大容易导致酸化，发酵过程会受到抑制。在厌氧消化过程中，可通过每天对 pH 值进行检测来判断厌氧消化是否正常进行，pH 值能够及时、快速地反映厌氧反应器的运行情况，如果酸性过大，可在发酵液中加入适量的石灰；如果碱性过大，则应及时投加新鲜的消化基质和水并排出部分消化物。

### 5.1.3.3　营养物与微量元素

在厌氧消化中，为了满足厌氧微生物的生长代谢，需要一定的营养物质，在工程中，主要反应原料需要一定的碳、氮、磷比例。参与生物处理的微生物不仅要从反应的浆料中吸收营养物质以取得能源，而且要用这些营养物质合成新的细胞物质。合成细胞物质的主要化学元素为 C、H、O、N、S、P。其中，C、H、O、S 比较易于从浆料中获得，因此营养物一般重点关注 N 和 P 的配比。

此外，大多数厌氧微生物不具有合成某些必要的维生素或氨基酸的功能，为了保证微生物的增殖，还需要补充形成细胞或非细胞的金属配合物所必需的营养元素，如钾、钠、钙等金属盐类。而镍、铝、铬、钼等微量元素，可提高若干酶系统的活性，增加产气量。

### 5.1.3.4　物料特性

有机垃圾厌氧消化性能不仅与工艺有关，而且很大程度上受物料性质的影响，如垃圾中水分含量、有机物质的组成、有机负荷、营养元素含量及比例、颗粒尺寸等。物料性质不仅会影响产气潜能与气体组成，而且在很大程度上决定了反应器构造、物料停留时间等。

有机负荷是厌氧消化过程中的重要指标，如果厌氧反应器的有机负荷太低，营养物质不足，会导致产甲烷菌处于饥饿状态，反应器效率降低；如果反应器的有机负荷太高，会导致微生物处于超负荷状态，往往会出现酸化速度大于甲烷化速度的结果。

有机垃圾的生物降解性及降解的难易程度主要取决于垃圾中碳水化合物、脂肪、蛋白质以及纤维素类等有机物质的含量及相对比例。

物料碳氮比是影响厌氧消化过程的另一个重要因素，其中的碳主要包括生物可降解的有机碳。碳氮比太高，会导致厌氧微生物生长代谢氮素的缺乏，使细胞的降解能力减弱，消化液的缓冲能力低，VFA 容易积累；碳氮比太低，则可能会导致氨氮浓度太高，对微生物具有毒性作用。

有机垃圾的颗粒尺寸大小对厌氧消化速率有重要的影响，特别是水解为限速步骤时，颗粒尺寸的影响更显著。颗粒尺寸越小，生物酶与物料的接触面积越大，降解速率越快。

### 5.1.3.5　抑制性或毒性物质

在厌氧消化中，某些原料中含有抑制消化反应的抑制性或毒性物质，这些有毒物质会抑制微生物的生长，破坏系统的正常运行，应加以控制。一般有毒物质可以分为以下几种：a. 金属元素；b. 硫化物和氰化物；c. 氨氮及有机酸；d. 重金属；e. 某些人工合成有机物。这些有毒物质对厌氧消化的毒性作用是相对的，当在一定范围内时可以促进厌氧消化作用，而当浓度超过一定范围时则出现抑制或毒害作用。

### 5.1.3.6　其他

除以上主要影响厌氧消化的因素外，厌氧消化还受接种物、促进剂、氧化还原电位、长链脂肪酸、操作工艺（如搅拌与否、水力停留时间、反应类型等）等多种因素的影响。

## 5.1.4　典型厌氧消化工艺介绍

### 5.1.4.1　湿式厌氧消化工艺

目前国内外较为成熟的湿式厌氧消化工艺有全混式厌氧反应器（CSTR）、升流式厌氧污泥床（UASB）、升流式污泥反应器（USR）、厌氧生物滤池（UBF）等工艺。几种工艺的比较见表 5-4。

表 5-4 几种主要厌氧工艺的比较

| 项目 | CSTR | UASB | USR | UBF |
|---|---|---|---|---|
| 原料范围 | 所有类型有机原料 | 高 COD 污水 | 猪粪 | 垃圾渗滤液等高 COD 污水 |
| 原料总固体浓度/% | 6～12 | <2 | 3～5 | <2 |
| 水力停留时间/d | 10～30 | 1～5（因进水 COD 不同有差异） | 8～15 | 约 13 |
| 单位能耗 | 低 | 高 | 中等 | 中等 |
| 单池容积/m³ | 300～3000 | 200～3000 | 200～2000 | 200～3000 |
| 操作难度 | 中等 | 中等 | 中等 | 中等 |
| 产气率/（m³/kg） | 0.8～1.0 | 0.3～0.8 | 0.4～1.2 | 约 0.875 |
| 经济效益 | 较高 | 较低 | 偏低 | 较高 |

餐厨垃圾中有机物、油脂含量高，采用 UASB、USR 工艺，如果有少量油脂进入，液面上部会形成油脂累积从而影响沼气的收集；UBF 整合了升流式厌氧污泥床（UASB）与厌氧滤池（AF）的技术优点，相当于在 UASB 装置上部增设 AF 装置，将滤床（相当于 AF 装置，内设填料）置于污泥床（相当于 UASB 装置）的中上部，由底部进水，于上部出水并集气，消化效率高，但 UBF 布水系统及填料部分容易结垢堵塞，甚至导致反应器崩溃。CSTR 工艺为全混式厌氧反应装置，无传统的三相分离器，结构简单，利用搅拌方式可以实现物料混合均匀，避免分层，与微生物充分接触，耐物料浓度冲击负荷能力强，避免油脂上浮、结壳。CSTR 是国内外目前主流湿式厌氧反应器。

## 5.1.4.2 干式厌氧消化工艺

目前，国外干式厌氧消化主流技术包括瑞典的 Kompogas 工艺系统、奥地利 Thöni 公司的隧道窑干式发酵系统（TTV）、德国林德公司的 BRV 工艺系统、法国 Valorga International S.A.S 公司的仓筒型干发酵系统、比利时 OWS 公司的渗滤液储存桶型干发酵系统等大型沼气干发酵系统。以上几种干式厌氧消化在国外均已投入生产性应用，并已进行规模化的沼气生产。

（1）卧式水平推流式发酵系统

1）瑞典的 Kompogas 工艺介绍

① 提供公司 瑞典 Axpo 公司。

② 处理对象 园林废物、生物质废物、混合收集中的有机物、厨余垃圾等。

③ 工艺流程及厌氧设备 厌氧消化对象经过破碎、筛分和磁选后进入厌氧罐进行

厌氧消化。工艺流程和厌氧设备如图 5-6 和图 5-7 所示。

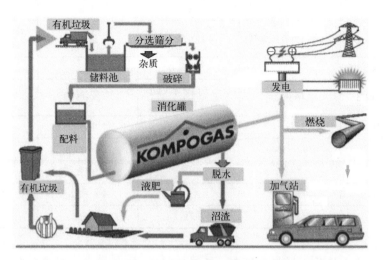

图 5-6　Kompogas 工艺流程

图 5-7　Kompogas 厌氧设备

④ 进料出料及罐内物料运移方式　进料通过转子泵连续投料，罐内通过一根长搅拌轴，转速 2～3r/min，横向搅拌并推动物料，物料以水平柱塞流形式运移；出料为搅拌轴推到出料口，跌落入出料槽，无轴螺杆提升输出。用泵排出消化残余物，约 1/3 的出料回流至进料端用于接种微生物。

⑤ 厌氧消化参数　进料尺寸<8cm；温度为 55℃；停留时间为 14～18d；罐内物料平均总固体含量约为 25%；容积负荷为 6～12kg/（m³·d）；厌氧罐容积有 1300m³ 和 1500m³ 两种类型；业绩，全球范围已建成 75 座应用 Kompogas 工艺的工厂。

2）奥地利 Thöni 公司的 TTV 工艺

① 提供公司　奥地利 Thöni 公司。

② 处理对象　生活垃圾中有机质部分、餐厨垃圾。

③ 工艺流程及厌氧设备　厌氧消化物料经过筛分和磁选后进入厌氧罐进行厌氧消化。工艺流程和厌氧设备如图 5-8 和图 5-9 所示（书后另见彩图）。

图 5-8　TTV 工艺流程

图 5-9　TTV 厌氧设备

④ 进料出料及罐内物料运移方式　通过柱塞泵连续进料；罐内通过一根长搅拌轴，转速 1/3r/min，横向搅拌混合物料，物料以水平柱塞流形式运移；出料口在发酵罐底部，利用柱塞泵出料。约 30% 的出料回流以供接种微生物。

⑤ 厌氧消化参数　进料尺寸<8cm；温度为 55℃；停留时间约为 20d；进料总固体含量最佳为 33%，最低不小于 25%；出料总固体含量：约为 20%（进料总固体含量 33%

时）；容积负荷约为 7kg/（m³·d）；罐的有效容积为 1400～2250m³；业绩，世界范围已建成 12 座应用 TTV 工艺的工厂。

3）德国林德公司的 BRV 工艺

① 提供公司　德国林德公司。

② 处理对象　生物质废物、污泥、粪便、城市生活垃圾（MSW）中的细组分、有机食品废物、农业废物、庭院废物。

③ 工艺流程及厌氧设备　厌氧消化对象经过破碎、筛分和磁选后进入厌氧罐进行厌氧消化。工艺流程如图 5-10 所示。

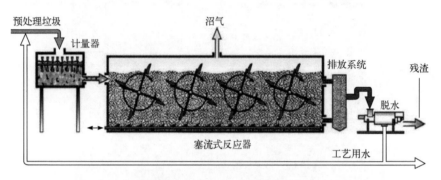

图 5-10　BRV 工艺流程

④ 进料出料及罐内物料运移方式　通过螺旋输送机连续进料；罐内设有 5～8 个搅拌器，搅拌器慢速旋转，纵向搅拌并推动物料，物料以水平推流形式运移；出料为搅拌轴推到出料口（设上下两个），用真空泵抽出物料。

⑤ 厌氧消化参数　进料尺寸<6cm；温度为 55℃；停留时间为 21～29d；进料总固体含量为 20%～35%；罐内物料平均总固体含量为 16%～27%；出料总固体含量为 16%～20%；容积负荷为 7～10kg/（m³·d）；罐的有效容积为 1900m³；业绩，世界范围已建成 26 座应用 BRV 工艺的工厂。

（2）立式干式厌氧工艺

1）法国气体搅拌的 Valorga 工艺

① 提供公司　法国 Valorga International S.A.S 公司。

② 处理对象　生活垃圾、农业垃圾、工业有机垃圾、餐厨垃圾、厨余垃圾、污泥等。

③ 工艺流程及厌氧设备　厌氧消化对象经过破碎、筛分和磁选后进入厌氧罐进行厌氧消化。工艺流程和厌氧设备如图 5-11（书后另见彩图）和图 5-12 所示。

④ 进料出料及罐内物料运移方式　柱塞泵进料，每天进料一次，一次进料数小时，从圆柱形罐的一侧进入，利用脉冲注入压缩的天然气混合，压缩天然气 5～8atm（1atm=101325Pa），物料经过罐体中心后从罐的另一侧由螺旋输送或柱塞泵出料。

| | |
|---|---|
| 预制圆柱型混凝土罐体 | 沼气从顶部收集 |
| 内部垂直隔离墙设计 | 外表面覆盖有保温材料 |
| 连续的单阶段生化工艺 | 中温或高温运行 |
| 物料循环 | 无相分离，不易产生沉淀 |
| 底部进料/底部出料 | 立式搅拌沼气循环 |

图 5-11　Valorga 工艺流程

图 5-12　Valorga 厌氧设备

⑤ 厌氧消化参数　进料尺寸<6cm；温度为 35℃或 55℃；停留时间约为 15d（55℃）或 30d（35℃）；进料总固体含量约为 40%；罐内物料平均总固体含量为 25%～35%；容积负荷为 6～11kg/（m³·d）；罐的有效容积为 4200m³；业绩，欧洲已建成 17 座应用 Valorga 工艺的工厂。

2）比利时 Dranco 工艺

① 提供公司　比利时 OWS 公司。

② 处理对象　餐厨、园林、厨余等有机垃圾。

③ 工艺流程及厌氧设备　厌氧消化对象经过破碎、筛分和磁选后进入厌氧罐进行

厌氧消化。工艺流程和厌氧设备如图 5-13 和图 5-14 所示。

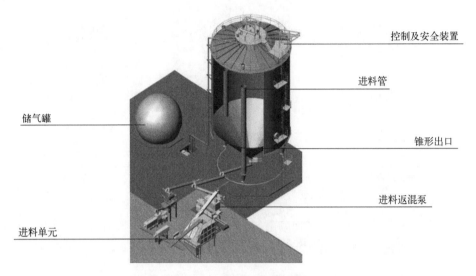

控制及安全装置

进料管

储气罐

锥形出口

进料返混泵

进料单元

图 5-13　Dranco 工艺流程

图 5-14　Dranco 厌氧设备

④ 进料出料及罐内物料运移方式　进料与厌氧罐出料按（5∶1）～（8∶1）比例混合后，用柱塞泵将物料运送至圆柱形消化器顶部进料，物料在厌氧消化器中垂直向下运移，消化罐在底部出料。因此，实际上物料单次在厌氧消化罐中停留时间约 3d，但由于大物料回流，使其重复在发酵罐中移动 6～7 次，从而使得总的停留时间约 20d。

⑤ 厌氧消化参数　进料尺寸<4cm；温度为 35℃或 55℃；停留时间约为 20d（55℃）或 30d（35℃）；进料总固体含量约为 32%；罐内物料平均总固体含量为 20%～35%；容积负荷为 5～10kg/（$m^3 \cdot d$）；罐的有效容积为 3275$m^3$；业绩，欧洲已建成 16 座应用 Dranco 工艺的工厂，亚洲已建成 3 座应用 Dranco 工艺的工厂。

## 5.1.4.3　干式厌氧消化工艺对比分析

干式厌氧消化工艺对比分析见表 5-5。

**表 5-5　干式厌氧消化工艺对比分析**

| 项目 | Kompogas 工艺 | TTV 工艺 | BRV 工艺 | Valorga 工艺 | Dranco 工艺 |
|---|---|---|---|---|---|
| 公司 | 瑞典 Axpo 公司 | 奥地利 Thöni 公司 | 德国林德公司 | 法国 S.A.S 公司 | 比利时 OWS 公司 |
| 接收垃圾 | 园林废物、混合收集中的有机物、餐厨垃圾、厨余垃圾等；需缓存设施 | 生活垃圾中有机质部分、餐厨垃圾；需缓存设施 | 污泥、粪便、MSW 中的细组分、有机食品废物、农业废物、庭院废物；需缓存设施 | 生活垃圾、农业垃圾、工业有机垃圾、餐厨垃圾、厨余垃圾、污泥等；不需要缓存设施 | 餐厨、园林、厨余等有机垃圾；不需要缓存设施 |
| 进料含固率 | 20%～40% | 25%～40%，最佳 33%，最低不小于 25% | 15%～40% | 35%～40%，一般要求进料含固率不低于 35%，在高于 40% 时需要稀释 | 20%～32% |
| 罐中含固率 | 约 25% | 20%～33% | 16%～27% | 约 25%，罐内含固率到 20% 时回流脱水污泥 | 12%～20% |
| 出料含固率 | 约 20% | 约 20% | 16%～20% | 20%～25% | 最低约 12% |
| 容积负荷 | 6～12kg/（m³·d） | 约 7kg/（m³·d） | 7～10kg/（m³·d） | 6.5～8kg/（m³·d） | 5～10kg/（m³·d） |
| 预处理 | 筛分、磁选、调含水率 | 筛分、磁选、调含水率 | 破碎、筛分、磁选、调含水率 | 破碎、筛分、脱水、磁选 | 破碎、脱水、磁选 |
| 处理粒径 | <80mm，进料要求宽 | <80mm，≥250mm 物料<10%，杂物含量<10%，进料要求宽 | <60mm，杂物含量<8%，进料要求较宽 | 一般要求<60mm，≥50mm 塑料<1%，织物、木材<0.5%TS，其他<0.2%，20mm 以下，其他杂物含量<10%，进料要求严格 | <40mm，杂物含量尽量去除，进料要求严格 |
| 进料方式及位置 | 首端顶部转子泵连续进料 | 首端顶部柱塞泵连续进料 | 首端顶部柱塞泵或螺旋连续进料 | 柱塞泵进料，圆柱罐底部一侧进入，一天进料一次，进料连续 | 进料与厌氧罐出料按 5：1～8：1 比例混合后，用水泥泵将物料运送至圆柱形消化器顶部进料 |
| 出料方式及位置 | 尾端下部跌落，无轴螺杆运输出料，1/3 出料回流 | 尾端下部跌落，柱塞泵运输出料，30%出料回流 | 尾端上下两出料口，用真空泵抽出物料 | 圆柱罐底部另一侧出料，重力出料，出料连续；压榨机前段压力 70～80kPa，上、中、下三个位置出料效果好，不易堵塞 | 消化罐在底部出料，出料效果好，不易堵塞 |

续表

| 项目 | | Kompogas 工艺 | TTV 工艺 | BRV 工艺 | Valorga 工艺 | Dranco 工艺 |
|---|---|---|---|---|---|---|
| 反应器 | | 水平柱塞流卧式消化器 | 水平柱塞流卧式消化器 | 水平推流卧式消化器 | 水平推流立式消化器 | 立式柱塞流消化器 |
| 温度 | 中温 | — | — | — | 35℃ | 35℃ |
| | 高温 | 55℃ | 55℃ | 55℃ | 55℃ | 55℃ |
| 停留时间 | 中温 | — | — | — | 约 30d | 约 30d |
| | 高温 | 14～18d | 约 20d | 21～29d | 约 15d | 22～28d |
| 搅拌方式 | | 机械横向搅拌 | 机械横向搅拌 | 机械纵向搅拌 | 气体射流搅拌、生物气压力 8bar | 柱塞泵反混 |
| 厌氧罐容积 | | 1400～2100m³ | 1400～2250m³ | 1900m³ | 1300～4500m³ | 2300～3000m³ |

注：1bar=0.1MPa。

# 5.2 厌氧消化工艺设计与计算

## 5.2.1 设计参数

根据厌氧反应器罐内含固率的不同，可分为湿式厌氧消化、干式厌氧消化和半干式厌氧消化。厌氧消化工艺类型的选择应根据垃圾的特性、当地条件经过经济技术比较后确定。

各类型厌氧消化工艺常规设计参数见表 5-6。

表 5-6  各类型厌氧消化工艺常规设计参数

| 序号 | 指标 | 湿式厌氧消化 | 干式厌氧消化 | 半干式厌氧消化 |
|---|---|---|---|---|
| 1 | 罐内含固率/% | <5 | ≥15 | 5～15 |
| 2 | 进料含固率/% | 8～12 | 25～35 | 12～30 |
| 3 | 有机负荷/[kg/（m³·d）] | 2～4 | 5～7 | 4～6 |

注：有机负荷与消化温度相关。

国内厨余垃圾所采用的厌氧消化工艺以湿式厌氧消化为主，部分在运行厨余垃圾处理厂湿式厌氧消化系统设计有机负荷和实际运行有机负荷见表 5-7。

**表 5-7　国内厨余垃圾处理厂湿式厌氧消化系统有机负荷**

| 项目 | 发酵温度 | 设计有机负荷/[kg/（m³·d）] | 运行有机负荷/[kg/（m³·d）] |
|---|---|---|---|
| 上海浦发餐厨一期 | 中温 | 2.0～3.0 | 2.3～2.5 |
| 上海老港生物能源再利用一期 | 中温 | 1.8～2.5 | 2.3～2.6 |
| 杭州天子岭餐厨一期 | 中温 | 2.0～2.5 | 2.0～2.3 |
| 杭州萧山餐厨 | 中温 | 2.1～2.4 | 2.3～2.5 |
| 常州餐厨一期 | 中温 | 2.6～3.0 | 2.0～2.6 |
| 重庆永川餐厨 | 高温 | 3.0～3.5 | 2.8～3.3 |
| 重庆綦江餐厨 | 高温 | 3.0～3.5 | 2.6～3.0 |

## 5.2.2　厌氧消化罐工艺计算

（1）厌氧反应器容积

厌氧消化器的总有效容积宜根据有机负荷计算：

$$V = \frac{QT_0S_0 \times 1000}{U_v}$$

式中　$V$——反应器有效容积，m³；

　　　$Q$——每日进料量，t/d；

　　　$T_0$——进料 $T_s$，%；

　　　$S_0$——进料 VS，%；

　　　$U_v$——有机容积负荷，kg/（m³·d）。

（2）沼气产量

沼气产量可按下式计算：

$$Q_a = QT_0(S_0 - S_e)\eta$$

式中　$Q_a$——沼气产量，m³/d；

　　　$Q$——每日进料量，t/d；

　　　$T_0$——进料 $T_s$，%；

　　　$S_0$——进料 VS，%；

　　　$S_e$——出料 VS，%；

　　　$\eta$——沼气产率，m³/kg，厨余一般取 0.8～1.0m³/kg。

沼气产率与原料组分密切相关，不同类型有机物的元素组成比例不同，造成其沼气产率的不同，厨余垃圾中各种有机固体的甲烷产率见表 5-8。根据上海市餐厨垃圾实测有机物组分，测算餐厨垃圾沼气产率及甲烷含量见表 5-9。经测算，上海市餐厨垃圾理论沼气产率为 0.88m³/kg，沼气中甲烷含量为 60%。

表 5-8　厨余厌氧消化过程各种有机固体的甲烷产量关系

| 有机固体 | 沼气产率/（m³/kg） | 甲烷含量（体积分数）/% | 甲烷产率/（m³/kg） |
|---|---|---|---|
| 糖类 | 0.830 | 50 | 0.415 |
| 蛋白质 | 0.764 | 69 | 0.527 |
| 脂肪 | 1.425 | 70 | 0.98 |
| 木质素 | 1.600 | 75 | 1.200 |

表 5-9　上海市餐厨垃圾沼气及甲烷产率测算表

| 有机固体 | 原料组分/% | 浆液组分/% | 沼气产率/（m³/kg） | 甲烷产率/（m³/kg） | 甲烷含量/% |
|---|---|---|---|---|---|
| 糖类 | 46.13 | 52.0 | 0.432 | 0.216 | 50 |
| 蛋白质 | 21.90 | 24.7 | 0.189 | 0.130 | 69 |
| 脂肪 | 16.22 | 18.3 | 0.261 | 0.182 | 70 |
| 其他 | 15.75 | 5.0 | — | — | — |
| 合计 | 100 | 100 | 0.882 | 0.528 | — |

注：1. 表中质量占比均为干基。
　　2. 表中计算按餐厨垃圾预处理制浆除杂后杂质含量 5% 计，糖类：蛋白质：脂肪的比例同原料比例计。

（3）厌氧反应器气相部分压力

厌氧反应器设计压力应根据工作液面高度和气相部分工作压力确定，且不应小于工作液面的高度对应的水压，部分的输出工作压力按下式计算：

$$P \geqslant P_{cq} + \Delta P_y + \Delta P_j + \Delta P_{jh}$$

$$\Delta P_y = \frac{\lambda}{d} \times l \times \frac{\rho v^2}{2}$$

$$\Delta P_j = \zeta \times \frac{\rho v^2}{2}$$

式中　$P$——厌氧反应器气相部分工作压力，Pa；

　　　$P_{cq}$——气柜额定工作压力，Pa，常规设置工作压力为 500～1000Pa，最大储气量越小，工作压力越大；

　　　$\Delta P_y$——管路沿程阻力，Pa；

　　　$\Delta P_j$——管路局部阻力，Pa；

　　　$\Delta P_{jh}$——净化装置阻力，Pa；

　　　$\lambda$——摩擦系数；

　　　$l$——管路长度，m；

　　　$\zeta$——局部阻力系数；

　　　$\rho$——沼气密度，kg/m³；

$v$——管道内沼气流速，m/s；

$d$——沼气管道内径，m。

沼气净化装置各设施参考压损见表5-10。

表 5-10 沼气净化装置各设施参考压损

| 序号 | 净化设施 | 参考压损/Pa | 备注 |
|---|---|---|---|
| 1 | 颗粒过滤器 | 100～200 | |
| 2 | 双膜气柜 | 100～200 | 包含进气管道、出气管道、阀组压损 |
| 3 | 生物脱硫 | 500～1200（运行良好）；1200～3000（堵塔情况） | 硫化氢荷载过高时，会发生细菌生长繁殖过多细菌挂膜厚度过厚，或发生硫黄堵塞填料等情况，压损会大幅提高 |
| 4 | 碱洗脱硫 | 约2000（运行良好）；约4000（堵塔情况） | |
| 5 | 干法脱硫 | 100～500（清洁环境）；500～1200（运行环境） | 初期压损较小，随着氧化铁填料中生成硫黄堵塞填料，压损会逐渐升高 |
| 6 | 冷干机 | 600～1500 | 取决于其管壳式换热器内部的换热管数量、直径、布局和加工工艺情况 |
| 7 | 陶瓷过滤器 | 1000～1500 | 取决于陶瓷滤芯或布袋滤芯的孔隙率情况 |

## 5.2.3 加热及保温系统设计

厌氧消化反应器应设置加热保温装置。总需热量应考虑冬季最不利工况，并可按下式计算：

$$Q=Q_1+Q_2+Q_3+Q_4$$

式中　$Q$——总需热量，kJ/h；

$Q_1$——加热料液到设计温度需要的热量，kJ/h；

$Q_2$——保持消化器发酵温度需要的热量，kJ/h；

$Q_3$——管道散热量，kJ/h；

$Q_4$——沼气及饱和水蒸气带走的热量，kJ/h。

换热装置的总换热面积应根据热平衡计算，并应留有10%～20%的余量。

# 第6章

# 沼气利用系统

# 6.1 沼气利用政策框架

为了解决国内能源和环境问题，20 世纪 70 年代起，政府开始呼吁推进沼气的开发和利用，但是真正采取措施促进沼气产业发展主要还是在进入 21 世纪以后。产业政策主要从法规及条例、发展规划和实施办法三个层面来进行制度设计，并做了具体的规定，使沼气产业政策框架趋于完善。

## 6.1.1 沼气产业相关政策法规及条例

为了促进沼气产业的健康发展，从 2006 年起国家陆续出台法规和条例（如表 6-1 所列），主要包含《中华人民共和国可再生能源法》《中华人民共和国节约能源法》《中华人民共和国环境保护法》《中华人民共和国农业法》，这些法律从原料来源、工程建设、产品利用等全产业链保障和引导了沼气产业的发展，同时也为国家各职能部门及地方政府制定进一步的具体发展规划、管理条例及实施办法提供了法律依据，是推动沼气产业发展的最稳固的根基。

**表 6-1　沼气产业相关法规和条例**

| 发行时间 | 颁布单位 | 法规名称 | 涉及沼气产业相关内容 |
|---|---|---|---|
| 2006 年 | 全国人大常委会 | 《中华人民共和国可再生能源法》 | 提出各地可以制定各自的发展规划推广沼气利用 |
| 2007 年 | 全国人大常委会 | 《中华人民共和国节约能源法》（2007 年 10 月修订） | 提倡在农村大力发展沼气产业，鼓励能源植物栽培 |
| 2009 年 | 全国人大常委会 | 《中华人民共和国可再生能源法》（2009 年修正案） | 实施可再生能源发电的保障性收购制度 |
| 2012 年 | 全国人大常委会 | 《中华人民共和国农业法》（2012 修订） | 合理开发和利用沼气等能源 |
| 2013 年 | 国务院 | 《畜禽规模养殖污染防治条例》 | 畜禽养殖场要配备沼气沼渣沼肥综合利用相关基础设施，所发电按照相关规定享受电价补贴 |
| 2014 年 | 全国人大常委会 | 《中华人民共和国环境保护法》 | 各级政府要把废弃物处理、畜禽养殖等环境保护工作抓好 |
| 2016 年 | 全国人大常委会 | 《中华人民共和国节约能源法》（2016 年 7 月修订） | 大力发展沼气，发展薪炭林等能源林 |
| 2017 年 | 全国人大常委会 | 《中华人民共和国可再生能源法》（2017 年 11 月修订） | 把可再生能源开发利用列为能源发展的优先领域，支持可再生能源并网发电 |

## 6.1.2 沼气产业相关发展规划

国家发展改革委、原农业部及目前的农业农村部、国家能源局等部门根据沼气产业发展现状和国家能源发展需求，制定了一系列短期和中长期发展规划，分别对沼气的建设内容、规模数量、利用方式等做了详细的规划布局，并配套了相应的补贴标准与保障措施，有计划地推进沼气产业发展，见表6-2。

表 6-2　沼气产业相关规划

| 发行时间 | 颁布单位 | 规划名称 | 涉及沼气产业相关内容 |
|---|---|---|---|
| 2000 年 | 农业部 | 《全国生态家园富民工程规划》 | 坚持户用沼气为核心，同时改厕改水工程等拟在促进农村生活能源的同时，改善农民生活环境 |
| 2006 年 | 国家发展改革委 | 《可再生能源中长期发展规划》 | 加快推进我国生物质发电的产业化发展，可再生能源要在能源结构中提升比例 |
| 2007 年 | 农业部 | 《全国农村沼气工程建设规划（2006—2010 年）》 | 抓好基层农村沼气服务建设的社会化、规范化、市场化，保障农村沼气事业持续健康发展 |
| 2012 年 | 国家能源局 | 《可再生能源发展"十二五"规划》 | 支持沼气新能源发展，实现生物质燃气产业化发展，完善生物质服务体系建设 |
| 2012 年 | 国家能源局 | 《生物质能发展"十二五"规划》 | 计划到 2015 年，我国沼气用户要达到 5000 万户，年产气量达 190 亿立方米 |
| 2014 年 | 国务院 | 《能源发展战略行动计划（2014—2020 年）》 | 到 2020 年可替代 4000 万吨石油的规模 |
| 2016 年 | 国家发展改革委 | 《可再生能源发展"十三五"规划》 | 以县为单位建立产业体系，推进生物天然气技术进步和工程建设现代化，加快生物天然气示范和产业化发展 |
| 2016 年 | 国务院 | 《全国农业现代化规划（2016—2020 年）》 | 建设 300 个种养结合循环农业发展示范县，促进种养业绿色发展 |
| 2016 年 | 国家能源局 | 《生物质能发展"十三五"规划》 | 到 2020 年沼气发电量达 50 万千瓦，生物质能实现商业化和规模化利用 |
| 2017 年 | 国家发展改革委、农业部 | 《全国农村沼气"十三五"发展规划》 | 建立一批规模利用工程，供气供肥协调发展新格局基本形成 |
| 2018 年 | 农业农村部 | 《畜禽养殖标准化示范创建活动工作方案（2018—2025 年）》 | 配备智能监控系统，对重点生产区和畜禽粪污处理区进行实时监控 |
| 2022 年 | 国家发展改革委 | 《可再生能源发展"十四五"规划》 | 高度重视碳达峰、碳中和目标背景下的能源安全转型 |

## 6.1.3 沼气产业相关工作办法

为了使相关法律法规以及规划能落地实施，发挥政策的最大效用，相关部门也制定了更为详细具体的实施方案。这一系列的实施政策主要是从原料、产品和项目建设等全产业链的角度进行了经济激励和政策引导，明确了清洁发展机制（CDM）支持、财政补贴和税收减免等具体支持政策；在沼气利用方面，政策实施办法主要明确了沼气发电入网和并入天然气网的发展方向，沼气进一步提纯加工成生物天然气，替代天然气进一步加工利用，见表6-3。

表 6-3　沼气产业相关政策实施办法

| 发行时间 | 颁布单位 | 办法名称 | 涉及沼气产业相关内容 |
|---|---|---|---|
| 2003 年 | 农业部 | 《农村沼气建设国债项目管理办法（试行）》 | 一个"一池三改"基本建设单元，中央补贴标准按地区 1200 元、1000 元、800 元不等，补助对象为项目区建池农户 |
| 2006 年 | 国家发展改革委 | 《可再生能源发电价格和费用分摊管理试行办法》 | 上网电价标准由各地脱硫燃煤机组标杆上网电价加补贴电价组成，补贴标准为 0.25 元/（kW·h），发电项目 15 年内享受补贴电价 |
| 2007 年 | 农业部、国家发展改革委 | 《全国农村沼气服务体系建设方案（试行）》 | 中央对每个网点的补助标准为：不同地区 1.9 万元、1.5 万元、0.8 万元不等。其余由地方配套或服务网点单位或个人承担 |
| 2007 年 | 财政部 | 《生物能源和生物化工原料基地补助资金管理暂行办法》 | 林业原料基地补助标准为 200 元/亩，农业原料基地补助标准原则上核定为 180 元/亩 |
| 2010 年 | 国家发展改革委 | 《关于完善农林生物质发电价格政策的通知》 | 未进行招标的新建农林生物质发电项目统一执行 0.75 元/（kW·h）（含税，下同），上网电价。进行招标的则按中标价格执行，但是执行的电价不高于 0.75 元/（kW·h） |
| 2013 年 | 国家发展改革委 | 《分布式发电管理暂行办法》 | 发展分布式发电，如沼气发电及多联供技术 |
| 2015 年 | 国家发展改革委、农业部 | 《2015 年农村沼气工程转型升级工作方案》 | 积极发展规模化大型沼气工程，开展规模化生物天然气工程建设试点，推动农村沼气工程向规模发展、综合利用、科学管理、效益拉动的方向转型升级 |
| 2015 年 | 国家税务总局 | 《资源综合利用产品和劳务增值税优惠目录》 | 沼气和产品燃料 80%～90% 来自上述资源并能够达到国家相关标准，退税比例达 70%～100% |
| 2016 年 | 国家发展改革委 | 《可再生能源发电全额保障性收购管理办法》 | 电网企业应优先执行可再生能源电力交易合同。生物质能发电项目暂时不参与市场竞争，上网电量由电网企业全额收购 |
| 2017 年 | 国务院 | 《关于加快推进畜禽养殖废弃物资源化利用的意见》 | 落实上网电价和沼气发电全额收购政策，鼓励沼气工程开展碳交易，确保沼气工程和生物天然气工程项目增值税即征即退政策，确保符合标准的生物天然气并入天然气网 |

续表

| 发行时间 | 颁布单位 | 办法名称 | 涉及沼气产业相关内容 |
|---|---|---|---|
| 2017 年 | 国家发展改革委、国家能源局 | 《关于印发促进生物质能供热发展指导意见的通知》 | 推动生物质能供热发展，大力发展热电联产，加快生物质锅炉供热 |
| 2018 年 | 国家能源局 | 《关于开展"百个城镇"生物质热电联产县域清洁供热示范项目建设的通知》 | 建立生物质热电联产县域清洁供热模式，构建就地收集原料、加工转化、消费的分布式清洁供热生产和消费体系 |
| 2019 年 | 国家发展改革委、国家能源局等十部委 | 《关于促进生物天然气产业化发展的指导意见》 | 建立生物天然气原料收集保障体系和监测体系，将符合标准的生物天然气并入城镇燃气网 |
| 2022 年 | 国家发展改革委、国家能源局 | 《关于完善能源绿色低碳转型体制机制和政策措施的意见》 | 构建以能耗"双控"和非化石能源目标制度为引领的能源绿色低碳转型推进机制。完善规模化沼气、生物天然气、成型燃料等生物质能和地热能开发利用扶持政策和保障机制 |

# 6.2  沼气利用系统概述

## 6.2.1  沼气存储

随着厨余垃圾厌氧生物处理技术的广泛应用，沼气作为一种可再生能源，越来越受到人们的关注和重视。沼气高值利用产业作为新能源领域中的一支新生力量，正在推动着绿色环保产业快速发展。在沼气高值利用大力发展的现阶段，选用适当的沼气存储技术非常重要。

当前沼气工程中沼气的存储方式主要有低压湿式、低压干式和高压干式等方式。近年来，新建的沼气工程储气也开始采用低压干式柔性气囊或发酵储气一体化装置。

## 6.2.2  沼气净化

沼气是一种特殊的生物质能源，因凭借其较高的低位热值，故常被用来当作燃料、动力能源或化工原料。此外，部分国家的沼气净化技术水准较高，例如瑞典将净化后的沼气直接并入国家天然气管网使用。由此可见，沼气作为绿色能源可被开发利用，不仅能缓解日益严峻的能源危机，又能较好地达到环境保护的目的。

各种厌氧消化微生物在厌氧条件下对有机物进行分解消化，这一过程中会产生沼气，同时也伴随着 $H_2S$ 的产生。因此，沼气作为一种混合气体主要包括 $CH_4$、$CO_2$、$H_2$、$H_2S$ 和 $NH_3$，其中 $CH_4$ 和 $CO_2$ 的含量较高，$H_2$、$H_2S$、$NH_3$ 的含量较低。值得注意的是，厨余垃圾发酵原料的种类、不同原料的相对含量、厌氧消化的条件（温度、时间、pH 值等）以及厌氧消化的各个阶段均会影响沼气的组分含量。

硫化氢（$H_2S$）是一种能危害人体健康的有毒气体，其物理性质中最突出的特点即有毒并伴有强烈的臭鸡蛋气味，且大气中 $H_2S$ 的存在是造成酸雨的主要原因之一。由于 $H_2S$ 在化学性质上能与众多金属离子反应，产物为硫化物沉淀，而这些产物又不溶于水或者酸，所以其对铁等金属类物质具有很强的腐蚀性。除此之外，当沼气燃烧时 $H_2S$ 会被氧化成亚硫酸，从而对环境造成重大污染，同时会严重腐蚀设备、管道和仪器仪表等。因此，在利用沼气之前必须将其中的 $H_2S$ 去除。目前，国内外脱除 $H_2S$ 的主流方法有湿式脱硫、干式脱硫和生物脱硫，尚处于研究热点中的原位脱硫工艺也极具工业应用前景，因此后文的沼气脱硫系统阐述主要基于上述四类工艺。

## 6.2.3　沼气利用

我国户用沼气较为普遍，主要是通过沼气灶、沼气灯、沼气锅炉等将沼气转化为热、光和蒸汽用于炊事、照明，大部分工业沼气也是用于工业加热和蒸汽生产，这类传统低附加值的沼气利用方式是我国沼气的主要利用方式。近年来，在化石能源枯竭的威胁和全球气候变化的推动下，随着国外先进技术的引进以及国产各种系列和型号沼气发电机组的成功研制，我国沼气的利用方式也将由低品位的直燃热利用向热电联供、车用压缩天然气和管道天然气等高值利用方向发展，并逐步成为沼气规模化、商业化的主要利用途径。

在沼气提纯方面，虽然沼气和天然气的主要可燃组分都是 $CH_4$，但是由于二者在组分含量及特性方面存在较为明显的差别，所以在多数情况下沼气无法直接替代天然气。从组分角度分析，二者的差别主要体现在 4 个方面：

① 天然气中 $CH_4$ 的含量明显高于沼气；

② 天然气中 $CO_2$ 的含量远低于沼气；

③ 天然气中还含有一些烃类化合物，包括乙烷、丙烷、丁烷和戊烷；

④ 沼气中 $H_2S$ 含量比天然气高。

上述差别导致这两种气体燃料在热值、密度和华白数等方面差异显著。只有华白数相同的两种燃气才能相互替代，而天然气的华白数接近沼气华白数的 2 倍，因此，消除其差异是实现二者替代的前提。

# 6.3　沼气存储系统

由于沼气产、用速率之间的不平衡，所以必须设置储气柜进行调节，存储系统中的核心为储气柜，本节从储气柜类型多样性的角度展开介绍。储气柜可以分为低压气柜和高压气柜两大类，其中前者又有湿式与干式两种结构。低压湿式储气柜多采用钢筋混凝土水槽、钢浮罩；低压干式储气柜分为筒仓式储气柜、低压单膜/双膜储气柜和低压储气袋；高压干式储气柜为钢结构柜。储气柜的容积应能满足用气的均衡性，国内厨余资源化沼气工程储气柜容积一般按照使用量的 10%～30%确定，储气柜数量根据供气的形式而定。一般沼气工程低压气柜出口压力在 2.5～3kPa，个别工程气柜出口压力可达到5.5kPa，高压气柜出口压力在 0.8MPa 左右。

## 6.3.1 低压湿式储气

低压湿式气柜较常见，主要由水封槽、钟罩和升降导向装置三部分组成。钟罩是无底、可上下活动的圆筒形容器，通过气罩在水中的升降达到气体存储的作用，压力主要由钟罩自重提供，实际也可通过增加配重以达到提高压力的目的。当沼气输入气柜内存储时，被水密封的钟罩会随储气量的增加逐渐升高，而当沼气从气柜内导出时，钟罩即随之逐渐降低。低压湿式气柜利用水封将沼气与大气隔绝，形成密闭的储气空间，如果沼气储量较大时，钟罩可由单层改成多层套筒式，各节之间通过水封环形槽进行密封。寒冷地区为防止冬季水封槽结冰，必须考虑一定的保温加温措施，普遍采用蒸汽辅助加热。低压湿式气柜构造简单，易于施工，安全可靠，但是其土建基础费用及冬季蒸汽加热能耗高，此外检修时会产生大量的污水，另外钟罩常年处于干湿交替的状态，必须进行防腐处理。总体而言，低压湿式气柜腐蚀严重，设备使用寿命短，不适合用作大容量储气柜。

低压湿式储气柜示意见图 6-1。

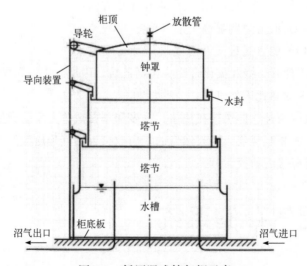

图 6-1　低压湿式储气柜示意

## 6.3.2　低压干式储气

### 6.3.2.1　筒仓干式储气柜

用于厨余垃圾资源化利用的低压干式储气柜主要为筒仓式储气柜和单膜/双膜储气柜。筒仓干式储气柜是内部设有活塞的圆筒形或多边形立式气柜，活塞直径约等于外筒内径，其间隙靠稀油或干油气密填封，随储气量增减，活塞上下移动。筒仓干式储气柜基础费用低，占地少，运行管理和维修方便，维修费用低，无大量污水产生，压力稳定，使用寿命可达 30 年。

筒仓干式储气柜示意见图 6-2。

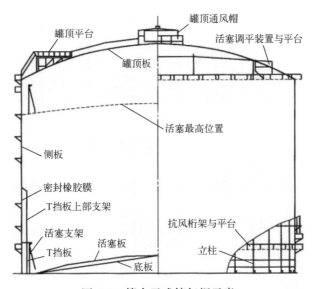

图 6-2　筒仓干式储气柜示意

### 6.3.2.2　双膜干式气柜

双膜干式气柜是近十年发展起来的先进储气方式，由外层膜、内层膜和底膜组成，外层膜构成储气柜外部球体形状，内层膜与底膜围成一个容量可变的气密空间用于沼气存储。双膜干式气柜设有防爆鼓风机，可自动按照压力平衡要求调节气体的进出量，以保持储气系统的稳定。当内层膜气量减少时外层膜通过鼓风机进气到内外膜之间，保持内层膜气体的设计压力，当气量增加时内层膜正常伸张，通过安全阀将外层膜多余空气排出，使内层膜气体压力始终恒定在设计压力。外层膜设有一道上下走向的软管，由鼓风机把外部空气通过此软管送入外层膜与内层膜之间的气体夹层，以便外层膜保持球体形状的同时将沼气压送至后端。双膜干式气柜可抵抗强风吹刮和积雪重压，设备外形美观，特别是能够直接布置在厌氧消化罐的顶部组成一体化厌氧反应器，从而可省去气柜的占地空间，并降低发酵罐顶盖的部分费用。

双膜干式气柜见图6-3。

图 6-3　双膜干式气柜

### 6.3.2.3　单膜干式气柜

单膜干式气柜一般仅有单层膜，也就是双膜干式气柜中的内膜，它的"外膜"一般用钢结构外壳替代，由于受到结构的限制，膜式气柜外形一般为柱状。它的优点主要是抗风能力较强、占地面积较小。

单膜干式气柜见图6-4。

图 6-4　单膜干式气柜

### 6.3.3 高压干式储气

高压干式储气主要应用于农村沼气集中供气工程，储气系统由缓冲罐、压缩机、高压干式储气柜、调压箱等设备组成。发酵装置产生的沼气经过净化后，先储存在缓冲罐内，当缓冲罐内沼气达到一定量后压缩机启动，将沼气打入高压储气柜中，储气柜一般为钢结构柜，储气柜内的高压沼气经过调压箱调压后，进入输配管网。高压干式储气系统虽然有工艺复杂、施工要求高、需要定期维护等缺点，但与低压储气系统对比优点也非常明显，即可以实现远距离送气，具备高输送能力，能够降低管网的建造成本；当输送距离较远时，无需进行保温。由于沼气发电工程中基本不会采用高压干式储气模式，因此厨余垃圾资源化项目中基本没有采用高压干式储气柜进行沼气存储的工程案例。

# 6.4 沼气净化系统

## 6.4.1 湿法脱硫工艺

湿法脱硫工艺使用具有脱硫能力的溶剂同沼气进行逆流接触，促使气相中的硫化氢转移进入液相，从而达到对硫化氢的脱除。脱硫液经过再生，可重新进行脱硫操作。根据脱硫溶液是否与硫化氢发生化学反应，可将湿法脱硫细分为湿式氧化法、化学吸收法和物理吸收法。由于湿法脱硫工艺简单、操作连续、处理气量大且对 $H_2S$ 浓度高的沼气效果好，因此在工业上应用很广泛。

#### 6.4.1.1 湿式氧化法脱硫

湿式氧化法的特点是：a. 去除 $H_2S$ 的原理是氧化剂溶液呈中性或弱碱性，对 $H_2S$ 气体先吸收后氧化；b. 再生氧化剂的原理是吸收了 $H_2S$ 的氧化剂溶液在空气中可被氧化再生。

常用的催化剂有铁氰化物、氧化铁、对苯二酚、氢氧化铁、硫代砷酸的碱金属盐类等，吸收液有碳酸钠、氨水等。根据脱硫的机理可将湿式氧化法进一步细分为砷基工艺、钒基工艺和铁基工艺，砷基工艺中使用了剧毒的砷化物，有潜在的环境影响。总体上由于吸收液和催化剂种类较多，因此湿式氧化法有多种不同的脱硫方法。

（1）砷碱法脱硫

砷碱法脱硫原理是利用不同价态的五价砷盐和三价砷盐之间的转换，把 $H_2S$ 氧化成单质硫，实现 $H_2S$ 的去除。砷碱法脱硫的工艺过程包括砷碱吸收液制备、$H_2S$ 吸收和砷碱液再生反应。砷碱吸收液制备过程如下式所示：

$$2Na_3AsS_3 + O_2 \Longleftrightarrow 2Na_3AsS_3O$$

$H_2S$ 的吸收和砷碱液再生反应式如下式所示：

$$Na_3AsS_3O + H_2S \Longleftrightarrow Na_3AsS_4 + H_2O$$

$$2Na_3AsS_4 + O_2 \Longleftrightarrow 2Na_3AsS_3O + 2S$$

砷碱法脱硫的硫容高，提取硫氰酸钠、硫代硫酸钠的技术成熟。然而，脱硫剂 $As_2O_3$ 是剧毒物质，生产过程可能出现剧毒物泄漏。此外，砷碱法脱硫的副反应多，导致 1t 硫黄耗碱在 1.0t 左右。国家化工部在"八五"环保规划中明确规定应将砷碱法予以淘汰。

（2）铁碱法脱硫

铁基工艺的原理是硫化氢在碱性溶液中被载氧体配合铁盐催化氧化为硫，被硫化氢还原了的催化剂可用空气再生，将 $Fe^{2+}$ 氧化为 $Fe^{3+}$。

铁碱法脱硫技术是一种以铁为催化剂的湿式氧化除硫工艺。其基本原理为：含有 $H_2S$ 的气体首先被碱（$Na_2CO_3$）的水溶液吸收，并与碱发生反应生成 $HS^-$，实现对气体中 $H_2S$ 的净化过程。在该过程中溶液碱性下降，在含有 $HS^-$ 与络合态 $Fe^{3+}$ 的液态体系中，由于 $Fe^{3+}$ 具有较强的氧化性，将 $HS^-$ 氧化成单质硫，与此同时络合态 $Fe^{3+}$ 被还原成络合态 $Fe^{2+}$，这一过程即析硫过程或氧化过程。在再生过程中，络合 $Fe^{2+}$ 溶液与空气接触被氧化成络合 $Fe^{3+}$ 溶液，恢复络合铁溶液的氧化能力，同时溶液的碱性提高，恢复对 $H_2S$ 的碱吸收能力。

上述过程为"吸收/氧化—再生—吸收/氧化—再生"的工作循环，可以实现碱液和氧化剂的再生，由于副反应的存在以及络合铁在氧气作用下会逐渐失效，故需要对系统进行定期的排污和补加。

其主要反应式如下：

1）碱性水溶液吸收 $H_2S$ 和 $CO_2$

$$Na_2CO_3 + H_2S \longrightarrow NaHCO_3 + NaHS$$

$$Na_2CO_3 + CO_2 + H_2O \longrightarrow 2NaHCO_3$$

2）析硫过程

$$2Fe^{3+}(络合态) + HS^- \longrightarrow 2Fe^{2+}(络合态) + S\downarrow + H^+$$

3）再生反应

$$2Fe^{2+}(络合态) + 1/2O_2 + H^+ \longrightarrow 2Fe^{3+}(络合态) + OH^-$$

$$2NaHCO_3 \longrightarrow Na_2CO_3 + CO_2 + H_2O$$

（3）PDS 法脱硫

PDS 是钛菁钴磺酸盐系化合物的混合物，对硫化物具有很强的催化活性，PDS 法脱硫由脱硫和氧化再生两个过程组成。脱硫过程包括无机硫与有机硫的脱除。

无机硫脱除反应如下：

$$H_2S(液)+Na_2CO_3 \longrightarrow NaHS+NaHCO_3$$

$$NaHS+(x-1)S+NaHCO_3 \longrightarrow Na_2Sx+CO_2+H_2O \ (PDS 催化条件)$$

氧化再生反应如下：

$$2NaHS+O_2 \longrightarrow 2NaOH+2S$$

$$2Na_2S+O_2+2H_2O \longrightarrow 4NaOH+2S$$

PDS 法中，硫氢化钠与碳酸氢钠以及单质硫的反应，不仅解决了硫氢化钠与氧气反应生成有害物质硫代硫酸盐和硫酸盐的问题，而且反应产物能使溶液的硫容量较一般液相催化法高，生成的单质硫较其他方法的颗粒大，生成的硫泡沫易被浮选与分离。

（4）HPAS 法脱硫

杂多化合物（HPC）可去除沼气中的 $H_2S$ 并对生成的单质硫进行回收利用，这里以磷钼酸钠（$Mo_{12}Na_3O_{40}P$，简记为 HPAS）为例进行简述。HPAS 具有良好的氧化还原能力，能将 $H_2S$ 转换为单质硫。HPAS 法由脱硫和氧化再生两个过程组成。

脱硫过程如下：

$$HPAS(氧化态)+H_2S \longrightarrow HPAS(还原态)+S$$

再生过程如下：

$$HPAS(还原态)+O_2 \longrightarrow HPAS(氧化态)+H_2O$$

在 HPAS 氧化-空气再生法中，因 HPAS 具有合适的氧化还原电位，$H_2S$ 被氧化为单质硫而非硫酸盐等高价态含硫化合物，故可对单质硫进行回收利用，还原态的 HPAS 能够通过空气中的氧气进行再生，脱硫效率平均可达 95%，最高可达 99%以上。

（5）ADA 法脱硫

ADA 是 2,6-蒽醌二磺酸钠（anthraquinone-2,6-disulfonic acid sodium salt，ADA）英文缩写，ADA 含有醌式结构时处于氧化态，加氢还原变成酚式结构时处于还原态。ADA 法脱硫就是利用其在醌式结构与酚式结构之间变换作为氧载体，实现脱硫功能。这种方法最大的优点是脱硫效率高，但是其最明显的缺点就是管道容易堵塞和运行成本很高。经过改良后该工艺日益成熟，现已成为目前国内应用最多的脱硫方法之一。

ADA 法脱硫以稀碱（$Na_2CO_3$）溶液为吸收剂，ADA 溶液作为氧载体，偏钒酸钠（$NaVO_3$）作为催化剂。具体反应方程式如下：

硫化氢的化学吸收反应如下：

$$Na_2CO_3+H_2S \longrightarrow NaHS+NaHCO_3$$

五价钒把 $H_2S$ 迅速氧化成单质硫，五价钒还原成四价钒，反应式如下：

$$2NaHS+4NaVO_3+H_2O \longrightarrow Na_2V_4O_9+4NaOH+2S$$

四价钒与氧化态的 ADA 作用，生成还原态的 ADA，四价钒迅速氧化成五价钒，恢复了钒的氧化能力，反应式如下：

$$Na_2V_4O_9 + 2ADA(氧化态)+2NaOH + H_2O \longrightarrow 4NaVO_3 + 2ADA(还原态)$$

ADA 溶液的再生反应，空气中的氧将还原态 ADA 氧化成氧化态 ADA，恢复了 ADA 的氧化能力，反应式如下：

$$2ADA(还原态)+ O_2 \longrightarrow 2ADA(氧化态) + 2H_2O$$

### 6.4.1.2　化学吸收法脱硫

由于硫化氢属于酸性气体，所以一般利用呈碱性的溶液与其发生酸碱中和反应，从而达到吸收硫化氢的目的，这种方法就是化学吸收法。化学吸收法有一定的适用范围，例如适合于操作压力较低或原混合气体中烃含量高的地方。总体工艺流程为沼气从塔底进入并与吸收液（如氢氧化钠、氨水等碱性液体）逆流接触反应，净化后的沼气从塔顶排出，之后再利用氧气对吸收液进行再生，一般常见的化学吸收法有碳酸钠吸收法、氨水法和醇胺吸收法。

（1）以氢氧化钠作为吸收液

$H_2S$ 脱除反应如下：

$$2NaOH+H_2S \longrightarrow Na_2S+2H_2O$$

$$NaOH+H_2S \longrightarrow NaHS+H_2O$$

吸收液再生反应如下：

$$2Na_2S+O_2+2H_2O \longrightarrow 4NaOH+2S$$

$$2NaHS+2O_2 \longrightarrow Na_2S_2O_3+H_2O$$

$$2Na_2S_2O_3+3O_2 \longrightarrow 2Na_2SO_4+2SO_2$$

由于受到流速、流量等因素的影响，硫化氢并不能全部溶解于碱液中，而且溶解过程中易生成硫氢化钠，硫氢化钠与氧气反应生成的有害物质硫代硫酸盐以及硫酸盐在吸收液中富集，而这部分吸收液在补充新鲜碱液后将继续使用，有害物质的存在影响了吸收液的吸收能力，降低了脱硫效率。为了提高脱硫效率，需要定期外排脱硫循环液并对其进行适当处理，增加了脱硫成本，而外排的脱硫循环液若处理不当将对环境造成污染。

（2）以氨水作为吸收液

氨水法即氨水与 $H_2S$ 发生中和反应，反应方程式如下：

$$H_2S+NH_4OH \longrightarrow NH_4HS+H_2O$$

$H_2S$ 溶解于氨水后与氢氧化铵反应生成硫氢化铵和水。吸收液再生过程是将空气通入含硫氢化铵的溶液中对 $H_2S$ 进行解吸，解吸后的溶液通入新鲜氨水后可继续作为吸收液吸收 $H_2S$。但以下因素制约着该技术的工业应用：解吸后的 $H_2S$ 需进行二次处理，以免污染环境；经过处理得到的硫颗粒较小，不易分离；氨水腐蚀设备并且污染环境。

（3）以醇胺作为吸收液

胺法脱硫的工艺原理基于在常温高压条件下，碱性的胺液作为液相与气相的混合气体接触，两相接触过程中与 $H_2S$ 反应，将气相中的 $H_2S$ 转移到液相中，吸收液随即进入低压高温条件，$H_2S$ 从吸收液中逸出，胺液实现再生可以循环使用。不同醇胺溶液脱硫工艺都是胺液高压吸收、低压再生的原理。

醇胺溶液呈碱性，可以吸收混合气体中的酸性气体，根据被吸收物质的不同，胺法脱硫分为常规胺法脱硫和选择性胺法脱硫。常规胺法可以脱除 $H_2S$ 和 $CO_2$，在工业生产上应用较早。选择性胺法专一性吸收 $H_2S$，不吸收或很少吸收 $CO_2$。

常规胺法脱硫所用醇胺包括 2-羟基乙胺（又称一乙醇胺，MEA）、2,2'-二羟基二乙胺（DEA）等。MEA 是各种醇胺中最强的有机碱。MEA 与 $H_2S$ 和 $CO_2$ 反应迅速，与 $H_2S$ 的反应速率大于与 $CO_2$ 的反应速率，但并没有选择性脱除 $H_2S$ 的性质。此法具有净化度高的优点。但是应用中存在一系列缺陷，首先，MEA 与 COS、$CS_2$ 发生不可逆降解反应，导致 MEA 量的减少。因此，MEA 工艺通常需要配置溶液复活设施，造成吸收液循环成本上升。其次，MEA 碱性较强，对设备、管路的腐蚀限制了 MEA 溶液的工作浓度及 MEA 工艺能承受的酸性气体负荷。

DEA 碱性较 MEA 稍弱。DEA 法脱硫可保证净化 $H_2S$ 的程度，基本不会与 COS 及 $CS_2$ 发生降解反应，相比于 MEA 法不需要溶液复活设施，但是 DEA 法脱硫不适用于高压条件的气体净化。

选择性脱硫使用的典型醇胺是甲基二乙醇胺（MDEA）和二异丙醇胺（DIPA），MDEA 和 DIPA 都能在常压下选择性脱除 $H_2S$，脱除效果比较显著。选择性胺法的工艺流程及设备与常规胺法基本相同，为了获得最佳的选择性吸收效果，$H_2S$ 吸收塔常安排几个贫吸收液进口，以便根据工况进行调节。选择性胺法具有 $H_2S$ 负荷高、工艺能耗低、处理量大等优点，同时存在的缺点是由于吸收液的碱性较常规醇胺弱，容易受到酸性杂质的污染，导致工艺中对吸收液的维护比较复杂。此外还有可同时脱除 $H_2S$ 和有机硫的 MDEA-环丁砜溶液，即砜胺法，其是 Shell 公司的专利技术，或称萨菲诺（Sulfinol）法，该法相比常规的醇胺法来说，水、电、蒸汽的消耗量都比较低，操作费用低，去除效果好。砜胺法也存在循环吸收液比较昂贵、醇胺溶液可以溶解某些管件等缺点。

醇胺法脱硫工艺的基本流程主要由以下 4 部分组成。

1）酸气吸收

混合气体先经进气口的分离器除去液相、固相杂质，含硫化氢和二氧化碳组分的混合气进入吸收塔底部，吸收液从顶部往下喷淋。混合气由下而上与醇胺溶液进行两相接触，其中的 $H_2S$ 和 $CO_2$ 被吸收到液相中，其余气相组分达到净化要求从吸收塔顶部排出，液相由吸收塔底部排出。

2）闪蒸

醇胺溶液吸收了硫化氢和二氧化碳，通常称为富液。富液由吸收塔底部流出后降压进入闪蒸罐，闪蒸出富液中溶解、夹带的可燃性烃类，闪蒸罐内产生的闪蒸气可用作装置的燃料气。

3）热交换

富液经过闪蒸后，通过一个过滤器进入贫/富液换热器，与已完成再生的热醇胺（贫液）进行热交换，被加热的富液然后从顶部进入低压操作的再生塔。

4）吸收液再生

富液进入再生塔之后，部分酸性组分首先在塔顶被闪蒸出来，然后自上而下流动，在流动过程中在重沸器中与加热汽化的水蒸气进行两相接触，利用热水蒸气将溶液中其余的酸性组分汽提出来。由再生塔馏出的溶液为只含有少量未汽提出的残余酸性气体，称为贫液。热贫液经贫/富液换热器将热量传递给未进入再生塔的富液，回收一部分热量，然后由溶液循环泵把进一步冷却至适当温度的贫液送至吸收塔顶部，完成吸收液再生和循环。

胺法脱硫目前是大型天然气脱硫工程的主流工艺之一。

### 6.4.1.3　物理吸收法脱硫

物理吸收法是利用不同组分在特定溶剂中溶解度的差异而脱除 $H_2S$，然后通过降压等措施析出 $H_2S$ 使溶剂再生并循环使用。

物理吸收法的特点是：

① 利用特定溶剂中沼气不同组分的溶解度差异去除 $H_2S$；

② 利用降压等措施使 $H_2S$ 解吸脱离，使沼气重生。

常用的吸收溶剂以有机溶剂为主，根据所用溶剂的不同分为冷甲醇法、$N$-甲基-2-吡咯烷酮法、碳酸丙烯酯法等。

## 6.4.2　干法脱硫工艺

干法脱硫是用粉状或颗粒状脱硫剂来实现气体中硫化氢组分的脱除，其反应在完全干燥的状态下进行，因而脱硫过程不会对设备及管道等产生腐蚀或结垢等影响。干法脱硫的具体反应过程为先通过物理吸附将 $H_2S$ 附着在吸附剂表面，后利用吸附剂与 $H_2S$ 发生化学反应进而生成单质硫。干法脱硫的适用对象是含有较低浓度 $H_2S$ 的气体，常用的方法有膜分离法、分子筛法、变压吸附（PSA）法、不可再生的固定床吸附法和低温分离法等，干法脱硫的优点在于脱硫工艺设备较为简单且工艺技术成熟可靠，因此干法脱硫工艺在工业上应用较广。目前，最常用的干法脱硫方法为固定床吸附法，其种类从物系上大致可分为铁系、锌系、活性炭、活性氧化铝和硅胶等，常用于低含硫气体的精脱过程。

## 6.4.2.1　氧化铁法脱硫

氧化铁沼气脱硫法是使用较早的一种方法，早在 19 世纪 40 年代就开始逐步发展起来，而此时煤气工业也孕育而生。氧化铁法脱硫的反应原理：常温下沼气到达脱硫剂床的表面，此时沼气中的 $H_2S$ 与 $Fe_2O_3$ 发生氧化还原反应，生成的产物为 $Fe_2S_3$ 和 $FeS$；之后含硫的脱硫剂与空气中的氧接触进而氧化为 $Fe_2O_3$ 和 $S$，此为脱硫剂的再生，可见氧化铁法脱硫剂是能够循环使用的。但值得注意的是，若脱硫剂表面空隙被大部分覆盖，即表面反应控制阶段被阻断，则氧化铁脱硫剂反应活性会极大降低，因此该工艺中沼气流速和沼气与脱硫剂的接触时间均会对脱硫效果产生影响，一般常温下脱硫效果好的氧化铁脱硫剂，其脱硫率可达到 99% 以上。

氧化铁脱硫反应方程式如下：

$$Fe_2O_3 + H_2O + 3H_2S \longrightarrow Fe_2S_3 \cdot H_2O + 3H_2O$$

$$Fe_2O_3 + 3H_2O + 3H_2S \longrightarrow 2FeS + S + 6H_2O$$

脱硫剂的再生原理反应方程式如下：

$$2Fe_2S_3 + 2H_2O + 3O_2 \longrightarrow 2Fe_2O_3 \cdot H_2O + 6S$$

$$4FeS + 3O_2 \longrightarrow 2Fe_2O_3 + 4S$$

氧化铁法脱硫过程中发生的化学反应是不可逆的，其脱硫反应速率很快，要将沼气中的 $H_2S$ 浓度降到 $1mg/m^3$ 以下，仅需要几秒钟，因此实现精细脱硫较为容易。氧化铁法脱硫工艺除了脱硫效率高的优点外，其自身价格便宜及国家存储资源丰厚等优势，也促使该法的工艺成本偏低。另外，就氧化铁法脱硫工艺而言，工艺技术操作简单，方法成熟可靠，目前在国内厨余垃圾沼气净化系统中应用广泛。

中国科学院生态环境研究中心在其"城市有机固体废弃物联合厌氧发酵"沼气净化工艺中采用氧化铁固定床法脱除 $H_2S$。用氧化铁脱硫时，当脱硫剂中的硫含量未达到 30% 时，脱硫剂可实现再生使用，含硫的脱硫剂被空气中的氧气氧化为氧化铁和硫黄，即可让脱硫剂完成再生。但是当脱硫剂中的硫达到了30%以上时脱硫效果会显著降低，说明此时脱硫剂不能再继续使用，建议及时更换。

## 6.4.2.2　氧化锌法脱硫

氧化锌脱硫法是用于气体精细脱硫的方法之一，可以脱除有机硫和无机硫，将氧化铁沼气脱硫法中的氧化铁脱硫剂换成氧化锌脱硫剂，即是氧化锌法脱硫，该法是通过与沼气中的 $H_2S$ 反应生成硫化锌和水进而实现 $H_2S$ 脱除，处理后气体中硫的体积分数可降至 $0.1 \times 10^{-6}$。氧化锌在中高温（200～400℃和600～700℃）时具有较好的脱硫性能，但在低温环境（200℃以下）下脱硫效率较低。

氧化锌脱硫反应方程式如下：

$$ZnO + H_2S \longrightarrow ZnS + H_2O$$

由于氧化锌在脱硫过程中生成的 ZnS 难离解，且 ZnO 的吸附效率高，所以氧化锌法脱硫也被认为是脱硫精度较高的一种沼气净化方式，此方法一直应用于精脱硫过程。氧化锌的脱硫反应过程属于气-固两相反应，且此反应不属于催化反应，其最大的特点是反应过程的进行不光是在固体表面，在其内部也会发生。当脱硫反应开始进行时，在脱硫剂氧化锌的表面开始发生氧化还原反应，生成产物硫化锌；然后，固体表面的硫离子扩散迁移到固体内部，通过离子置换反应将阳离子释放出来，这一系列的反应就是通常所说的固体扩散。ZnO 的结构是非常典型的 n 型半导体，如果将其作为催化剂，它的性质基本取决于 ZnO 表面电子的性质，因为在用氧化锌脱除 $H_2S$ 之前会先发生表面吸附过程，而 $H_2S$ 本身也属于酸性气体，故氧化锌固体表面的电子浓度是影响化学反应速率和固体表面酸碱度的关键因素，当脱硫剂表面增大或者碱性增强时，$H_2S$ 被吸附的速度也会加快。由此可见，氧化锌脱除 $H_2S$ 的过程也受气氛效应影响，ZnO 固体表面吸附气体分子的同时会发生电子的转移，部分气体虽然不是直接参与脱硫化学反应，但是 $H_2S$ 在被吸附过程中也同步会影响 ZnO 固体表面的电子浓度，进而影响整个脱硫反应进程。同氧化铁脱硫法相比，氧化锌脱硫法的缺点较明显，即脱硫剂再生困难无法再生循环利用。因为再生过程中氧化锌脱硫剂的表面活性会因烧结而显著降低，一方面造成脱硫剂孔隙结构的破坏，另一方面致使脱硫剂的机械强度有所减弱，故 ZnO 脱硫剂在使用完后就必须更换。

## 6.4.2.3　活性炭吸附法脱硫

由于活性炭具有较强的吸附特性，所以工业中也有应用活性炭作为吸附剂来脱除沼气中硫化氢的案例，这便是活性炭吸附法脱硫。活性炭脱硫剂是使用较广的一种低温脱硫剂，活性炭不仅具有物理吸附作用，并且有催化作用。脱硫过程一般在 5～60℃进行，具有比表面积大、微孔结构发达、热稳定性好等优点。活性炭脱硫主要通过活性炭表面的活性基团对硫化物和氧的催化作用来完成，脱除气体中硫化物所用的活性炭需要一定的孔径，用于脱除无机硫化物（$H_2S$）的活性炭平均孔径为 8～20nm。其脱硫的原理：活性炭吸附 $H_2S$ 之后，需要向活性炭内通入氧气，使 $H_2S$ 被氧化成硫黄；然后再用硫化铵溶液将硫黄洗去，生成的反应产物是多硫化铵。由于此反应可以逆向进行，故只需要将多硫化铵加热即可重新得到硫化铵和硫黄，从而实现活性炭的再生利用。

活性炭吸附法脱硫的反应方程式如下：

脱硫反应 $\qquad\qquad\qquad 2H_2S+O_2 \longrightarrow 2S+2H_2O$

再生反应 $\qquad\qquad\qquad xS+(NH_4)_2S \longrightarrow (NH_4)_2S_{x+1}$

$$(NH_4)_2S_{x+1} \longrightarrow xS+(NH_4)_2S(通水蒸气)$$

活性炭吸附法脱硫技术除了具有可再生的优点外，还有吸附容量大、化学稳定性好、热稳定性高等优点。但值得注意的是，如果活性炭中的水分太多则会降低其吸附能力和效率，因此活性炭吸附法脱硫对活性炭中的水分要求较为严格。$H_2S$ 与氧气在活性炭中反应时产生的水就制约着活性炭的吸附脱硫，此外活性炭需使用 150～180℃ 的过热蒸汽再生也是其制约因素之一。

## 6.4.2.4 膜分离法脱硫

将传统的脱硫方法与膜基气体分离的方法联合起来，就形成了一种新型的脱硫方法，叫作膜分离法。膜分离法的驱动力是压力，由于沼气中各组分在薄膜上的吸附能力、在薄膜内的溶解和扩散能力各不相同，即利用各组分透过薄膜的渗透速率的不同来进行脱除硫化氢。借助浓度差驱动的原理，利用 $CO_2$、$H_2S$ 等杂质的相对渗透率远远大于 $CH_4$ 的相对渗透率这一特点，将沼气通入膜的过程中，相对渗透率较大的气体渗透到低压侧，$CH_4$ 则留在另一侧，从而达到分离出硫化氢的目的。与传统的吸收技术相比，膜吸收因具有气液接触面积大、传质速率快、无雾沫夹带、操作条件温和等特点而备受关注。其传质包括吸收、解吸以及在膜孔内的络合化和溶解层的形成等渗透分子在两相或多相间的分配过程。

膜分离法适合用于原料气流量比较小、酸气含量比较大的沼气，当原料气流量或者酸气含量不断变化时，此方法也可应用，但当需要取得高纯度气体时，此方法不适用。在沼气脱硫中应用膜分离法时，可以将沼气出口的含硫量控制在低于 5mg/m³ 的范围。膜分离法在使用过程中会造成较高的烃损失率，此外薄膜的制作工艺特别复杂、价格昂贵，并且沼气中若含有少量杂质，即会使薄膜受损，因此工业使用受到一定限制，独立使用的情况较少，经常需要和其他方法联用才可以。

膜分离法脱除沼气中的 $H_2S$ 是将普通化学吸收过程和膜过程相结合而得到的一种新式气体分离技术。此技术的核心设备就是各类膜，膜把气体和液体隔开，两者分别在微孔膜两侧流动，气液不会直接接触传质，所以两者相界面比较稳定。当膜上的微孔够大，压力差保持稳定时，膜一侧的 $H_2S$ 气体能够穿过膜上的微孔到达膜的另一侧，同吸收液相接触并发生化学反应，最后从混合气体中被分离出去。研究发现渗透膜为醋酸纤维制品时，对 $CO_2/CH_4$ 的选择性更强；渗透膜为聚亚胺酯制品时，对 $H_2S/CH_4$ 的选择性更强。总体上膜分离技术存在膜造价较高、性能不稳定（影响因素较多，如温度、膜两侧压差、进气流量等）、成熟周期过长（1000h）、必须保持进气干燥（$H_2S$ 液化会腐蚀纤维膜）等缺点，致使这项技术的广泛应用仍需要一定的时间。

## 6.4.2.5　分子筛法脱硫

分子筛法脱硫是利用分子筛吸附剂对混合气体中的极性分子具有一定的吸附选择性来净化气体。分子筛具有大的表面积，同时还具有高度局部集中的电荷，这些局部集中的电荷使分子筛能强烈吸附有极性或可极化的化合物，如 $H_2S$ 等含硫化合物，处理后气体 $H_2S$ 的体积分数可降至 $0.4 \times 10^{-6}$。分子筛脱硫的工艺过程如下：气体首先由入口过滤器进入，滤去杂质和游离水，再进脱硫塔进行脱硫；在脱硫塔内，分子筛细孔吸附酸气中的 $H_2S$，待分子筛吸附 $H_2S$ 达饱和状态后，用净化气再生。

分子筛法已经广泛应用于提纯沼气，脱除其中的硫化氢，一般而言，沼气中的其他组分比硫化物具有更低的沸点和更小的极性，并且分子筛吸附剂对硫具有较高的容量，所以对沼气中的硫化氢具有很好的去除效果。但是气体中的其他杂质，如二氧化硫、氧化氮、氨和水分等被分子筛吸附后，与分子筛发生反应，从而改变分子筛的晶格，且这类反应是不可逆的，促使分子筛的吸附能力降低，最后导致吸附系统的使用周期会随着时间的延长而缩短，故分子筛法脱硫使用条件较严格。

## 6.4.2.6　低温分离法脱硫

低温分离法在处理混合气体时，先将其降温，利用各组分沸点和露点的不同，将 $H_2S$ 从中分离。低温分离法是一种能耗高的工艺，其过程可分为降温、捕获、恢复，并且可以数字模拟。操作时，可以同时去除 $H_2S$ 和 $CO_2$，$CH_4$ 纯度最高可提纯至 99.99%。但是低温分离法必须具有特别严格的操作条件才可达到一定效果，同时需要的设备也比较多，因此投资费用也比较高，降温时能耗更高，综合看此法不够经济。

### 6.4.2.7　变压吸附（PSA）法脱硫

沼气中的硫化氢在不同压力下被吸附于吸附剂表面，进而从沼气中被脱除的方法，称为变压吸附法。当变压吸附法中的吸附材料饱和时，可以应用吹扫气体法或者降低吸附系统的总压来使吸附材料再生，所以在实际应用中通常同时使用多个反应器。但是当沼气中含有水时，水会吸附在吸附剂上，破坏吸附剂的结构，从而影响其净化效果。因此，在使用变压吸附法脱硫之前必须先去除沼气中的水。

### 6.4.2.8　其他干法脱硫技术

除上述干法脱硫技术外，还有微波法、离子交换树脂法等。微波法通过微波能量激发等离子化学反应，分解 $H_2S$ 为单质硫和氢气。离子交换树脂法利用大网状离子交换树脂吸附 $H_2S$，且吸附能力随压力增大而提高。这些方法各有优点，但距广泛的工业化应用还有一定距离。

## 6.4.3　生物脱硫工艺

生物脱硫（生物直接脱硫）是一种设立独立的脱硫单元，利用特定微生物将沼气中的 $H_2S$ 转化为单质硫或硫酸盐的脱硫方式。生物脱硫过程可分为 3 个阶段：
① $H_2S$ 气体的溶解过程，即 $H_2S$ 气体由气相转移到液相；
② 液相中的 $H_2S$ 被微生物吸收，转移至微生物的体内；
③ 转移至微生物体内的 $H_2S$ 作为营养物质被分解、转化、利用。
脱硫微生物菌群方面，脱硫细菌大致可分为有色硫细菌和无色硫细菌两类。有色硫细菌体内有光合色素，可进行光合作用，主要为光能自养型脱硫菌；无色硫细菌体内没有光合色素，不进行光合作用，主要为化能自养型脱硫菌。因此，目前研究较多的为光能自养型微生物与化能自养型微生物。生物脱硫技术包括滴滤法、过滤法和吸附法。上述方法的运行环境均属于开放系统，环境变化时刻影响微生物的种群变化。

### 6.4.3.1　光能自养型脱硫技术

在光照、无机营养物质存在的条件下，光能自养型硫细菌能以 $H_2S$ 作为同化 $CO_2$ 的供氢体，将 $CO_2$ 合成为新的细胞物质的同时将 $H_2S$ 氧化为单质硫或硫酸盐，绿色硫细菌与紫色硫细菌是典型的严格厌氧的光能自养型脱硫微生物，又以绿色硫细菌最具代表性。反应式如下：

生成单质硫方程：$2nH_2S+nCO_2 \longrightarrow 2nS+n(CH_2O)+nH_2O$(光能条件)

生成硫酸盐方程：$nH_2S+2nCO_2+2nH_2O \longrightarrow nSO_4^{2-}+2nH^++2n(CH_2O)$(光能条件)

目前在如何提高光能自养型微生物的脱硫效率方面已有较多研究，面向反应器本体的选择，研究发现固定化增殖的生物膜反应器较活性污泥反应器的效果好，因为对于固定化增殖的生物膜反应器而言，光直接照射到管内壁的生物膜上时，光能利用效率和脱硫效率高，而活性污泥反应器中，活性污泥微生物加速了光强度的衰减，使管中心的光照强度不足，光能利用效率和脱硫效率降低；在光源的选择方面，研究表明单色光比多色光更适合作为光源，且光照强度相同时，白光比红光的脱硫效率更高。

光能自养型微生物用于沼气脱硫具有如下优势：脱硫效率高，脱除 $H_2S$ 的同时能够脱除一定量的 $CO_2$，有利于单质硫的分离回收。但该方法并没有工业应用的相关报道，其制约因素如下：

① 处理负荷偏低，水力停留时间长；

② 光能自养型微生物在 $H_2S$ 脱除的过程中需要光照，故需消耗大量的辐射能，增加脱硫成本；

③ 随着反应的进行，由于单质硫的存在而使透光率逐渐降低，从而影响到脱硫效果；

④ 光照强度会影响脱硫效果，光照不足会降低 $H_2S$ 的去除率，光照过剩则会导致单质硫继续被氧化为硫酸盐，为了回收利用产物中的单质硫，在脱硫过程中需严格控制反应条件，使光照强度与 $H_2S$ 的负荷相适宜。

由于以上制约因素，目前该工艺仍处于分批试验或实验室小试的研究阶段，如要进行工业应用还需进行更深入的研究。

### 6.4.3.2 化能自养型脱硫技术

化能自养型微生物能对沼气进行脱硫处理生成单质硫或硫酸盐。脱氮硫杆菌、氧化亚铁硫杆菌、氧化硫硫杆菌和排硫硫杆菌是典型的化能自养型微生物，脱氮硫杆菌以其选择性好、环境适应能力强的优势而最具代表性。沼气脱硫过程中化能自养型微生物能以无机碳或有机碳为碳源：若以 $CO_2$ 为碳源时，则在氧化 $H_2S$ 的过程中获得能量，若以有机碳为碳源时，则进行异氧代谢；有氧的条件下是以氧气作为电子受体，无氧的条件下则以硝化物作为电子受体。典型的反应式如下：

$$H_2S+CO_2+O_2+营养物质 \longrightarrow 生物能+ S 或 SO_4^{2-}+H_2O$$

由以上反应式可知，化能自养型微生物在脱除沼气中 $H_2S$ 的同时能够消耗 $CO_2$。若氧气过量主要产物为硫酸盐；若 $H_2S$ 过量则主要产物为单质硫。故最终产物及比例取决于化能自养型微生物可利用的氧气量，通过控制氧气的含量使沼气中 $H_2S$ 的含量达到标准，并尽可能对单质硫进行回收利用。

现阶段主要有两类利用化能自养型微生物进行沼气脱硫的工艺：谢尔-帕克生物脱硫工艺、铁盐吸收生物脱硫工艺。谢尔-帕克生物脱硫工艺是将含有化能自养型微生物的 $NaHCO_3$ 水溶液与含有 $H_2S$ 的沼气进行接触，$H_2S$ 在化能自养型微生物的作用下反应生成单质硫或硫酸盐。该法以其操作安全性高，投资、操作成本低，维护费用小，经济效益高，脱硫效率高和适宜处理的 $H_2S$ 浓度范围广的优点而在工业上得到了一定应用，是一种比较成熟的脱硫工艺。铁盐吸收生物脱硫工艺利用 $Fe^{3+}$ 将 $H_2S$ 氧化为单质硫，并在酸性的条件下（$pH=1.2\sim1.8$）利用氧化亚铁硫杆菌将 $Fe^{2+}$ 转化为 $Fe^{3+}$ 进行循环利用。由于 $Fe^{3+}$ 具有相当高的氧化还原电位，将 $H_2S$ 氧化为单质硫，而单质硫不能被继续氧化为硫酸盐，因此可对单质硫进行回收利用，而且该法能耗低、投资少、环境污染少，成为近年来的研究热点。

虽然生物脱硫法具有脱硫效率高、运行成本低、无氧化剂及催化剂（空气除外）、无化学污泥处理、无二次污染等优点，但也存在着许多问题，例如如何筛选、培养只利用 $H_2S$ 作为生长物质的专性细菌，如何在光合细菌脱硫的过程中保证足够的照明，如何防止污泥膨胀现象的发生，等等。

## 6.4.4　原位脱硫工艺

### 6.4.4.1　微氧法原位脱硫技术

脱除沼气中的 $H_2S$ 气体最简单最直接的方法就是往厌氧消化罐内通入一定量的空气或氧气，使之与 $H_2S$ 反应生成单质硫或硫酸盐。以下 3 点证明了微氧法原位脱硫技术的可行性：

① $H_2S$ 与氧气反应生成单质硫或硫酸盐的吉布斯自由能均小于零，所以反应是可以自发进行的；

② 硫杆菌随处可见，并不需要额外接种，消化物的表面又可以为硫杆菌提供一个微观好氧环境和必需的营养物质以供其生长；

③ 通常约有 1% 的兼性厌氧菌存在于厌氧环境中，它们能够保护严格厌氧菌（例如产甲烷菌）免受氧气的损害。

试验证明微氧条件并不会降低有机物去除率以及甲烷产量，有的甚至由于兼性厌氧菌利用氧气进行水解作用或者 $H_2S$ 的去除降低了其对产甲烷菌的毒性而使甲烷的产量有所增加，这也说明了微氧条件并不会影响厌氧消化过程。

微氧法原位脱硫技术反应式如下：

$$H_2S+1/2O_2 \longrightarrow S+H_2O$$

$$S+H_2O+3/2O_2 \longrightarrow SO_4^{2-}+2H^+$$

针对空气和氧气何者更适合作为沼气脱硫氧源的研究表明，利用空气或氧气对沼气进行脱硫处理，脱硫效率基本相同。但利用空气作为氧源必须要考虑空气中氮气的稀释作用，氮气的引入会降低沼气中甲烷的浓度（由 70%降低到59%），从而拉低沼气的能量效率。由于空气是一种几乎零成本的氧源，且有些装置受能量效率降低的影响较小，若利用微氧法原位脱硫技术（以空气作为氧源），可将脱硫后的沼气应用于这些装置中，即说明以空气作为氧源既能降低脱硫成本又能保证脱硫后沼气的正常利用。

### 6.4.4.2 氯化铁原位脱硫技术

直接向厌氧消化罐内的消化污泥中加入氯化铁，氯化铁就会与 $H_2S$ 反应生成硫化铁盐颗粒。这种方法可以降低沼气中 $H_2S$ 的浓度，但并不能达到天然气或车用燃料所要求的水平，故氯化铁处理后的沼气并不能直接使用，而需进一步处理，但该方法脱硫成本低，主要的成本是氯化铁溶液产生的，综合来看是一种较好的预处理手段。经氯化铁原位脱硫技术处理后的沼气可通过物理、化学或生物等脱硫工艺的后续处理以达到所要求的 $H_2S$ 含量水平。

# 6.5 沼气利用系统

目前，常见的沼气利用方式主要有通过锅炉的燃烧对用户进行供热、通过燃气内燃机发电并产生热量、作为燃料用于固体燃料电池、通过提纯方式用作车用燃料或并入天然气管网等。

## 6.5.1 沼气输送管道

### 6.5.1.1 沼气工程管道相关规范及要求

沼气工程管道的设计宗旨主要为安全可靠性和管线合理性的统一，设计主要遵循《城镇燃气设计规范》（GB 50028—2006）、《燃气工程项目规范》（GB 55009—

2021）、《大中型沼气工程技术规范》（GB/T 51063—2014）。

（1）安全可靠性

按照规范要求，沼气工程的管道应符合下列规定：

① 输送物料的工艺管道宜采用钢管，沼气管道宜采用聚乙烯管或钢管。

② 焊接钢管、镀锌钢管应符合现行国家标准《低压流体输送用焊接钢管》（GB/T 3091—2015）的有关规定；无缝钢管应符合现行国家标准《输送流体用无缝钢管》（GB/T 8163—2018）的有关规定。

③ 聚乙烯管应符合现行行业标准《聚乙烯燃气管道工程技术规程》（CJJ 63—2018）的有关规定。

④ 不锈钢管应符合现行国家标准《流体输送用不锈钢无缝钢管》（GB/T 14976—2012）的有关规定。

按照规范要求，架空管道的敷设应符合下列规定：

① 车行道与人行道处，管底距道路路面的垂直净距不宜小于 4m；车行道与人行道以外的地区，管底距地面的垂直净距不宜小于 0.35m。

② 支架的最大允许间距应根据管材的强度、管道截面刚度、外荷载大小、水压试验时管内水重及管道最大允许挠度等参数，并经计算确定。

③ 支架应采用金属或钢筋混凝土材料，金属材料应做防腐处理，支架应坚固。

④ 架空钢质管道的防腐处理应选用干燥快、涂敷工艺简单、不易裂缝剥皮、附着力强、耐水性好的涂料。

⑤ 架空管道宜采取保温措施，保温材料应具有良好的防潮性和耐候性，并应采用阻燃材料。

⑥ 管道宜采用自然补偿的方式。

⑦ 架空管道应采取防碰撞保护措施和设置警示标志。

⑧ 架空沼气管道法兰及阀门等易泄漏沼气的部位应避开与沼气管道共架敷设的其他管道的操作装置。

⑨ 架空沼气管道与水管、热力管共支架敷设时，垂直净距不宜小于 250mm，水平净距不宜小于 200mm；支架基础外缘距建筑物外墙的净距不应小于 4m。

⑩ 架空沼气管道的坡度不宜小于 0.005，管道最低点应设有排水器。

按照规范要求，埋地管道最小覆土深度应在冰冻线以下，应符合下列规定：

① 当敷设在人行道下时，不得小于 0.6m。

② 当敷设在机动车道下时，不得小于 0.9m。

③ 当敷设在机动车不可能到达的地方，钢管不得小于 0.3m，聚乙烯管不得小于 0.5m。

④ 当敷设深度不能满足要求时，应采取有效的安全防护措施。

此外，沼气工程输送管道还应满足如下要求：

① 在容易积存沉淀物的物料管道上部，宜设检查管。

② 埋地管道与其他相邻建（构）筑物或相邻管道的最小水平间距和垂直净距，应符合本规范相关规定。

③ 埋地管道应采取排水措施，排水坡度不应小于 0.003，并应在埋地管道最低点设置凝水器。

④ 埋地钢质管道的连接应采用焊接。

⑤ 当公称直径小于或等于 50mm 时，管道与设备及阀门宜采用螺纹连接；当公称直径大于 50mm 时，管道与设备及阀门应采用法兰连接。

⑥ 埋地钢质管道应进行防腐处理。输送物料的工艺管道的防腐应符合现行国家标准《钢质管道外腐蚀控制规范》（GB/T 21447—2018）的有关规定，沼气管道的防腐应符合现行行业标准《城镇燃气埋地钢质管道腐蚀控制技术规程》（CJJ 95—2013）的有关规定。

（2）管线合理性

保证用气压力和供气量满足要求的同时，尽量缩短管线长度，减小气体阻力，降低建设及维护使用成本。通过正确计算管网压力降和各管段的沼气流量，合理选择管径。根据沼气利用端的用气需要，装配相应的压力调压器，以便沼气压力能够满足使用要求。

## 6.5.1.2　沼气输送安全措施

（1）消除火焰及防爆

空气和沼气在碰到明火及相应混合比的情况下，会发生沼气燃烧或者爆炸。设计阻火器能够避免火焰在管道中的传播以及外部火焰窜入沼气系统，从而提高系统的安全性。

阻火器阻火的原理基于传热作用及器壁效应。

① 传热作用　燃烧所需要的必要条件之一就是要达到一定的温度，即着火点。低于着火点时燃烧就会停止。依照这一原理，只要将燃烧物质的温度降低到其着火点以下，即能够阻止火焰的蔓延。当火焰通过阻火器的许多细小通道之后将变成若干细小的火焰。设计阻火器内部的阻火元件时，应尽可能扩大细小火焰和通道壁的接触面积，强化传热，使火焰温度降低到着火点以下，从而阻止火焰蔓延。

② 器壁效应　燃烧与爆炸并不是分子间直接反应，而是受外来能量的激发，分子键遭到破坏，产生活化分子，活化分子又分裂为寿命短但却很活泼的自由基，自由基与其他分子相撞，生成新的产物，同时也产生新的自由基再继续与其他分子发生反应。当燃烧的可燃气通过阻火器的狭窄通道时，自由基与通道壁的碰撞概率增大，参加反应的自由基减少。当阻火器的通道窄到一定程度时，自由基与通道壁的碰撞

占主导地位，由于自由基数量急剧减少，反应不能继续进行，也即燃烧反应不能通过阻火器继续传播。

（2）压力安全防护

沼气利用是一个压力系统，若沼气收集和使用时压力不匹配，即系统压力可能升高超过允许阈值，抑或沼气从气柜过快地向外排出，则可能短时间造成管道内部的真空状态。压力安全防护措施通常有以下两种。

① 防止超压的紧急释放装置　系统中产生的气体会使系统压力升高，为避免系统超压，可以使用废气燃烧器或者火炬将多余的沼气烧掉。若还不能阻止系统压力持续上升，为避免系统超压对构筑物及设备等造成破坏，有时会在气柜顶部设置真空压力安全阀。此外，当气柜过快地排出沼气而可能引起构筑物内部出现真空状态的时候，真空压力安全阀还会开启动作使空气进入构筑物内部，起到防护的作用。因为真空压力安全阀安装在沼气系统与外界大气连通的部位，也需要与消焰器同步安装，以避免外部火源进入沼气系统。

② 负压状态下的保护措施　在沼气工程部分界面的入口处安装阀门，避免阀前部系统沼气量不够的情况下，后部沼气利用系统依然持续抽吸气体。

（3）凝水器排液稳压

沼气组分中含有一定量的水蒸气，受到分压力的影响，水蒸气含量一般随着沼气温度的升高而提高，而沼气管道中的水蒸气在输气管道中遇冷则会液化成水，积聚在管道中，堵塞输气管道，使得沼气输送受阻。寒冷地区常因积水结冰，促使沼气输送不畅，进而严重影响末端用气。因此一般在沼气管路上安装凝水器解决这一问题，凝水器设在管道最低处，每隔约 60m 设一个，分水平凝水器和立管末端凝水器两类。凝水器的选用常参考图集《燃气工程设计施工》（05R502）。

## 6.5.2　沼气发电系统

沼气发电系统主要流程为由厌氧消化器产生的沼气经脱水、脱硫后稳压供给沼气内燃机，从而驱动与其相连接的发电机进而产生电力。沼气发电产生电能和热能，热能通过热回收装置进行回收后，可以作为沼气发酵罐的加热热源，也可用于冬季采暖或夏季制冷，促使沼气得到综合利用，进而提高能源的利用效率和综合效益。

沼气发电系统基本流程如图 6-5 所示。

（1）沼气净化与存储

沼气的净化主要是除去沼气中的硫化氢和水分。沼气中硫化氢燃烧后形成的硫化物会腐蚀发动机零部件，特别是气缸、活塞环和轴瓦等。四冲程、点燃式燃气内燃机对燃气质量及特性的具体要求见表 6-4。

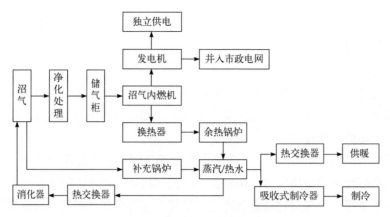

图 6-5　沼气发电系统基本流程

表 6-4　沼气发电对沼气品质要求一览表

| 项目 | | 指标 |
|---|---|---|
| 甲烷含量/% | | >45 |
| 最大甲烷含量变化速度/（%/min） | | 0.2 |
| 沼气杂质含量 | 含硫总量/（mg/MJ）（mg/m³） | <57（1000） |
| | H₂S/（mg/MJ）（mg/m³） | <20（300） |
| | Cl/（mg/MJ） | <19 |
| | NH₃/（mg/MJ） | <2.8 |
| | 油分/（mg/MJ） | <1.2 |
| | 杂质/（mg/MJ） | <1.0 |
| | 杂质颗粒大小/μm | <1 |
| | Si/（mg/MJ） | <0.15 |
| 沼气温度/℃ | | 10～40 |
| 允许最大温度变化梯度/（%/min） | | 1 |
| 相对湿度/% | | 10～50 |
| 沼气压力范围/kPa | | 1.5～10 |
| 压力波动/kPa | | ±0.1 |
| 沼气热值/（MJ/m³） | | >16 |

对于独立运行的发电装置，沼气存储相对简单，而对于联网特别是以调峰为目的的沼气发电装置，存储装置的设置和自动化水平尤为重要。

（2）沼气发动机

沼气经净化处理后进入燃气内燃机，与空气混合，通过涡轮增压器增压，冷却器冷却后进入气缸内，通过火花塞高压点火，燃烧膨胀推动活塞做功，带动曲轴转动，通过发电机输出电能。内燃机产生的废气经排气管、换热装置、消声器、烟囱排到室外。

（3）发电机

发电机将发动机的输出转变为电力。

（4）供电系统

沼气发电机输出低压（如 400V）电力，经过变压系统升至高电压（如 10kV）。在技术上可采取独立运行、区域内部并网的方式，必要时可与电网不间断切换，也可以采取与电力公司的配电系统并联（并网或上网）。发电机组可采用微机控制，形成完善的并网控制及保护功能，包括发动机自身的保护、自动负载跟踪调节、自动同步并网、逆功率保护等。

（5）余热回收

沼气发电机在发电的同时产生出大量热能，烟气温度一般在 550℃左右。通过热回收技术，将燃气内燃机中的润滑油、中冷器、缸套水和尾气排放中的热量充分回收利用，用于发酵罐加温、生产及生活供热，夏季可与溴化锂吸收式制冷机耦合，用于空调制冷。一般从内燃机热回收系统中吸收的热量以 90℃热水的形式供给热交换部分使用，内燃机正常回水温度为 70℃左右。

典型的沼气内燃机发电系统工艺流程见图 6-6。

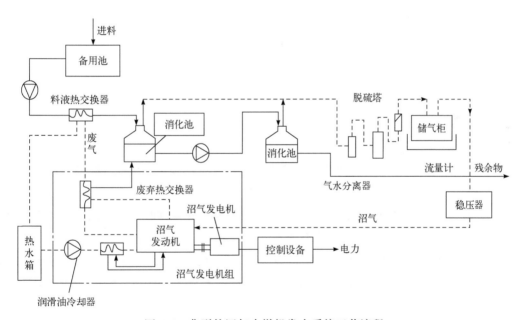

图 6-6  典型的沼气内燃机发电系统工艺流程

## 6.5.3  沼气锅炉系统

沼气锅炉系统主要包含沼气燃烧锅炉（沼气通过锅炉燃烧的方式进行热量供给）和沼气余热锅炉（沼气通过发电后余热回收的方式进行热量供给）。沼气燃烧锅炉即将净化处理后的沼气在特制的锅炉中进行燃烧以释放热量，用来加热热水或产生蒸汽，净化后的沼气中，甲烷含量一般为 50%～80%甚至更高，沼气热值通常在 5500kcal/m³（1kcal=4.186kJ）。沼气余热锅炉即利用沼气发电机的余热进行热能的供给，主要辅助配套于沼气发电工艺以实现热电联供耦合。

典型的沼气锅炉系统耦合利用流程见图6-7。

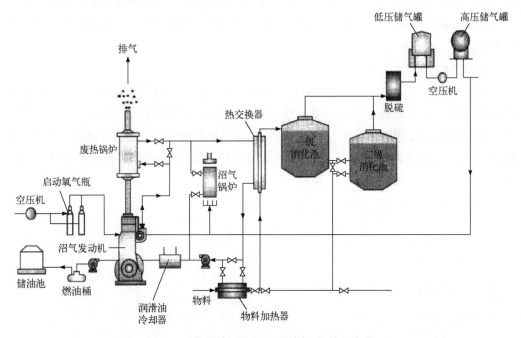

图6-7　典型的沼气锅炉系统耦合利用流程

沼气发电工艺中，余热回收利用对于整个发电工艺的能量利用经济性极其重要。在热电联供系统中，沼气内燃机发电效率可达 35%以上，热能余热回收效率可达 40%以上，其中从尾气中热量回收占17%～19%，从套管水中热量回收占10%以上，从润滑油中热量回收约占 4%，从空气冷却系统热量回收约占 6%，从而总系统能量效率高达80%。由于沼气中含有微量杂质和腐蚀性物质，若燃烧后的烟气经换热后温度过低从而会产生一些杂质，因此要求沼气发动机的尾气排放温度比其他燃气发动机高几十摄氏度，回水温度相应略高。

## 6.5.4　沼气提纯系统

目前，我国沼气主要应用于发电和供热，但沼气中杂质气体影响了沼气的回收利用。沼气中的 $CO_2$ 降低了沼气的能量密度和热值，限制了沼气的利用范围，$H_2S$ 则会在压缩、储存过程中腐蚀压缩机、气体储存罐和发动机等；同时，$H_2S$ 燃烧后生成 $SO_2$，还会造成环境污染，影响人类身体健康。脱水是因为 $H_2O$ 与 $H_2S$、$CO_2$ 和 $NH_3$ 反应，会引起压缩机、气体储存罐和发动机的腐蚀，且当沼气被加压储存时高压下水会冷凝结冰。因此，沼气利用前要去除组分中的 $CO_2$、$H_2S$ 和水蒸气等杂质，将沼气提纯为生物天然气（BNG），生物天然气可压缩用于车用燃料（CNG）、热电联产（CHP）、并入天然气管网、燃料电池以及化工原料等领域。

沼气通过净化提纯工艺甲烷含量可达到 95%～97%，虽然生物天然气注入天然气管网暂无国际标准，但是一些国家已经制定了生物天然气国家标准，其中欧洲天然气工业技术协会已经采用了非常规燃气注入天然气管网的技术和气体质量要求标准。目前国内若要将沼气替代天然气或混合动力汽车直接燃烧利用，至少需要满足《车用压缩天然气》（GB 18047—2017）标准和《天然气》（GB 17820—2018）标准才可用作车用燃料或并入天然气管道实现高值化利用。

沼气提纯的主要对象包括 $H_2S$、$CO_2$、$H_2O$，部分提纯工况还涉及 $O_2$ 和 $N_2$ 的深度脱除。考虑到实际提纯工艺会兼顾多组分的共同纯化，且前文已介绍了沼气中 $H_2S$ 的脱除技术，因此后文着重从单一组分纯化的角度来展开沼气提纯工艺的介绍。

## 6.5.4.1 沼气脱碳技术

（1）水洗法

水洗法是利用 $CO_2$ 和 $CH_4$ 在水中溶解度不同，通过物理吸收，实现 $CO_2$ 和 $CH_4$ 分离。加压水洗工艺，首先需要将沼气加压到 1000～2000kPa 送入洗涤塔，在洗涤塔内沼气自下而上与水流逆向接触，酸性气体 $CO_2$ 和 $H_2S$ 溶于水中，从而同甲烷完成分离，$CH_4$ 从洗涤塔的上端逸出，进一步干燥后得到生物甲烷。在加压条件下，部分 $CH_4$ 溶于水，故从洗涤塔底部排出的水需要进入闪蒸塔，通过降压将溶于水中的 $CH_4$ 和部分 $CO_2$ 释放出来，这部分气体重新与原料气混合再次参与洗涤分离。从闪蒸塔排出的水进入解吸塔，利用空气、蒸汽或惰性气体进行再生。在有廉价水资源可供利用时，水洗法可一直采用新水而无须对水进行再生处理，这样既简化了系统又提高了提纯效率。

水洗法效率较高，在最低操作管理条件下通过单个洗涤塔就可以将 $CH_4$ 浓度提纯到 95%，同时 $CH_4$ 的损失率也可以控制在较低的水准，此外由于采用水作为吸收剂，所以这种提纯方法成本较低，尤其在不需要对水进行再生处理时，其经济性尤为突出。

加压水洗法存在的问题：微生物会在洗涤塔内的填料表面生长形成生物膜，从而造成填料堵塞，因此，需要安装自动冲洗装置，或加氯杀菌；虽然水洗过程可以同时脱除 $H_2S$，但为了避免其对脱碳阶段所用压缩设备的腐蚀，应在脱 $CO_2$ 之前将其脱除；提纯后的生物甲烷处于水分饱和状态，必须进行干燥；废气含有硫和低浓度的甲烷，在大规模水洗中需用蓄热式热氧化技术进行废气处理。

加压水洗沼气提纯工艺流程见图 6-8。

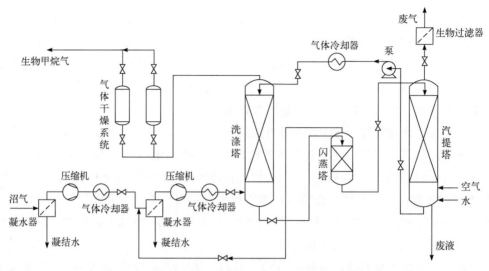

图 6-8　加压水洗沼气提纯工艺流程

**（2）溶剂物理吸收法**

溶剂物理吸收法类似于水洗法，不同的是将水换成了溶剂，利用酸性气体和 $CH_4$ 在溶剂中的溶解度不同来脱除 $CO_2$ 和 $H_2S$。该技术的操作压力一般为 0.7～0.8MPa，不需要预先去除 $H_2S$。水分子属于极性分子，溶剂是非极性分子，而 $CO_2$ 也是非极性分子，根据相似相溶法则，$CO_2$ 更容易溶解于溶剂中。常用的物理溶剂有碳酸丙烯酯（PC 法）和聚乙二醇二甲醚（国外商品代号为 Selexol，国内商品代号为 NHD）。

$CO_2$ 和 $H_2S$ 在上述溶剂中的溶解性比在水中的溶解性更强，提纯等量沼气所采用的液相循环量更小、能耗更低、纯化成本更具优势。提纯后的 $CH_4$ 含量为 93%～98%，废气含有硫和低浓度（1%～4%）的甲烷，在大规模提纯中需用蓄热式热氧化技术进行废气处理。

溶剂物理吸收法（Selexol 吸收法）沼气提纯工艺流程见图 6-9。

**（3）溶剂化学吸收法**

溶剂化学吸收法是利用 $CO_2$ 与溶剂发生化学反应，形成富液，然后富液进入解吸塔加热分解 $CO_2$，吸收与解吸交替进行，从而实现 $CO_2$ 的分离回收。化学吸收法是采用胺溶液作为吸收液将 $CO_2$ 和 $CH_4$ 分离，溶剂主要有乙醇胺溶液（MEA）、二乙醇胺溶液（DEA）和甲基二乙醇胺溶液（MDEA）。该技术操作压力一般为 101325Pa，比水洗的操作压力低很多，化学吸收前需要对沼气进行精细脱硫。化学反应具有很强的选择性，胺溶液对碳具有很高的亲和力，所以 $CH_4$ 的损失可小于 0.1%。

溶剂化学吸收法的优点是气体净化度高，处理气量大；缺点是对原料气适应性不强，需要复杂的预处理系统，吸收剂的再生循环操作较为烦琐，热量消耗高。

目前工业中广泛采用的是醇胺法脱碳，吸收与解吸的方程式如下。

$CO_2$ 吸收方程式：

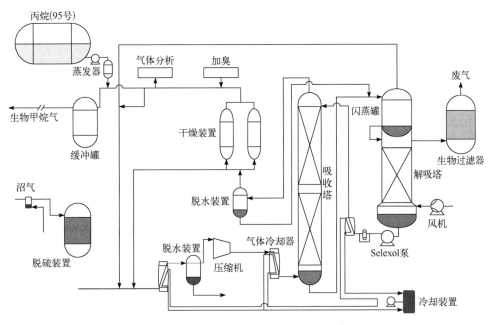

图 6-9　溶剂物理吸收法（Selexol 吸收法）沼气提纯工艺流程

$$RNH_2 + H_2O + CO_2 \Longrightarrow RNH_3^+ + HCO_3^-$$

$CO_2$ 解吸方程式：

$$RNH_3^+ + HCO_3^- \Longrightarrow RNH_2 + H_2O + CO_2$$

溶剂化学吸收法沼气提纯工艺流程见图 6-10。

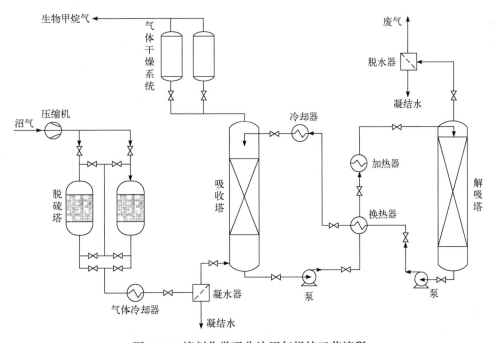

图 6-10　溶剂化学吸收法沼气提纯工艺流程

（4）深冷法

深冷法是利用沼气中 $CH_4$ 和 $CO_2$ 沸点和露点的显著差异性，在低温条件下将 $CO_2$ 转变为液体或固体，并使 $CH_4$ 依然保持为气相，进而实现二者分离的工艺。

工艺流程：

① 将沼气温度降至 6℃，硫化氢和硅氧烷去除；

② 将原料气压缩到（1.8～2.5）×$10^6$MPa，压缩前需脱水以防止结冰；

③ 继续将温度降至-25℃，气体被干燥，剩余硅氧烷被冷凝；

④ 添加催化剂将 $H_2S$ 转化为单质硫，实现脱硫；

⑤ 将温度降至-50～-59℃，$CO_2$ 被液化去除。

深冷法需要将沼气加压冷却，能耗较大，同时，分离设备庞杂，操作条件严格，导致投资和运行成本较高。但目前深冷法脱碳技术成熟，可得到纯度极高的 $CO_2$ 和 $CH_4$，进一步冷却即可得到液化生物甲烷，具有广阔的研究前景。

深冷法沼气提纯工艺流程见图 6-11。

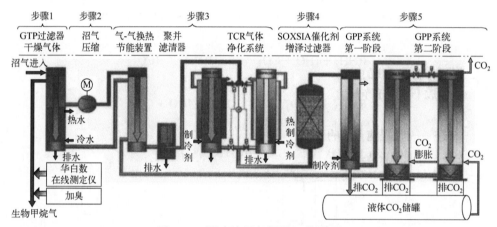

图 6-11　深冷法沼气提纯工艺流程

（5）膜分离法

膜分离法原理是利用各气体组分在膜表面吸附、溶解及扩散速率的不同，且在膜两侧分压差的推动下，能够使得大部分 $CO_2$ 等组分和少量的 $CH_4$ 透过膜壁进入渗透侧分离出去，大部分 $CH_4$ 在高压侧作为生物天然气输出。沼气提纯膜分离技术有气体渗透模块系统和气液膜分离系统两套基本的膜分离系统。

对于气体渗透模块系统来说，在第一阶段时，$CH_4$ 含量最高能达到 92%，如果经过多级膜处理后，$CH_4$ 含量最高能够超过 96%。沼气气液膜分离提纯技术是近年才发展起来的，其具有较高的 $CO_2$ 脱除率，在采用碱性溶液的膜系统中其纯化效率更佳。目前应用于沼气纯化的膜普遍存在塑化和老化等问题，亟须通过改良现有膜材料和研发新型膜材料，以提高膜的抗塑化能力和机械强度、膜分离系统处理量及分离性能。

膜分离法沼气提纯工艺流程见图 6-12。

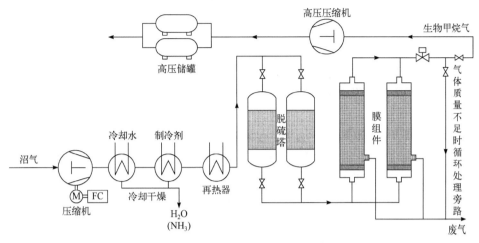

图 6-12　膜分离法沼气提纯工艺流程

（6）变压吸附法

变压吸附法（PSA）是在加压条件下，利用沼气中的 $CH_4$、$CO_2$ 以及 $N_2$ 在吸附剂表面被吸附能力的差异性，从而实现分离气体成分的一种方法。吸附材料在该技术中至关重要，一般采用不同类型的活性炭、沸石、硅胶、氧化铝和分子筛作为吸附材料。近年来出现的一些新型吸附材料，如有序介孔材料、胺修饰吸附剂和金属有机骨架（MOFs）等对 $CO_2$ 均具有较高的吸附选择性，应用前景广阔。

此外，值得注意的是，沼气中含有杂质，如硫化氢和水会吸附在吸附材料上可能损坏吸附材料的结构，进而影响提纯效果，故采用变压吸附法提纯前需要去除沼气中的硫化氢和液态水。

变压吸附法沼气提纯工艺流程见图 6-13。

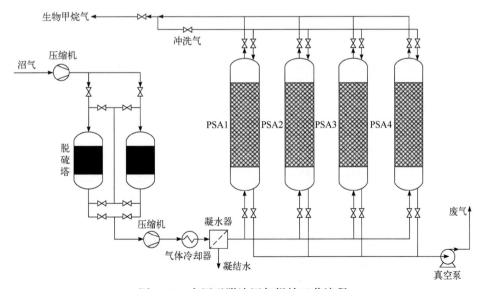

图 6-13　变压吸附法沼气提纯工艺流程

141

### 6.5.4.2 沼气脱水技术

未经处理的沼气通常含有饱和水蒸气，而沼气脱水相对来说比较简单，一般有冷凝法、液体溶剂吸收法、吸附干燥法等。

（1）冷凝法

冷凝法又分为节流膨胀冷却脱水法和加压后冷却法。

① 节流膨胀冷却脱水法利用节流膨胀或低温冷凝方式将部分水蒸气冷凝下来，这种方法虽然简单经济，但除水效果欠佳。

② 加压后冷却法通常有三种方式，即管式间接冷却、填料塔式直接冷却和间-直接混合冷却。

（2）液体溶剂吸收法

液体溶剂吸收法则是沼气经过吸水性极强的溶液，让水分得以分离的脱水方法，该类工艺的脱水剂有氯化钙、氯化锂及甘醇类（三甘醇、二甘醇等）。

（3）吸附干燥法

吸附干燥法是指气体通过固体吸附剂时，在固体吸附剂表面力作用下吸收沼气内的水分以实现气体干燥的目的。目前应用于沼气脱水的固体吸附剂有分子筛、活性氧化铝、硅胶以及复合式干燥剂等。与溶液脱水比较，固体吸附剂脱水性能远超前者，能够获得露点极低的燃气，对温度、压力、流量变化不敏感，且设备简单，便于操作，较少出现腐蚀及起泡等现象。

在沼气脱水工程中一般会将冷凝法与吸附干燥法结合使用，先用冷凝法将水部分脱除，后再用吸附法进行精脱水。

### 6.5.4.3 沼气脱氧脱氮技术

沼气净化提纯制备车用燃气时，必须严格控制沼气中氮、氧的含量，否则需要额外增加脱氮和脱氧设备，不仅可能增加运行成本，甚至会导致后续脱硫脱碳工艺过程发生安全危险，例如化学吸收法（胺吸收法）中胺洗涤器会被氧化胺损坏，变压吸附法（PSA）中过高的 $O_2$ 含量可能引发爆炸。

目前普遍使用的沼气净化脱氧技术有催化脱氧、吸收脱氧以及碳燃烧脱氧 3 种。例如，在北京安定垃圾填埋场进行的填埋气净化提纯制备天然气的示范工程中，中国石油大学分别采用催化脱氧技术和碳酸丙烯酯（PC）物理吸收法进行脱氧和脱碳。在同等条件下，PC 对 $CO_2$ 的溶解度是 $H_2O$ 的 8 倍左右，且 PC 在国内价格便宜容易购买，此法适合规模较大、杂质复杂、沼气中氧含量较高的提纯工程。

现有的脱氧脱氮净化工艺均较难完全去除沼气中的 $O_2$、$N_2$，抑或去除成本极高，因此在源头控制 $O_2$、$N_2$ 的含量比后期分离纯化更为重要。

# 第7章

# 沼液处理与利用

▶ 脱水系统

▶ 沼液处理系统

# 7.1 脱水系统

## 7.1.1 厌氧沼渣（沼液）脱水机理

干式厌氧消化工艺会产生大量的消化残余物，工程上一般采用螺旋挤压脱水、振动筛分除砂、高速离心脱水共三级固液分离方式对其进行深度脱水，获得脱水沼渣，沼渣产生量为干式厌氧进料量的 40%～60%。

湿式厌氧消化的形式基本以全混合厌氧反应器（continuous stirred tank reactor，CSTR）为主，厌氧罐溢流的沼液中的污染物浓度（尤其是悬浮物）比较高，目前基本采用离心脱水机处理沼液，其目的是通过物理的高速离心分离作用，去除其中的悬浮物等污染物质，以减轻后续污水处理系统的负担。

（1）螺旋挤压脱水机理

螺旋挤压脱水机是一种利用螺旋结构原理将物料分离出来的脱水机，其采用变径变螺距脱水原理。

螺旋齿末端挤压区的料塞长度会根据压榨物料性质的变化而相应地自动调节，其关键动作体现在物料出口的封堵作用源于螺旋轴上无螺旋的部分和移动滤网出口组成的料塞长度会做自动调节变化，从而可有效避免设备被塞死停机风险，并保证稳定较高的压榨干度。

在运行过程中，螺旋挤压脱水机的扭矩实时被监测控制，始终根据设定的扭矩值上下浮动。系统将检测到的实际扭矩大小与设定的扭矩相比较，通过可移动滤网的前后伸缩，自动调整料塞长度，保证设备在恒定扭矩下稳定运行。

设备采用两级背压调节方式，确保整个设备运行稳定。高压区采用可移动筛框，附以导杆，确保与螺旋轴同轴心移动，通过调节料塞长度段距离，对压榨扭矩进行迅速、大范围的调整；可移动筛框驱动方式分为人工调节与液压驱动。液压驱动是在人工调节的基础上，在可移动筛框两侧分别配备有液压油缸，通过液压杆的移动调节可移动筛框位置。设备配备有液压油站、液压缸、液压控制器、高压油管等。

（2）振动筛分除砂机理

振动筛分机的基本原理是通过调整带梯度的振动盘内的筛网，采用 0.8～1.2mm 的筛网将液体振动分离出去。筛网的倾斜方向与固体出料口相对，使得固体物料沿着筛网形成的斜坡上升，直到物料在出口形成楔形并落下。

（3）高速离心脱水机理

卧式离心脱水机是一种螺旋卸料沉降离心机，主要由高转速的转鼓、与转鼓转向相同且转速比转鼓略低的带空心转轴的螺旋输送器和差速器等部件组成。离心式污泥脱水机是利用固液两相的密度差，在离心力的作用下加快固相颗粒的沉降速度来实现固液分离的。具体分离过程为污泥和絮凝剂药液经入口管道被送入转鼓内混合腔，在此进行混合絮凝（亦可在设备前进料管上加药），由于转子（螺旋和转鼓）的高速旋转和摩擦阻力，沼液在转子内部被加速并形成一个圆柱液环层（液环区），在离心力的作用下，密度较大的固体颗粒沉降到转鼓内壁形成泥层（固环层），再利用螺旋和转鼓的相对速度差把固相推向转鼓锥端，推出液面之后（岸区或称干燥区）泥渣得以脱水干燥，推向排渣口排出，上清液从转鼓大端排出，实现固液分离。

卧式离心脱水机结构见图 7-1。

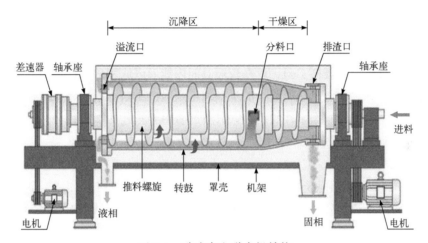

图 7-1　卧式离心脱水机结构

## 7.1.2　脱水效果影响因素

螺压脱水机和振动筛分机的脱水效率主要与物料有关，宜在设备选型时考虑。

离心脱水机脱水效果的影响因素有以下几种。

（1）转鼓转速

转鼓的转速越大，单位处理沼液的体积也就越大，离心力的增大也会对离心效果具有一定的促进作用。但是如果超过转鼓的临界转速，脱水效果也不会明显增加，但是此时设备能耗却大幅度增加。转鼓的转速主要是通过变频电机来控制，通过调整电机的输入频率就可以调节转速。

（2）差转速度（差速）

差速决定了螺旋推料器的速度，差速的大小直接影响着沼液的脱水效果和处理能力。在假设进料恒定的情况下，较大的差转速度就意味着除去结晶体的悬浮液在排出离心脱水机时所需要经过的路径就会增加，但是这样就会由于螺旋排料的速度加快，导致固态结晶体在转鼓内停留的时间也就越少，进一步导致结晶体的干度降低，影响固液分离的效果。

（3）堰口高度

堰口高度的调整将会对沼液的脱水效果产生重要的影响，同时也决定着分离后的液体在转鼓内的停留时间，所以如果液层的厚度越大，沼液在转鼓内的停留时间也就越长，脱水效果也就越好；但是随着液层厚度的增大，多余的液体会从排渣口排出，反而会降低分离后的干度。

（4）絮凝剂类型、投加量、投加点

1）絮凝剂类型

为了提高沼液的脱水性能，离心机脱水前应均匀加入适量的有机高分子絮凝剂，如聚丙烯酰胺（PAM），以降低污泥的比电阻，使沼液在固相和液相分离后更容易脱水。絮凝剂的类型必须适应沼液的特性以及设备的类型和操作条件。在工程实际中，需要在调试前进行简单的烧杯实验，以在较短时间内能形成成团的絮状物为目标。絮凝剂没有更好的，只有更合适的。絮凝剂的类型和用量取决于药剂质量和污泥性质的匹配，以及与设备结构类型和操作条件的匹配。只有三者得到较佳的操作组合，才能以较低的絮凝剂用量达到较佳的处理效果和较高的处理效率。

2）絮凝剂投加量

实际工程中发现，阳离子聚丙烯酰胺（PAM）絮凝剂的用量达到一定水平后，絮凝剂的用量对离心脱水后泥饼的固含量影响不大，但对滤液质量影响较大。因此，在进行沼液脱水时，完全没有必要在满足泥饼干度要求和上清液质量要求的同时继续增加絮凝剂的用量，这也是现场浪费聚丙烯酰胺絮凝剂的主要原因。此外，随着絮凝剂用量的增加，上清液质量更好。但在很多情况下，过分追求上清液质量而添加更多絮凝剂是得不偿失的，只需要将固体回收率控制在一个合理的范围内即可。

一般情况下，PAM的用量与待处理沼液的含固率（TS）近似成正比。因此，在一定的进料量下，PAM絮凝剂的用量应根据含固率进行一定比例的调整，阳离子PAM加药量为每吨干污泥7～10kg进行设计。

3）絮凝剂投加点

PAM的不同投加点会直接影响药剂和沼液的混合和反应条件，从而影响絮体状态、强度和泥水分离状态，影响絮凝剂的用量和污泥处理效果。絮凝剂投加点有很多种，一般可以设置为进料泵后管道加药、离心机污泥入口加药。具体投加点的设置和调整根据污泥性质、设备特性和絮凝剂特性确定，一般通过实际应用试验确定。工程实际中如果应用效果不佳，可以考虑采用药剂投加点前移的方式进行调整。

## 7.1.3  主要脱水工艺系统概述

（1）干式厌氧脱水工艺系统

干式厌氧脱水工艺系统流程如图7-2所示。

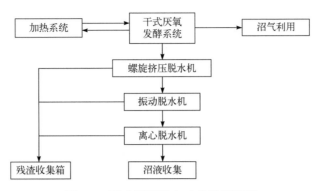

图 7-2　干式厌氧脱水工艺系统流程

干式厌氧采用厌氧消化罐，产生的沼气进入后续沼气净化及存储单元，产生的沼液进入干式厌氧脱水单元。干式厌氧脱水首先经过螺旋挤压脱水机，脱水后的液相进入振动脱水机，挤压及振动脱水的沼渣通过车辆外运焚烧或填埋，脱水上清液进入后续离心脱水机，并配置絮凝剂加药系统，离心脱水后的液相进入后续污水处理系统，离心脱水沼渣经沼渣干化后外运焚烧或填埋。

（2）湿式厌氧脱水工艺系统

湿式厌氧脱水工艺系统流程如图 7-3 所示。

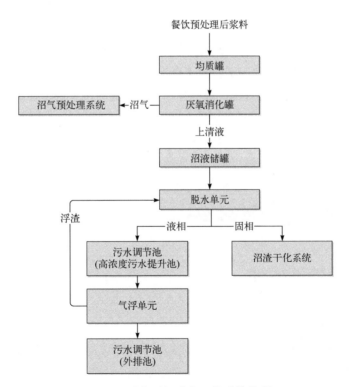

图 7-3　湿式厌氧脱水工艺系统流程

餐厨垃圾预处理后的混合浆液进入均质罐，经均质罐调质后泵送至厌氧消化罐，厌氧消化产生的沼气进入沼气预处理系统；厌氧消化产生的上清液进入沼液储罐暂存，通过输送泵送至离心脱水机，脱水后的沼渣进入沼渣干化系统或作为杂质外运焚烧，脱水后的液相进入污水处理系统。

## 7.1.4 脱水工艺设计

（1）干式厌氧脱水工艺设计

沼液周期性用柱塞泵从干式厌氧罐泵入脱水机进行一次脱水，然后物料进入挤压区挤压，直到物料达到设定的含水率，经挤压脱水后的残渣由输送机外运。

脱水机液相出料进入振动脱水机进一步脱水，经振动脱水后的残渣由输送机外运；液相部分由管道收集于沼液缓存池中。

沼液缓存池中的沼液经螺杆泵泵入离心机最后脱水，配套的絮凝剂加药系统在管路中加入絮凝剂，以改善离心脱水机的脱水能力，然后液相部分进入调节池，最终进入后续污水处理系统。分离出的脱水污泥，外送至焚烧厂、填埋场或用于堆肥处理。

（2）湿式厌氧脱水工艺设计

湿式厌氧脱水系统由离心脱水机、絮凝剂加药装置、沼渣输送装置及配套泵送装置等组成。

沼渣自沼渣储罐提升，与絮凝剂充分混合产生絮体后进入离心脱水机进行脱水处理，脱水沼渣由螺旋输送机输送至污泥干化车间进行后续处理或输送至出渣间外运处置，脱水上清液进入沼液处理系统。离心脱水还需配套冲洗系统，在离心脱水机启动和停机后对转鼓进行冲洗。

沼渣脱水药剂优先选用阳离子聚丙烯酰胺（PAM），具体絮凝剂药剂类别应通过小试实验甄选，加药设备优先选用全自动加药系统，加药浓度选用 0.1%～0.3%。

# 7.2 沼液处理系统

## 7.2.1 沼液处理概述

（1）厨余脱水沼液水质特点分析

沼液为沼气工程的厌氧消化液，主要特点为有机物及氨氮浓度高、杂质和悬浮物多、油脂和盐分含量高、易腐发酵发臭。

餐厨垃圾污水总体特点为：a.污水偏黑色、有臭味；b.盐分含量较高；c.有机物含量高，经高温发酵未被分解的蛋白质、纤维素、脂肪等大分子有机物含量高；d.悬浮物含量比较高，含有大量油脂；e.富含氮、磷、钾、钙及各类微量元素；f.含有较高浓度的氨氮，主要是由含氮有机物经厌氧氨化作用造成。

（2）沼液处理基本工艺

沼液处理采用"预处理+生化"为主的处理工艺，以达到出水标准。预处理主要包括气浮、电化学等方法。生化处理主要包括缺氧好氧（A/O）、膜生物反应器（MBR）等工艺。根据不同的出水排放标准，所选用的处理工艺有所差异，如排放标准较严格，可在上述生化处理工艺之后加上深度处理工艺，如膜深度处理（纳滤、反渗透等）等。

## 7.2.2　沼液处理工艺

（1）预处理工艺

沼液进入生物反应池前应进行除油预处理，目前大多采用气浮装置，并宜采用两级溶气气浮或者涡凹气浮、加压溶气气浮的组合工艺。

（2）生物处理法

生物处理法是废水处理中最常用的一种方法，由于其运行费用相对较低，处理效率高，污染物有效去除，二次污染少，因而被广泛采用。具体的工艺形式有厌氧生物处理和好氧生物处理。

厌氧生物处理的主要优点是能耗少，操作简单，产生的剩余污泥量少，因此投资及运行费用相对较低，且厌氧产生的沼气具有一定的可回收利用价值。目前常用的主要有升流式厌氧污泥床（UASB）、内循环厌氧反应器（IC）、厌氧流化床反应器（AFB）、厌氧固定床反应器[厌氧滤池（AF）]、厌氧复合反应器（UBF）、厌氧折流板（ABR）工艺等，但厌氧处理出水中的 COD 浓度仍较高，且厌氧对氨氮无任何处理效果，不可直接排放到河流或湖泊中，仍然需要进行后续好氧处理及深度处理。

采用厌氧工艺处理厨余沼液废水，一般来说，厌氧出水 COD 浓度可降低 50%以上。但是，由于厌氧工艺对氨氮无任何去除作用，污水进入厌氧反应器后，部分有机氮转化成氨氮溶于水中，出水总氮浓度略有下降，氨氮浓度升高，C/N 值相比沼液原水大幅降低，会严重削弱后续生物脱氮的效果。为使污水处理系统出水总氮达标，必须在生物脱氮段投加大量碳源，或者采用反渗透工艺在末端分离含氮物质。

好氧处理工艺包括氧化沟、A/O 工艺、SBR 工艺等，对于厨余沼液废水而言，好氧工艺需要通过生物降解去除污水中的有机污染物（COD）和氨氮，因此，一般采用较多的是生物脱氮能力较强的反硝化前置 A/O，其主要原理为：反硝化反应器设置在流程的前端，而去除 BOD、进行硝化反应的硝化反应器则设置在流程的后端，因此，可以实现进行反硝化反应时，利用原废水中的有机物直接作为有机碳源，将从好氧反应器回流回来的含有硝酸盐的混合液中的硝酸盐反硝化成为氮气；而且，在反硝化反应器中由于反硝化反应而产生的碱度可以随出水进入好氧硝化反应器，能够补偿硝化反应过程中所需消耗碱度的 1/2 左右；好氧的硝化反应器设置在流程的后端，也可以使反硝化过程中常常残留的有机物得以进一步去除。

（3）膜生物反应器

膜生物反应器（MBR）根据进水水量和水质条件，控制适宜的反应条件以实现高效的反硝化和硝化反应，并同时降解有机污染物。为了充分利用原水中的碳源来进行反硝化反应，采用膜生物反应器（MBR）系统，可以使生化系统内的污泥浓度较传统的活性污泥法高出 3～6 倍，MBR 系统主要分为浸没式膜生物处理系统、外置式膜生物处理系统。

MBR 替代了传统的二沉池，完全实现泥水分离，使生化系统内的污泥浓度达到 15g/L。

（4）膜深度处理[纳滤（NF）、反渗透（RO）]

纳滤（NF）为卷式膜，其属于致密膜范畴，为卷式有机复合膜，纳滤分离作为一项新型的膜分离技术，技术原理近似机械筛分，但是纳滤膜本体带有电荷，因此其分离机理只能说近似机械筛分，同时也有溶解扩散效应在内。这是它在很低压力下仍具有较高的大分子与二价盐截留效果的重要原因。纳滤过程对一价离子和分子量低于 200 的有机物截留较差，而对二价或多价离子及分子量在 500 以上的有机物有较高截留率纳滤膜的分离孔径一般在 1～10nm，一般的纳滤操作压力为 0.3～1MPa。

反渗透分离粒子级别可达到离子级别。由于膜表面的亲水性，优先吸附水分子而排斥盐分子，因此在膜表皮层形成两个水分子的纯水层，对其施加压力，纯水层的分子不断通过毛细管流过反渗透膜，可达到理想的脱盐和透水效果。反渗透膜对有机污染物、一价盐、二价盐等截留率达到 99%以上。

# 第 **8** 章

# 沼渣利用系统

▶ 沼渣利用概述

▶ 沼渣堆肥系统

# 8.1　沼渣利用概述

沼渣为厨余垃圾厌氧消化产沼后产物经脱水后的物料，主要是腐殖质纤维类，同时包括塑料片、砂石等杂质。

目前国内对沼渣的处置出路主要有土地利用与协同焚烧两种，分述如下。

（1）土地利用

经过堆肥处理，无害化和稳定化后的沼渣及沼渣产品，以有机肥、基质、腐殖土、营养土等形式存在，可用于农业、林业、园林绿化和土壤改良等方面，使沼渣中的有机质及氮、磷等营养资源得以充分利用，实现沼渣的有效处置。

（2）协同焚烧

协同焚烧是指沼渣利用水泥窑、热电厂、生活垃圾焚烧厂等设施协同焚烧，从而达到安全处置的目的。含水率在 60%～85% 的沼渣可以利用水泥窑直接进行焚烧处置，干化或半干化（含水率 40% 以下）后的沼渣可进入循环流化床焚烧炉或炉排炉混合焚烧。

考虑到沼渣堆肥可以回归土地，资源化利用较佳，本章将重点介绍沼渣堆肥系统。

# 8.2　沼渣堆肥系统

## 8.2.1　堆肥调理剂

根据调理剂在堆肥中作用不同，选用的调理剂也不尽相同。常用的调理剂有木屑、稻壳、秸秆、锯末、废纸和回流堆肥等。调理剂的主要作用包括调节物料的 C/N 值、含水率、孔隙率、堆肥产品的养分、去除臭味和钝化重金属等。

根据调理剂的作用不同，可将其分为调节剂、膨胀剂和重金属钝化剂。根据调理剂是否参与发酵过程，分为活性调理剂和惰性调理剂。活性调理剂指的是本身含有易降解有机物，在堆肥过程中参与有机质降解过程的调理剂；惰性调理剂与之相反，在堆肥过程中不被微生物降解，起到调节堆体的物理结构和改善堆肥品质的作用。

常见调理剂的特性见表 8-1。

表 8-1　常见调理剂的特性

| 材料 | 优点 | 缺点 |
| --- | --- | --- |
| 稻草、秸秆类 | 通气性调节效果好，比较容易分解，材料易得 | 受季节性限制较大，收集较费工，需前处理如破碎，等等 |
| 稻壳 | 有一定的通气性调节效果，粉碎后吸水性高 | 比较难分解，粉碎需耗能 |

续表

| 材料 | 优点 | 缺点 |
|---|---|---|
| 锯末、树皮 | 通气性调节效果好，有一定的吸水性 | 难分解，产生影响作物生长发育的有害成分，来源受限制 |
| 无机材料（珍珠岩、蛭石等） | 通气调节效果好，有一定的吸水性，易储存，不分解 | 价格较高 |
| 风干堆肥 | 具有一定的通气性和吸水性，材料易得 | 高水分含量时效果差，影响有机肥产量，易导致堆肥中盐分浓度过高 |

（1）活性调理剂

常用的活性调理剂包括稻草、秸秆、树叶、木片、锯末和回流堆肥等，主要成分为有机物，能够在堆肥过程中被微生物分解。其主要作用是对物料的化学成分进行调节，调整物料的 C/N 值，同时起到调节物料物理结构的作用。例如用于堆肥的污泥、畜禽粪便和厨余垃圾等物料通常 C/N 值偏低，含水率较高，而稻草、秸秆、树叶、木片和锯末等具有较高的 C/N 值和较低的含水率，可以作为调理剂对物料成分进行调节。同时除了调节 C/N 值和含水率外，一些有机调理剂物理结构蓬松，孔隙率大，可以用于改善堆体的物理结构，例如木片、秸秆、树叶等。

常见活性调理剂的理化性质见表 8-2 和表 8-3。

表 8-2　常见活性调理剂的理化性质（一）

| 材料 | 含水率/% | 容量/(t/m³) | 吸水率/% | 总碳含量/% | 总氮含量/% | C/N 值 | 纤维素含量/% | 半纤维素含量/% | 木质素含量/% |
|---|---|---|---|---|---|---|---|---|---|
| 锯末 | 25～45 | 0.2～0.25 | 280～450 | 44～60 | 0.03～0.53 | 230～1670 | 50～60 | 10～25 | 20～38 |
| 树皮 | 45 | 0.2～0.3 | 280～500 | 52.4 | 0.24 | 218 | 21.9 | 11.7 | 38 |
| 稻叶 | 9.7～15 | 0.05 | 300～430 | 35.5 | 0.61 | 58 | 24.7 | 20.6 | 7.7 |
| 小麦秸 | 9.2～12 | 0.03 | 226～498 | 37 | 0.3 | 124 | 25 | 21 | 8 |
| 大麦秸 | 12～15 | 0.02 | 285～443 | 37 | 0.3 | 125 | 25 | 21 | 7.8 |
| 稻壳 | 9.5～15 | 0.1～0.13 | 75～80 | 33～40 | 0.56 | 60～72 | 32～42 | 29～37 | 1.3～38 |
| 粉碎稻壳 | 8.3～9 | 0.2 | 136～250 | 33～40 | 0.5 | 60～70 | 32～42 | 29～37 | 1.3～38 |

资料来源：养殖业固体废弃物快速堆肥化处理。

表 8-3  常见活性调理剂的理化性质（二）

| 材料 | | 水分/% | 灰分/(t/m³) | 容重/(kg/L) | 最大吸水率/% | pH 值 | 备注 |
|---|---|---|---|---|---|---|---|
| 有机类 | 锯末 A | 14.65 | 0.90 | 0.10 | 399.4 | 5.1 | 未粉碎 |
| | 锯末 B | 13.09 | 0.95 | 0.11 | 756.6 | 5.4 | 适当粉碎 |
| | 花生壳 | 12.84 | 3.28 | 0.16 | 214.2 | 5.1 | 粗粉碎 |
| | 稻草 | 13.86 | 17.59 | 0.07 | 347.2 | 7.1 | 长约 1.5cm |
| | 稻壳 | 11.00 | 27.32 | 0.09 | 229.3 | 7.2 | 未粉碎 |
| | 草灰 | 64.48 | 3.27 | 0.04 | 167.0 | 3.5 | 草炭类 |

资料来源：养殖业固体废弃物快速堆肥化处理。

（2）惰性调理剂

常用的惰性调理剂有珍珠岩和沸石等。惰性调理剂用于调整物料的孔隙率和含水率。常见惰性调理剂的理化性质见表 8-4。

表 8-4  常见惰性调理剂的理化性质

| 材料 | | 水分/% | 灰分/(t/m³) | 容重/(kg/L) | 最大吸水率/% | pH 值 | 备注 |
|---|---|---|---|---|---|---|---|
| 无机类 | 珍珠岩 | 0.78 | 98.39 | 0.08 | 405.00 | 7.5 | 粒径 4.6μm 以下 |
| | 沸石 | 7.78 | 87.62 | 0.75 | 84.63 | 5.7～6.5 | 粒径 1.5mm 以下 |

资料来源：养殖业固体废弃物快速堆肥化处理。

## 8.2.2  堆肥原料要求及配比调节

（1）堆肥原料要求及其前处理

厨余垃圾堆肥原料主要为餐厨垃圾、来自生活垃圾分类的厨余垃圾和厌氧脱水污泥（沼渣）等或其混合物。其原料需进行一定的预处理以满足堆肥要求。

1）餐厨垃圾

根据《餐厨垃圾处理技术规范》（CJJ 184—2012），餐厨垃圾采用好氧堆肥方式处理时，应对其进行水分调节、盐分调节、脱油、碳氮比调节等处理，物料粒径应控制在 50 mm 以内，含水率宜为 45%～65%，碳氮比宜为（20～30）：1，餐厨垃圾宜与园林废弃物、秸秆、粪便等有机废弃物混合堆肥。

2）混合物料

根据《有机肥工程技术标准》（GB/T 51448—2022），混合物料应符合下列规定：

① 含水率宜为 45%～65%。

② 粒径不宜大于 2cm。

③ C/N 值宜为(20～40)：1，最佳范围为（25～30）：1。

④ pH 值宜为 5.5～9.0。

3）生活垃圾

《生活垃圾堆肥处理厂运行维护技术规程》（CJJ/T 86—2014）对生活垃圾进行堆肥的原料进行了相关规定。

根据工艺技术要求及发酵原料实际条件应适时调整控制一级发酵期各主要技术参数并符合下列规定：

① 一级发酵原料含水率宜为 40%～60%，灰土含量大且环境温度低时取下限，反之取上限。当含水率超出此范围时应采用污水回喷或添加物料或通风散热等措施调整水分。

② 一级发酵原料碳氮比宜为（20～30）：1，当超出此范围时，应通过添加其他物料调整碳氮比。

③ 一级发酵原料有机物比例宜大于 30%。

《生活垃圾堆肥处理技术规范》（CJJ 52—2014）对进仓原料进行了规定，应符合下列要求：

① 含水率宜为 40%～60%；

② 总有机物含量（干基）不宜小于 25%；

③ 碳氮比为（20～30）：1。

同时堆肥原料中严禁混入下列物质：

① 有毒工业制品及其残弃物；

② 有毒试剂和药品；

③ 有化学反应并产生有害物质的物品；

④ 有腐蚀性或放射性的物质；

⑤ 易燃、易爆等危险品；

⑥ 生物危险品和医院垃圾；

⑦ 其他严重污染环境的物质。

4）污泥

《城镇污水处理厂污泥处理处置污染防治最佳可行技术指南（试行）》（HJ-BAT-002）中要求，污泥好氧发酵前，污泥混合物料应符合下列要求：

① 含水率为 55%～65%；

② 碳氮比（C/N 值）为（25～35）：1；

③ 有机质含量通常不小于 50%；

④ pH 值为 6～8。

《城镇污水处理厂污泥处理技术规程》（CJJ-131—2009）中要求，污泥堆肥其湿度宜符合下列规定：

① 混合污泥初始含水率宜为 55%～65%，可通过添加膨松剂和返混干污泥调节含

水率。

② 快速堆肥阶段，含水率应保持在50%～65%。

③ 堆肥初始碳氮比应为（20～40）：1，可通过添加调理剂调节营养平衡，调理剂应采用锯木屑、稻草、麦秆、玉米秆、泥炭、稻壳、棉籽饼、厩肥、园林剪枝等。堆肥宜添加膨松剂增加料堆的孔隙率。膨松剂宜采用长2～5cm的木屑、专用膨松材料、花生壳、树皮等。

（2）配比确定

在处理湿物料时，水分就成为最重要的指标，因为高水分含量会引发厌氧条件、臭气和低分解率。不合适的C/N值影响并不严重，通常先根据水分来确定初始配比，基于干物料与C/N值成比例变化，可通过加水逐步调整，直至获得合适的C/N值。

下列给出了堆肥物料配比的计算公式，以干重为基础计算。

① 单个原料计算公式

$$水质量=总质量×水分含量$$

$$干重=总质量-水质量=总质量×(1-水分含量)$$

$$氮含量=干重×含氮百分比$$

$$碳含量=干重×含碳百分比=氮含量×C/N值$$

② 混合物料计算公式

$$水分含量=\frac{原料a水分含量+原料b水分含量+原料c水分含量+\cdots}{所有原料的总质量}$$

$$=\frac{m_a M_a + m_b M_b + m_c M_c + \cdots}{m_a + m_b + m_c + \cdots}$$

$$\frac{C}{N}=\frac{原料a碳质量+原料b碳质量+原料c碳质量+\cdots}{原料a氮质量+原料b氮质量+原料c氮质量+\cdots}$$

$$=\frac{m_a C_a (1-M_a) + m_b C_b (1-M_b) + m_c C_c (1-M_c) + \cdots}{m_a N_a (1-M_a) + m_b N_b (1-M_b) + m_c N_c (1-M_c) + \cdots}$$

式中  $m_a$、$m_b$、$m_c$——原料a、b、c……的总质量；

$M_a$、$M_b$、$M_c$——原料a、b、c……的水分含量；

$N_a$、$N_b$、$N_c$——原料a、b、c……的氮含量（干重）；

$C_a$、$C_b$、$C_c$——原料a、b、c……的碳含量（干重）。

对两种原料的配方来说，如粪便和调理剂，调理剂的比例可以直接从预期C/N值或水分含量求得，具体如下：

两种原料配方时调理剂的计算步骤：

① 在预期水分含量下，单位质量原料b所需原料a的质量为

$$a=\frac{m_b - M}{M - m_a}$$

② 在预期C/N值下，单位质量原料b所需原料a的质量为

$$m'_a = \frac{N_b}{N_a} \times \frac{R - R_b}{R_a - R} \times \frac{1 - m_b}{1 - m_a}$$

式中　$m'_a$——单位质量原料 b 所需原料 a 的质量；

　　　$M$——预期混合物料水分含量；

　　　$m_a$——原料 a 水分含量；

　　　$m_b$——原料 b 水分含量；

　　　$R$——预期混合物料 C/N 值；

　　　$R_a$——原料 a 的 C/N 值；

　　　$R_b$——原料 b 的 C/N 值。

针对三种或三种以上原料来说，其配方亦可根据上述混合物料计算公式反复试算求得。

（3）堆肥前处理工艺

堆肥前处理工艺的作用主要包括以下 3 个方面。

1）提高堆肥物料中的有机物含量

堆肥物料中的有机物含量高低是正常发酵的首要条件。农村固体废物中往往含有大量如泥土、石头等不可堆腐物质，通过前处理工艺可以提高堆肥物料中有机物的比例，以保证微生物有足够的营养物质和提高最终堆肥产品的质量。

2）保证合适的物料粒度

不同类型的有机物料粒度大小有很大的差异，直接影响到发酵的效果和发酵的周期。粒度大的块状物料，菌种只能附着在物料的外表面，内表面的物料在发酵过程中不易熟透；秸秆类原料纤维素含量高，如果物料太大，则降解时间长，堆制效果差。如果物料粒度太细，发酵过程中物料的透气性很差也会影响到发酵的效果。为了取得好的发酵效果，进入发酵前的物料粒度一般不能大于 50mm，但也不能小于 0.65mm。粒度太大的物料可以通过粗粉碎，改变粒度的大小；粒度太小的物料可以加入一定比例的填充料，以确保进入发酵的物料粒度均匀、适中。

3）调节物料适宜的含水率和 C/N 值

堆肥物料合适的含水率和 C/N 值，不仅可以提高堆肥厂的生产效率，而且可以保证获得高效的堆肥，特别是对于含水率高的固体废弃物的处理，如中药渣等。通常使用堆肥成品、稻草、木屑、油渣、干草粉等作为高湿度、低含碳量物料的调理剂，而使用人粪尿作为低湿度物料的水分调节剂。

堆肥前处理工艺流程见图 8-1。脱水污泥通过污泥运输车运至脱水污泥料仓；调理剂秸秆粉碎后经皮带机输送至调理剂料仓；从发酵槽出来的物料经筛分机筛分后的筛上物进入回用料仓。脱水污泥、粉碎后的秸秆及堆肥成品中的筛上物，经混料机搅匀后用装载机运送至发酵槽中进行堆肥。

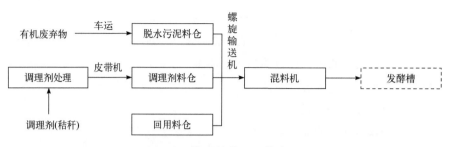

图 8-1　堆肥前处理工艺流程

（4）堆肥前处理设备

堆肥系统设备的基本工艺流程大致可分为计量设备、进料供料设备、前处理设备、发酵设备、后处理设备及其他辅助处理设备等，如图 8-2 所示。由于计量设备和进料供料设备处于整个工作流程的最前端，通常也可并入前处理设备之内讨论。堆肥物料在经计量设备称重后，通过进料供料设备进入前处理设备，完成破碎、分选与混合等工艺；接着被送至一次发酵设备，在将发酵过程控制在适当的温度和通气量等条件下，使物料达到基本无害化和资源化的要求；随后，一次熟化物料被送至二次发酵设备中进行完全发酵，并通过后处理设备对其进行更细致的筛分，以去除杂质；最后烘干、造粒并压实，形成最终堆肥产品后包装运出。在堆肥的整个过程中可能产生多种二次污染，如臭气、噪声和污水等，这些二次污染同样需要采用对应的辅助设备予以去除，以达到环境能够接受的水平。

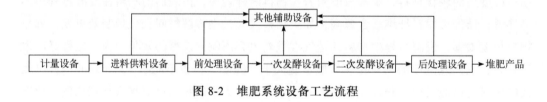

图 8-2　堆肥系统设备工艺流程

前处理设备主要包括计量设备、破碎设备、混合设备和贮料装置等。

1）计量设备

常用的计量设备有如下 3 种。

① 地衡称量。常选用 20kg 或更小的最小刻度，并装备有快速稳定机构的地衡。为了便于检修计量装置，最好在计量装置前后约 10m 处建一条直通道。地衡的选择要根据所用车辆载重的大小而定。分选后的固体废物或分选物需要称量时，可选用皮带秤或吊车秤计量。地衡基坑示意见图 8-3。

② 自动配料系统。自动配料系统包括失重式计量系统和变频调速皮带式计量系统。自动配料系统是借助工业计算机将各种物料按照计算机预先设定的比例混合在一起，达到自动配料的目的。其优点是计量方便、准确，缺点是设备投资高，物料黏性大，湿度高时在配料过程中流动性不好，很容易影响计量的准确性。所以自动配料系统在前期搅拌、混合中实际应用较少。

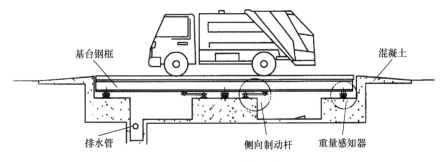

图 8-3　地衡基坑示意

③ 容器式定量计量设备。用定量的容器如翻斗车、铲车的料斗等，来粗略地统计每次加入的物料重量。这种计量方式设备投资少、操作简单，所以在实际生产中应用非常广泛。

2）混合搅拌设备

混合搅拌的目的主要是将要进行堆制并有一定黏性的有机物料与填充料（如秸秆）等按比例搅拌均匀，以提高堆制效果，缩短堆制周期。如果在堆制发酵前不经过混合搅拌工序，几种不同物料的搭配不均匀，会直接影响堆制效果，尤其是堆制初期的效果，最终会延长堆肥化生产周期。

混合搅拌设备有立式混合搅拌机和卧式混合搅拌机两类。立式混合搅拌机搅拌效果差、设备故障率高，所以在物料发酵前的搅拌处理中实际应用得很少。卧式混合搅拌机又可以分为单轴和双轴两种。双轴卧式搅拌机搅拌效果好、产量高，所以应用非常广泛。

卧式搅拌机的工作示意如图 8-4 所示。

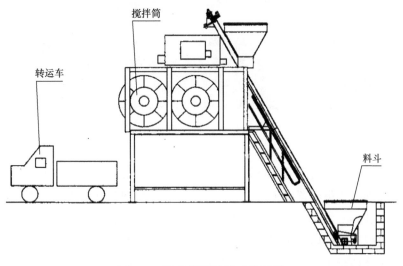

图 8-4　卧式搅拌机的工作示意

3）破碎设备

堆肥物料的粒度大小决定着发酵时间的长短和发酵速度的快慢。堆肥物料粒度越小，其表面积越大，微生物新陈代谢越快，堆肥物料的发酵速度也就越快，因此可堆肥化物料粒度是提高堆肥厂生产效率的关键环节。根据国内外有关资料，可堆肥化物料的粒度以 50mm 以下为宜，而精破碎要求的物料粒度在 12mm 以下，以利于造粒和深加工。通过选用合适的破碎设备，可以提供合理的堆肥物料粒度。

常用破碎设备包括锤滚式磨、破碎机、槽式粉碎机、水平旋转磨和切割机，可根据物料特点、设备性能、维护要求、投资及运行费用选择这些设备。限于篇幅，这里仅介绍常用的两种破碎机，即剪切式破碎机和锤滚式破碎机。

① 剪切式破碎机　剪切式破碎机是以剪切作用为主的破碎机，通过固定刀和可动刀之间的啮合作用，将固体废物破碎成适宜的形状和尺寸。剪切式破碎机特别适合破碎二氧化硅含量低的松散物料。

剪切式破碎机的转子上布置刀片，可以是旋转刀片与定子刀片组合，也可以是反向旋转的刀片组合。以上两种情况下，都必须有机械措施阻止在万一发生堵塞时可能造成的损害。通常由一负荷传感器检测超压与否，必要时使刀片自动反转。剪切式破碎机属于低速破碎机，转速一般为 20~60r / min（见图 8-5）。

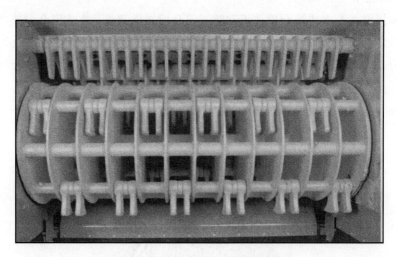

图 8-5　剪切破碎机的刀片组合结构

不管物料是软的还是硬的，有无弹性，剪切破碎总是发生在切割边之间。刀片宽度或旋转剪切破碎机的齿面宽度（约为 0.1mm）决定了物料尺寸减小的程度。若物料黏附于刀片上时，破碎不能充分进行。为了确保体积庞大的物料能快速供料，可以使用水压等方法，将其强制供向切割区域。实践经验表明，最好在剪切破碎机运行前，人工去除坚硬的大块物体如石头、金属块、轮胎及其他难以破碎的杂质，这样可有效确保系统正常运行。

② 锤滚式破碎机　锤滚式粉碎机的结构如图 8-6 所示，机壳内装有两主轴平行排列的转子，一根主轴挂有若干重锤的转子，另一主轴上固装着滚筒转子，两转子分别由电动机驱动做相对转动。进入机内的物料，受到随转子高速旋转的重锤作用力而被破碎，并撞击向另一低速旋转的滚筒表面而受到挤压和物料间相互碰撞而进一步粉碎。粉碎后物料由机器下方出料口排出。在沿滚筒轴线方向表面安装有刮刀，在连续作业中，由液压缸带动做往复运动，以清理滚筒表面上的黏结料。故不需停车，自动清理，检修、维护也方便。锤滚式破碎机具有破碎比大、适应性强、构造简单、外形尺寸小、操作方便、易于维护等特点，适用于破碎中等硬度、软质、脆性、韧性及纤维状等多种固体废物。锤滚式破碎机适用于秸秆和树枝类等相对其他物料前期粉碎难度大、粉碎成本高的物料。

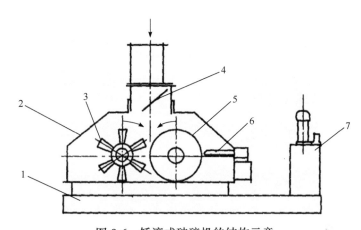

图 8-6　锤滚式破碎机的结构示意
1—机架；2—机壳；3—锤子；4—挡料板；5—滚筒；6—清理刮刀；7—液压泵站

## 8.2.3　堆肥发酵工艺

国内外有机垃圾处理主要以微生物处理为主，而常用的生物处理工艺有好氧和厌氧两大类，国内以间歇动态好氧堆肥工艺和静态仓式好氧堆肥工艺为典型，从最初的印多尔法到目前的高温快速机械堆肥技术，已形成了特点各异、数量众多的处理方法，生物处理技术的理论研究及实际的工程应用也日臻完善。

目前，常用的主要好氧堆肥方法有条堆式堆肥、动态好氧堆肥、仓式堆肥、槽式堆肥和膜覆盖堆肥工艺。

（1）条堆式堆肥工艺

条堆式是堆肥系统中最简单最古老的一种。它是将堆肥物料以条堆式条状堆置，在好氧条件下进行发酵。条堆的端面可以是梯形、不规则的四边形或三角形。条堆式堆肥一次发酵周期为 1～3 个月。条堆式堆肥由预处理、建堆、储存 3 个工序组成。

对条堆式系统来说，场地很重要。场地应留有供堆肥设备可在条堆之间移动的足够大的空间。考虑到便于操作、维持堆体形状以及周围环境和渗漏问题，条堆式堆肥的场地表面应满足两个要求：一是必须坚固；二是必须有坡度，便于水快速流走。应考虑产生的渗滤液的收集和排出系统，它至少包括排水沟和储水池。

堆肥物料经过分选或破碎等前处理步骤后就可进行建堆。建堆方法随气候条件、物料特性，以及是否有污泥、粪便类添加物而异。如无添加物，就可直接进行建堆；如有添加物加入，则根据添加物的加入和混合方式又可分为以下两种形式：a. 采用一层垃圾一层添加物的方法建堆，其混合靠翻堆来完成；b. 垃圾和添加物从公共出口排出，边混合边建堆。

条堆式堆肥处理技术按其通风供氧方式可分为静态堆肥和翻堆堆肥两类。

1）静态堆肥

典型的条堆式静态堆肥技术亦称快速好氧堆肥技术。生活垃圾堆置在经整理后的地面和通风管道系统上，通过强制吸风和送风来保证发酵过程所需的氧量，堆体表面覆盖约 30cm 的腐熟堆肥，以减少臭味的形成及保证堆体内维持较高的温度，整个发酵周期为 2～3 周。

图 8-7 为静态条堆式堆肥工艺示意。

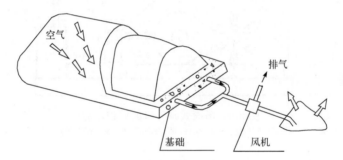

图 8-7　静态条堆式堆肥工艺示意

2）翻堆堆肥

翻堆堆肥处理技术是国外应用历史较久的堆肥方法之一，有着较为广泛的应用。它采用机械翻堆的手段使堆肥物与空气接触而补给氧气。

① 典型工艺流程。用轮形输送机将垃圾堆成条堆，为保证垃圾堆体中的碳氮比和增加干物质的百分比，需先将各种垃圾进行混合。堆肥过程中堆体温度依靠有机物生物降解过程的产热可达 75℃。通过翻堆机械可保证堆体内的氧气供应。翻堆的过程只是将堆肥物向后甩，整个堆体向后移动几米。整个堆肥过程一般需要 3～6 周的时间。

② 翻堆方式。翻堆使用人工或机械方法进行堆肥物料的翻转和重堆。翻堆不仅能保证物料供氧，以促进有机质的均匀降解，而且能使所有的物料在堆肥内部高温区域停留一定时间，以满足物料杀菌和无害化的需要。翻堆过程既可以在原地进行，又可以将物料从原地附近或更远的地方重堆。

③ 翻堆次数。由于通风是翻堆的主要目的，因此翻堆次数取决于条堆中微生物的耗氧量，翻堆的频率在堆肥初期应显著高于堆肥后期。翻堆频率还受其他因素限制，如腐熟程度、翻堆设备类型、防止臭味产生、占地空间的需求及各种经济因素的变化。堆体建好后 3 天进行翻堆，然后每隔一天翻一次堆，直至第 4 次，之后每隔 4 天或 5 天翻一次堆。在一些特殊情况下，如物料含水率过高或物料被压实时，也要通过翻堆来促进水分蒸发和物料松散。因此，设计和配置翻堆设备时，都应保证一天一次的翻堆能力。

（2）动态好氧堆肥工艺

发酵滚筒是垃圾进行动态好氧发酵的大型设备，如图 8-8 所示。滚筒直径一般为 3～4m，长度为 30～40m，也有 65m 长的滚筒，由钢板制成，内壁装有物料抄板，滚筒由两组托轮支承，由外齿圈传动，做绕轴线的旋转运动，滚筒轴线与地平面略有倾角，随着滚筒的转动，垃圾由筒壁抄板抄起、跌落、不断翻动，与筒内空气充分接触，进行好氧消化，并由进料端慢慢地向出料端移动。

图 8-8　发酵滚筒

垃圾中的有机物在好氧微生物的作用下，生成 $CO_2$、$H_2O$、$NO_2$、$SO_2$ 等，并放出热量，使滚筒内的温度逐渐上升。初期阶段温度为 45℃，此时嗜温菌类微生物生长最为适宜。当温度升高到 50～55℃时，消化过程由高温菌起主要作用，最高温度可达到 65～70℃，然后温度逐渐下降，降至 40℃左右时一次发酵过程终止，形成基本稳定的粗制堆肥。

垃圾从进料至出料，一个周期一般为 12～36h，其时间长短与垃圾中有机物含量、环境温度、通风量及设备运行条件有关。

滚筒一端设进风口，由送风机送入一定量的空气，当冬季环境温度较低时，也可送入热空气。滚筒另一端连接引风机，将废气排入除臭设施。滚筒入口处可同时加入污泥或粪稀，以调整堆肥的碳氮比（C/N 值），提高堆肥的肥效。由于滚筒内温度可上升到 65～70℃，垃圾中一般致病菌、寄生虫和草籽都将被杀死，生产的堆肥符合卫生要求。

发酵滚筒一般应用于一次发酵工序。

（3）仓式堆肥工艺

物料经传送带由布料机在发酵仓内均匀布料。发酵仓采用矩形仓体，由仓顶进料。仓的一侧设置进出料的密闭门，底部设置供风管道强制通风，以保证好氧发酵进行。顶部设抽风管道将发酵仓内气体抽出并经除臭装置处理后达标排放。仓底设集水管道收集垃圾渗滤液，在垃圾含水量偏低时可利用这些渗滤液回喷。

图 8-9　槽式堆肥及翻堆机

仓式堆肥方法有多种，典型工艺有静态仓式发酵、间歇仓式发酵和隧道式发酵，国内工程应用的典型实例为北京南宫堆肥处理厂。

各种仓式堆肥方法各有优缺点，目前运行情况较好的南宫堆肥处理厂都积累了丰富的运行经验。就南宫堆肥处理厂而言，处理规模最大，物料在发酵仓内更为均匀地布料，保证了发酵过程的较好运行，同时物料的出料较为顺畅。

（4）槽式堆肥工艺

封闭好氧槽式堆肥结合了静态好氧堆肥及翻堆堆肥两种工艺的优点，通过发酵槽底部风道对堆体实现强制通风，同时槽上部依靠运行式搅拌装置对堆体进行翻堆，这种处理工艺具有通气阻力小、堆肥物压实现象少等优点。

槽式堆肥及翻堆机如图 8-9 所示。

（5）膜覆盖堆肥工艺

膜覆盖法是近年来在条堆式和槽式工艺基础上较为成功的改进。

膜覆盖高温好氧发酵工艺技术是将一种特制功能膜作为垃圾好氧发酵处理覆盖物的工艺技术（图 8-10）。该工艺技术的核心是一种具有特制微孔的功能膜，其半渗透功能能够实现一个较恒定的气候环境，在鼓风的作用下，在发酵体内能够形成一个微高压内腔，使堆体供氧均匀充分，温度分布均匀，为好氧发酵构建了一个适宜的小环境。同时，水蒸气和二氧化碳能够借助功能膜的微孔结构扩散出去，维持了发酵堆体膜内外的气流平衡，保证好氧发酵进行得更加充分彻底，致病性微生物得到有效杀灭，以确保发酵物的卫生化水平。

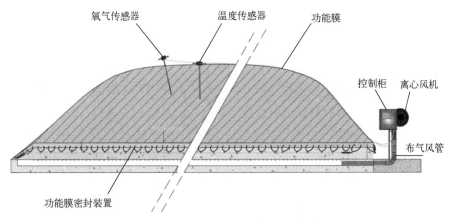

图 8-10　膜覆盖高温好氧发酵系统

## 8.2.4　堆肥发酵工艺布置

（1）条堆式堆肥

在条堆的尺寸方面，首先考虑发酵需要的条件，但也要考虑场地的有效面积。一般而言，条堆越高越好，这样可减少占地，但堆高又受到物料结构和通风的限制。若物料主要组成成分的结构强度好，则承压能力可以增加，在不会导致条堆倒塌的前提下堆高也相应可以增加，此时物料的供氧通道——空隙容积将不致受到过大影响。但随着堆高的增加，阻力也会增加，将有可能导致所需通风设备的出口风压相应增加。且堆体过大，易在堆体中心发生厌氧消化，产生强烈的臭味，影响周围环境。条堆的尺寸还和翻堆设备的能力关系密切。根据综合分析和实际运行经验，条堆适宜尺寸为：底部宽 2～6m，高 1～3m，长度不限，最常见尺寸为底部宽 3～5m，高 2～3m。在冬季或寒冷地区，为减少堆肥的外散热，通常都采用增加条堆的尺寸来提高保温能力，同时也可避免干燥地区过大的水分蒸发损失。

为了便于进行工艺条件的控制，同一条堆宜为同一天的物料。当物料较少，以多天的物料建堆时，条堆发酵时间应以最后一天物料的发酵时间进行控制。

条堆间距应满足翻堆设备、进出料设备车辆操作需求。条堆间距应不小于 0.5m，条堆端头空间应不小于 8m。

（2）仓式堆肥

发酵仓一般采用钢筋混凝土构筑物或框架结构，单个发酵仓长 10～30m，宽 4～6m，发酵仓总高度在满足设备布置的情况下尽量降低，为 5～6m，物料堆高 2.0～2.5m。发酵仓一端设置仓门，便于进出料，另一端可设置风机房。

当发酵仓数量较多时宜对称布置，中间为进出料通道，根据设备情况确定通道宽度，一般不宜小于 10m。

为了便于冷凝液的收集，仓顶可做成人字坡形式，在低处设置冷凝液收集装置。发酵仓应便于测氧枪、温度探头等仪表的安装。对于含水率较低的物料，可在发酵仓布置喷水管道，调整含水率。发酵仓内环境条件差，对于采用装载机进出料的情况，宜采用自然采光。

为了便于进行工艺条件的控制，同一发酵仓内宜为同一天的物料。当物料较少，以多天（不宜多于 3 天）的物料建堆时，发酵时间应以最后一天物料进行控制。

（3）槽式堆肥

槽式堆肥工艺采用发酵槽作为主要处理设施，发酵槽的布置和翻堆设备有关。对于链板式翻堆机，发酵槽宽度 4m 左右，物料高度 1.5m；滚筒式翻堆机，发酵槽宽度 4m 左右，物料高度可达 2.7m，减小了占地面积；而斗轮式翻堆机，根据行车跨度，发酵槽宽度可达 30m 左右，物料高度可达 3.3m。

对于槽式堆肥，发酵槽一端进料一端出料，侧面布置风机。物料在发酵槽中类似推流过程。在长度方向，发酵槽中不同的物料发酵程度是不一样的，所需氧气也是不同的。

发酵槽可采用布料机全自动进料，翻堆机配合出料机全自动出料，也可采用装载机人工进出料，因此不同的进出料方式，所需的占地面积是不一样的。对于链板式翻堆机和滚筒式翻堆机，发酵槽一端应考虑翻堆机移行车的布置。

（4）膜覆盖堆肥

膜覆盖堆肥的布置有两种方式，方式一堆体构建和条堆类似，并覆盖功能膜，考虑到功能膜覆盖的操作，条堆间距略大，为 1.5～2.0m。方式二堆体构建和发酵槽类似，发酵槽三面围合，一面开口，槽侧墙高度一般为 1.5m，槽端墙高度一般为 2.5m，物料最大堆高约 2.5m，每条发酵槽之间间距为 1.5～2.0m。

发酵槽开口端为进出料端，在端墙安装风机和控制柜。

膜覆盖堆肥条堆或发酵槽的宽度约 8m，长度最大为 50m。

## 8.2.5　堆肥通风与计算

随着堆肥化反应的进行，固体成分不断发生变化，与之相接触的气相成分也不断地发生变化。堆肥化过程中存在如下气体平衡关系：

输入空气质量–消耗的氧的质量+有机物降解产生的气体（不计产生的水蒸气）质量+去除的水分质量 = 排出气体质量

（1）输入空气量的计算

可以基于温度控制来计算好氧堆肥过程中需要的输入空气量，也可以基于氧气含量控制来计算输入空气量。这里采用后一种方法，这种方法是根据好氧堆肥过程中通风的三个作用——供氧、去除水分和散热来求得输入空气质量。

1）供氧所需的通风量

通风供氧是好氧堆肥的基本条件之一，这部分通风量主要取决于堆肥原料有机物含量、挥发性固体含量、可生化降解系数等。为了便于估算需氧量，采用如下的化学计量式：

$$C_aH_bN_cO_d+0.5(nz+2s+r-d)O_2 \longrightarrow nC_wH_xN_yO_z+rH_2O+sCO_2+(c-ny)NH_3$$

式中，$r=0.5[b-nx-3(c-ny)]$；$s=a-nw$；$n$ 为降解系数（摩尔转化率<1）；$C_aH_bN_cO_d$ 和 $C_wH_xN_yO_z$ 分别代表堆肥原料和堆肥产物的成分。

$$m_{氧} = m_mS_mV_mK_m \times 16 \times (nz+2s+r-d)/(12a+b+14c+16d)$$

$$m_1 = m_mS_mV_mK_m \times 16 \times (nz+2s+r-d)/[0.232 \times (12a+b+14c+16d)]$$

$$m_{二氧化碳} = m_mS_mV_mK_m \times 44s/(12a+b+14c+16d)$$

$$m_{氨} = m_mS_mV_mK_m \times 17 \times (c-ny)/(12a+b+14c+16d)$$

$$m_{生成水} = m_mS_mV_mK_m \times 18r/(12a+b+14c+16d)$$

式中　$m_{氧}$——氧化有机物需要的氧气质量，t；

$m_1$——氧化有机物需要的干空气质量，t；

$m_{生成水}$——有机物分解产生水的质量，t；

$m_{二氧化碳}$——有机物分解产生的二氧化碳质量，t；

$m_{氨}$——有机物分解产生的氨的质量，t；

$m_m$——堆肥物料质量，t；

$S_m$——堆肥物料干固体含量，%；

$V_m$——堆肥物料挥发性固体含量，%；

$K_m$——可生化降解系数，%。

2）去除水分所需的通风量

进入堆体的不饱和空气升温后可以带走大量水蒸气，从而干化物料。去除水分与通风供氧两者是有关联的，但完成两种目的所需空气量不同。有时能同时满足，有时后者需要的空气量更多。去除水分所需的通风量取决于所要去除的水分量和空气带走水分的能力。在不考虑堆肥过程产生水分的水分蒸发量计算公式基础上，考虑有机物氧化分解产生的水分，可以得出如下水分蒸发量计算公式：

$$m_{蒸} = m_{生成水} + m_m(1-S_m) - m_mS_m(1-V_mK_m) \times (1-S_r)/S_r$$

式中　$m_{蒸}$——通风去除的水分质量，t；

$S_r$——堆肥产品干固体含量，%。

去除水分所需通风量可由下式计算：

$$m_2 = m_{蒸}/(H_o-H_i)$$

式中　$m_2$——去除水分所需通风质量，t；

$H_i$、$H_o$——进出堆体空气的湿度，t（水）/t（干空气）。

3）散热所需的通风量

由热力学第一定律可知，在一个平衡的系统中能量的输入等于能量的输出。对于好氧发酵的反应过程也是如此，下面列出热量平衡项目。

热量输入：

$Q$——堆肥化过程生化反应产生的反应热。

热量输出：

$Q_s$——发酵物料升温吸热；

$Q_a$——气体升温吸热；

$Q_w$——水蒸气吸热；

$Q_z$——装置热损失。

在实际工程运用中，当堆体温度升高到超过适宜温度后，堆体才需要冷却通风，在此阶段可视 $Q_s=0$；另外现代的好氧堆肥工艺所采用的发酵装置保温性能较好，则装置热损失 $Q_z$ 可忽略不计，于是由热力学定律可得。

$$Q=Q_a+Q_w$$

$$Q=3312500m_氧$$

$$Q_a=1000m_mS_mc_{pa}(T_o-T_i)$$

$$Q_w=1000m_蒸\,c_{pw}(T_o-T_i)+\beta m_3$$

$$m_3=[3312.5m_氧-m_mS_mc_{pa}(T_o-T_i)-m_蒸\,c_{pw}(T_o-T_i)]/\beta$$

式中　$m_3$——散热所需的空气质量，t；

$c_{pa}$、$c_{pw}$——分别为空气和水的比热容，kcal/（kg·℃）；

$T_i$、$T_o$——进出堆体的空气温度，℃；

$\beta$——水在 $T_o$ 时的汽化热，kcal/kg。

4）在整个发酵过程中输入的空气量

$$m_{输入}=m_1+m_2+m_3$$

$$V_{输入}=1000m_{输入}/\rho_{输入}$$

式中　$\rho_{输入}$——输入空气密度，kg/m³。

5）瞬时通风量（耗氧率）

堆肥时，一般要供给过量空气，以便保证好氧条件，其耗氧率可按下式计算：

$$Y=0.1\times10^{0.0028T}$$

$$V_{初始}=22.4m_mS_mV_mY/32$$

式中　$Y$——耗氧率，mg（$O_2$）/[g（挥发物质）·h]；

$T$——温度，℃；

$V_{初始}$——初始阶段通风量，m³/h。

上式可用于计算连续堆肥过程，操作温度在 20～70℃之间。

按照上式可以看出，初始阶段挥发物质含量最大，耗氧率也最大，可以按此计算结果选择风机。

（2）排出气体量的计算

排出的气体 $m_{排出}$（t）主要来自输入的气体、有机物分解产生的气体、带走的水蒸气。

$$m_{排出} = m_{输入} - m_{氧气} + m_{二氧化碳} + m_{氨} + m_{蒸}$$

$$V_{排出} = 1000\, m_{排出} / \rho_{排出}$$

式中　$\rho_{排出}$——排出空气密度，kg/m³。

为了保持车间处于负压状态，一般车间的换气次数应不小于 1 次/h，即

$$Q_{车间} = V_{车间} n$$

式中　$Q_{车间}$——车间换气量，m³/h;

　　　$V_{车间}$——车间体积，m³;

　　　$n$——车间换气次数，次/h。

实际的抽风量取 $V_{排出}$ 和 $Q_{车间}$ 的较大值。

（3）通风方式的选择

好氧堆肥的通风方式主要有自然通风、定期翻堆、强制通风。

① 自然通风亦即表面扩散供氧，是利用垃圾堆体表面与堆体内部氧的浓度差产生扩散，使氧气与物料接触从而为垃圾发酵提供氧气。经理论计算，通过表面扩散供氧，在一次发酵阶段只能保证离表层 22cm 内有氧气。显然此种通风方式对垃圾堆体内部供氧明显不足，堆体内部容易出现厌氧状态，堆肥过程升温与降温非常缓慢，从而会延长堆肥周期。虽然节省能源，但并不适合实际生产。

② 定期翻堆则是在自然通风基础上，在堆肥过程中对堆体进行翻堆，利用固体物料的翻动使空气进入固体颗粒的间隙中以达到供氧的目的。翻堆具有使堆料混合均匀、促进水分蒸发、干燥堆肥的优点。但在堆肥升温阶段堆体需氧量加大，势必要增加翻堆频率，而垃圾堆体内的氧在约 30min 后就被耗尽，因此必须以较高的频率对堆体进行翻堆才能满足堆体发酵所需的氧，这在实际生产中很难实现而且也难以操作。

③ 强制通风是通过机械设备（风机）对堆体通风供氧。这种通风方式在堆肥开始阶段能充分供给堆体发酵升温所需的氧，在高温阶段则可更好地控制堆体温度使好氧菌保持活性，在后期阶段则起着去除水分、加快堆体降温作用。与前两种通风方式相比，供氧效果好，加快了堆肥的反应速率，从而缩短堆肥周期，一般一次发酵时间 20d 左右就可完成，在实际工程中此种通风方式应用广泛。

（4）强制通风系统布置

通风系统的布置主要考虑布风的均匀性，减少压力损失，降低能耗。同时应考虑通风系统的防堵和清通。布风有布风管道和布风沟等方式。布风沟示意如图 8-11 所示。

图 8-11　布风沟示意

为便于控制和提高效率，风机的配置以一个堆肥发酵装置一台风机为宜。

对于仓式和槽式堆肥发酵装置，出风口离堆肥发酵装置内壁应有一定的距离，减少气流的短路。

## 8.2.6　堆肥作业与控制

（1）堆肥进出料

进出料系统的主要功能是满足堆肥发酵装置堆料高度以及均匀性要求，同时减少对物料的压实。进出料系统与堆肥发酵装置的类型和布置密切相关，常用的为两大类：第一类采用车辆和装载机等工程机械，以车辆作为主要运输工具，装载机作为摊铺和堆高的工具；第二类为以皮带输送机为主组成的各类布料机。

采用车辆和装载机组成进出料系统，具有较大的灵活性和适应性，对于条堆式、仓式、槽式、膜覆盖式等堆肥发酵装置均能适用，但自动化程度低。如单独采用装载机，则输送距离不宜太远，建议在 60m 以下。

采用车辆和装载机组成进出料系统，物料散落较多，加上车辆尾气的影响，车间内环境较差。同时车辆在堆肥发酵装置内反复进出，容易造成堆肥发酵装置通风系统的堵塞。

以伸缩皮带输送机、双向可逆皮带输送机以及普通的皮带输送机组成的布料机，自动化程度高，输送能力大，对堆肥发酵装置通风系统基本没有影响。但布料范围相对固定和有限。

对于槽式堆肥发酵装置，布料机、出料皮带输送机和翻堆机的合理组织，可实现进料、翻堆和出料的全自动运行，提高工作效率，改善工作环境。

对于条堆式和膜覆盖式堆肥发酵装置，一般采用车辆和装载机组成进出料系统。仓式和槽式堆肥发酵装置两类进出料方式均适用。

（2）翻堆

翻堆的目的在于保证物料的孔隙率，提高物料均匀性；还起到辅助供氧的作用。对于槽式堆肥发酵装置，翻堆还起到物料输送的作用，使物料从发酵槽进料端移动到出料端。

翻堆机的形式和堆肥发酵装置的形式密切相关，对于规模不大的堆肥厂，可采用装载机的工程机械实现翻堆。大多数情况下，需要专门的翻堆机。

条堆式堆肥发酵装置一般采用跨翻式或侧翻式翻堆机，槽式堆肥发酵装置一般采用链板式、滚轮式、斗轮式翻堆机。

（3）渗滤液收集

当堆肥原料含水率较高时，在堆肥过程中容易产生渗滤液。过多的渗滤液除了增加污水处理的费用外，同时降低了物料孔隙率，不利于有效通风。因此堆肥进料应有合适的含水率。

渗滤液收集和堆肥通风系统通常是一起的，尤其是渗滤液收集支管和通风支管。为了保持风管通畅，减少渗滤液造成的堵塞，通风和渗滤液流动的方向宜一致。

渗滤液收集系统应防止通风系统的短路，一般在渗滤液收集系统末端设置水封装置（井），水封深度应大于风的压力。由于水封井利用渗滤液达到水封作用，与常规的水封装置相比更容易淤积，因此应设置便于清通的装置。

（4）堆肥工艺控制

在堆肥中设置氧气探头、温度探头，按照下列条件进行反馈控制：

① 间歇控制模式：根据时间间隔控制风机。

② 温度间歇控制模式：由温度探头采集和分析温度数据，当温度超过最大值时激活连续通风模式，直到温度下降至设定的范围。

③ 氧气控制模式：根据氧气探头测得的氧气浓度，以及设定的氧气浓度最大最小值，当低于最小值时采用的控制模式。

④ 氧气、温度控制模式：根据氧气探头测得的氧气浓度、温度探头测得的温度，以及设定的氧气浓度最大最小值和所有温度，当超过设定范围时采用的控制模式。

控制模式根据下列原则采用：

① 当通风时间超过最大值时，控制功能为避免料堆由于供风太多而冷却。

② 直到下次控制输出激活（通风控制），超过运行时间时，需等待一段时间。

③ 通风时间设定鼓风机运行时间，运行时间与等待时间交替进行。

## 8.2.7　堆肥专用设备

### 8.2.7.1　布料机

（1）功能简介

布料机用于堆肥物料的传送布料，即从上工序的来料经布料机料斗卸至堆料机回转带式输送机上后，经料斗转至移动桥架上的固定式带式输送机上，再落到移动桥架上的移动式带式输送机后抛落至料场，达到预定高度后，移动式带式输送机横向移动，使物料横向堆垛，直至堆满半个料堆宽度，大车做纵向移动一定距离开始堆第二行料，经此纵横运动堆料，大车运动至另一端，此时已堆完半个料堆；再将大车移至堆料起点，移动式皮带机开始反向运转，重复上半堆料工况，直至完成另半堆料的堆料。

布料机示意见图 8-12。

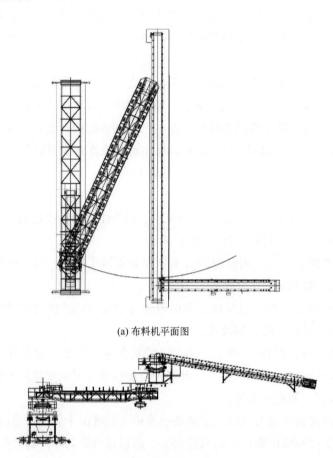

(a) 布料机平面图

(b) 布料机剖面图

图 8-12　布料机示意

（2）技术要求

布料机主要由回转带式输送机及其机架、固定式带式输送机、移动式带式输送机、移动式带式输送机走行机构、固定式回转机构、移动式回转机构、移动桥架、移动桥架行走机构和增湿喷淋机构等组成。

双向运行的输送机，均采用槽形托辊，耐冲击，辊距<800mm，辊径约 108mm；单向运行的输送机，均采用前倾槽形托辊，辊距<1200mm，辊径约 108mm；辊子采用冲压结构，防跑偏性能好、转动平稳、密封性可靠。

各输送机均设有防偏装置和跑偏检测装置、清扫装置，并配有张紧装置。输送机采用耐油、耐酸碱等防腐蚀性的优质增强加芯皮带。所有机构的驱动机构均设有防护罩。

（3）主要技术参数

布料机主要技术参数见表 8-5。

**表 8-5　布料机主要技术参数**

| 项目 | | 参数 |
|---|---|---|
| 物料特征 | 品种 | 分拣后生活垃圾 |
| | 堆积密度 | 0.5～0.6t/m³ |
| | 堆积角 | 45° |
| | 粒度 | 约 80mm |
| | 含水率 | 约 55% |
| 生产能力 | 堆料 | 280m³/h |
| 料堆几何尺寸 | 长度 | 21m |
| | 宽度 | 29m |
| | 高度 | 约 3.3m |
| 其他 | 装机总容量 | 约 30kW |

## 8.2.7.2　斗轮式翻堆机

（1）功能简介

翻堆机由料堆尾部进入作业，经斗轮机构的斗子挖取的物料，经卸料板卸至翻堆机臂架皮带机上，再由尾部料斗转运至下部的移动式皮带机上，经后部卸下，实现物料从前堆料翻转至后堆料，大车行走向前移动，使斗轮机构不断吃进物料，小车做横向移动，使物料做横向翻堆直至翻堆完成。斗轮式翻堆机示意见图 8-13。

（2）技术要求

翻堆机主要有由斗轮机构、前臂架、臂架带式输送机、斗轮提升机构、小车机构、大车行走机构、移动式输送机及其行走机构、湿度检测和增湿喷淋机构等组成。

各输送机均设有防偏装置和跑偏检测装置、清扫装置，并配有张紧装置。输送机采用耐油、耐酸碱等防腐蚀性的优质增强加芯皮带。所有机构的驱动机构均设有防护罩。

（3）主要技术参数

斗轮翻堆机主要技术参数见表 8-6。

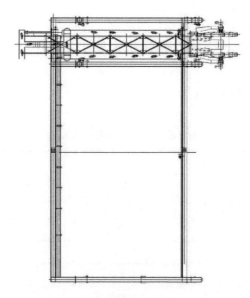

(a) 斗轮式翻堆机平面图

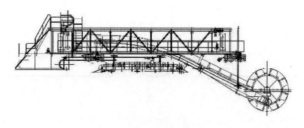

(b) 斗轮式翻堆机剖面图

图 8-13 斗轮式翻堆机示意

表 8-6 斗轮翻堆机主要技术参数

| 项目 | | 参数 |
| --- | --- | --- |
| 物料特征 | 品种 | 分拣后生活垃圾 |
| | 堆积密度 | 0.5～0.6t/m³ |
| | 堆积角 | 45° |
| | 粒度 | 约 80mm |
| | 含水率 | 55% |
| 生产能力 | 堆料 | 350m³/h |
| 料堆几何尺寸 | 宽度 | 29m |
| | 高度 | 3.3m |
| 斗轮机构 | 斗轮直径 | 4200mm |
| | 斗子个数 | 9 |
| | 单个斗子容积 | 0.11m³ |

| 项目 | | 参数 |
|---|---|---|
| 斗轮机构 | 斗轮转速 | 5.13r/min |
| | 电机及减速器 | 18.5kW×2 |
| | 驱动功率 | 11kW |
| 小车机构 | 轨距×轴距 | 31m×2.6m |
| | 走行速度 | 0～12m/min |
| 大车走行机构 | 轨距×轴距 | 31m×24.9m |
| | 走行速度 | 3.3～6m/min |
| 其他 | 装机总容量 | 约 75kW |

### 8.2.7.3　车辆式翻堆机

车辆式翻堆机一般分为车辆式（侧翻式、跨翻式）和行车式，目前常用的几种车辆式翻堆机技术参数见表 8-7。

**表 8-7　侧翻式、跨翻式翻堆机技术参数**

| 翻堆形式 | 跨翻 | 跨翻 | 侧翻 | 跨翻 | 墙轨通道式（跨翻） |
|---|---|---|---|---|---|
| 处理能力/（m³/h） | 300～3000 | 400 | 1500 | 1200 | 300～3000 |
| 堆体最大宽度/mm | 5000 | 2800 | 任意 | 3600 | 4500 |
| 堆体最大高度/mm | 2400 | 1200 | 3000 | 1600 | 2200 |
| 物料最大粒径/mm | 300 | 150 | 300 | 200 | 300 |
| 工作纵向翻抛距离/mm | | 1500 | | 2000 | |

### 8.2.7.4　链板式翻堆机

（1）功能简介

链板式翻堆机适用于畜禽粪便、污泥、秸秆等有机固体废弃物的槽式好氧堆肥。其行走系统采用变频调速，具有对不同物料的适应性好、运行平稳、翻堆效率高、能深槽作业等优点，可有效缩短发酵周期，提高生产效率及产品质量。

（2）主要技术参数

链板式翻堆机主要技术参数见表 8-8。

### 表 8-8　链板式翻堆机主要技术参数

| 项目 | 型号 1 | 型号 2 | 备注 |
|---|---|---|---|
| 堆肥处理量/（m³/h） | 50～120 | 150～300 | |
| 翻堆宽度/m | 2 | 3.7 | 槽堆宽度为槽内有效宽度 |
| 行走速度/（m/min） | 0～6.3 | 0～6.3 | 行走速度可根据设备运行负荷调节 |
| 每次翻堆移料距/m | 3.1～3.5 | 3.5～3.8 | 根据发酵场地及发酵物数量、堆肥时间来确定移料的距离 |
| 遥控距离/m | <100 | <100 | 根据车间环境确定 |
| 总功率/kW | 13～27 | 30～45 | |

综上，各类翻堆机的照片见图 8-14。

(a) 侧翻式翻堆机

(b) 跨翻式翻堆机

(c) 斗轮式翻堆机

(d) 链板式翻堆机

(e) 滚轮式翻堆机

(f) 翻堆机移行车

图 8-14　各类翻堆机照片

# 第**9**章
# 餐厨废油资源化系统

▶ 餐厨废油资源化概述
▶ 生物柴油系统工艺

# 9.1 餐厨废油资源化概述

## 9.1.1 餐厨废油特性

（1）餐厨废油的成分

餐厨废油的主要成分及性质是选择处理工艺的最主要依据。

餐厨废油是餐饮业的副产品，主要成分为脂肪酸甘油酯。餐厨废油不仅游离脂肪酸含量高，而且含有醛、酮和聚合物等氧化产品，是不可食用的废油脂。餐厨废油由于化学降解（氧化作用、氢化作用等）破坏了食用油脂原有的脂肪酸和维生素或由于污染物（如苯类、丙烯醛、己醛、酮等）的累积，而不再适合于食品加工的油脂，可大体分为以下3类：

① 食品生产经营和消费过程中产生的不符合食品卫生标准的动植物油脂，如菜酸油和煎炸老油；

② 从含动植物油脂的废水或废物（如餐厨废弃物）中提炼的油，俗称"潲水油"或"泔水油"；

③ 进入排水系统，经油水分离器或者隔油池分离处理后产生的动植物油脂等，俗称"地沟油"。

各种废油成分见表 9-1。

表 9-1　各种废油成分

| 序号 | 项目 | | 潲水油 | 菜酸油 | 煎炸老油 | 食用油 |
|---|---|---|---|---|---|---|
| 1 | 酸价（以 KOH 计）/（mg/g） | | 140 | 149 | 15.54 | ≤1～4 |
| 2 | 水含量/% | | 0.12～6.98 | | | |
| 3 | 脂肪酸组成/% | C-14（0）（肉豆蔻酸） | 0.92～1.40 | 0.06 | 4.00～4.40 | 0～0.10 |
| 4 | | C-14（1）（肉豆蔻烯酸） | 0～0.08 | | 0.67～0.75 | |
| 5 | | C-15（0）（十五烷酸） | 0～0.31 | 0.31 | 0.47～0.61 | |
| 6 | | C-16（0）（棕榈酸） | 19.50～28.61 | 18.10 | 26.39～27.20 | 8.00～14.00 |
| 7 | | C-16（1）（棕榈油酸） | 1.11～1.58 | 0.71 | 3.26～3.37 | 0～0.20 |
| 8 | | C-17（0）（十七烷酸） | 0～0.13 | 0.57 | 1.72～3.39 | 0～0.10 |
| 9 | | C-18（0）（硬脂酸） | 6.86～7.20 | 7.17 | 12.37～16.30 | 1.00～4.50 |
| 10 | | C-18（1）（油酸） | 42.97～49.03 | 36 | 39.40～42.45 | 35.00～67.00 |
| 11 | | C-18（2）（亚油酸） | 18.11～20.32 | 38.94 | 2.76～6.90 | 13.00～43.00 |
| 12 | | C-18（3）（亚麻酸） | 0～2.51 | | 0.09～0.15 | 0～0.30 |
| 13 | | C-20（0）（花生酸） | 0～0.26 | 0.23 | 0～0.02 | 1.00～2.00 |

续表

| 序号 | | 项目 | 潲水油 | 菜酸油 | 煎炸老油 | 食用油 |
|---|---|---|---|---|---|---|
| 14 | 脂肪酸组成/% | C-20（1）（二十碳烯酸） | 0.34～0.60 | 0.31 | 0～0.82 | 0.70～1.70 |
| 15 | | C-22（0）（二十二烷酸） | | | | 1.50～4.50 |
| 16 | | C-22（1）（芥酸） | | | | 0～0.30 |
| 17 | | 其他 | 0.04～0.48 | | 0.11 | 0～3.00 |
| 18 | | 饱和脂肪酸/% | 28.70～32.02 | 26.44 | 48.37～50.41 | |
| 19 | | 一元不饱和脂肪酸/% | 44.97～50.85 | 37.02 | 44.52～46.63 | |
| 20 | | 多元不饱和脂肪酸/% | 17.95～20.62 | 38.94 | 2.91～6.99 | |
| 21 | | 碘值/（g/100g） | | | | 86～107 |
| 22 | | 过氧化值/（mmol/kg） | 0.09～8.10 | 4.80 | | |

（2）废油的危害

餐厨废油主要组成元素为 C、H 和 O，属于大分子疏水性有机物。由于经过反复高温煎炸，油脂中的小分子营养物大部分已挥发或聚合成大分子热稳定性物质，可生化性较低，且含有一定量的苯并芘等致癌物，进入环境或被人体摄入，将造成严重的环境污染和健康威胁。餐厨废油危害具体表现在以下几个方面：

① 污染水体　餐厨废油是重要的营养性水体污染物之一，进入水体会造成水质恶化和富营养化，并使污水处理厂生物处理单元处理效率显著降低。

② 散发臭气　餐厨废油，尤其是地沟油，在空气中暴露时间很长，发生氧化酸败，散发挥发性脂肪酸类恶臭气体，严重影响环境，是引发公众强烈反应的主要原因之一。

③ 造成食品安全问题　由于餐厨废油容易氧化酸败变质，产生大量毒素。在物流过程中容易混入有毒有害物质，滋生黄曲霉等细菌，产生具有强致癌作用的黄曲霉素等，一旦处理不当则重新进入食品链，将会严重影响人类健康，甚至可能造成重大食品安全事故。

# 9.1.2　餐厨废油资源化技术概述

目前，国内外关于餐厨废油资源化处理技术的报道较多，主要包括利用餐厨废油生产生物柴油、硬脂酸和油酸、肥皂、润滑油、混凝土制品脱模剂等化工原料或产品，这些技术在实际中均有应用，并取得了一定的效果。

（1）生物柴油生产工艺

利用餐厨废油脂生产生物柴油，常用的生产方法为预酯化—两步酯交换—酯蒸馏工艺。其流程为：经预处理的油脂与甲醇一起，加入硫酸作催化剂，在 60℃ 常压下进行酯交换反应，生成脂肪酸甲酯（即生物柴油）。由于化学平衡的关系，在一步法中油脂到甲酯的转化率仅达到96%。为超脱这种化学平衡，通常采用两步反应，即通过一个特殊设计的分离器连续地除去初反应中生成的甘油，使酯交换反应继续进行，可获得高达99%以上的转化率。第二步，加入少量NaOH进行中和，去除多余的酸。由于碱催化剂的作用生成了肥皂，色素和其他杂质混合在少量的肥皂中，产生深棕色的分离层，在分离操作时将其从酯层分离掉。通过这种精制作用可以高转化率获得浅色的脂肪酸甲酯。这里面最重要的一步反应是酯交换，反应式为：

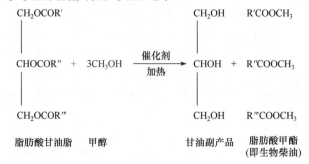

脂肪酸甘油脂　　甲醇　　　　　　　　　　甘油副产品　　脂肪酸甲酯
（即生物柴油）

（2）硬脂酸和油酸生产工艺

厨余垃圾产生的废油中含有大量硬脂酸和油酸，可经工业提取分离后应用于日用化工、纺织、医药、化学、建材、食品等行业中。其生产工艺主要是通过对油脂水解后，分离出各种脂肪酸（主要为硬脂酸、油酸），见图9-1。其中油脂水解的方式大致分为常压下皂化分离和高压酸化分离两种类型，混合脂肪酸的分离方式大致分为冷冻压榨法、表面活性剂法、精馏法等。这几种方法虽然工艺成熟，但生产条件设备投资要求都较高，生产周期长，有一定污染，产品质量差，未见推广应用。

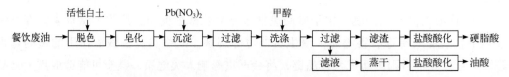

图9-1　利用餐厨废油生产硬脂酸和油酸工艺流程

（3）肥皂和洗衣粉生产工艺

油脂的碱性水解称作皂化。使用过量的碱，油脂可以完全水解并转化成脂肪酸盐和甘油。皂化反应是不可逆反应，其反应方程式为：

$$CH_2OCOR_1 \qquad\qquad\qquad CH_2OH \quad R_1COONa$$
$$|$$
$$CHOCOR_2 + 3NaOH \xrightarrow{H_2O} CHOH + R_2COONa$$
$$|$$
$$CH_2OCOR_3 \qquad\qquad\qquad CH_2OH \quad R_3COONa$$

式中，$R_1$、$R_2$、$R_3$ 分别代表 3 个碳原子数相同或者不同的烃基。

皂化方法有两种：一种为均相皂化；另一种为非均相皂化。均相皂化是先将废油脂溶解于适当的溶剂（如乙醇）中，形成均相溶液，然后在碱催化剂的作用下水浴进行皂化反应，最后加入饱和食盐水，使固体块状皂化物析出；非均相皂化是在维持废油脂原形的条件下，直接在碱催化剂的作用下进行水浴皂化反应，最后加入饱和食盐水，析出皂化物。采用均相皂化法，产物中溶剂的分离和回收较困难；采用非均相皂化法，皂化反应速度慢，反应时间较长，但能直接得到固体皂化物，且皂化物的分离、干燥比较容易，因此一般非均相皂化应用较多。

常用的非均相皂化工艺为：将一定量的脱色废油脂加入反应器，水浴加热至 100℃ 时将质量分数为 30% 的氢氧化钠溶液分 3 次加入废油脂中 [$m$（NaOH）：$m$（废油脂）= 1:2]，边加入边缓慢搅拌，使油脂与碱液充分接触。在皂化反应开始时先加入 1/4 的碱液，搅拌至油脂呈乳化状态分散在碱液中，时间约 1h，此时皂化反应加快，再加入 2/4 的碱液，反应 2h 后，加入剩余碱液。反应过程中要不断搅拌，并控制 pH 值为 9～10。当皂粒或皂胶形成后，盐析 2 次，静置沉淀 1d，排出底部的黑水。皂基逐渐凝固析出，取出干燥后，可压制成不同形状的肥皂或配制洗衣粉。

（4）润滑油生产工艺

利用餐厨废油作为原料生产润滑油的工艺如图 9-2 所示。

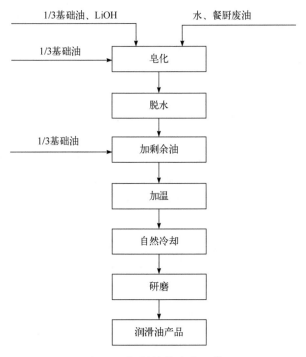

图 9-2　润滑油的生产工艺

通常分为 5 个步骤：

① 将餐厨废油、一定量的水、LiOH 和基础油加入反应器进行皂化。皂化温度为110～120℃。其间反应体系随着金属皂的生成黏度增大，不断补充基础油，使体系的黏度下降，以便反应能够正常进行。

② 反应进行 2.5～3h，体系的黏度不再变化，说明皂化反应完成，可以开始脱水。

③ 当体系由乳白色变为淡黄色，体系中不再有沸腾的水泡，说明水已蒸干，此时加入剩余的基础油。

④ 升温到 190～200℃，体系成为溶胶状态，停止加热，进行冷却。

⑤ 冷却方式对润滑脂的结构和性能有很大的影响，冷却方式宜采用自然冷却（即慢冷）。冷却至室温后，用三辊磨进行研磨细碎后形成润滑油产品。

（5）混凝土制品脱模剂生产工艺

为克服模板和混凝土之间的黏结力，保证混凝土表面光洁，无脱落、黏模现象，在模板或模具表面上常常涂刷一层脱模剂。长期以来，国内主要采用机油、废机油、乳化矿物油，以及皂液、皂化动植物油下脚料等作为脱模剂。矿物油类脱模剂的使用易造成矿物油进入环境，造成污染；皂类、高分子吸水树脂型矿物脱模剂成膜后，耐水性较差，脱模效果受到影响；用餐饮业废油脂脱模剂可使制造成本大大降低，直接使用油脂涂刷模具，常常造成油膜过厚，形成浪费，附着在模板上的油脂较黏，新混凝土结构面层的气泡一旦接触到黏稠的油膜，即使合理地振捣气泡也很难沿模板上升排出，直接导致混凝土结构表面出现蜂窝麻面。采用添加乳化剂的方法，实现脱模剂的自乳化，即在使用前与水适当混合即可成为相对稳定的乳化液。乳化液涂刷模具可形成较薄的油膜从而实现节约，并能克服混凝土表面缺陷，因此研制环保高效混凝土制品脱模剂十分必要。

（6）餐厨废油资源化利用方案

餐厨废油与厨余垃圾预处理提出的废油资源化利用方案主要有以下两种：一是餐厨废油通过预处理制取毛油，最终产品为毛油；二是餐厨废油通过预处理和各类化学处理制取酯化产品[如脂肪酸甲酯（俗称生物柴油）或其他中间产品]。

这两种方法在目前很多项目中都有广泛应用，应根据实际情况综合比较选用。

# 9.2　生物柴油系统工艺

## 9.2.1　生物柴油生产标准

利用餐厨废油制取的脂肪酸甲酯（俗称生物柴油）可用作锅炉、涡轮机、柴油机等的燃料。脂肪酸甲酯需满足《B5 柴油》（GB 25199—2017）附录 C 中 BD100 生物柴油的技术要求和方法。

BD100 生物柴油按硫含量分为 S50 和 S10 两个类别，分别指硫含量不超过 50mg/kg 和 10mg/kg 的生物柴油，详见表 9-2。

表 9-2　BD100 生物柴油技术要求

| 项目 | | 质量指标 | | 试验方法 |
| --- | --- | --- | --- | --- |
| | | S50 | S10 | |
| 密度（20℃）/（kg/m³） | | 820～900 | | GB/T 13377① |
| 运动黏度（40℃）/（mm²/s） | | 1.9～6.0 | | GB/T 265 |
| 闪点（闭口）/℃ | 不低于 | 130 | | GB/T 261 |
| 冷滤点/℃ | | 报告 | | SH/T 0248 |
| 硫含量/（mg/kg） | 不大于 | 50 | 10 | SH/T 0689② |
| 残炭质量分数/% | 不大于 | 0.050 | | GB/T 17144③ |
| 硫酸盐灰分（质量分数）/% | 不大于 | 0.020 | | GB/T 2433 |
| 水含量/（mg/kg） | 不大于 | 500 | | SH/T 0246 |
| 机械杂质 | | 无 | | GB/T 511④ |
| 铜片腐蚀（50℃,3h）/级 | 不大于 | 1 | | GB/T 5096 |
| 十六烷值 | 不小于 | 49 | 51 | GB/T 386 |
| 氧化安定性（110℃）/h | 不小于 | 6.0⑤ | | NB/SH/T 0825⑥ |
| 酸值（以 KOH 计）/（mg/g） | 不大于 | 0.50 | | GB/T 7304⑦ |
| 游离甘油含量（质量分数）/% | 不大于 | 0.020 | | SH/T 0796 |
| 单甘酯含量（质量分数）/% | 不大于 | 0.80 | | SH/T 0796 |
| 总甘油含量（质量分数）/% | 不大于 | 0.240 | | SH/T 0796 |
| 一价金属（Na+K）含量/（mg/kg） | 不大于 | 5 | | EN 14538⑧ |
| 二价金属（Ca+Mg）含量/（mg/kg） | 不大于 | 5 | | EN 14538⑧ |
| 脂肪酸甲酯含量（质量分数）/% | 不小于 | 96.5 | | NB/SH/T 0831 |
| 磷含量/（mg/kg） | 不大于 | 10.0 | | EN 14107⑨ |

① 可用 GB/T 5526、SH/T 0604、GB/T 1884、1885 方法测定，以 GB/T 13377 仲裁。

② 可用 GB/T 11140、GB/T 12700 和 NB/SH/T 0842 方法测定，结果有争议时，以 SH/T 0689 方法为准。

③ 可用 GB/T 268 方法测定，结果有争议时，以 GB/T 17144 仲裁。

④ 可用目测法，即将试样注入 100mL 玻璃量筒中，在室温（20℃±5℃）下观察，应当透明，没有悬浮和沉降的机械杂质，结果有争议时，按 GB/T 511 测定。

⑤ 可加抗氧剂。

⑥ 可用 NB/SH/T 0873 方法测定，结果有争议时，以 NB/SH/T 0825 仲裁。

⑦ 可用 GB/T 5530、GB/T 264 方法测定，结果有争议时，以 GB/T 7304 仲裁。

⑧ 可用 GB/T 17476、ASTM D7111 方法测定，结果有争议时，以 EN 14538 仲裁。

⑨ 可用 ASTM D4951、GB/T 17476、SH/T 0749 方法测定，结果有争议时，以 EN 14107 仲裁。

生产的生物柴油需具有如下特性：

① 具有优良的环保特性。由于生物柴油中硫含量低，二氧化硫和硫化物的排放可减少约 30%（有催化剂时为 70%）；生物柴油中不含对环境会造成污染的芳香族烷烃，因而废气对人体损害低于柴油。与普通柴油相比，使用生物柴油可降低 90% 的空气毒

性，降低94%的患癌率；由于生物柴油含氧量高，使其燃烧时排烟少，一氧化碳的排放与柴油相比减少约10%（有催化剂时为95%）；生物柴油的生物降解性高。

② 具有较好的低温发动机启动性能。无添加剂冷滤点达−20℃。

③ 具有较好的润滑性能。使喷油泵、发动机缸体和连杆的磨损率低，使用寿命长。

④ 具有较好的安全性能。由于闪点高，生物柴油不属于危险品。因此，在运输、储存、使用方面的安全性好。

⑤ 具有良好的燃料性能。十六烷值高，使其燃烧性好于柴油，燃烧残留物呈微酸性，使催化剂和发动机机油的使用寿命加长。

⑥ 具有可再生性能。作为可再生能源，与石油储量不同，其通过农业和生物科学家的努力，可供应量不会枯竭。

⑦ 无须改动柴油机，可直接添加使用，同时无须另添设加油设备、储存设备，无需对操作人员进行特殊技术训练。

⑧ 生物柴油以一定比例与石化柴油调和使用，可以降低油耗、提高动力性，并降低尾气污染。

生物柴油的优良性能使得采用生物柴油的发动机废气排放指标不仅满足目前的欧洲Ⅱ号标准，甚至满足随后即将在欧洲颁布实施的更加严格的欧洲Ⅲ号排放标准。由于生物柴油燃烧时排放的二氧化碳远低于该植物生长过程中所吸收的二氧化碳，从而改善由二氧化碳的排放而导致的全球变暖这一有害于人类的重大环境问题。因而生物柴油是一种真正的绿色柴油。这也是选择生物柴油处理工艺主要考虑的方面。

## 9.2.2　生物柴油生产工艺概述

生物柴油的制备有物理方法、化学方法和生物方法三种。物理法包括直接混合法和微乳液法。化学法包括高温热裂解法、酯交换法和无催化的超临界法。生物法包括酶催化酯交换法。其中酯交换法具有工艺简单、操作费用较低、制得的产品性质稳定等优点，因此酯交换法生产生物柴油应用最为广泛。

酯交换法是动植物油和醇在催化剂作用下进行酯交换反应，生成脂肪酸甲酯和甘油。因为酯交换反应是可逆反应，过量的醇可使平衡向生成产物的方向移动，所以醇的实际用量远大于其化学计量比。反应所使用的催化剂可以是碱或酸，它可加快反应速率。酯交换反应是由一系列串联的可逆反应组成的。甘油三酯分步转变成甘油二酯、甘油单酯，最后转变成甘油，每一步反应均产生一个脂肪酸甲酯。

生物柴油酯交换工艺主要包括碱催化法、酸催化法及酸碱联合催化法。

（1）碱催化法

在工业生产中，碱催化法使用较多。碱催化酯交换反应的速率比酸催化要快得多，因此，商业化生产以碱性催化剂为主。醇油的化学计量比是 3:1，但是在实际生产中为使反应平衡向产物方向移动，醇通常是过量的。碱催化酯交换法常用的催化剂有无机碱和有机碱两大类。

（2）酸催化法

油脂中游离脂肪酸和水的含量较高时酸催化效果比碱好。该法常用催化剂有无机液体酸（浓 $H_2SO_4$、$H_3PO_4$ 和 HCl 等）、有机磺酸、酸性离子液体等。硫酸价格便宜，资源丰富，是最常用的一种均相酸催化剂。用酸催化时，甲醇耗量要比碱催化多，反应时间更长，通常要求含水量小于 0.5%。另外游离脂肪酸（FFA）酯化产生水也会使催化剂活性下降。

（3）酸碱联合催化法

酸碱催化酯交换反应制备生物柴油，具有工艺简单、成本相对低廉等优点。碱催化法由于转化率高、反应速率快等特点，在工业上已经成功地应用。但碱催化法对原料的品质要求较高，适合于以精炼油脂为原料制备生物柴油，对于高酸值的废弃食用油脂不太适合。

## 9.2.3　生物柴油生产工艺流程

生物柴油系统处理对象为废弃食用油脂及来自餐厨废弃物预处理产生的废油。生物柴油生产系统包括废弃食用油脂预处理系统、生物柴油预处理（制取毛油）系统及生物柴油制取系统三个部分。生物柴油制取工艺流程如图 9-3 所示。

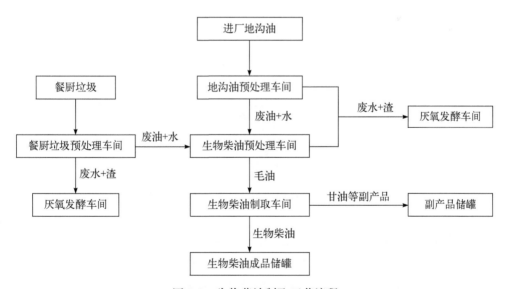

图 9-3　生物柴油制取工艺流程

废弃食用油脂预处理车间产生的废油与餐厨废弃物预处理车间产生的废油汇集于生物柴油预处理车间的熔油池后泵入预处理工序。在预处理车间通过水洗、干燥，得到毛油。

毛油泵入生物柴油车间，在酸、碱催化的作用下与甲醇进行甲酯化反应，生成粗甲酯。粗甲酯通过蒸馏、冷却得到生物柴油，送入成品油罐。超量甲醇回收、蒸馏后循环使用；脂肪酸蒸馏后的植物沥青放入沥青罐，桶装后外运；反应得到的甘油储存在甘油罐后外运。

原料的入库，各生产车间的原料、辅料进出，产品、副产品的输出均分别配有固体和液体的计量装置，各车间的蒸汽用量由蒸汽计量器计量。

## 9.2.4 废弃食用油脂预处理工艺示例

（1）规模

某装置废弃食用油脂处理规模为40t/d。每天的生产班制为1班制（8h），年运行时间为330d，其余35d（或36d）可以通过增加班制对每天产生的废弃食用油脂进行处理。

（2）工艺

由于废弃食用油脂主要成分是植物油、动物油等，容易凝成豆花状油脂或硬块，为确保废弃食用油脂能保持流动性，必须用加热设备将油脂熔化处理。

废弃食用油脂预处理系统工艺流程见图9-4。

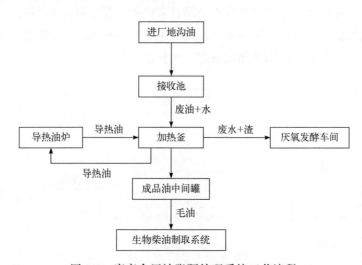

图9-4 废弃食用油脂预处理系统工艺流程

废弃食用油脂进场以后，首先卸载到接收池内，接收池为混凝土结构，每个接受池容积为10m³，共4个，废弃食用油脂在接收池内通过蒸汽加热后黏度降低，流动性增大，体积较大的固形物质被分离出来后，装桶送生活垃圾填埋场填埋处理。

废弃食用油脂利用接收池与加热釜之间的地势高差，靠重力自流到加热釜进行分离处理。加热釜每台10m³，共4台，热源采用240℃的导热油，导热油利用加热釜外围的夹套对物料进行加热。

经 2～3h 的加热后，温度升至约 120℃，停止加热并使其静置分层，经过 8～10h 的静置后，被处理的废物将分为三层，最上面为成品废弃食用油脂，中间层为糊状的油水混合物，最下面为分离水。

为了有效控制物料的纯度，加热釜出料口设置观察窗口，方便管理人员随时控制出料流向。由加热釜提取出的成品废弃食用油脂同样依靠地势重力流至成品油中间罐，最后通过输送泵将成品废弃食用油脂送至罐区半成品油储槽，糊状的油水混合物及污水泵送至餐厨废弃物厌氧消化罐处理。

（3）控制方案设计

① 加热釜的温度控制　通过导热油对加热釜进行加热，加热温度控制在 120℃。由加热釜内的温度监测信号调节导热油的流量，当温度达到控制值时，自动切断导热油的供给。

② 导热油炉的燃料供给量控制　导热油炉采用柴油作为燃料，由导热油炉的出口温度控制信号自动调节柴油供应量，以确保出口温度基本恒定在 240℃。

## 9.2.5　生物柴油预处理工艺示例

（1）生产规模

处理毛油 16.5t/d，按运行时间 330d/a 计算，实际生产规模为 19.2t/d[含生物柴油 14t/d，甘油（粗制品）3.9t/d，粗甲酯 1.3t/d]。

（2）质量要求

游离脂肪酸：30%～80%；

水分：≤0.5%；

杂质：≤0.15%；

总磷脂：≤50×10⁻⁶（体积分数）。

（3）生产流程

原料油 → 水洗分层 → 真空干燥 → 毛油。

（4）工作制度

年生产日 330d，日生产 24h，实行四班三运转工作制度。

工艺分为原料油水洗和脱水干燥两个工段。

① 水洗　废弃食用油脂与来自餐厨废弃物处理车间的废油混合后用热水洗涤，加入热水量为锅内物料量的 20%左右，并适当加些工业用盐和磷酸，搅拌 15min 后离心分离，分离出水杂。水洗温度 75～85℃。

② 脱水干燥　抽真空使水洗油慢慢通过加热器，加热器的加热蒸汽压力为 0.4～0.5MPa，保持一定流量，使油的温度在 110℃左右。脱水时真空度应保持在 0.09MPa 以上，务使脱水完全，脱水油进入生物柴油车间脂肪酸罐。

## 9.2.6　生物柴油制取车间工艺示例

（1）生产规模

本项目的主要产品是生物柴油，同时根据需要可以联产甘油、丙二醇、粗甲酯等其他化工产品。本项目是以获得生物柴油产品为目的。

① 原料　原料油：16.5t/d（0.69t/h）；甲醇消耗量：2.31t/d；浓硫酸：150 kg/d；烧碱：240kg/d。

② 产品　生物柴油：14t/d；甘油（粗制品）：3.89t/d；粗甲酯：1.3t/d。

（2）质量要求

生物柴油工艺制得的成品需满足《B5 柴油》附录 C 中的各项指标。

（3）车间组成

整个生物柴油制取车间主要分为酯化工段、甲酯精制工段、甲醇蒸馏工段等三个工段。

（4）工作制度

年生产日 330d，日生产 24h，实行四班三运转工作制度。

（5）生产流程简述

生物柴油制取工艺流程见图 9-5。

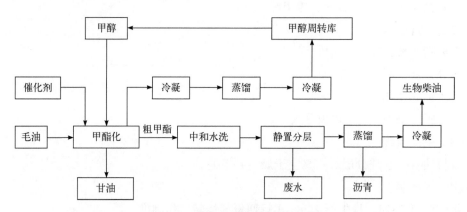

图 9-5　生物柴油制取工艺流程

工艺说明如下。

① 酯化　首先将甲醇从反应锅底阀投入，并开启搅拌，再加入 0.2%～0.8%的浓硫酸（视毛油酸价定浓硫酸量），搅拌均匀后待用，调节各阀门使甲醇冷凝液处于全回流。然后进 7t 毛油，开启搅拌，同时打开反应锅夹套蒸汽进行升温。当达到一定的温度将甲醇冷凝器冷凝后粗甲醇回收至甲醇水储罐。继续升温使液相温度达到 105～115℃时，补充甲醇，每隔半小时进行化验，若反应到达终点，进行下步工序操作。

将 1000kg 甲醇抽入甲醇钠配制罐中，在搅拌下缓慢投入 NaOH，投入量视酯化反应加入硫酸量而定。投料结束后，继续搅拌 1h 左右，同时打开回流阀门，充分溶解 NaOH。

打开甲醇钠进料阀门，向反应罐中加入配制好的甲醇钠溶液，同时打开蒸汽阀门，保持 65～70℃进行反应。搅拌回流 2.5h 左右，取样检测；当酸价（AV）≤1 时，进行下步工序操作。

取样合格后停止反应开始回收甲醇。关闭回流阀，加大蒸汽进汽量，将反应锅温度升高到 130℃，甲醇冷凝器冷凝后粗甲醇回收到粗甲醇储罐。待冷凝器下玻璃视筒内无甲醇液时，关闭蒸汽，停止甲醇回收。停止搅拌将反应物料静置一段时间，打开反应锅底阀将甘油放至甘油暂存罐中。分完甘油的粗甲酯打入水洗锅中，水洗后离心分离，去除水杂。

② 脱水干燥　启动真空系统，保持真空度在 0.08MPa 以上，若达不到真空要求，应认真检查抽真空的水泵及蒸汽喷射器。开启蒸汽加热器直至压力到 0.4MPa 以上，慢慢开启甲酯进料阀门，使甲酯的脱水温度在 130℃以上，务必使甲酯脱水完全。脱水后的甲酯进入脱水粗甲酯罐待蒸。

③ 甲酯蒸馏　开启蒸酯真空系统，使真空系统的真空度在 0.098MPa 以上，真空度越高，对甲酯蒸馏越有利，低于上述真空度则甲酯蒸馏需较高温度，将影响甲酯的蒸馏产率和色泽。

在蒸酯锅夹套中送入导热油，对甲酯进行加热，当锅内温度达到 200℃以上应注意缓慢升温，避免甲酯暴沸冲出，若出现此情况，可微开排空阀，用降低真空度来调控。

当夹套温度继续上升，而蒸酯锅内出来的甲酯量逐渐减少直至无馏出液时，可认为蒸馏结束。此时不再加热，继续抽真空 10min 左右，然后将暂存罐中的甲酯泵入甲酯库。生产中暂存罐快满时，开启屏蔽泵将甲酯送入甲酯库。蒸酯结束后应趁热将蒸酯锅内的植物沥青放入沥青罐。

④ 甲醇蒸馏　将甲醇水罐中的甲醇与水的溶液通过进料泵慢慢送入甲醇蒸馏塔内，进料以进料分布器中有细线状的液体均匀落下为宜，进料温度 70℃左右为宜。当塔釜达到一定液位高度后，即开塔釜加热器加热，保持塔釜温度80℃左右。

严格控制塔顶温度 65℃（可通过进料温度和塔釜温度来控制），开始时采用全回流，待塔顶温度稳定后，再部分回流和部分引出。回流时回流分布器有细线状的液体均匀流出为宜。

当塔釜液位超过一定液位时，可开下部排水阀将水从塔釜排出，直至液位正常。排水时阀门不能开度过大，以免影响正常操作。

蒸馏结束后，将釜液排出，塔内冷凝液留在塔釜中。

蒸馏出来的甲醇浓度需达到98%以上，经冷凝后回到甲醇周转库循环使用。

（6）保障工艺更优运行的措施

① 本工艺采用了酸、碱催化甲酯化工艺。酯化反应速度和反应深度取决于分子碰撞程度、温度、物料浓度、催化剂用量，其中分子碰撞程度更影响反应速度，因采取机

械搅拌。在工艺中使甲醇从反应釜底部鼓泡入釜,甲醇进入时遇热立即鼓泡,使原来做圆周运动的油、甲醇两物质做不规则的湍流运动,这样极大程度上加大两物质分子间接触,加快反应速度。

② 在粗甲酯蒸馏上设计了粗甲酯气相进釜闪蒸相结合的工艺,经酸洗、水洗、脱水后的粗甲酯,经加热汽化进入釜进行闪蒸。这样粗甲酯在很短时间升温到沸点,立即进入闪蒸,在釜内基本没有停留时间,这样出来的脂肪酸甲酯分子没有受到任何因高温而引起裂变、聚合等副反应,确保了车用生物柴油的质量。

(7)主要操作技术条件

① 酯化温度 65℃,回收甲醇温度在 80℃以上;

② 粗甲酯水洗温度 70～75℃;

③ 粗甲酯脱水温度 110℃,真空度在 0.09MPa 以上;

④ 粗甲酯蒸馏进料温度 200℃,蒸馏液相温度 250～270℃,气相温度 220～250℃;

⑤ 蒸沥青温度 270～280℃,真空度在 0.098MPa 以上;

⑥ 甲醇蒸馏进料温度 70℃,塔釜温度 75℃,塔顶温度 65℃。

第 **10** 章

# 厨余垃圾昆虫生物处理

▶ 昆虫生物处理概述
▶ 昆虫生物处理厨余垃圾工艺设计
　——以黑水虻养殖系统为例

# 10.1 昆虫生物处理概述

自然界中的部分昆虫可以高效率转化有机废弃物，尸食性昆虫如埋葬甲、皮蠹等，腐食性昆虫如蜣螂、黑水虻和蝇蛆等。这些昆虫喜食自然界中的动物尸体、畜禽粪便和腐败植物组织。与其他生物种类相比，昆虫具有生长繁殖快、有机废弃物转化效率高等优点，较为适合用于处理有机废弃物，同时，昆虫属营养价值极高的高蛋白饲料，且在世界范围内都得到了一致认可，其中黑水虻、蝇蛆、黄粉虫、大麦虫等更是被联合国粮食及农业组织（FAO）认定的资源昆虫。

## 10.1.1 昆虫生物处理特点

厨余垃圾昆虫生物处理技术既解决了蛋白饲料紧缺的问题，又实现了厨余垃圾的减量化、无害化和资源化，具有较好的环境效益和经济效益。同时，昆虫生物处理所得资源化产品多样，具有极高的高值利用潜力，可以形成"厨余垃圾等有机质处理—昆虫生物处理—饲料/肥料化等高值利用"的生态化处置循环经济模型，利于全过程资源的整合利用，创造出更高的经济效益和社会效益。

## 10.1.2 常见资源昆虫

资源昆虫即指虫体本身或其产物、行为可以直接或间接为人类所利用的昆虫，其主要特征为具有资源性，可为人类带来经济或生态价值，根据用途可分为泌丝昆虫、药用昆虫、食用饲用昆虫、传粉昆虫、观赏娱乐昆虫、天敌昆虫、工业原料昆虫、科学实验昆虫、法医昆虫和环境监测昆虫等。本书重点介绍以下几类在厨余垃圾处理中较多应用的资源昆虫。

（1）黑水虻

水虻是 FAO 首推发展的食用昆虫，它以有机废弃物为食，对人畜、动植物安全无害，不骚扰人类，虫体富含蛋白质、脂肪等营养物质，全世界有3000多种，中国有360多种。

黑水虻，学名亮斑扁角水虻，隶属双翅目水虻科扁角水虻属，是一种营腐生生活的昆虫，广泛分布于温带、亚热带及热带地区。黑水虻起源于美洲，近些年传入我国，目前在全国许多省区均有分布。黑水虻能够取食畜禽粪便及餐厨垃圾等有机废弃物并高效转化为昆虫蛋白，在缓解环保压力的同时能够创造可观的经济效益。黑水虻具有繁殖快、生物量大、吸收转化率高、虫体资源含量高、容易饲养等特点，是一种可以资源化生产的昆虫，生产实践中也易于管理。

黑水虻属于完全变态类昆虫，它的一生共需经历 4 个虫态，分别为卵、幼虫、蛹和成虫，大约需要 35d。黑水虻最适宜生长温度为 25～28℃，最适相对湿度为 60%～90%。在其世代发育过程中，若温度恒定则卵期历时 4d 左右，幼虫期为 15d 左右，蛹期 9～15d，成虫期约为 10d。黑水虻幼虫共分为 6 个龄期，每蜕皮一次便增长一龄。低龄幼虫体色为乳白色，呈蛆状，随着生长发育体色不断加深，进而由淡黄色逐渐转变成为深褐色。黑水虻幼虫喜群居，且具有避光特性，从 3 龄开始进入盛食期，食量增大；黑水虻 6 龄时即到达预蛹期，在此阶段幼虫便不再取食，转而爬离食物寻找阴凉、干燥、避光的隐蔽处等待化蛹。预蛹期同蛹期时间弹性较大，在非适宜（如变温、湿度不佳）条件下，预蛹可持续 15～150d，经研究发现，此阶段也具有良好的抗逆性。黑水虻成虫除腹部前端具半透明斑纹以及足的白色胫节外，通体为黑色且具有金属光泽。成虫体型较大，体长一般为 13～22mm，雌虫较雄虫体形偏大，寿命也略长。与幼虫生长条件不同，成虫不再取食，只摄取植物汁液和蜜露，交配时则需要充足的光照，成虫交配后不久待体内脂肪耗尽便死亡。

黑水虻的幼虫营腐生生活，具有良好的环境耐受能力，幼虫栖息广泛且取食旺盛，能够高效取食并有效转化有机废弃物，且幼虫期在整个世代发育过程中所占时间相对较长，其特有的生物习性使得黑水虻养殖处理厨余垃圾具有十分良好的发展空间。

（2）家蝇（蝇蛆）

家蝇是完全变态昆虫，属双翅目蝇科，是我国数量最多的一种蝇类动物。蝇蛆是家蝇的幼虫形态，中药称为"五谷虫"，《本草纲目》中曾记载它的药用价值。蝇蛆作为优质高蛋白昆虫饲料，具有繁殖力强、生长周期短、饲养成本低廉等特点。蝇蛆的营养十分丰富。研究显示，蝇蛆干粉含粗蛋白质 59%～65%，必需氨基酸含量为 43.83%，脂肪方面，蝇蛆干粉中粗脂肪含量在 12%左右，且不饱和脂肪酸含量丰富。

家蝇在已经开始应用的资源昆虫中，具有世代历期短、繁殖指数高、便于人为控制、适于工厂化生产等优点，在厨余垃圾及有机质固废处理领域具有很高的潜力。例如猪粪和鸡粪经蝇蛆处理后，粪肥含水量降低，质地蓬松，颗粒细小。大头金蝇幼虫能很好地处理厨余垃圾，包括其中难处理的油脂。

（3）黄粉虫

黄粉虫又称为面包虫，属节肢动物门昆虫纲鞘翅目拟步甲科。虫体营养丰富，干物质中粗蛋白质在成虫、幼虫和蛹中的含量分别在 60%、50%和 55%以上，是最常见的仓储性害虫，并长期生活在黑暗中，成虫后翅退化，爬行速度快，不善飞翔。食性杂，多以植物性食物为主，易于人工饲养。黄粉虫是生理、遗传学的科研材料，也是高蛋白、低脂肪昆虫，可用于饲养名贵珍禽、水产动物，饲养方法简单，养殖成本低。

（4）蚯蚓

蚯蚓别名"地龙"（陆生）或"红虫"（水生），属环节动物门寡毛纲动物，为雌雄同体、异体受精动物，繁殖速度很快。蚯蚓主要生活在营养丰富的土壤表层，喜温湿畏光照，皮肤呼吸，适宜相对湿度为 50%～80%，同时属于变温动物，昼伏夜出，最适的土壤温度为 12～28℃，低于 5℃时进入休眠状态，并且明显萎缩，甚至冻死，但所能忍受的最高温度略高于同类动物。蚯蚓饲养条件简单，适合人工养殖。蚯蚓营养价值高，蚯蚓粉中粗蛋白质的含量与鱼粉相似，且高于玉米；而粗脂肪含量高于鱼粉，尤其不饱和脂肪酸含量丰富。利用蚯蚓的吞食消化功能来处理厨余垃圾，臭气产生量低，蚯蚓生长产生蛋白质，可用于加工蛋白质饲料和医用药材等。同时，蚯蚓对厨余垃圾堆肥产物的肥力提升有较大帮助。

（5）其他资源昆虫

除上述资源昆虫外，金龟、地鳖等其他昆虫也逐步研究应用于厨余垃圾及类似有机废弃物的处理。各类资源昆虫根据其生物特性的不同，也呈现出不同的工艺特点。例如，白星花金龟生物处理转化后的有机废弃物干燥无异味，沤制腐熟速率快，同时其粪便呈颗粒状，无需进一步成形，便于虫粪的存储及布施。

## 10.1.3 昆虫生物处理发展趋势

厨余垃圾、畜禽粪便、秸秆等有机废物存在分布零散且产量不稳定的缺点及法律法规上的不健全，限制了我国昆虫生物处理的规模化、规范化发展。针对不同昆虫生物习性的特征化设计也有待深入探究，如家蝇成虫容易从养殖空间中逃出，应加强防逃逸密闭设施设计措施；大头金蝇成虫需要足量的营养才能繁殖后代；黑水虻成虫常需要在阳光下才能交配繁殖后代；等等。此外，昆虫生物处理工艺还存在包括昆虫育种及品系筛选技术不成熟、厨余垃圾中如盐分和油分过高可能不利于昆虫生长、资源化产品缺少风险评估及产品质量检测规范等问题。

解决以上问题的重点在于进一步探索推广昆虫生物处理资源化产品的销售渠道及高值利用途径，提高昆虫生物处理的综合经济效益，以有效拉动昆虫生物处理厨余垃圾产业发展。

（1）昆虫生物蛋白推广利用

昆虫生物处理产生的生物蛋白目前主要用于禽畜、水产养殖饲料，其销售价格相对较低。《餐厨垃圾处理技术规范》（CJJ 184—2012）规定，餐厨垃圾饲料化处理必须进行病原菌灭杀工艺。对于含有动物蛋白成分的餐厨垃圾，其饲料化工艺应设置生物转化环节，并不得生产反刍动物饲料。通过昆虫生物处理，可以进行生物转化，有效避免同源饲料问题，也为厨余垃圾饲料化应用提供更多可能性。昆虫体内含有丰富的优质蛋白，如黑水虻幼虫干重蛋白质含量高于 40%，与豆粕相近，粗脂肪含量超过 30%，矿物质含量在 10% 以上，远远超出豆粕。而这些蛋白质中 65% 以上可降解成 18 种氨基酸，其中人体必需氨基酸达 10 种。作为动物饲料，黑水虻幼虫的氨基酸、粗脂肪、钙含量都很高，是动物饲料的优质添加成分。黑水虻幼虫产品可以替代或部分替代豆粕、鱼粉用于鱼类、禽畜产品的商业化生产中。后续可进一步探索推广昆虫蛋白宠物饲料生产、作为饲料添加剂复配等特殊功能性应用。

（2）昆虫生物处理产品高值利用

昆虫体内含有多种活性物质，可作为保健品或药品原料，如抗菌肽、壳聚糖、斑蝥素等。昆虫体内脂肪的含量一般不低于干重的 10%，可用于提炼生物柴油，其脂肪酸组成合理，其中 60%左右为不饱和脂肪酸，有的甚至占 80%。昆虫产品如蛋白产品、食用油脂、生物柴油等，还有很大开发空间。加强昆虫高附加值产品的研发将使昆虫发挥更高的价值，基于昆虫转化有机废弃物建立循环经济产业链是该领域未来的重要发展方向。

# 10.2 昆虫生物处理厨余垃圾工艺设计 ——以黑水虻养殖系统为例

## 10.2.1 工艺设计原则

利用昆虫生物处理厨余垃圾，其工艺设计应符合下列原则：

① 资源昆虫种类的选择应充分考虑厨余垃圾营养特点、昆虫生长限制因子（如高盐分）、昆虫的地方气候适应性以及昆虫饲料等资源化产品的市场需求等因素。

② 昆虫养殖工艺流程和设备选择应有利于昆虫生长周期内各阶段的健康生长，确保昆虫成活率和厨余垃圾的消耗率满足工艺要求。

③ 昆虫养殖设施应具有防昆虫逃逸和外界动物侵入的措施。

④ 应根据工艺需要配备供风、温湿度调节和排风除臭设施。

⑤ 应配备昆虫养殖残渣和污水后处理设施，确保所有残渣和污水得到无害化处理处置。

⑥ 资源化的饲料、肥料成品质量应符合现行国家标准《饲料卫生标准》（GB 13078—2017）、《有机肥料》（NY/T 525—2021）以及其他国家现行有关产品标准的规定。

近年来，使用厨余垃圾来养殖昆虫逐渐受到人们的关注，其中黑水虻养殖的应用最为广泛。黑水虻具有易成活、适应性强、处理量大、营养价值高和生态安全性高等优点，是比较适合处理厨余垃圾的昆虫。因此，本书以黑水虻为例对昆虫生物处理厨余垃圾系统设计进行介绍。

## 10.2.2 总体工艺流程

黑水虻处理厨余垃圾工艺系统包括厨余垃圾前处理系统、输料布料系统、自动化养殖系统、养殖产物后处理系统、养殖环境控制系统、成虫培育孵化系统、生物安全控制系统等，总体工艺流程如图 10-1 所示。

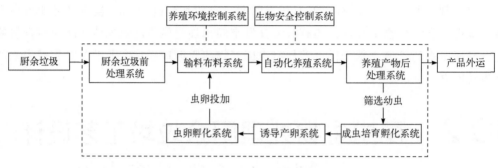

图 10-1　总体工艺流程

## 10.2.3　工艺设计基本参数

黑水虻处理厨余垃圾工艺系统设计参数的选择应结合项目所在地厨余垃圾组分实际情况、饮食习惯特性及所选用的黑水虻品系进行确定。且应结合养殖处理情况，灵活、动态调整运行参数，确保养殖处理系统高效稳定运行。

（1）厨余垃圾原料参数

黑水虻处理厨余垃圾工艺适用于原料营养价值较高的厨余垃圾。新鲜厨余垃圾干重中有机质含量宜高于 65%，其中蛋白质及脂肪在厨余垃圾干重的含量宜大于可消化糖类（即不含黑水虻无法取食的木质素和纤维素外的糖类），在垃圾干重的含量宜大于25%。经前处理制成投料原料的水分含量宜小于 80%，以确保原料在养殖过程可以形成一定的蓬松度，避免厌氧消化导致有机质腐败。

（2）养殖周期参数

根据项目养殖经验，黑水虻虫卵在专用的虫卵孵化间中孵化，并经 4～7d 养殖后形成 2～3 龄虫，再将 2～3 龄虫按一定比例投入含水率 75%～80%的厨余垃圾浆料。其中，虫卵孵化投加比例可参考 1t 垃圾中投加虫卵 100～150g。投加的 2～3 龄虫应具有较强的抗逆性和生命活力，规避接种蜕皮期的幼虫，接种幼虫规格应满足虫体体重约10mg/条，虫群大小均匀，满足 2～3 龄期的要求。

经过 7～10d 养殖后生长成产品幼虫，进行后续分离处理。表 10-1 为国内常见黑水虻特征品系养殖周期，幼虫养殖出料节点应选择黑水虻幼虫期的中后期，以确保幼虫充分消耗厨余垃圾中的有机质并不化蛹造成蛋白质的转化损失。同时，养殖环境温度较低时养殖时间宜相应延长。

表 10-1　国内常见黑水虻特征品系养殖周期　　　　　单位：d

| 品系 | 性别 | 卵期 | 幼虫期 | 蛹期 | 成虫寿命 | 生活周期 |
|------|------|------|--------|------|----------|----------|
| 德州 | 雌 | 2.80±0.41 | 25.62±0.95 | 10.70±0.82 | 10.09±0.23 | 49.21±2.41 |
|      | 雄 |           | 24.12±0.56 | 10.28±0.80 | 10.13±0.56 | 47.33±2.33 |
| 广州 | 雌 | 5.40±1.06 | 23.52±0.86 | 12.22±0.59 | 12.68±0.23 | 53.82±2.74 |
|      | 雄 |           | 21.56±1.01 | 12.13±0.27 | 12.73±0.90 | 51.82±3.24 |
| 武汉 | 雌 | 4.64±0.29 | 20.07±1.48 | 13.48±0.74 | 13.17±0.86 | 51.36±3.37 |
|      | 雄 |           | 18.22±1.27 | 13.51±1.28 | 13.20±0.61 | 49.57±3.45 |

资料来源：周芬. 亮斑扁角水虻三个品系的生活周期及其对畜禽粪便转化效果的比较[D]. 武汉：华中农业大学，2009.

（3）产品产率

厨余垃圾营养成分差异将对黑水虻养殖系统产品产率造成较大影响。按一般养殖经验，以含水率 80%的厨余垃圾计，黑水虻幼虫鲜虫产率一般为 15%～20%，幼虫鲜虫含水率约 70%，干虫烘干后含水率<10%；虫粪产率在 25%左右，虫粪含水率约 45%。

## 10.2.4　厨余垃圾前处理及输料布料系统设计

黑水虻处理厨余垃圾工艺系统的效率及效果取决于黑水虻幼虫对厨余垃圾的取食速率。而粒径、硬度、含水率等是厨余垃圾是否容易消化的重要因素。因此，在投加厨余垃圾进行昆虫生物处理前，应采用分选预处理设备进行前处理，前处理后的物料中不可降解杂物含量应< 5%。

前处理工序一般包括厨余垃圾计量与接收、分选与除杂、破碎与压榨、制浆与储存及输料与布料。前处理设备应选择耐腐蚀、耐负荷冲击并具备良好处理效果的专用设备。

（1）计量与接收

厨余垃圾的接收过程应做到自动化、无缝对接、无污水溢出，全程宜封闭控制气味。厨余垃圾接收时可设置卸料大厅，实现餐厨垃圾的接收和滤水功能，也可在接收后增加滤水处理操作，实现滤水功能。厨余垃圾分离出的液体可进行提油处理或预留提油处理接口。

（2）分选与除杂

厨余垃圾中不可降解物质会影响破碎、投喂、分离等后续工序，同时会影响虫粪有机肥品质。厨余垃圾的分选与除杂工艺应根据需要选用塑料制品、金属制品和玻璃制品等分选设备。分选出的杂质应进行回收利用或无害化处理，分选后垃圾中的不可降解物质含量宜少于 5%。

（3）破碎与压榨

厨余垃圾的粒径是影响黑水虻取食速率的关键因素，为提高黑水虻消化垃圾的速率，餐厨垃圾在投喂前要进行破碎处理。厨余垃圾的破碎与压榨工艺根据厨余垃圾输送和处理的要求确定，应具有防卡功能，防止坚硬粗大物损坏设备，破碎粒度宜小于 10mm。

（4）制浆与储存

破碎后的厨余垃圾与分离出的浆液混合后，加入辅料调节水分，制成投料原料。投料原料的储存应为密封罐，防止气味逸出。同时原料罐宜配置冷却降温系统，防止原料发酵升温，影响昆虫幼虫活性。

（5）输料与布料

输料布料前应控制厨余垃圾浆液水分，避免气味逸出和污水流出。布料宜采用专用的挤出机或布料头，确保布料均匀且不宜过厚，布料厚度宜控制在 15cm 左右。布料厚度依据环境温湿度确定，环境温度低时，厚度可相对增高；环境温度高时，布料厚度相对降低。

布料系统宜具有定量给料计量功能，每次输送结束时应清洗输送通道，以避免投喂料在通道中结块堵塞管道或变质腐烂发臭。

## 10.2.5 黑水虻自动化养殖系统设计

目前，常见的黑水虻养殖模式主要包括地槽式、多层养殖架式及全自动化养殖式。其中，地槽式养殖是最为传统的养殖方式，主要是通过水泥池的方式配套保温大棚来进行日常生产，布料使用推车将浆料送到地槽中。投虫、收料也均为人工操作，如图 10-2 所示。

图 10-2 地槽式养殖

地槽式养殖一般在保温大棚中进行，大棚温度及湿度受地域、季节、天气影响较大，不能达到自动控制，冬季寒冷时、夏季炎热时均不能有效养殖。地槽式养殖占地面积较大，空间利用率低，除臭设施运行费用较高。总体来说，地槽式养殖建设投资小，养殖灵活性高，但人工操作强度大，基本无法实现机械化作业，且养殖密度低，浪费土地资源，养殖环境受天气、季节影响较大，难以维持相对稳定的温湿度环境，养殖效果极为不稳定。多层养殖架式一般采用 4～6 层的养殖架，在地槽式的基础上能够显著提高养殖密度，如图 10-3 所示。

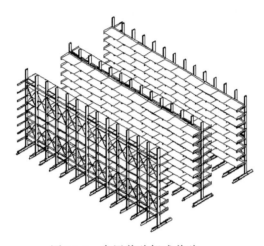

图 10-3　多层养殖架式养殖

　　养殖架布料一般采用管道布料，收料时，养殖架上的养殖盒通过底部斜溜的方式出料，并通过摆渡车进行收料。随着自动输送机械、自动物流设备的发展，黑水虻养殖过程中布料、加料、翻料和收集等过程均可采取自动化作业方式进行。自动化养殖系统养殖密度高、无人化值守作业劳动强度低、养殖车间全密闭设计环境控制效果好，已逐渐成为大中型黑水虻养殖系统养殖工艺的首选。

　　目前，黑水虻自动化养殖系统根据所选核心物流输送设备的不同，主要有"自动输送线+立体仓库"式、"养殖盒+行车起吊码放"式、"养殖架+自动摆渡车"式几类自动化养殖系统，其工艺流程及特点如下。

　　（1）"自动输送线+立体仓库"式养殖系统

　　该系统将高架立体仓库与自动输送线（如滚筒输送线）结合，以小型养殖托盘的定点输送为基本功能，实现投料、出料的自动化运行。一个完整运行周期的工艺流程为：空养殖托盘输送至厨余垃圾布料位；布料管道阀门开启进行浆料布料，随后定量投加虫卵；满料养殖托盘输送至立体仓库货位，进行黑水虻幼虫养殖；养殖达期后，满料养殖托盘由立体仓库货位输送至翻转出料位清空养殖托盘，完成一个自动养殖周期。该系统养殖密度可根据立体仓库层数灵活调整，理论养殖密度高；系统选用养殖托盘较小，机械输送作业密度较高，运行稳定性要求较高。工艺流程如图 10-4 所示。

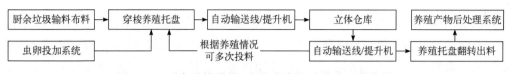

图 10-4　"自动输送线+立体仓库"式养殖工艺流程

（2）"养殖盒+行车起吊码放"式养殖系统

该系统采用行车起吊搬运大型养殖盒，系统不额外建设货架或养殖架，通过养殖盒的积木式堆码，灵活构建养殖单元。养殖盒根据堆放层数及荷载要求可以采用工程塑料及防腐碳钢等材质。一个完整运行周期的工艺流程为：空养殖盒吊送至厨余垃圾布料位；布料管道阀门开启进行浆料布料，随后定量投加虫卵；满料养殖盒输送至养殖间养殖单元位，进行黑水虻幼虫养殖；养殖达期后，满料养殖盒由养殖间养殖单元位吊送至翻转出料位清空养殖盒，完成一个自动养殖周期。

该系统养殖密度可根据养殖盒堆码层数灵活调整，理论养殖密度高；系统选用养殖盒较大，行车起吊搬运速率相对较低，较适用于大中规模养殖系统。工艺流程如图 10-5 所示。

图 10-5　"养殖盒+行车起吊码放"式养殖工艺流程

（3）"养殖架+自动摆渡车"式养殖系统

该系统将固定式养殖架与自动摆渡车相结合，由装载有厨余垃圾浆料及虫卵的自动摆渡车，分别向固定养殖架的各层养殖盒进行定点布料，摆渡车可采用有轨或无轨自动导航的方式运行，养殖达期后，养殖产物通过底部斜溜等方式出料，由收料摆渡车自动定点收集。该系统特点为可由自动布料摆渡车定时分批投料，减少厨余垃圾腐败；养殖架需与摆渡车配合设计，养殖层数有限。工艺流程如图 10-6 所示。

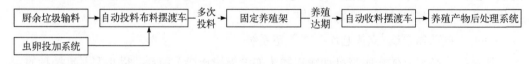

图 10-6　"养殖架+自动摆渡车"式养殖工艺流程

## 10.2.6　黑水虻养殖产物后处理系统设计

黑水虻处理厨余垃圾的产物为幼虫，副产物为虫粪。幼虫及虫粪的后处理工序包括幼虫分离、幼虫灭活保存及虫粪发酵堆肥等。黑水虻幼虫养殖至设计养殖时间后，应及时出料并进行出料混合物（即幼虫、虫粪及杂质）的分离，出料混合物不可堆积过高，以免发生高温导致幼虫死亡现象，且应尽快进行分选处理。

（1）幼虫分离

出料混合物的分离可根据黑水虻幼虫和虫粪的物理特性差异进行分离，也可利用幼虫的生理特性（如惧温性或逆趋光性）进行分离。

若根据生理特性分离幼虫，可根据幼虫趁黑夜爬出饲料，寻找隐蔽的地方化蛹，预蛹遇到 45°以下的斜坡会向上爬这一特性，设计带有斜坡的养殖盒，使幼虫爬出。该方式分离装置简单，但分离效率较低且分离效果较差，且分离幼虫"黑虫率"较高（注：出现黑虫即表示部分幼虫开始预蛹，造成部分昆虫蛋白质转化流失）。而根据物理特性分离幼虫，可采用滚筒筛、振动筛、旋风分离器等工艺设备或者组合设备进行分离，并去除杂质。实际应用中推荐采用"多级滚筒筛筛分+风选+幼虫振动筛分/虫粪细破碎"的组合分离工艺，工艺流程如图 10-7 所示。

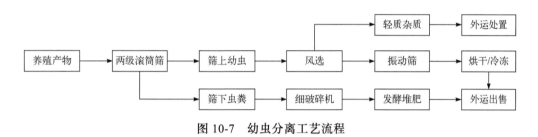

图 10-7 幼虫分离工艺流程

系统主要通过滚筒筛将幼虫、虫粪混合物进行分离，滚筒筛宜采用两级筛分，筛网直径可采用 10mm 和 5mm，滚筒筛应配置清网机构，避免筛网堵塞降效，筛上幼虫出料处宜增加风选装置以去除虫皮、塑料纤维、辣椒皮等黑水虻无法取食的轻质物，提高幼虫收集品质。此外，还可以采用振动筛对幼虫进行进一步提纯，去除虫体依附的虫粪及其他杂质。经分离的幼虫的分出率应高于 95%，收集暂存的黑水虻幼虫堆积不宜过高，避免幼虫死亡腐败。

分离出的虫粪应使用细破碎机进一步破碎，以杀灭虫粪中可能夹杂的小个体幼虫，避免其在虫粪中继续成长预蛹羽化成虫。

（2）幼虫灭活保存

除需活体黑水虻幼虫鲜虫直接进行外运销售的情况外，鲜虫在筛分后应及时进行灭活保存，灭活保存工艺应根据鲜虫销售渠道要求进行选择。

目前灭活工艺主要包括冷冻及烘干。其中，冷冻工艺适用于水产沉性饲料利用，如大闸蟹、小龙虾等养殖。冷冻保存温度建议不高于−18℃，冻虫运输宜采用冷链运输。

烘干可采用热风烘干或微波烘干，不同烘干工艺制备的干虫产品营养成分差异极小，烘干保存的干虫含水率宜低于10%。其中热风烘干可采用链板式烘干机，其设备简单，可用热源广泛，运行成本适中，但在烘干过程中虫体直接与热源接触，表面颜色暗淡，适用于水产浮性饲料利用或饲料复配使用。微波烘干电耗较高，运行成本较高。但烘干虫体饱满，色泽金黄，适用于宠物饲料及其他虫体外观要求较高的工况。

此外，如下游水产养殖企业对水质要求较高时，幼虫鲜虫灭活前，宜设置水洗工段，以对虫体可能夹带的厨余垃圾残渣或虫粪进行充分清洗，消除昆虫饲料投加对水产养殖水质的影响。

（3）虫粪发酵堆肥

筛分后的虫粪应在通风干燥环境下进行保存避免发霉变质。黑水虻处理厨余垃圾生产所得的黑水虻虫粪水分含量为30%～55%，是优质的半熟化堆肥原料，宜经过二次好氧堆肥处理后作为有机肥，其有机肥产品质量应符合现行国家标准《有机肥料》（NY 525—2021）的要求。

虫粪好氧发酵单元可采用模块化设计，堆肥模块与养殖模块一一对应设置。虫粪好氧发酵周期为7～9d，发酵温度为65～75℃。

虫粪好氧发酵装置采用密闭式堆肥反应器，由上料装置、动力驱动装置、筒仓本体、搅拌轴及桨叶、曝气及排气装置、控制柜等部分组成。由于是高度集成的一体化设备系统，可以单独成系统，也可多台组合成系统，布置灵活方便。

密闭式堆肥反应器是一种从顶部进料、底部卸出腐熟物料的发酵系统。这种好氧发酵方式典型的发酵周期为7～9d。该设备是每天进料、每天出料的连续处理方式，可以快速高效地实现废弃物的减量化、稳定化、无害化处理，使之转变为园林绿化基质进行资源化利用。经过好氧发酵的有机废弃物腐熟物料通过后续的加工可使之商品化、高值化，用于园林绿化、土壤改良、土地复垦等，实现有机废弃物的生物质资源化利用。

## 10.2.7　黑水虻养殖环境控制系统设计

（1）温湿度控制设计

黑水虻作为一种热带地区分布的昆虫，对养殖温湿度要求较高。黑水虻幼虫养殖生长的最适温度为28～35℃，考虑处理过程中幼虫代谢及物料发酵产生热量，环境温度宜维持在25～30℃。黑水虻养殖间宜保持较为稳定的湿度环境，相对湿度宜控制在65%～80%。

黑水虻养殖温湿度控制系统设计应避免简单换热调节系统的非线性、干扰多、大时延、时变等特点，确保有效避免人工调节的随意性造成车间温湿度的剧烈波动，进而造成养殖幼虫的大面积死亡。养殖间内宜设置多点位的温湿度传感器及配套温湿度监控总站。当温度高于设计温度范围时，系统联锁开启制冷设备对车间环境空气进行降温，降温过程由于冷凝作用，车间内湿度也将同步降低。当温度低于设计温度范围时，系统联锁开启加热设备对车间环境空气进行增温，增温过程由于养殖间温度高于外部环境温度，外壁冷侧产生冷凝作用也可实现除湿作用。

温湿度监测传感器的布置应符合但不限于以下原则：

① 温湿度测点应采用网格化布置，并宜适当靠近孵化盒或养殖箱，以实现养殖车间总体及小单元区域局部温湿度的监控报警。

② 温湿度测点应远离电机、风扇等干扰设备，尤其应注意避开制冷/制热送风口等，确保温湿度测定能够真实反映幼虫生长环境情况。

车间内布设的温湿度调节设备应充分考虑冷热气流、干湿气流扩散特性，对于送风调节设备应设置扰流板等设施，加强车间空气流动混合，确保孵化盒及养殖箱区域温湿度均匀稳定。

（2）二次污染防控设计

黑水虻处理工艺中产生的二次污染物主要为厨余垃圾腐败物、幼虫及虫粪处理过程中产生的臭气和幼虫加工过程中产生的污水。

1）臭气污染防控设计

黑水虻处理厨余垃圾过程中应根据不同处理工序的除臭需求和重点控制对象设置臭氧消毒、喷淋除臭、负压抽风等装置进行除臭。厨余垃圾前处理工序应重点控制卸料口、清杂平台、固液分离时两相出口、制浆机出料口等易出现垃圾暴露、酸败味散逸的环节，并做到来料后及时固液分离、清杂、破碎和压榨等。昆虫生物处理工艺中保持养殖堆料疏松和减少过剩投喂料的量，可大幅减少养殖过程中垃圾腐败臭味的产生。幼虫及虫粪后处理工序的除臭应重点控制虫粪分离及保存、虫子干燥等环节产生的氨气味、油脂味等。黑水虻处理系统除臭处理工艺应重点考虑 $NH_3$、$H_2S$ 的去除，经处理后的恶臭气体浓度应符合现行国家标准《恶臭污染物排放标准》（GB 14554—93）的有关规定。

2）污水污染防控设计

黑水虻养殖系统中，厨余垃圾前处理过程中产生的污水可分批投加至黑水虻养殖盒，通过黑水虻生物转化过程中虫体对水分的吸收，通风排气水分、黑水虻代谢产热蒸发水分得以减少。该部分污水一般可以实现系统内的全量消纳，无需外排处理。

## 10.2.8　黑水虻成虫培育孵化系统设计

黑水虻成虫培育孵化系统对养殖环境要求较高，需分阶段设计单独的房间进行培育养殖。该系统包括成虫培育、成虫诱导产卵及虫卵孵化三部分。

（1）成虫培育

成虫培育的目的在于产卵育卵，以用于后续虫卵孵化及幼虫养殖处理。用于成虫培育的幼虫应从产品幼虫中挑选个体健壮、活动能力强、充实饱满、体表发亮的幼虫，按处理项目虫卵自行供给的要求，应从幼虫产品中选出 5%～10% 的幼虫进行成虫培育。成虫培育房应安装照明灯具，晴天宜采用自然光，阴天相应补光。成虫培育应严格控制车间的温湿度，温度宜维持在 30℃左右，湿度宜维持在 70%左右。

（2）成虫诱导产卵

黑水虻雌虫羽化后两天即开始形成卵细胞，若雌虫不能及时交配，卵细胞会被重新吸收用于维持生命活动，将严重影响黑水虻产卵量。成虫养殖间环境宜模拟成虫所喜的自然环境，以促使成虫交配与诱导产卵。具体包括物理环境、温湿度、光照及产卵器设计等要素。

① 物理环境　黑水虻成虫具有访花习性且以植物的汁液为食，因此成虫的生长场所必须种有大量植被，以大叶片的植物为最佳，工程上一般采用绿色塑料叶片或绿色丝网模拟该环境。室内宜放置人造绿植（或类似绿色停靠网纱）为成虫提供停靠处，并定期喷洒清水保持表面湿润。

② 温湿度　温度与湿度是影响黑水虻产卵的重要因素，黑水虻成虫虽产卵量高，但在低温环境，产卵量将大幅下降，甚至不能进行产卵。成虫养殖间的温度宜维持在 23～35℃，相对湿度宜维持在 70%～80%。

③ 光照　黑水虻成虫的交配过程通常发生在阳光强烈的正午，黑水虻成虫交配需要特定波长的充足光照条件。在太阳光可见光谱范围（400～700nm）内，黑水虻交配数量与光照强度成正比。采用碘钨灯等光源代替阳光进行照射，也可刺激黑水虻成虫交配，虽产卵效率低于阳光照射工况，但可保证黑水虻在低温和多雨季节的不间断繁殖。

④ 产卵器　黑水虻交配后，雌虫在腐败有机质周围干燥的缝隙中产卵。因此可利用这一生物学特性设计成虫诱集产卵器，即用木板、瓦楞纸板或其他材料以一定缝隙制作产卵器。虽然黑水虻成虫不进行取食，产卵器附近也应散布少量厨余垃圾浆料以吸引雌虫产卵（图 10-8，书后另见彩图）。

(a)　　　　　　　　　　(b)

图 10-8　雌虫产卵

（3）虫卵孵化

虫卵孵化底物采用厨余垃圾浆料，可适当掺入一定木屑以调节浆料含水率，避免浆料发酵水解产生的水分淹没虫卵，造成失活。黑水虻虫卵应置于专用孵化装置内进行孵化，孵化过程中应控制温度与湿度。应尽量将同一天产的卵一起孵化，以便于后期的管理。孵化后幼虫培育过程中应控制投喂料的湿度，应根据幼虫的数量、生长阶段和采食速度添加投喂料，以保证幼虫获得足够的营养源。孵化过程中宜测定孵化率，并根据孵化情况动态调整孵化间温湿度，孵化率应达到 90%以上。

## 10.2.9　黑水虻养殖生物安全控制系统设计

（1）防逃逸密闭设计

黑水虻养殖防逃逸密闭设计的目的主要是防止黑水虻羽化成虫扩散至厨余垃圾处理厂周围环境，造成潜在的生态影响。此外，养殖车间也应具备一定防鸟能力，防止鸟类闯入取食。

根据《生物安全饲养室准则》（SN/T 2375—2009）对陆地节肢动物的饲养室要求，养殖间所有窗户应为密闭窗，并安装规格不低于 30 目的纱网。玻璃应耐撞击、防破碎。通风设施的进风口和出风口应安装规格不低于 30 目的纱网。防止蚊蝇进出的纱网应当定时清洁和更换。

（2）病菌及病毒防控设计

为了阻断病原菌和病毒侵入黑水虻幼虫群体，防止病原菌和病毒在厨余垃圾处理厂内的传播和向外扩散，黑水虻养殖处理的厨余垃圾不可混入具有高风险病原菌和病毒传播的有机垃圾，例如人类粪便、病死动物尸体等。厨余垃圾原料进厂后需进行抽样检测，以保证原料合格性，防止有毒有害物质进入处理系统。

养殖间也应充分防控病原生物，即能通过直接或间接的方式将病原生物从传染源或环境向生物和人类传播的生物，主要包括节肢动物的蚊、蟑螂、蚤，其他种类蝇、蜱、螨和啮齿动物的鼠类。具体措施包括春秋两季进行灭鼠工作，灭鼠药物应交替使用；采用非药剂类灭蚊器、消除蚊虫滋生地等方式防蚊；采用捕蝇器方式在幼虫养殖场所对飞蝇进行控制；操作场所应及时清扫，避免散落的幼虫变为成虫。

此外，养殖间应设置洗手消毒设施，并应定期对处理器具、设施和场所进行消毒。

# 第11章

# 恶臭（异味）
# 控制设计

由于厨余垃圾自身特点，在资源化利用过程中不可避免地会产生异味等问题，若不加以控制会造成二次污染，因此厨余垃圾资源化项目的异味控制乃重中之重，是项目成败的关键因素之一。

# 11.1 恶臭（异味）来源、性质及控制意义

## 11.1.1 恶臭来源与性质

① 恶臭（异味）污染物定义　一切刺激嗅觉器官引起人们不愉快感觉及损害生活环境的气体物质。

② 恶臭（异味）来源　厨余垃圾物料运输、装卸、存储、处理过程中散发产生。

③ 恶臭（异味）性质　厨余垃圾中的有机物一般以蛋白质、脂肪与多糖类（淀粉、纤维素等）有机物形式存在，这些有机物在好氧、厌氧细菌的作用下发酵、腐烂、分解的过程中，会逐渐产生多种恶臭气体污染物。垃圾放置的初期，在好氧菌作用下发生好氧生化反应，使大分子有机物分解，将有机物中的氮和硫转化成硝酸盐（$NO_3^-$）、硫酸盐（$SO_4^{2-}$），并有 $CO_2$ 放出。然后，由于放置过程中垃圾压实，孔隙减小，含氧量降低，在第一阶段生成的硝酸盐和硫酸盐在厌氧菌的作用下发生第二阶段的厌氧生化反应，最终生成硫化氢、氨、硫醇、有机胺等恶臭污染物。

## 11.1.2 恶臭（异味）控制意义

通过恶臭（异味）控制设计，减少恶臭（异味）污染物无组织扩散以及对周边环境的污染，减小恶臭（异味）污染物有组织排放的排放浓度和排放总量，改善危险废物处理工厂内部的环境空气品质。

从整体出发，确定合适的恶臭（异味）控制、排放水平，对恶臭（异味）控制设计起指导作用。通过不同控制设计方案的比选，经综合分析选择达到经济效益、社会效益与环境效益的合理方案。

# 11.2 恶臭（异味）控制措施

## 11.2.1 臭源控制

对恶臭（异味）污染物的污染源控制，缩小污染范围。由于恶臭（异味）的产生一

定是有源头的，为了尽可能地缩小污染范围，应该从源头加以控制，减少恶臭（异味）扩散从而降低末端收集处理风量，降低投资成本。应尽可能使用密封性好的厨余垃圾物料卸料、输送、转运、处理设施或是进行整体加罩密封，如卸料坑采用自带密封盖（罩），平时关闭密封，仅使用作业时打开；厨余垃圾物料暂存时采用密封箱体或隔出专用隔间放置恶臭（异味）较重的物料，物料输送车辆、输送设备采用密封设施，以减少输送作业时恶臭（异味）散发。应尽可能缩短物料暂存和处理区域的运输线路，并可对连通通道采取土建密封。应对相应的处理区域进行负压控制，将恶臭（异味）污染物收集后集中处理，避免其无组织扩散。对不同使用功能的处理厂房进行土建隔断，无法土建或轻质隔断的不同功能区则采用风幕机送风使气流相对隔断，以减少恶臭（异味）外逸。可对无法完全密封的作业区或需要人员经常进入的作业区，采用适当的前端预处理，如采用植物液或生物制剂雾化喷淋，采用离子氧新风送风，降低恶臭（异味）污染物浓度。

## 11.2.2 气流控制

合理的气流控制，可以提高恶臭（异味）污染物的捕集效率，有效降低厂房的恶臭（异味）污染物浓度，改善厂房内工作环境的空气品质。应根据厂房的使用功能，将厂房划分为重点污染区域、一般污染区域和保护区域。

① 重点污染区域，如物料运输、装卸、存储、处理设施，多为臭源散发位，应优先通过管道局部排风收集控制，减少恶臭（异味）污染物扩散到其他区域。

② 一般污染区域，如物料运输通道、车辆回转通道，适当采用机械送风为主，有组织地将气流引向重点污染区域，该区域考虑部分恶臭（异味）净化排风或不单独排风[以重点污染区域的恶臭（异味）净化排风代替]。

③ 保护区域，主要为各功能用房，如控制室、休息室、设备间，宜考虑适当补充机械送新风，避免厂房恶臭（异味）污染物扩散到各功能用房。应尽量减少收集系统阻力，控制局部阻力和沿程阻力。在收集系统上设置可以电动可控的风量调节阀，便于气流定量收集控制和非作业工况的节能运行。

环境工程常用的用于减少恶臭（异味）污染物向空气中排放的净化设施有焚烧装置、催化装置、吸收装置、吸附装置、冷凝装置、生物处理设施、等离子体装置、光解装置、光催化装置等。

应充分考虑不利因素，在投资条件和占地面积允许的情况下宜采用组合式恶臭（异味）净化工艺，使其具有运行费用较低、对各种污染物的广谱性好、处理效率高、系统稳定性好、抗冲击负荷能力强的特性。有条件时，应优先采用不产生二次污染的环境友好型恶臭（异味）净化方式，确保恶臭（异味）净化处理后的排放气体优于国家和地方规范要求。

净化处理后恶臭（异味）排放应满足项目环评及环评批复、国家和地方规范要求。应在末端净化设施前管道入口和末端排放口预留检测采样口，定期对排放气体浓度指标进行监测，确保净化设备的处理效果，要求达标排放。对于控制要求较高的项目，可设置在线检测设备，实时上传数据，根据上传数据的达标情况及时对设备的运行情况做出一定的调整。必要时，应根据环境保护主管部门的要求，对周边环境的影响开展监测。安装污染物排放自动监测设备时，应按有关法律和《污染源自动监控管理办法》及国家或地方的相关规定要求执行。排气筒应按照环境监测管理规定和技术规范的要求，设计、建设、维护永久性采样口、采样测试平台和排污口标志。应选择在气味最大的时段采样。

一般项目应优先满足现行国家规范《恶臭污染物排放标准》（GB 14554—93）中"恶臭污染物厂界标准值（新扩改建二级）"和"15m 高排气筒恶臭污染物排放标准值"的要求，见表 11-1 和表 11-2，如有地方标准或环评要求则应从严执行。

**表 11-1 恶臭污染物厂界标准值（新扩改建二级）**

| 控制项目 | 硫化氢 | 甲硫醇 | 甲硫醚 | 二甲二硫醚 | 二硫化碳 | 氨 | 三甲胺 | 苯乙烯 | 臭气浓度 |
|---|---|---|---|---|---|---|---|---|---|
| 厂界浓度限值/（mg/m³） | 0.06 | 0.007 | 0.07 | 0.06 | 3.0 | 1.5 | 0.08 | 5.0 | 20（无量纲） |

**表 11-2 15m 高排气筒恶臭污染物排放标准值**

| 控制项目 | 硫化氢 | 甲硫醇 | 甲硫醚 | 二甲二硫醚 | 二硫化碳 | 氨 | 三甲胺 | 苯乙烯 | 臭气浓度 |
|---|---|---|---|---|---|---|---|---|---|
| 排放量/（kg/h） | 0.33 | 0.04 | 0.33 | 0.43 | 1.5 | 4.9 | 0.54 | 6.5 | 2000（无量纲） |

# 11.3 恶臭（异味）净化机理

## 11.3.1 气液吸收

（1）气液相平衡

在一定的温度和压力下，当吸收剂与混合气体接触时，气体中的可吸收组分溶解于液体中，形成一定的浓度。但溶液中已被吸收的组分也可能由液相重新逸回到气相，形成解吸。气液相开始接触时，组分的溶解即吸收是主要的，随着时间的延长及溶液中吸收质浓度的不断增大，吸收速度会不断减慢，而解吸速度却不断加快。接触到某一时刻，吸收速度和解吸速度相等，气液相间的传递达到平衡——相平衡。达到相平衡时表观溶解过程停止，此时组分在液相中的溶解度称为平衡溶解度，是吸收过程进行的极限。气相中吸收质的分压称为平衡分压。了解吸收系统的气液平衡关系，可以判断吸收的可能性，了解吸收过程进行的限度并有助于进行吸收过程的计算。

亨利定律表示在一定温度下，当气相总压不太高时稀溶液体系的气液平衡关系，即在此条件下溶质在气相中的平衡压力与它在溶液中的浓度成正比。由于气相与液相中吸收质组分浓度所用单位不同，亨利定律可用不同的形式表达。

$$p = Hc \qquad (11\text{-}1)$$

或

$$p = mx \qquad (11\text{-}2)$$

式中　$p$——气体组分分压，Pa；

$H$——相平衡常数，$m^3 \cdot Pa/kmol$；

$m$——亨利常数，Pa；

$c$——溶质在液相中的浓度，$kmol/m^3$；

$x$——溶质在液相中的物质的量分数。

（2）吸收机理模型

气体吸收过程是一个比较复杂的过程，已提出多种对吸收机理的理论解释，其中以双膜理论最简明、直观、易懂。双膜吸收理论模型见图 11-1，其要点如下。

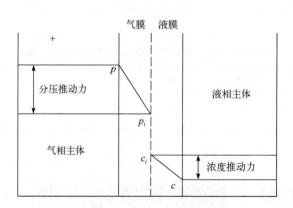

图 11-1　双模吸收理论模型

① 气液两相接触时存在一个相界面，界面两侧分别为呈层流流动的气膜和液膜。吸收质是以分子扩散方式从气相主体连续通过这两层膜进入液相主体。这两层膜在任何情况下均呈层流状态，两相流动情况的改变仅能对膜的厚度产生影响。

② 在相界面上，气液两相的浓度总是相互平衡，即界面上不存在吸收阻力。

③ 气、液相主体中不存在浓度梯度，浓度梯度全部集中于两个膜层内，即通过气膜的浓度降为 $p-p_i$，通过液膜的浓度降为 $c_i-c$，因此吸收过程的全部阻力仅存于两层层流膜中。

根据气液吸收净化机理我们通常采用的工艺有洗涤法和生物法。

① 洗涤法又分为水洗涤、化学洗涤和植物液洗涤，或是根据工况将不同的洗涤方式进行串联，其作用机理是利用气体溶于液体并在不同酸碱性溶液中进行反应，经过水解、吸附、中和等作用将恶臭（异味）污染物中的污染因子转化成无毒无味的分子，当溶液吸收反应到其平衡饱和点时，排放到指定点处理。此工艺适用于高、中高浓度且组分复杂的恶臭（异味）净化。

② 生物法主要是利用微生物降解气体中的污染因子，当然前提是需要有湿法喷淋，将溶于水的污染因子溶解掉；另外通过微生物滤层，利用细菌分解其他污染因子产生无害的小分子和水等。此工艺适用于中低浓度组分单一的恶臭（异味）净化。

## 11.3.2  气体吸附

（1）吸附过程

在用多孔性固体物质处理流体混合物时，流体中的某一组分或某些组分可被吸引到固体表面而集聚，此现象称为吸附。在进行气态污染物治理时，被处理的流体为气体，因此属于气固吸附。被吸附的气体组分称为吸附质，多孔固体物质称为吸附剂。

固体表面吸附了吸附质后，一部分被吸附的吸附质可从吸附剂表面脱离，此现象称为脱附（解吸）。而当吸附剂进行一段时间的吸附后，由于表面吸附质的富集，使其吸附能力明显下降，而不能满足吸附净化的要求，此时需要采用一定的措施使吸附剂上已吸附的吸附质脱附，以恢复吸附剂的吸附能力，这个过程称为吸附剂的再生。因此在实际吸附工程中，正是利用吸附剂的吸附—再生—再吸附的循环过程，达到除去恶臭（异味）污染物质并回收恶臭（异味）污染物中有用组分的目的。

（2）吸附平衡

从上面可知，吸附与脱附互为可逆过程。当用新鲜的吸附剂吸附气体中的吸附质时，由于吸附剂表面没有吸附质，因此也就没有吸附质的脱附。但随吸附的进行，吸附剂表面上的吸附质逐渐增多，也就出现了吸附质的脱附，且随时间的推移，脱附速度不断增大。但从宏观上看，同一时间内吸附质的吸附量仍大于脱附量，所以过程的总趋势仍为吸附。但当吸附到某一时刻，当同一时间内吸附质的吸附量与脱附量相等，吸附和脱附达到了动态平衡。达到平衡时，吸附质在流体中的浓度和在吸附剂表面上的浓度都不再发生变化，从宏观上看，吸附过程停止。达到平衡时，吸附质在流体中的浓度称为平衡浓度，在吸附剂中的浓度称为平衡吸附量。

吸附等温线是在吸附温度不变的情况下，平衡时，吸附剂上的吸附量随气相中组分压力的不同而变化的情况。图 11-2 所示是 $NH_3$ 在活性炭上的吸附等温线。

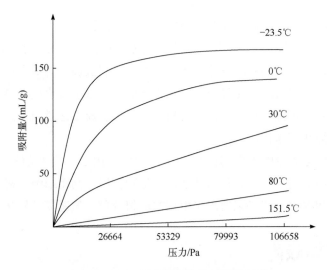

图 11-2　$NH_3$ 在活性炭上的吸附等温线

根据气体吸附机理我们通常采用的是活性炭吸附净化工艺，活性炭是一种多孔碳材料，具有高度发达的孔隙结构和较大的比表面积，且具有吸附能力强、化学稳定性好、机械强度高等特点。利用活性炭的吸附作用，可对恶臭（异味）气体中大量有机污染组分（尤其是苯类、酮类污染物）进行吸收和富集。整个吸附过程极快，通常只需要几秒的停留时间即可以吸附大量恶臭（异味）气体污染物组分。并且，具有处理效率高、投资费用省、操作简便、占地节约等特点。通常用于净化装置的末端做强化处理，确保恶臭（异味）净化后达标排放。

## 11.3.3　气体电解

在高电压的作用下，带电高能颗粒碰撞到中性的氧分子时，它使氧分子中的氧原子失去了电子，变成正极基本离子，而释放的电子在瞬间与另一中性分子结合，形成负氧离子。结果是氧离子的两极分化，并且各吸附 10～20 个分子形成离子群，离子作用机理如图 11-3 所示。

正负氧离子发生器的运作机理就是利用正、负离子来模拟大自然的自净修复功能达到治理空气污染（异味、臭味）的目的。氧离子发射系统的正、负氧离子的数量都是可测量的和可控制的，这些活性的氧分子以 10～60 个分子的群或者串呈现。这些离子与污染物质分子可以互相作用并能打破污染物原分子结构。当空气吹过离子设备时，一般来说每升空气会形成 100 万～200 万个活性氧分子群和集成串。离子净化的过程不凭借紫外线、化学添加剂或者是臭氧，只需要洁净的空气作为净化介质。而且此方法不与异味分子直接接触，不仅延长了设备的使用寿命，也保证了操作的安全性。

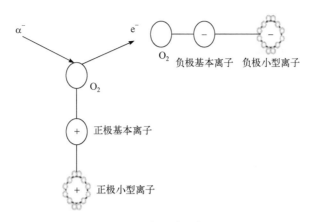

图 11-3 离子作用机理

其作用机理如下。

（1）氧化分解异味气体中的污染因子

新生态的正、负氧离子具有很强的氧化性，不但能有效地氧化分解 $H_2S$、$NH_3$、$CH_3SH$ 等常见的异味气体，还能对挥发性有机化合物（VOCs）进行有效分解，从而去除空气中的异味。

（2）吸附污染空气中的细微颗粒和悬浮物

带电离子可以吸附大于自身重量的悬浮颗粒，靠自重沉降下来，从而清除空气中的悬浮胶体，达到净化空气的目的。

（3）有效抑制污染空气中细菌的繁殖

高能量的正、负氧离子能破坏细菌生长的环境，抑制细菌的繁殖，减少微生物对人的危害。

根据气体电解的机理我们通常采用的是氧离子净化工艺，其原理就是利用新鲜空气经过离子发生器激活成新生态的正负氧离子群，具有强氧化性的正、负氧离子，能在极短的时间内氧化分解甲硫醇、氨、硫化氢等污染因子。该工艺适用于不具备收集条件敞开污染区域的送离子风处理和具备收集条件的污染区域集中处理，工艺灵活多变。

## 11.3.4 气体燃烧

当恶臭（异味）气体成分中含有氧和可燃组分时，即为混合气体的燃烧提供了条件。当混合气体中的氧和可燃组分的浓度处在某一范围内，在某一点点火后所产生的热量可以继续引燃周围的混合气体，燃烧才能继续，这样的混合气体称为可燃的混合气体。可燃的混合气体在某一点点燃后，在有控制的条件下维持燃烧就形成了火焰。

用燃烧方法可以销毁可燃的有害气体、蒸气或烟尘，在销毁过程中所发生的化学作用主要是燃烧氧化作用及高温下的热分解。

当混合气中可燃的有害组分浓度较高或燃烧热值较高时，由于在燃烧时放出的热量能够补偿散向环境中的热量，能够保持燃烧区的温度，维持燃烧的继续，因此可以把混合气中的可燃组分当作燃料直接烧掉，即采用直接燃烧的方法销毁混合气中有害的可燃组分。

当混合气中可燃的有害组分浓度较低或燃烧热值较低，燃烧氧化后放出的热量不足以维持燃烧，则不可能将可燃组分作为燃料直接燃烧销毁，此时可以将混合气加热到有害可燃组分的氧化分解温度，使其进行氧化分解，即采用热力燃烧的方法销毁混合气中有害的可燃组分。

在采用催化转化的方法对混合气中的可燃有害组分进行反应时，同样是借助催化剂的作用将其进行氧化，因此也可将其看作是一种燃烧反应，即用催化氧化（燃烧）的方法销毁混合气中的有害可燃组分。

此方法是把有害气体的温度提高到足以进行氧化分解反应温度的净化方法。目前常用的是燃烧炉、烟气加热器等，其适用范围是处理中低浓度、小风量的可燃性气体。该法优点是：净化效率高，恶臭物质被彻底氧化分解。该法缺点是：消耗燃料，处理成本高，易形成二次污染。

## 11.3.5  高空排放

在上面的论述中主要涉及了 4 种不同的恶臭（异味）净化机理，但其共同点是都需净化处理后高空排放，根据《大气污染物综合排放标准》（GB 16297—1996）和《恶臭污染物排放标准》（GB 14554—93）中相关规定，有组织排放烟囱的最低高度应为15m，通过高烟囱将净化后的尾气排向相当高度的高空，利用大气的扩散稀释和自净能力，使污染物向更广泛的范围内扩散，可以减轻对局部地区和对地面的污染。一般来讲，在源强不变的情况下，接近地面的大气中污染物浓度与烟囱的有效高度的平方成反比，因此烟囱的有效高度越高，这种作用越明显，在使用集合式高烟囱时效果会更好。

# 11.4  恶臭（异味）净化工艺介绍

目前国内常用的厨余垃圾资源化工程恶臭（异味）净化工艺主要有生物法、离子氧法、臭氧氧化法、吸附法、燃烧法、化学酸碱洗涤法、植物液法等。

## 11.4.1  生物法

生物法恶臭（异味）净化是利用固相和固液相反应器中微生物的生命活动降解气流

中所携带的恶臭成分，将其转化为恶臭气体浓度比较低或无臭的简单无机物质（如二氧化碳、水和无机盐等）和生物质。生物恶臭（异味）净化与自然过程较为相似，通常在常温常压下进行，运行时仅需消耗使恶臭物质和微生物相接触的动力费用和少量的调整营养环境的药剂费用，属于资源节约型和环境友好型净化技术，总体能耗较低、运行维护费用较少，较少出现二次污染和跨介质污染转移的问题。

就恶臭物质的降解过程而言，气体中的恶臭物质不能直接地被微生物所利用，必须先溶解于水才能被微生物所吸附和吸收，再通过其代谢活动被降解。因此，生物恶臭（异味）净化必须在有水的条件下进行，恶臭气体首先与水或其他液体接触，气态的恶臭物质溶解于液相之中，再被微生物所降解。一般说来，生物法恶臭（异味）净化包括了气体溶解和生物降解两个过程，生物恶臭（异味）净化效率与气体的溶解度密切相关。就生物膜法来说，填料上长满了生物膜，膜内栖息着大量的微生物，微生物在其生命活动中可以将恶臭气体中的有机成分转化为简单的无机物，同时也组成自身细胞繁衍生命。生物化学反应的过程不是简单的相界转移，是将污染物摧毁，转化为无害的物质，其环境效益显而易见。

一般认为生物法恶臭（异味）净化可以概括为 3 个步骤：

① 臭气首先同水接触并溶于水中（即由气膜扩散进入液膜）；

② 溶解于液膜中的恶臭成分在浓度差的推动下进一步扩散至生物膜，进而被其中的微生物吸附并吸收；

③ 进入微生物体内的恶臭污染物在其自身的代谢过程中被作为能源和营养物质分解，经生物化学反应最终转化为无害的化合物（如 $CO_2$ 和 $H_2O$）。

## 11.4.2 离子氧法

离子氧法利用氧离子等物质的强氧化性，氧化分解空气中的污染因子，从而达到恶臭（异味）净化目的。由离子发生器通过低高压界面放电，使空气中部分氧分子离子化，形成有较高活性的正、负离子氧群和强氧化性自由基 $\cdot O$、$\cdot OH$、$HO_2\cdot$ 等。恶臭污染物分子与离子氧群混合，离子氧群将有机污染物、甲硫醇、氨、硫化氢等致臭污染物降解成恶臭污染物阈值高的物质，以降低恶臭浓度，达到恶臭气体净化目的。

离子氧法的空气净化过程包括了物理和化学过程，过程涉及预荷电集尘、催化净化及正离子与负离子发生作用。

（1）预荷电集尘过程

利用不均匀的电场形成电晕放电，产生正、负离子体。再通过通风机的输送，使离子体中的电子及正、负离子在电场作用下与空气中的尘粒碰撞而附于尘粒上，带电的尘粒在电场的作用下向电极迁移，沉积在电极上，由此吸附了污染空气中带不同电荷的细微颗粒和悬浮物，形成较大分子团沉降，进而从空气中得到有效的分离。

（2）催化净化

催化净化包括两个过程：一是在与产生的正、负离子体的接触过程中，一定数量的有害气体分子受高能作用，本身分解成单质或转化为无害物质；二是正、负离子体中具有大量高能粒子和高活性自由基，这些活性粒子与有害气体分子作用，打开了其分子内部的化学键并产生了大量的自由基和强氧化性的 $O_3$，它们与有害气体发生反应而转化为无害的物质（氧化分解空气中的污染因子）。

（3）正离子与负离子发生作用

活跃的正离子可减少那些化学性能不受负离子作用和控制的不稳定有机化合物气体，很多挥发性有机化合物（VOCs）污染物质不受负离子发生器作用而被正离子分解。同样，分子失去电子时释放的电子瞬间与另一中性分子结合，使空气中有害物质分子带有负电荷，而带负电荷的微粒与带正电荷的微粒不断结合，最终降落下沉。另外，氧离子在有效地氧化分解化学物质的同时，高能量的离子和分子能即刻对空气消毒（氧化、杀灭细菌），从而中和、去除异臭味。

## 11.4.3　臭氧氧化法

臭氧氧化法利用臭氧是强氧化剂的特点，使恶臭污染物中的化学成分氧化，达到恶臭（异味）净化的目的。臭氧氧化法有气相和液相之分，由于臭氧产生的化学反应较慢，对氨的处理能力有限，一般先通过其他恶臭（异味）净化方法去除大部分恶臭物质，然后再进行臭氧氧化。为提高臭氧的化学反应速率，常用臭氧和紫外光辐射结合的处理工艺，故又称"（紫外）光催化氧化法"，即利用两种不同波长的高能级紫外辐射相互协同作用和臭氧与紫外辐射相互协同作用，产生羟基自由基（·OH），对恶臭污染物进行除味净化、消毒、灭菌，使臭氧净化更具优势，速度更快、净化气体范围更广。

特定波长的真空紫外辐射激活氧分子后生成一定浓度的 $O_3$。$O_3$ 在另外一种波长的紫外光照射下与水（$H_2O$）发生链式反应，产生高能中间物羟基自由基、$H_2O_2$ 等。

其反应方程式为：

$$O_3 \xrightarrow{hv} O_2 + \cdot O; \quad \cdot O + H_2O \longrightarrow 2 \cdot OH$$

或

$$O_3 + H_2O \xrightarrow{hv} O_2 + H_2O_2; \quad H_2O_2 \xrightarrow{hv} 2 \cdot OH$$

上述两种化学方程式反映出：1mol $O_3$ 可以生成 2mol ·OH。它能与无机物和有机物发生氧化反应使其分解。

臭氧氧化法具有一定的抑制细菌作用，且能分解有机恶臭污染物，但因臭氧过量会加剧环境污染，对人体健康有一定危害（臭氧被吸入呼吸道时，会与呼吸道中的细胞、流体和组织很快反应，导致肺功能减弱和组织损伤），故必须对臭氧产生量加以控制。

## 11.4.4　吸附法

吸附法是采用比表面积大、吸附能力强、化学稳定性好、机械强度高的吸附材料，可对收集恶臭气体中的大量有机污染组分进行吸收和浓集，达到恶臭（异味）净化目的。为了有效地进行恶臭（异味）净化，通常在吸附塔内布置不同性质的吸附材料，如吸附酸性物质的吸附材料、吸附碱性物质的吸附材料和吸附中性物质的吸附材料，恶臭气体和各种吸附材料接触后，污染组分被吸附。整个吸附过程极快，只需要很短的停留时间即可以吸附大量恶臭污染物组分。吸附法与化学酸碱洗涤法相比较，具有较高的效率，常用于低浓度恶臭气体或恶臭（异味）净化装置的后续处理。当吸附材料达到饱和后，必须更换吸附材料。为保证系统有效运行需定期更换吸附材料及对吸附材料进行再生处理，此方法如单独使用成本较高，常用在尾气排放控制要求高的项目作为其他恶臭（异味）净化工艺之后的强化处理手段。

目前国内外最广泛应用的吸附剂是活性炭或改性活性炭。因为活性炭有很大的比表面积，对恶臭物质有较大的平衡吸附量，当待处理气体的相对湿度超过 50% 时，气体中的水分将大大降低活性炭对恶臭气体的吸附能力，而且由于有竞争性吸附现象，对混合恶臭气体的吸附不能彻底。为了克服传统活性炭吸附在进气湿度和吸附容量方面的缺陷，研究者利用化学吸附作用或通过加注微量其他气体的途径来提高去除效率。前者的特点是再生性能好，容量大，可以根据应用场合的特点与要求生产出合适的吸附剂，如浸渍碱（NaOH）可提高 $H_2S$ 和甲硫醇的吸附能力，浸渍磷酸可提高氨和三甲胺的净化性能和吸附效果。注加氨气可提高活性炭床对 $H_2S$ 和甲硫醇的吸附能力，而 $CO_2$ 则可以提高对三甲胺等胺类的去除效果。采用碱液浸渍活性炭曾出现过着火燃烧的情况，原因是新鲜浸渍活性炭的活性很高，在某些情况下会放出很大的吸附和反应热，造成局部温度过高。活性炭纤维由于其微孔直接面向气流，表现出良好的吸附性能，因而可采用较短的吸附脱附周期。

吸附法是依据多孔固体吸附剂的化学特性和物理特性，使恶臭物质积聚或凝缩在其表面上而达到分离目的的一种恶臭（异味）净化方法。

## 11.4.5　燃烧法

燃烧法分直接燃烧法和催化燃烧法。

（1）直接燃烧法

直接燃烧法一般将燃料气与恶臭气体充分混合，在 600~1000℃ 下实现完全燃烧，使最终产物均为 $CO_2$ 和水蒸气，使用本法时要保证完全燃烧，部分氧化可能会增加臭味。进行直接燃烧必须具备 3 个条件：

① 恶臭物质与高温燃烧气体在瞬间内进行充分混合。

② 保持恶臭气体所必需的燃烧温度，一般为 700～800℃。

③ 保证恶臭气体全部分解所需的停留时间，一般为 0.3～0.5s。

直接燃烧法适于处理气量不太大、浓度高、温度高的恶臭气体，其处理效果是比较理想的，同时燃烧时产生的大量热还可通过热交换器进行废热的有效利用。但是它的不足就是消耗一定的燃料。

（2）催化燃烧法

催化燃烧法使用催化剂，恶臭气体与燃烧气的混合气体在 200～400℃发生氧化反应以去除恶臭气体，催化燃烧法的优点是：装置容积小，装置材料和热膨胀问题容易解决，操作温度低，节约燃料，不会引起二次污染等。该法的缺点是：催化剂易中毒和老化等。

## 11.4.6　化学酸碱洗涤法

化学酸碱洗涤法是利用恶臭污染物中的某些物质与药液产生中和反应的特性，如利用呈碱性的氢氧化钠和次氯酸钠溶液，去除恶臭污染物中的硫化氢等酸性物质。

洗涤法的原理是通过气液接触，使气相中的污染物成分转移到液相中，传质效率主要由气液两相之间的亨利常数和两者间的接触时间而定，使用洗涤法去除气体中的含硫污染物（如 $H_2S$、$CH_3SH$）时，可在水中加入碱性物质以提高洗涤液的 pH 值或加入氧化剂以增加污染物在液相中的溶解度，洗涤过程通常在填充塔中进行，以增加气液接触机会，化学洗涤器的主要设计是通过气、水和化学物（视需要）的接触对恶臭气体物质进行氧化或截获。化学洗涤器的主要形式有单级反向流填料塔、反向流喷射吸收器、交叉流洗脱器。

部分反应如下：

与硫化氢的反应：$H_2S+4NaOCl+2NaOH \longrightarrow Na_2SO_4+2H_2O+4NaCl$

$H_2S+2NaOH \longrightarrow Na_2S+2H_2O$；$H_2S+NaOCl \longrightarrow NaCl+H_2O+S$

与氨的反应：$2NH_3+H_2SO_4 \longrightarrow (NH_4)_2SO_4$

与甲硫醇的反应：$CH_3SH+NaOH \longrightarrow CH_3SNa+H_2O$

该恶臭（异味）净化工艺目前广泛应用于厨余垃圾处理产生的恶臭（异味）净化，常设置在生物处理工艺的前端和后部。其优点是：对成分单一但浓度较高的典型恶臭污染物（如氨、硫化氢），选用合适的药剂恶臭（异味）净化效果好。其缺点是：反应机理单一，与药液不反应的恶臭污染物较难去除，故需要和其他恶臭（异味）净化工艺一起串联使用；恶臭（异味）净化后所产生的废液仍需专门污水处理，否则将造成二次污染。

## 11.4.7　植物液法

植物液是以植物为原料，按照对提取的最终产品的用途的需要，经过物理化学提取分离过程，定向获取和浓集植物中的某一种或多种有效成分，而不改变其有效结构而形成的产品，其在医药、保健食品、食品添加剂、着色剂、护肤品以及异（臭）味控制等行业中广泛应用。

按照植物液的成分不同，可形成醇、生物酸、生物碱、醛、酮、多酚、多糖、萜类等产品。凭借特定的官能团，这些物质对恶臭物质具有很好的物理化学活性。可根据恶臭气体源的特性，针对性地选择不同作用的植物液产品进行复配并做到"对症下药"，以达到良好的异（臭）味控制效果。

植物液化学、物理性质稳定，无毒性，对皮肤无刺激性，二次污染小，可适用于各种工作场所，运输、储存和使用安全方便。

常见的植物液恶臭（异味）净化法主要有本源喷洒恶臭（异味）净化、空间雾化恶臭（异味）净化和植物液洗涤恶臭（异味）净化三种方式。

本源喷洒恶臭（异味）净化是将植物液按照一定的使用比例稀释后，通过喷洒设备将其直接喷洒在臭源表面，以达到恶臭（异味）净化的目的。

空间雾化恶臭（异味）净化是将植物液按照一定的使用比例稀释后，通过雾化设备将其直接雾化在无组织臭源排放的区域或空间内部，以达到恶臭（异味）净化的目的；

植物液洗涤恶臭（异味）净化是将化学酸碱洗涤法中的化学药剂替换成针对恶臭气体源特性配制的植物液产品（不同的植物液产品配方不同），由植物液参与恶臭气体净化过程中的洗涤（传质吸收），恶臭气体在植物液洗涤设备中经过溶解、有机酸碱中和反应、酯化反应、氧化还原反应等，使恶臭污染物被吸收或转化为无毒无害物质，从而达到恶臭（异味）净化的目的。

植物液恶臭（异味）净化主要为传质吸收，包括物理吸收和化学吸收。

① 物理吸收：污染物在水中有一定的溶解度，植物液中的醇类等物质能提高有机污染物在水中的溶解度，实现污染物从气相转移到液相的传质过程。

② 化学吸收：通过植物液中的活性成分与污染物之间的化学反应，实现化学吸收，提高传质效率和速度，从而提高污染物去除效率。

典型的化学反应包括（但不限于）以下几种类型。

（1）（有机）酸碱中和反应

植物液中含有的生物酸和生物碱可以与硫化氢、氨、有机胺等恶臭气体分子反应。例如：植物液中含柠檬酸等有机酸成分，可与氨气等碱性气体发生中和反应；胺等有机碱可与乙酸等酸性气体发生中和反应；海鲜加上柠檬，可以去除腥味；利用醋可明显去除厕所的臭味（氨）；采用醋、柠檬酸等有机酸可以去除肉类中产生腥臭的物质（碱性物质）；等等。

与一般酸碱反应不同的是，一般的碱是有毒的，不可食用的，不能生物降解的，植物液却是能生物降解的，并且无毒；常见植物中的有机酸有脂肪族的一元、二元、多元羧酸，如柠檬酸、酒石酸、草酸、苹果酸、枸橼酸、抗坏血素（即维生素 C）等，芳香族有机酸，如苯甲酸、水杨酸、咖啡酸等。已知生物碱种类很多，有一万多种，主要类型包括有机胺类、吡咯烷类、吡啶类、异喹啉类、吲哚类、莨菪烷类、嘌呤类等。

（2）氧化还原反应

植物液中醛、酮类成分可与氨和硫醇等还原性的物质发生氧化还原反应，植物液中的还原性物质亦可跟恶臭气体中的氧化性物质发生氧化还原反应。

（3）酯化反应

植物液中的醇类物质可与有机酸发生酯化反应；植物液中的单宁（鞣酸）类物质亦可以同异味分子发生酯化或酯交换反应，从而去除异味或生成具有芳香的物质。植物单宁又称植物多酚，是植物体内的复杂酚类次生代谢产物，具有多元酚结构，主要存在于植物体的皮、根、叶、壳和果肉中。植物多酚在自然界中的储量非常丰富。

## 11.4.8　恶臭（异味）净化工艺特点分析

（1）生物法恶臭（异味）净化工艺特点

生物法是目前针对厨余垃圾处理、污水处理设施恶臭释放强度高的区域使用最多的恶臭（异味）净化工艺。该工艺优点是：能处理多种不同的恶臭污染物，技术成熟稳定，处理效果有保障，运行费用低，无二次污染，恶臭（异味）净化后尾气嗅觉感官好。其缺点是：对有机胺类大分子有机恶臭污染物的去除效果取决于是否能驯化出合适的菌种，有一定的恶臭（异味）净化效率极限，因气体与微生物需要一定的接触时间才能有效净化臭气，故设施占地面积大。

（2）离子氧法恶臭（异味）净化工艺特点

该工艺作为厨余垃圾处理的末端恶臭（异味）净化工艺案例较少，作为改善车间室内作业环境空气品质的前端送风恶臭（异味）净化工艺案例较多。离子氧法具有一定的抑制细菌作用，且能分解有机恶臭污染物，在运行使用方面较便捷，仅需要定期清洗过滤装置和更换离子发生管，当其和车间送风系统结合作为离子氧送风净化系统，提供高能离子氧，可有效去除车间内空气中的微粒和异味，改善室内工作环境空气品质。其优点是：恶臭（异味）净化效果较好、使用方便、处理成本较低、占地面积较小。其缺点是：适用于低浓度、相对湿度≤80%的恶臭气体处理，对较高浓度恶臭气体的处理效率有限。

（3）光催化氧化法恶臭（异味）净化工艺特点

臭氧氧化法中的光催化氧化法，可将大分子恶臭（异味）气体的分子链打断，将致臭物质转化成无臭味或低臭味的小分子化合物；在裂解气体的同时设备内会产生高浓度的臭氧和羟基自由基，对被裂解的分子进一步氧化，达到净化目的。该恶臭（异味）净化工艺可用作厨余垃圾处理产生的恶臭（异味）净化。

（4）吸附法恶臭（异味）净化工艺特点

该工艺目前广泛应用于厨余垃圾处理产生的恶臭（异味）净化，通常使用活性炭或改性活性炭作为吸附材料，为经济运行常串联在其他工艺后作强化处理用。其优点是：对进气流量和浓度的变化适应性强，设备简单，维护管理方便，恶臭（异味）净化效果好，且投资不高。其缺点是：需定期更换吸附材料或进行吸附材料的再生，如不作为强化处理则吸附材料易饱和，处理成本较高，对被处理恶臭污染物的相对湿度要求较高；废弃活性炭通常被作为危废，需要专门处置。

（5）燃烧法恶臭（异味）净化工艺特点

该工艺目前广泛应用于主体工艺采用焚烧处理或可燃物浓度较高的项目，其处理效果好，需额外配置处理设备，故初投资高，其运行管理要求较高，运行成本较高，较适用于小风量、高浓度恶臭（异味）的净化。由于厨余垃圾资源化利用多数工艺均有沼气作为中间产物，故也可结合多余沼气燃烧处理。

（6）化学酸碱洗涤法恶臭（异味）净化工艺特点

该工艺目前广泛应用于厨余垃圾处理产生的恶臭（异味）净化，常设置在生物处理工艺的前端和后部，具有抗负荷冲击能力强、运行启停灵活等优点，能有针对性地降低规范所要求的成分单一但浓度较高的典型恶臭污染物（如氨、硫化氢等）。其缺点是：反应机理单一，与药液不反应的恶臭污染物较难去除，故需要和其他恶臭（异味）净化工艺一起串联使用；恶臭（异味）净化后所产生的废液仍需专门污水处理，否则将造成二次污染。如采用全自动加药控制，用 pH 计和 ORP 计通过其 pH 值和氧化还原电位的变化来控制系统的加药量，简化了操作，可实现稳定的全自动管理控制。当化学洗涤法作为串联净化工艺组合使用时，如后级采用光催化氧化法或吸附法，则应在洗涤设备的出口处增加除雾器和气体加热器，捕集未被洗涤塔除雾层完全去除的恶臭（异味）气体中夹带的雾粒、浆液滴，升温以降低气体的相对湿度，以保证经洗涤法处理过的气体进入后级设备前的干燥性，以免影响后级净化设施的净化效果和使用寿命。此净化工艺目前在厨余垃圾资源化工程中有较多案例。

（7）植物液洗涤法恶臭（异味）净化工艺特点

该工艺目前广泛应用于厨余垃圾处理。其优点是：恶臭（异味）净化效果好、抗冲击负荷能力较强、运行启动较快并可迅速完成恶臭（异味）净化过程，且液剂原料取自无毒、无害的植物，其处理过程无二次污染。其缺点是：植物液属消耗品，有效的恶臭（异味）净化用植物液运行成本较高，故较适合和化学酸碱洗涤工艺串联，作为恶臭释放强度低的区域有时浓度较高时的强化处理用。

植物液雾化喷淋法作为车间室内的辅助恶臭（异味）净化工艺，可改善车间室内作业环境空气品质。

# 11.5 恶臭（异味）净化工艺设计

## 11.5.1 恶臭（异味）净化收集气量确定

恶臭（异味）净化收集气量根据收集要求和收集方式确定。当收集气量太少，低于恶臭扩散速率或达不到收集空间内部的合理流态，会导致恶臭气体外逸；当收集气量太大，会增加投资和运行费用，若超出恶臭扩散速率太多，有可能满足不了处理设备的负荷要求，导致处理效率的下降。具体的收集气量一般应通过试验确定，条件不具备时可参考以往工程经验确定。

（1）卸料大厅（卸料车回转车间）

卸料大厅进人作业时，单位空间容积每小时换气 3~5 次；不作业时，单位空间容积每小时换气 1~2 次。

卸料大厅包含部分有足够空间、控制要求较高项目设置的卸料缓冲间。

（2）预处理车间

预处理车间进人作业时，单位空间容积每小时换气 3~5 次；不作业时，单位空间容积每小时换气 1~2 次。

（3）脱水机房

脱水机房的收集气量可根据多种方式确定。

① 进人作业时，单位空间容积每小时换气 3~5 次；不作业时，单位空间容积每小时换气 1~2 次。

② 带式压滤机（包括带检修走道的隔离室）按 5 次/h 换风量计算。

收集气量 $Q$（m³·次/h）=0.5×隔离室容积 $R$（m³）×5 次/h（每一机室上最好设 4 个吸气口）。

③ 离心脱水机、带式压滤机（仅在机械本体加机罩的场合）。

收集气量 $Q$（m³·次/h）=0.5×机罩容积 $R$（m³）×2 次/h（每一机罩上最好设 4 个吸气口）。

④ 加压过滤机、真空过滤机。

设置机罩时，以收集气量 $Q$（m³·次/h）=0.5×机罩容积 $R$（m³）×5 次/h（每一机罩上最好设 4 个吸气口）。

设置集气罩时，收集气量按 5 次/h 并 3 倍于集气罩投影面积的空间容积进行换气。

（4）干化车间

干化车间进人作业时，单位空间容积每小时换气 3~5 次；不作业时，单位空间容积每小时换气 1~2 次。

（5）人工分拣间

人工分拣间进人作业时，当气流组织较好且作业人员呼吸带与所分拣物料有较好的阻隔时，单位空间容积每小时换气 8～12 次；当气流组织较差或作业人员呼吸带与所分拣物料无阻隔或阻隔较差时，单位空间容积每小时换气 15～25 次；不作业时，单位空间容积每小时换气 1～2 次。

（6）料坑间

以控制密封区微负压所需的排气量作为设计集气量。

（7）滤水间

滤水间进人作业时，单位空间容积每小时换气 5～8 次；不作业时，单位空间容积每小时换气 1～2 次。

（8）出渣间

出渣间进人作业时，单位空间容积每小时换气 5～8 次；不作业时，单位空间容积每小时换气 1～2 次。

（9）淋滤车间

淋滤车间进人作业时，单位空间容积每小时换气 4～12 次；不作业时，单位空间容积每小时换气 1～2 次。

（10）黑水虻车间

黑水虻车间进人作业时，单位空间容积每小时换气 4～12 次；不作业时，单位空间容积每小时换气 1～2 次。

（11）工艺储罐

以控制密封区微负压所需的排气量作为设计集气量。

（12）污水池

调节池的收集气量以控制密封区微负压，可根据多种方式确定。

① 水池加盖密封，局部空间容积 2～4 次/h。

② 水池加盖密封，单位水面积 3～5m³/（m²·h）。

一般取上述计算方法中计算出的较大值作为设计集气量。

（13）工艺设备

对于臭源密封或局部加罩后密封的工艺设备，以控制密封区微负压所需的排气量作为设计集气量。

半封口工艺设备集气罩，可按集气罩内换气次数 8 次/h 和机罩开口处抽气流速为 0.6 m/s 两种计算结果较小者取值作为设计集气量。

## 11.5.2 恶臭浓度确定

恶臭浓度的确定是合理选择处理技术的基础，恶臭浓度由臭源特性所决定，一般来说每一臭源都有其特定的恶臭排放速率，为了确定恶臭排放速率，必须知道气体的流量和浓度，然后计算出恶臭排放速率。恶臭的扩散速率是恶臭浓度和气体流速的乘积。

恶臭排放源可分为点源、面源和体源，其恶臭扩散速率可分别根据不同方法确定。

（1）点源

具有代表性的点源是已知流速的烟囱。点源的采样是在烟囱截面的不同点上通过洁净的聚四氟乙烯管来采样，采样点的数目由烟囱的直径来确定。

（2）面源

一个面源是一个水面或者是一个固体表面。一个便携式风洞系统能用来确定具体的恶臭扩散速率。风洞系统的原理是被活性炭过滤的空气，在风洞中形成层流的流动状态，在传质表面上方致臭物质挥发到一个标准的气体扩散区域，经混合均匀后，经聚四氟乙烯导管进入一个采样袋内。流过风洞的风速是 0.3m/s，便携式风洞外形如图 11-4 所示。

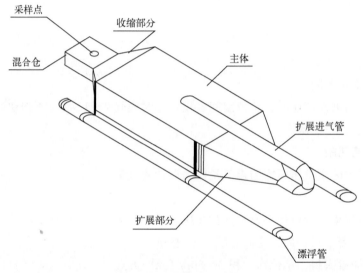

图 11-4　便携式风洞外形

（3）体源

体源就是一个建筑物或构筑物，如脱水机房。恶臭的浓度与空气通风量有关。恶臭样品通常是取同一个棚内的几个点。最近的研究结果表明，一个混合样品能充分反映一个棚的情况。但是，恶臭的扩散速率与风速和风向的变化有直接的关系。

浓度可以根据公式确定：

$$C = \frac{A}{Q} \times 3600$$

式中　$C$——设备进口恶臭气体污染物浓度，$mg/m^3$；

　　　$A$——某种恶臭气体污染物的扩散速率，$mg/s$；

$Q$——选用的收集气量，$m^3/h$。

对于新建建（构）筑物，无法实测恶臭扩散速率，可以参照类似建（构）筑物的统计值、经验值或文献资料确定。

## 11.5.3 恶臭（异味）主要净化工艺配置

厨余垃圾资源化工程中需要净化的气体收集宜按不同部位的恶臭释放强度分类设计，恶臭释放强度分类应符合下列规定：

① 低恶臭释放强度车间（部位）主要包括卸料大厅（卸料车回转车间）、预处理车间、脱水机房、干化车间和人工分拣间等。

② 高恶臭释放强度车间（部位）主要包括料坑间、滤水间、出渣间、淋滤车间、黑水虻车间、工艺储罐和污水池等。

③ 高恶臭释放强度工艺设备包括筛分设备、破碎设备、挤压设备、脱水设备、输送设备和提油设备等。

结合已实施同类项目恶臭（异味）净化情况，低恶臭释放强度车间（部位）宜采用洗涤为主的组合净化工艺，通常可配置"化学酸洗+化学碱洗氧化"作为主净化工艺，当收集恶臭（异味）浓度偏高时通过串联"植物液洗涤"净化工艺段强化处理用，平时该工艺段可切换为旁通模式。高恶臭释放强度车间（部位）、高恶臭释放强度工艺设备，宜采用洗涤、生物处理为主的组合净化工艺，通常可配置"化学碱洗氧化+生物处理+化学碱洗氧化"作为主净化工艺，其中收集恶臭（异味）中氨浓度较高时应配置"化学酸洗"净化工艺段，其余情况可选配"化学酸洗"净化工艺段。尾气排放要求较高的项目可在排气筒前配置"活性炭吸附工艺"，当收集恶臭（异味）浓度较高时通过串联"除雾+活性炭吸附"工艺段强化处理用，平时该工艺段可切换为旁通模式。为延长活性炭的使用寿命，保障经济运行，当用地、供能满足时建议设置在线的活性炭再生系统。

如收集恶臭（异味）管道内可燃气体浓度可能超过爆炸极限下限20%，该收集系统应采用金属管道，且应做好防静电接地，净化设施和恶臭（异味）气体接触的部分应做好防爆处理。

# 第12章

# 消防与安全

▶ 消防设计
▶ 安全设施设计

厨余垃圾资源化项目无论采用厌氧还是好氧工艺，在建设和运营期间都存在一定的安全风险因素，尤其是厌氧过程产生的沼气，属于火灾危险性甲类气体，安全风险高，因此必须严格加强安全设计和安全管理。

本章将针对厨余垃圾资源化项目的消防与安全等设计控制要点进行探讨，以确保在项目工艺可靠运行的前提下消防设施可靠、安全运行。

# 12.1　消防设计

## 12.1.1　总平面消防设计

（1）建筑物的防火间距

厨余垃圾含水率一般在40%以上，属于常温下使用或加工的难燃烧物品，依据《建筑设计防火规范》（GB 50016—2014，2018 年版）、《大中型沼气工程技术规范》（GB/T 51063—2014），生活区的综合楼为民用建筑；综合处理车间（预处理车间）为丁类厂房，耐火等级为二级。生产装置的火灾危险性分别为：沼气柜、沼气净化装置、封闭式火炬生产火灾危险性为甲类；毛油罐生产火灾危险性为丙类。

综合处理车间与厂房、民用建筑等的防火间距如表 12-1 所列。

表 12-1　综合处理车间与厂房、民用建筑的防火间距　　　　单位：m

| 名称 | | | 丁、戊类厂房 | 民用建筑 | | | 甲类装置区（沼气柜、沼气净化装置、封闭式火炬、厌氧消化罐） | 丙类罐区（毛油罐区） |
|---|---|---|---|---|---|---|---|---|
| | | | 单、多层 | 裙房，单、多层 | | | | |
| | | | 一、二级 | 一、二级 | 三级 | 四级 | | |
| 丁、戊类厂房 | 单、多层 | 一、二级 | 10 | 10 | 12 | 14 | 12 | 15 |
| 厌氧消化罐 | | | 12 | 25 | | | 12，10（封闭式火炬） | |
| 沼气柜 | | | | | | | 12.5（封闭式火炬） | |
| 封闭式火炬 | | | | | | | 10（沼气净化装置） | |
| 毛油罐 | | | 15 | | | | | |

注：本表选自《建筑设计防火规范》（GB 50016—2014，2018 年版）表 3.4.1、第 4.2.1 条及《大中型沼气工程技术规范》（GB/T 51063—2014）中第 4.1.5 条、第 4.1.8 条。

（2）防爆间距

厨余垃圾处理厂区具有爆炸危险性的主要是厌氧罐及沼气柜，根据《大中型沼气工程技术规范》要求，厌氧罐和沼气柜的防爆区域见图12-1。

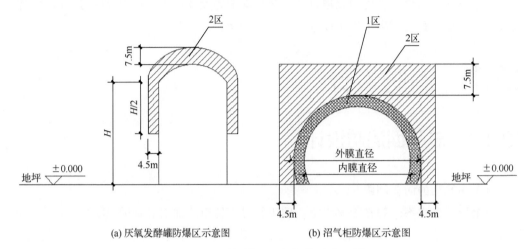

(a) 厌氧发酵罐防爆区示意图　　　　(b) 沼气柜防爆区示意图

图 12-1　厌氧罐及沼气柜的防爆区域

（3）消防通道及救援场地

厨余垃圾处理厂区应设置消防车道。消防车道的净宽和净高均不应小于 4m；转弯半径应满足消防车转弯的要求，不应小于 9m，一般为 9～12m；消防车道与建筑之间不应设置妨碍消防车操作的树木、架空管线等障碍物；消防车道靠建筑外墙一侧的边缘距离建筑外墙不宜小于 5m；消防车道的坡度不宜大于 8%。

消防救援场地的长度和宽度分别不应小于 15m 和 10m。场地与车间之间不应设置妨碍消防车操作的树木、架空管线等障碍物和车库出入口。

建筑物外墙应在每层的适当位置设置可供消防救援人员进入的窗口。

# 12.1.2　建筑防火设计

（1）建筑火灾危险性分类

由于厨余垃圾的含水率较高，属于对不燃烧物质进行加工，故厨余垃圾预处理车间火灾危险性类别属于丁类。

（2）耐火等级

根据《建筑设计防火规范》（GB 50016—2014，2018 年版），一般厨余垃圾预处理车间都采用混凝土结构，故耐火等级按照二级设计。

（3）防火分区的划分

地上式厨余垃圾预处理车间火灾危险性为丁类，耐火等级为二级，防火分区的划分见表 12-2。

**表 12-2 厨余垃圾预处理车间防火分区划分**

| 生产的火灾危险性类别 | 厂房的耐火等级 | 最多允许层数 | 每个防火分区的最大允许建筑面积/m² | | |
|---|---|---|---|---|---|
| | | | 单层厂房 | 多层厂房 | 地下或半地下厂房 |
| 丁类 | 二级 | 不限 | 不限 | 不限 | 1000 |

地下式厨余垃圾预处理车间地下部分设自动灭火系统，单个防火分区面积≤2000m²。

（4）疏散距离

厨余垃圾预处理车间的安全出口应分散布置。每个防火分区或一个防火分区的每个楼层设置 2 个安全疏散楼梯或安全出口，其相邻 2 个安全出口最近边缘之间的水平距离不应小于 5m。

每层建筑面积不大于 400m²，且同一时间的作业人数不超 30 人的可以设置一个安全出口或安全疏散楼梯。

（5）设备用房

厨余垃圾预处理车间需要的设备用房有变配电间、消防控制室等。这些设备用房在防火设计时应采用耐火极限不低于 2.50h 的防火隔墙和 1.00h 的楼板与其他部位分隔。变配电间等通向室内的门窗采用甲级防火门窗。

## 12.1.3 消防设施设计

（1）消防水源

消防水源可取自市政给水管网、消防水池、天然水源等，天然水源包括河流、海洋、地下水等，也包括池塘、游泳池等，但由于天然水源会受到季节、维修等因素的影响，间歇供水可能性大，故建议优先使用市政给水管网供水，当生产、生活用水量达到最大时，市政管网无法满足室内、室外消防用水设计流量时，推荐采用消防水池供水。

（2）供水设施

城市自来水管网的水压一般在 0.15MPa 左右，因此当设置消防给水系统时应采用"临时高压消防给水系统"。

临时高压消防给水系统应由消防水泵、高位消防水箱、局部消防增压稳压设施（当高位消防水箱不能满足消防系统最不利点静压要求时）等组成。

当设置高位消防水箱确有困难，且采用安全可靠的消防给水形式时，可不设高位消防水箱，但应设置稳压泵。

（3）消防泵的控制

① 泵房内就地启动；

② 消防控制中心或值班室硬拉线启动；

③ 设置稳压泵及气压罐的系统，平时压力由稳压泵维持，当压力下降到设定值时，向消防控制中心或值班室发出启动消防泵报警信号并发出声光报警，启动消火栓泵，之后手动恢复控制功能；

④ 消防水泵出水管上设置压力开关、高位水箱出水管上设置流量开关直接自动启动消防水泵。

（4）室外消火栓系统

厨余垃圾处理厂区应设置室外消火栓系统，室外消火栓宜沿建筑周围均匀布置，室外消火栓距路边不宜小于 0.5m，且不应大于 2m，距建筑外墙不宜小于 5m。

室外消火栓应采用湿式消火栓系统，室外消火栓宜采用地上式，在严寒、寒冷等冬季结冰地区宜采用干式地上式室外消火栓，当采用地下式消火栓时应有明显标志，室外消火栓的取水口在冰冻线以上时，应采取保温措施。

（5）室内消火栓系统

虽然厨余垃圾的含水率较高，几乎属于不燃物质，但是由于车间面积较大，功能繁多，有发生火灾的风险，因此，出于安全角度考虑，目前的厨余垃圾预处理车间设置消火栓。

（6）自动喷水灭火系统

办公区域采用设置送回风道（管）的集中空气调节系统，服务的总建筑面积大于 3000m²，依据《建筑设计防火规范》（GB 50016—2014，2018 年版）第 8.3.4 条，办公区域满足规范要求则设置自动喷水灭火系统。

综合预处理车间如采用地下式应考虑火灾危险因素，设置自动喷水灭火系统。

（7）消防用水量及火灾延续时间

厨余垃圾预处理车间属于丁类厂房，车间一般高度在 24m 以内，其消防用水量及火灾延续时间见表 12-3。

表 12-3　厨余垃圾处理厂区消防用水量及火灾延续时间

| 名称 | 耐火等级 | 生产类别 | 室外消火栓用水量/（L/s） | 室内消火栓用水量/（L/s） | 自动喷水系统用水量/（L/s） | 消火栓系统火灾延续时间/h | 自喷系统火灾延续时间/h |
|---|---|---|---|---|---|---|---|
| 综合处理车间（地上） | 二级 | 丁类厂房 | 20 | 10 | — | 2 | — |
| 综合处理车间（地下） | 二级 | 丁类厂房 | 20 | 10 | 70 | 2 | 1 |
| 办公建筑 | 二级 | 多层公建 | 40 | 15 | 18 | 2 | 1 |

（8）消防水泵接合器的设置

水泵接合器是连接消防车向室内消防给水系统加压供水的装置。

对于消火栓系统，根据《消防给水及消火栓系统技术规范》（GB 50974—2014），高层工业建筑和超过四层的多层工业建筑，需要设置消火栓系统水泵接合器。对于综合预处理车间，一般为两层的厂房，不需设置消火栓系统水泵接合器。

（9）消防排水

消防水泵房、设有消防给水系统的地下室、消防电梯的井底、仓库内均应设置排水措施。

室内的消防排水宜排入室外雨水管道，当室内地坪有污染时消防排水应排至污水管网。

（10）灭火器配置

各个建筑物内根据工业建筑危险等级设置不同种类的灭火器，用以扑灭小型初期火灾。所有建筑物内均设置磷酸铵盐干粉灭火器。

变配电间和控制室等电气房间按 E 类火灾配置灭火器，仪表控制室设置 $CO_2$ 灭火器。甲类储罐和设备区的危险等级为严重危险级的 B 类火灾，采用推车式灭火器，最大保护距离 18m，灭火器的定额配置基准 $0.5m^2$。综合预处理车间和办公区域按中危险级的 A 类火灾，采用手提式灭火器，灭火器的最大保护距离为 20m，灭火器的定额配置基准 $75m^2$。

## 12.1.4　电气防火设计

①　防雷厂区、防火防爆场所，如厌氧消化罐、沼气柜、沼气提纯设备等防爆场所按二类防雷建构筑物设计，其他有防雷要求的建构筑物按三类防雷设计。屋顶设避雷带，利用柱主筋或明敷引下线；沼气柜为非金属成套设施，采用独立避雷塔保护。

②　为防大气过电压和操作过电压对电气设备的损坏，变电所 10kV 母线处装氧化锌避雷器，10kV 真空断路器下口装设防操作过电压设备，0.4kV 母线处、车间配电母线处、向信息系统供电的电源箱处均装设浪涌保护器（SPD）。

③　10kV 变电所高低压系统接地、变压器中性点接地联合接地时，接地电阻不大于 1Ω；建筑物电源进线重复接地，接地电阻不大于 10Ω；防雷接地、电气接地及弱电接地共用接地时，接地电阻不大于 1Ω。生产过程易燃易爆场所的设备及管道、燃气管道防静电接地，与其他接地装置共用接地装置。建筑物电子信息系统防电磁脉冲，做好等电位连接，与建筑物接地装置相连。电气设备、用电设备及电气线路金属保护管、金属桥架等正常非带电部分的金属一律保护接地。

④　其他厂区各建筑物均做好总等电位连接，电缆选用阻燃电缆。电缆构筑

物中电缆引至电气柜、盘或控制屏、台的开孔部位及电缆贯穿隔墙、楼板的孔洞处均实施阻火封堵。公用主电缆沟的分支处设置阻火墙。干式电力变压器设温度保护。

# 12.2　安全设施设计

## 12.2.1　安全设计过程管理

### 12.2.1.1　范围、目标及原则

建设项目安全设计范围包括前期设计、基础工程设计和详细工程设计，以及施工安装和投料试车的设计配合。

建设项目安全设计管理目标应根据国家、地方以及建设单位的管理要求制定，包括但不限于下列方面：

① 确保人员生命安全和健康，减少财产损失。

② 确保生产稳定运行，减少意外停车。

③ 避免或减少泄漏、火灾、爆炸、中毒、环境损害及其他紧急事故的发生，控制事故影响程度和范围。

④ 确保危险化学品得到安全处置。

⑤ 确保装置设备和系统能够安全退役。

建设项目应满足合同约定采用的标准，并应满足下列安全设计原则：

① 以危险性分析为基础，开展本质安全设计，合理优化工程设计方案。

② 基于风险的管理原则贯穿建设项目安全设计全过程。

③ 加强设计全过程安全管理与控制。

④ 吸取事故教训，提高事故防范能力。

⑤ 积极采用国内外先进安全技术，不断提高安全设计水平。

### 12.2.1.2　管理程序

一般建设项目基于风险按照 PDCA[策划（plan）、实施（do）、检查（check）、处置（act）]循环，建立和实施建设项目各阶段的安全设计管理程序，主要包括下列

方面。

（1）策划（P）

在设计启动阶段，应根据建设项目合同和建设单位的要求，开展建设项目安全设计管理策划，编制《建设项目安全设计管理计划》，主要内容如下：

① 安全设计管理目标；

② 安全设计管理组织机构和职责；

③ 安全设计应遵守的法律、法规、规范、标准和合同规定的其他要求；

④ 危险性分析与风险评估计划；

⑤ 安全设计审查计划；

⑥ 安全设计变更管理；

⑦ 安全设计管理的其他事项。

（2）实施（D）

在安全设施设计实施过程中，应落实《建设项目安全设计管理计划》，实施重点如下：

① 开展建设项目危险性分析与风险评估；

② 根据危险性分析与风险评估结果及相关标准要求，在设计中采取相应的安全防护措施；

③ 开展安全设计审查，确认设计文件与建设项目安全设计管理目标及相关要求的符合性；

④ 编制和交付相关安全设计文件；

⑤ 加强安全设计变更控制，严格执行变更审批权限和变更文件的签署。

（3）检查（C）

应根据建设项目安全设计管理目标和管理计划，对安全设计过程进行控制和检查。

（4）处置（A）

建设项目建成投产后，应及时开展设计回访，总结工程经验，促进安全设计质量的持续改进。

### 12.2.1.3　完整性管理

安全设计完整性管理是建设项目全生命周期管理的重要组成部分，应贯穿建设项目的前期设计、基础工程设计、详细工程设计、施工安装和进料调试各个阶段。

安全设计完整性管理应对建设项目的风险进行系统性策划和整合，加强对各设计阶段开展的危险性分析、风险评估和安全设计审查等活动的系统性管理。

应加强设计过程各阶段风险管理活动的信息传递、交接和沟通，确保建设项目安全设计风险管理全过程的系统完整性。

（1）前期设计阶段

前期设计工作范围包括建设项目立项论证、可行性研究、工艺概念设计、工艺包设计。

在建设项目立项论证和可行性研究过程中，安全设计管理重点包括但不限于下列方面：

① 厂址选择和总图布置方案比选；

② 开展早期的危险源识别分析（HAZID），分析拟建项目存在的主要危险源、危险和有害因素，以及拟建项目一旦发生事故对周边设施和人员可能产生的影响；

③ 外部公用工程系统可依托情况分析。

对涉及重大危险源的工艺，在概念设计和工艺包设计中应选择合适的方法，开展工艺过程危险性分析。

（2）初步设计阶段

初步设计应落实安全评价报告提出的对策措施和建议。

初步设计过程中，应结合建设项目安全评价报告补充完善危险性分析。应分析建设项目的外部依托条件及相邻装置或设施对本建设项目的影响，分析内容包括但不限于下列方面：

① 厂外公用工程供给设施的可靠性，如电源、水源、气源、蒸汽源等；

② 厂外应急救援设施的可依托性或建设项目自建的必要性，如消防站、气防站、医疗急救设施等；

③ 厂内公用工程系统配套设施设计规模的合理性，如变配电站、给水及消防水泵站等；

④ 依托或新建的火炬和安全泄放系统的设计工况和设计能力。

根据《建设项目安全设计管理计划》组织开展安全设计审查，按照国家和地方政府有关规定编制《安全设施设计专篇》。

（3）施工图设计阶段

施工图设计应以审批通过的初步设计文件为依据，落实审批部门的审查意见，应检查并落实初步设计阶段开展的各项安全设计审查意见。根据设计变更或供货厂商提供的详细资料，补充开展必要的危险与可操作性（hazard and operability, HAZOP）及安全审查。

（4）施工安装阶段

现场施工安装前应进行工程设计交底，说明涉及施工安全的重点部位和环节，对防范生产安全事故提出建议，在采购、施工和安装过程中应加强设计变更控制和管理，任何设计变更不应影响工程安全质量。

（5）进料调试阶段

设计单位应根据建设单位的要求参加启动前安全检查（PSSR），协助解决相关设计问题，为安全调试提供技术支持。

## 12.2.2 危险性分析要求

设计单位应根据建设项目的规模、性质、内外部环境以及合同要求，开展建设项目的危险性分析策划，确定分析范围、内容、方法和实施时间，并纳入《建设项目安全设计管理计划》。

在前期设计阶段，可针对建设项目外部危险源及内部主要危险源开展 HAZID（危险源识别分析）和 PHA（过程危险性分析）。

在初步设计阶段，应根据获得的设计数据和信息，对危险性分析进行补充完善。当施工图设计发生变更时应对危险性分析进行复核更新。

改、扩建项目的危险性分析应包括拟建项目与现有设施之间的相互影响，评估改、扩建项目建成后的整体风险水平，并对现有安全措施的有效性进行评估。

危险性分析包括 HAZID 和发生危险的可能性及后果影响的定性分析。

HAZID 的主要内容如下：

① 建设项目涉及的危险化学品种类、特性、数量、浓度（含量）、物料禁配性和所在的工艺单元及其状态（温度、压力、相态等）。

② 工艺过程可能导致泄漏、爆炸、火灾、中毒事故的危险源。

③ 可能造成作业人员伤亡的危险和有害因素，如粉尘、窒息、腐蚀、噪声、高温、低温、振动、坠落、机械伤害、放射性辐射等。

④ 建设项目外部或环境危险源，如建设项目所在地的自然灾害、极端恶劣天气、人为破坏、周边设施等。

⑤ 是否存在重点监管危险化学品和危险化工工艺，以及危险化学品数量是否构成重大危险源。

涉及重点监管的危险化工工艺、重点监管的危险化学品且构成重大危险源的建设项目应开展 PHA（过程危险性分析）。

PHA 应针对建设项目涉及的危险化学品种类、数量、生产、使用工艺（方式）及相关设备设施、工艺（过程）控制参数等方面开展，并着重分析下列问题：

① 危险化学品特性、物料之间及物料与接触材料之间的相容性，以及其他可能导致火灾、爆炸或中毒事故的潜在危险源。

② 设备、仪表、管道等公用工程失效或人员操作失误的影响（包括非正常工况）。

③ 设施布置存在的潜在危险、现场设施失控和人为失误的影响。

④ 同类装置发生过的导致重大事故后果的事件。

⑤ 多套拟建装置之间或拟建装置与在役装置之间的相互影响及潜在危险。

⑥ 设计已采取的安全对策措施的充分性和可靠性。

⑦ 安全对策措施失效的后果。

首次工业化应用的工艺，以及涉及重大危险源、重点监管的危险化学品和危险化工工艺的建设项目，应在初步设计阶段开展危险与可操作（hazard and operability，HAZOP）分析，HAZOP 分析应符合 GB/T 35320—2017 的规定。设计阶段开展的危险性分析、重大危险源辨识和分级结果以及 PHA 结果应在建设项目《安全设施设计专篇》中说明。

## 12.2.3　安全设计及审查

### 12.2.3.1　安全设计原则

建设项目设计应基于危险性分析及风险评估的结果，选择有针对性的风险防范对策，并按照 ALARP 准则（风险可接受准则），采取技术可行、经济合理的安全设计方案和措施。

安全设施选择的优先原则如下。

① 事故预防优先原则　在采用本质安全设计原则消除或削减危险的前提下，优先采取事故预防设施，尽可能降低事故发生频率。

② 可靠性优先原则　安全设施的可靠性排序为被动性安全措施、主动性安全措施和程序性管理措施。

③ 可操作性和经济合理性原则　优先选用技术成熟、操作简便、费用合理的安全措施。

根据相关法律法规、规范、合同的要求，加强对安全设计要点的检查。

### 12.2.3.2　安全设计审查

安全设计审查方式应根据建设项目的特点和要求确定，可采取安全检查表、安全审查会等不同形式，组织相关设计专业人员参加。安全设计审查的过程及结果应形成记录，并跟踪落实审查意见和改进建议。

重要设计文件安全审查宜在前期设计和初步设计阶段进行，包括但不限于下列内容：

① 总平面布置图；

② 装置设备布置图；

③ 爆炸危险区域划分图；

④ P&ID 工艺流程图；

⑤ 安全联锁、紧急停车系统及安全仪表系统（SIS）设计；

⑥ 可燃和有毒物料泄漏检测系统设计；

⑦ 安全泄放和火炬系统设计；

⑧ 应急系统和设施设计；

⑨ 安全设施设计专篇。

在前期设计阶段，总平面布置应重点审查本建设项目与外部周边设施的外部安全防护距离、内部总体布局的合规性和合理性。在初步设计阶段，总平面布置图及装置设备布置图应重点审查建设项目内部各装置设施布置的相互影响和防火间距。

爆炸危险区域划分图应重点审查可能产生爆炸性气体混合物的环境、释放源的位置和分级以及通风条件的确定，审查爆炸性气体环境危险区域划分范围的合理性。

P&ID 图纸应重点审查安全控制联锁和工艺控制参数、安全阀和紧急切断阀的设置、控制阀失效的故障状态、开停车及紧急状态的控制措施等。

安全联锁、紧急停车系统及安全仪表系统（SIS）应根据工艺过程的安全控制要求确定，重点审查各安全联锁、紧急停车系统及 SIS 是否满足工艺控制目标和安全要求，以及系统本身设计的合理性、可行性、可靠性和可维护性。

可燃和有毒物料泄漏检测系统应审查确认泄漏检测的物料组分，包括需要检测的可燃性和有毒性组分，并审查泄漏检测报警参数是否恰当，设置场所是否合理。

安全泄放和火炬系统应审查泄放系统的各排放工况条件是否恰当、火炬系统设计参数和火炬形式及布置是否合理。

应急系统和设施应重点审查应急指挥中心场所及系统的设置，消防站、气防站等应急救援设施的配置等是否符合建设项目所在地应急救援体系的有关要求。

## 12.2.4　典型厨余垃圾处理设施危害因素分析

典型厨余垃圾处理设施主要有餐厨垃圾预处理系统、厨余垃圾预处理系统、废弃油脂处理系统、干式厌氧消化系统、湿式厌氧消化系统、沼气净化及利用系统、沼渣处理系统、污水处理系统、除臭系统、配套公用和辅助工程。危害因素分析涉及生产原辅材料、设备制造、生产过程等方面。

## 12.2.4.1 生产原辅材料危害因素分析

典型厨余垃圾处理设施常见原辅材料见表 12-4。

**表 12-4 典型厨余垃圾处理设施常见原辅材料**

| 序号 | 名称、规格 | 储存形式 | 备注 |
|---|---|---|---|
| 1 | 餐厨垃圾 | 不储存 | |
| 2 | 家庭及其他厨余垃圾 | 不储存 | |
| 3 | 废弃油脂 | 不储存 | |
| 4 | 浓硫酸（93%） | 室外储罐 | 污水处理系统使用 |
| 5 | 浓盐酸（36%） | 室外储罐 | 污水处理系统使用 |
| 6 | 双氧水（27.5%） | 室外储罐 | 污水处理系统使用 |
| 7 | 硫酸盐铁（15.47%） | 室内储罐 | 污水处理系统使用 |
| 8 | 氢氧化钠（98%） | 袋装，药剂间 | 污水处理系统使用 |
| 9 | 聚丙烯酰胺（PAM） | 袋装，药剂间 | 污水处理系统，沼液脱水单元 |
| 10 | 柴油 | 储罐区 | 锅炉房及应急发电 |
| 11 | 粗油 | 储罐区 | |

生产过程中涉及的物料有餐厨垃圾、家庭及其他厨余垃圾、地沟油及毛油、93%硫酸、36%浓盐酸、27.5%双氧水、15.47%硫酸盐铁、氢氧化钠、柴油等，在沼气生产过程中可能会产生少量尾气硫化氢、二氧化硫等。

① 根据《危险化学品目录》，厨余垃圾项目沼气、93%硫酸、36%浓盐酸、27.5%双氧水、氢氧化钠、硫化氢、二氧化硫为危险化学品。

② 根据《高毒物品目录》，厨余垃圾项目硫化氢属高毒物品。

③ 根据《易制毒化学品管理条例》（国务院令第 445 号），厨余垃圾项目硫酸、盐酸为第三类易制毒化学品。

④ 根据《首批重点监管的危险化学品名录》（安监总管三〔2011〕95 号）和《第二批重点监管危险化学品名录》（安监总管三〔2013〕12 号），厨余垃圾项目沼气为重点监管危险化学品。

⑤ 根据《易制爆危险化学品名录》，27.5%双氧水为类别 2 氧化性液体。

厨余垃圾项目所涉及的原料、最终产品或者储存的危险化学品理化性能指标、危险性和危险类别及数据来源见表 12-5。

表 12-5　典型厨余垃圾项目原辅料危险性类别

| 名称 | 是否剧毒、易制毒或重点监管化学品 | 状态 | 化学品理化性能和毒性指标 | | | | 火灾危险性 | 危险特性 |
|---|---|---|---|---|---|---|---|---|
| | | | 闪点 | 爆炸极限（体积分数） | 毒性 | | | |
| | | | | | LD$_{50}$ | LC$_{50}$ | | |
| 沼气 | 重点监管化学品 | 气 | 无意义 | 5%~14% | 无资料 | 无资料 | 甲 | 与空气混合能形成爆炸性混合物，遇明火、高热极易燃烧爆炸。与氟、氯等气比空气重，能在较低处扩散到相当远的地方，遇明火会引着回燃。若蒸遇高热，容器内压增大，有开裂和爆炸的危险 |
| 93%硫酸 | 第三类易制毒化学品 | 液 | 无意义 | 无意义 | 2140mg/kg（大鼠经口） | 510mg/m³，2h（大鼠吸入）；320mg/m³，2h（小鼠吸入） | 戊 | 遇水大量放热，可发生沸溅。与易燃物（如糖、纤维素等）接触会发生剧烈反应。遇电石、高氯酸盐、硝酸盐、苦味酸盐等猛烈反应，发生爆炸或燃烧。有强烈的腐蚀性 |
| 36%盐酸 | 第三类易制毒化学品 | 液 | 无意义 | 无意义 | 900mg/kg（兔经口） | $3124\times10^{-6}$，1h（大鼠吸入） | 戊 | 能与一些活性金属粉末发生反应，产生易燃易爆的氢化氢气体 |
| 27.5%双氧水 | 类别 2，氧化性液体 | 液 | 无意义 | 无意义 | 无资料 | 无资料 | 乙 | 爆炸性强氧化剂。过氧化氢本身不燃，但能与可燃物反应。过氧化氢气而引起着火爆炸。放出大量热量和氧气而引起着火爆炸。在碱性溶液中极易分解，在遇强光、特别是短波辐射时也能发生分解。当加热到 100℃以上时开始剧烈分解。它与许多有机物如糖、淀粉、醇类、石油产品等形成爆炸性混合物，在撞击、受热或电火花作用下能发生爆炸。过氧化氢与许多无机化合物或杂质接触后会迅速分解而导致爆炸，放出大量的热量、氧和水蒸气。大多数重金属（如铁、铜、银、铅、钴、镍、铬、锰等）及其氧化物和盐类都是活性催化剂，尘土、香烟灰、碳粉、铁锈等也能加速分解 |

续表

| 名称 | 是否剧毒、易制毒或重点监管化学品 | 化学品理化性能和毒性指标 | | | | | | 火灾危险性 | 危险特性 |
|---|---|---|---|---|---|---|---|---|---|
| | | 状态 | 闪点 | 爆炸极限（体积分数） | 毒性 | | | | |
| | | | | | $LD_{50}$ | $LC_{50}$ | | | |
| 硫化氢 | 否 | 气 | 无意义 | 4.0%～46.0% | 无资料 | 618mg/m³（大鼠吸入） | 甲 | 易燃，与空气混合能形成爆炸性混合物，遇明火、高热能引起燃烧爆炸。与浓硝酸、发烟硝酸或其他强氧化剂剧烈反应，发生爆炸。气体比空气密度大，能在较低处扩散到相当远的地方，遇火源会着火回燃 |
| 二氧化硫 | 否 | 气 | 无意义 | 无意义 | 无资料 | 6600mg/m³、1h（大鼠吸入） | 戊 | 不燃。若遇高热，容器内压增大，有开裂和爆炸的危险 |
| 氢氧化钠 | 否 | 固 | 无意义 | 无意义 | 无资料 | 无资料 | 戊 | 与酸发生中和反应并放热。遇潮时对铝、锌和锡有腐蚀性，并放出易燃的氢气。本品不会燃烧，遇水和水蒸气大量放热，形成腐蚀性溶液，具有强腐蚀性 |

## 12.2.4.2 设备危险、有害因素分析

（1）设计、制造、安装、使用方面危险有害因素分析

从人-机系统来分析造成设备和装置发生事故的原因。

① 设计缺陷 项目的设计如布局不合理，勘察资料失真，基础设计失误，缺少设计经验；在设备的选型、结构设计、材质选用等方面存在缺陷，如选材不当，屈服强度降低，安全系数不够，在遇到有磨损、腐蚀、疲劳等介质的作用下将严重影响设备使用寿命，甚至引发重大人身和设备事故。

② 制造缺陷 设备制造单位如无相应的资质，加工制造质量不符合要求，设备附件质量差，或企业维修设备时因缺少技术力量支撑，从而使生产的设备存在质量隐患。特种设备的设计、制造、施工安装单位不具备法定的资质，没有按特种设备制造、检测检验标准进行验收，而使设备留下事故隐患。

③ 安装缺陷 当钢结构装置、压力管道焊接单位及作业人员不具有相应的资质，材料选用、焊接工艺不符合相应标准和技术文件的要求，不具备资质的焊工、焊接存在脱焊、虚焊，或焊缝表面有裂纹、气孔、夹渣、弧坑等缺陷，影响钢结构的强度而引发事故。

④ 设备的安全附件及防护装置缺陷 如设备的密闭性不良，管道、阀门、连接件的密封部位密封不严；设备未设置紧急停车开关、安全联锁失效，安全防护装置、隔离装置、防护罩、护栏等不完善；转动机械无防护罩、紧急停车按钮等，从而造成机械伤害、触电、物体打击伤害等事故。

⑤ 设备的使用、操作、维护没有建立完善的管理制度和安全操作规程 设备的维护保养不当、隐患检查整改不及时；在设备运行过程中，由于人为因素，如违章指挥、违章作业、违反工艺安全操作规程，擅自脱岗、思想不集中等；以及未经三级安全教育、未经培训考核、操作技能缺乏、发现设备异常不会排除或判断错误等；人的不安全行为如使用不安全的设备、工具、材料，冒险进入危险场所，设备运转时不停车进行检修、维护等作业；在有火灾环境场所吸烟，未经批准、防范措施不当情况下进行明火作业；进设备作业前未进行有害气体的检测化验，工作场所环境恶劣，通风不良、无人监护，不佩戴防护用品，现场管理混乱或劳动纪律松懈等，都有可能导致火灾、窒息事故。

⑥ 控制系统故障或失控 控制系统导致事故的主要原因在于控制系统控制站失灵、仪表损坏和电气联锁失效等。控制系统断电和电气联锁失效将导致系统的非正常停机，导致控制系统失效，生产装置失控，火灾爆炸等事故将随之发生。

如果在本项目的设计阶段由于控制系统设计存在缺陷，如涉及安全问题的主要控制环节设置不合理、检测点位置及其参数设计不当、仪表选型不合理等，或者控制系统在安装施工阶段，未按设计要求和相关施工规范要求去做，可能对控制系统的仪表、器件的功能产生根本上的影响，甚至导致生产工艺系统的本质安全性受到严重影响并由此引

发事故。

（2）特种设备危险、有害因素分析

厨余垃圾处理设施中使用到的特种设备一般包括油气两用锅炉、抓斗起重机、检修行车、厂内生产叉车等。

特种设备设计、制造、安装、使用及安全附件、人员资质、管理制度等有缺陷，可能造成特种设备安装、使用等过程中发生各类事故。

叉车是厂内运输工具之一，叉车如有提升重物速度太快、超速、碰撞障碍物、超载等情况则可能发生倾翻；叉车载人、视线不清、道路缺陷等可导致车辆伤害。

起重机械作为运输的一种方式，固体危废运输需要用到起重机械，在使用起重机械过程中，存在起重伤害。

起重机在运行中对人体造成挤压或撞击；吊钩超载断裂、钢丝绳从吊钩中滑出；超载导致吊绳断裂造成重物下落；人违规随吊物上、下；吊运时无人指挥、起重作业区内有其他作业、运行中的起重机的吊具和重物摆动撞击行人、起重作业区和人行通道交叉或重叠；制动器失灵、刹车垫片磨损过多；起重机制动装置失灵、带载调整起升。

### 12.2.4.3　生产过程危险有害因素分析

厨余垃圾项目在生产工艺过程中的主要危险有害因素有中毒和窒息、火灾爆炸、灼烫、触电、机械伤害、起重伤害、高处坠落、物体打击、车辆伤害和其他伤害（腐蚀、噪声、静电危害、高温），其中火灾爆炸、中毒和窒息属于突出的危险有害因素。不同工艺系统因其工艺特点的差异，其生产过程危险有害因素的形式也存在较大差别。

（1）火灾

① 项目处理过程各原料、辅料，在运输过程中，若包装密封不严、未设置防倾倒设施，或在运输过程中发生交通事故导致包装桶变形破损，会造成易燃性的危险废物泄漏扩散，遇到明火会发生火灾事故，也会造成环境污染。运输车辆违规同车运输禁忌物料，若包装破损导致禁忌物料接触反应，也有发生火灾或爆炸事故的可能。

② 若可燃辅料包装选择不当，形状尖锐的危险废物在易被刺破的包装中存放，在搬运、运输的过程中也容易造成包装破损泄漏。

③ 厨余垃圾项目产生沼气，若因其逸出、泄漏造成积聚等，遇明火或激发能量，有引起火灾、爆炸的危险。部分辅料中含有互相禁忌成分，如未识别分析，在混合作业中可能造成火灾爆炸事故。

④ 柴油为可燃液体，其蒸气易与空气混合形成爆炸性气体，遇明火会发生爆炸。

⑤ 电气系统的变压器、配电装置、高压开关柜、照明装置等，在漏电、短路、过热等故障情况下，容易引起电气火灾。

⑥ 存放易燃性物质的厌氧罐、沼气橱柜和净化装置在进行检维修时，若未进行气

体置换就进行动火作业，设备设施中残留的易燃性蒸气遇到明火有发生火灾的可能。

⑦ 电器设施火灾，生产场所电器设施数量多，电缆外表绝缘材料老化或其他高温物体与电缆接触时，极易引起电缆着火，且电缆着火后蔓延速度极快，使与之相连的电气仪表、设备烧毁，酿成火灾。

⑧ 电气线路设计或敷设低于工作载荷量、敷设时未按标准操作或绝缘不良、发生电气故障导致电气线路过热，有引起燃烧甚至发生火灾的危险。

⑨ 若防雷电设施不符合要求或使用过程中损坏、失效，可能遭受雷击，雷电放电引起过电压，会产生火灾。

（2）中毒和窒息

① 由于沼气中含有一定毒性气体，若长期接触，有窒息或中毒的危险可能。部分辅料若包装密封不严、人员未按照规定佩戴劳动保护用品，人体意外吸入、食入或皮肤接触会造成毒害性作用。

② 卸料（料坑）过程中，餐厨垃圾堆积可能产生有毒气体，工作人员如不慎接触，有中毒窒息事故的可能。

③ 厌氧过程中生成的硫化氢、甲烷等气体具有不同程度的毒性，因泄漏或长期吸入，有引起窒息或中毒的危险。

④ 在需要化学检验、分析的过程中，需要注意不同的化学物质的性质，避免引起中毒及其他危险。

⑤ 发生火灾时产生的一氧化碳、二氧化碳及其他有毒有害气体，可造成人员的二次伤害。

⑥ 没有严格遵守工艺指标，或指标控制不当，致烟气中有害物质未能彻底除去，在泄漏或排放后引起人员中毒。

⑦ 维修、检查工作中若不严格按照设备作业的安全规定进行作业，在检修前未清洗、置换，氧含量不符合要求时，会引起中毒或缺氧窒息事故。

（3）爆炸

① 沼气储柜和沼气净化装置泄漏，遇到点火源有发生爆炸的可能。

② 柴油储罐出现泄漏现象，遇到点火源有发生爆炸的可能。

③ 沼气净化及利用区、厌氧消化区划分为爆炸危险环境 2 区。

（4）触电

① 电气设备线路老化，电气线路或电气设备安装操作不当、保养不善，接地、接零损坏或失效等，引起电气设备绝缘性能降低或保护失效，可能造成漏电，引起触电事故或电气伤害。

② 电源线断落地面可能造成触电或跨步电压触电事故。

③ 缺乏用电安全知识，违章用电；作业人员违章操作、不慎接触电源等，可能引起触电事故。

④ 在维修、检查工作中若不严格执行有关安全作业规定，可能造成触电事故。

⑤ 电气设备、线路等发生故障，操作检修时安全距离不足、操作不当、防护不当，可能发生电灼伤、电弧烧伤事故。

⑥ 防雷设施安装不符合要求或防雷设施在使用过程中损坏、失效，遭受雷击，可能发生火灾爆炸、设备损坏、人员触电事故。

（5）车辆伤害

① 在物料运输、转运等过程中需要使用各种车辆，若厂内道路、车辆管理、车辆状况、驾驶人员素质等方面存在缺陷，可引发车辆伤害事故。

② 若垃圾运输车辆的驾驶人员无驾驶证，驾驶员、押运员未通过环保部门培训合格后上岗，运输途中有可能因为危险废物包装破损、倾倒或交通事故等原因发生危险废物的泄漏，引发事故。

③ 餐厨垃圾、废弃油脂、沼渣等收运车辆若不设置防渗漏、防滑、防倾倒措施，或车辆洗消不到位，车辆在运输过程中有可能造成餐厨垃圾、废弃油脂、沼渣或病菌的泄漏，造成安全事故和环境危害。

④ 若餐厨垃圾、废弃油脂、沼渣运输未按照指定道路运输，可能会存在驾驶员和押运员对该路段的道路交通情况不了解，在运输过程中有可能发生事故。

⑤ 车辆在行驶过程中有可能发生人体坠落、物体倒塌、下落、挤压伤亡事故。

⑥ 车辆（包括危险废物运输车辆和叉车）在厂内运输时，司机违章、疲劳驾驶或厂内车辆车速过快、无限速标志，车辆制动装置不灵，车辆未按指定的时间、路线行驶，未实行人货分流，厂区道路地面不平或宽度、转弯半径不够等都可能发生车辆伤害事故。

⑦ 汽车和叉车若不符合防爆要求，未按规定佩戴阻火器就进入化学品仓库，车辆火花有可能成为火灾、爆炸的点火源。

（6）机械伤害

厨余垃圾项目使用的各种机械设备，若机械防护装置不齐全或个体防护不当，职工误操作均有可能发生机械伤害事故。

① 在设备日常作业和装置检修过程中，不严格执行有关安全作业规程，如在检维修时未按规定挂牌拉闸，在设备维修过程中意外开机，会受到机械设备或所使用工具的损伤。

② 该项目运行阶段涉及的机械、设备非常多，如操纵失灵会发生超速"飞车"，造成机毁人亡。引风机、鼓风机、水泵等转动设备若缺乏必要的安全防护设施，操作人员在生产操作、巡视检查时，易造成人体伤害事故。

③ 生产区域内某些设备的旋转部件等，若缺乏良好的防护设施，有可能伤及操作人员的手、脚、头部及身体其他部位，造成机器工具伤害。

④ 操作人员未经岗前培训无证上岗，人员操作时未按规定站立在安全操作位置，若意外与旋转、往复、撞击等设备发生接触，会造成人体伤害。

（7）起重伤害

车间使用起重机，若起重机结构故障、吊绳磨损过度、工件捆扎不牢、操作工视野不清、吊运过程中缺少警示等因素会导致起重伤害。

① 在项目建设施工期间及建成投产后全厂多处存在起重作业，若起重机械故障、安全装置损坏失效、安全防护距离不足以及操作人员注意力不集中、安全意识不强、违章操作、管理不善等都有可能发生起重伤害事故。起重伤害事故包括吊物坠落打击、吊物与设备损坏、吊物吊具打击、坠落伤害等。

② 由于吊钩防松装置（防脱钩装置）缺失或损坏、电磁吸盘失效、钢丝绳超载或损伤、安全联锁装置和制动器失灵、缓冲器缺失或损坏、限位器调整不到位，或安全装置失灵、捆绑吊挂不牢固、斜拉歪吊、吊物上有人或浮置物、吊物下有人，均可造成起重伤害事故。

③ 大件设备在装卸、吊运过程中，指挥人员与司机配合不当，装卸用钢丝绳没有认真检查，使用损坏的绳、卡，造成所吊运的设备脱落，有可能使设备损坏或者人身伤亡。

④ 挂吊人员违章指挥或天车操作人员违章操作、联系信号不清等造成起重伤害事故。

⑤ 起重机在运行中发生碰撞，造成起重伤害事故。

（8）高处坠落

由于厨余垃圾项目厂房高、设备大，且使用固定式钢直梯、钢斜梯、钢平台多，在设备运行、维护保养、检查修理中，存在诸多高处作业场所。在这些高处作业中，若各类登高固定式钢梯、平台、防护栏杆、脚手架等安全设施的设计、制造、安装缺陷以及不良气候条件下防护性能下降、扶手湿滑、照明照度不够、作业人员身体不适或有不适应高处作业的疾病，如高血压、心脏病、贫血病、癫痫病等，或酒后从事高处作业、思想麻痹大意、注意力不集中、防护措施不当、违反高处作业操作规程等，都将可能造成高处坠落伤人事故发生。

（9）物体打击

厨余垃圾项目在车间设有平台、爬梯、防护栏等，同时某些设备装置较高，作业人员在作业及检修设备交叉作业中，如作业人员操作不当容易造成物体打击危险，造成物体打击危险主要有以下几方面的情况：

① 作业人员在作业过程、巡回检查、设备维修时，由于工器具、零件等摆放不稳，自由落下打击伤人。

② 高处作业时，工具、材料、构件等坠落，可能会击伤下层作业人员，发生事故。

③ 在拆除高处脚手架或清扫垃圾时，向下抛掷物件，打击伤人。

（10）高温灼烫

锅炉、发电机等为高温设备，热空气如泄漏，人员接触可能造成高温烫伤事故。高温设备如隔热层损坏等，或高温设备未降温，人员违章进行检维修，人员直接接触高温设备等，可能造成烫伤事故。具体包括以下几方面状况：

① 蒸汽锅炉、发电机、蒸汽管的温度较高，若保温隔热措施不当，或人员意外与

高温表面接触，会造成灼烫伤。

② 发电和蒸汽锅炉产生的高温烟气一旦发生泄漏，不但会造成灼烫还会造成人员毒害性事故。

（11）噪声

厨余垃圾项目的噪声主要来源于预处理设备、蒸汽锅炉、发电机、冷却塔及辅助机械（如运输车、装载机、风机、泵）等。

① 料泵、风机等设备在运转过程中产生噪声，工作人员长期在噪声环境中作业，身心健康会受到不同程度的伤害。噪声对人的危害是多方面的，不仅有可能使人患上职业性耳聋，还可能引起其他疾病。

② 电机组高速旋转产生强烈的噪声，1m 距离处甚至超过 100dB（A），严重影响职工身心健康。

③ 机械设备因违章操作、未及时维护与保养而处于运行不正常状态，会发出异常噪声，给人的听力造成损害。

（12）腐蚀

① 污水处理辅料中含有酸、碱等腐蚀性物质的成分，若包装容器、输料管线、投料仓、回转窑等设备设施未采取相关防腐蚀措施，将对设备、管线、平台及建筑物产生腐蚀作用。

② 烟气净化和水处理过程中使用的消石灰、液碱等具有腐蚀性，会腐蚀设备、容器、厂房建筑物等。

（13）淹溺

污水处理系统设有污水生化反应池等，若无可靠的防护围栏、防护盖板，人员巡视或检修作业中跌入水池中存在淹溺危险。

（14）振动

厨余垃圾项目存在的振源设备比较多，主要有水泵、鼓风机、引风机、送风机、流体管道等。上述设备运行时产生的振动易对厂房结构、设备和职工身体造成危害。

电机等的高速运行会发生振动，如地基基础不牢、抗振措施不力、结构不合理或发生共振会造成厂房结构和设备的严重损坏，对操作者造成伤害。

厨余垃圾处理设施生产过程存在的主要危险、有害因素类别及其分布情况汇总如表 12-6 所列。

表 12-6　生产过程危险有害因素一览表

| 序号 | 可能造成伤亡事故的类别 | 主要危险、有害因素 | 主要分布场所或部位 |
|---|---|---|---|
| 1 | 火灾、爆炸 | 易燃气体（沼气）和易燃、可燃液体（毛油、柴油等）泄漏；氧化剂（双氧水）泄漏，存在明火、静电、电气火花等各类点火源 | 厌氧消化系统、沼气净化及利用系统、污水处理系统、地沟油预处理系统、油罐区、芬顿试剂储罐区 |

续表

| 序号 | 可能造成伤亡事故的类别 | 主要危险、有害因素 | 主要分布场所或部位 |
|---|---|---|---|
| 2 | 中毒和窒息 | 有毒物质硫化氢等泄漏；进入受限空间作业安全措施不落实 | 厌氧消化罐、沼气预处理系统；进入罐内、池内、地沟内等受限空间场所作业 |
| 3 | 腐蚀、化学灼伤 | 硫酸、盐酸、烧碱等腐蚀性物质泄漏 | 沼气脱硫、污水处理系统、芬顿试剂储罐区 |
| 4 | 烫伤 | 蒸汽泄漏 | 蒸汽管线、锅炉房及发电机房 |
| 5 | 受压设备容器超压爆炸 | 受压设备容器存在强度不够等缺陷、运行中超压、安全阀失灵 | 沼气压缩机、增压风机、蒸汽锅炉等 |
| 6 | 机械伤害 | 机械设备缺陷、防护缺陷、操作错误、作业环境不良等 | 搅拌机、输送机、离心机等机械设备的运动部件、场所 |
| 7 | 物体打击 | 工器具固定摆放不牢靠飞脱，运动物体危害、无防护或有缺陷等 | 高大型生产装置[发酵罐、机械蒸汽再压缩蒸发器（MVR）、气柜等]、施工和检维修场所 |
| 8 | 起重伤害 | 起重设备缺陷、信号缺陷、标志缺陷、指挥错误、操作错误、作业环境不良、起吊物下有人等 | 预处理车间、消化后残渣脱水系统等使用起重设备（行车、叉车等）进行起重作业的场所 |
| 9 | 车辆伤害 | 车辆缺陷、驾驶错误、指挥错误、信号和标志缺陷等 | 原料产品储运场所、汽车衡、机动车行驶路面、弯道、出入口等机动车辆行驶、出入场所 |
| 10 | 高处坠落 | 登高作业时防护设施存在缺陷 | 在高大型生产装置（发酵罐、MVR、气柜等）的作业平台或脚手架等高处作业场所，进行生产检查、施工和检维修作业 |
| 11 | 淹溺 | 水池存在防护缺陷、安全标志缺陷 | 生化反应池、沼液中间储池 |
| 12 | 其他伤害 | 餐厨废弃物中出现致病性微生物、传染媒介物等生物性危险和有害因素；作业环境不良、其他行为性错误等 | 预处理车间；生产操作、设备检修等直接作业环节 |

## 12.2.5　典型厨余垃圾处理设施安全防范措施

### 12.2.5.1　工艺安全防范措施

（1）沼气净化及利用区域、油罐区、厌氧消化区及试剂储罐

针对在实际的操作过程中由于人工倒运、车辆碰撞、操作失误等造成可燃气体的泄漏及未按要求控制火源而引起的火灾等危险，设计中安装摄像头及可燃气体报警器，同时要求工作人员配备个人防护用品（包括安全眼镜、防护面罩、防渗胶皮手套、工作靴及连身防护衣）。在组织管理上加强定期的检测，对本工程的管理人员、技术人员、操

作人员等进行专业培训，包括安全教育、劳动保护、应急技能等，考核合格后上岗。工作人员必须持证上岗，穿戴相应的安全防护帽、衣、手套、鞋等个人劳动保护用品。设立危险、易燃、易爆等标志。

对于整个生物燃料生产区域，存在着物体打击和车辆伤害的潜在危险。在实际的操作过程中，操作人员由于在使用运输车的过程中，精力不集中，可能造成撞人，或撞倒沼气提纯设备，造成设备倒塌，坠落物击中人体，造成人员伤害，同时造成可燃气体泄漏。针对以上存在的潜在危险，要求作业人员必须在进入该区域时佩戴安全帽及穿戴好防护用品，加强巡查人员对相关区域的检查和安全管理工作，加强对运输车操作人员的教育和管理，同时在组织管理上加强对职工进行有关的安全教育。

（2）预处理车间、水处理车间

上述车间存在以下危险性因素：机械伤害、高处坠落、车辆伤害、起重伤害、物体打击、噪声危害。根据不同的危险性因素采取了如下的设计措施：

① 机械伤害　a.作业时要集中注意力，要注意观察；b.正确穿戴劳动防护用品；c.遵守操作规程进行作业。

② 高处坠落　a.按照国家规范设置了栏杆，并定期检查栏杆安全性；b.登高作业人员必须严格执行"十不登高"。

③ 车辆伤害　a.在卸料斗前设有车挡，防止车辆坠落，驾驶人员遵守现场的规章制度，并服从现场人员的指挥；b.加强对驾驶人员的教育和管理；c.车辆保持无故障。

④ 起重伤害　a.作业时要严格遵守"十不吊"；b.作业人员必须持证上岗。

⑤ 化学灼伤　a.酸储罐及管道进行密封设计防止泄漏发生；b.现场操作人员必须按规定穿戴好防护服装等劳动保护用品。

⑥ 物体打击　a.定期检查各设备的牢固性；b.按照规定穿戴好劳动保护用品。

⑦ 噪声危害　a.按规定选用国家推荐的低噪声产品，在设计中采用减震沟、柔性连接等方式减少噪声的产生；b.采用隔声墙、隔声玻璃、隔声罩等方式将噪声控制在国家规定的范围内；c.采用必要的劳动防护用品。

（3）工艺安全设计

工艺生产过程中的正常操作、监测、参数调整都在控制室内进行，现场操作人员较少。防爆区内严禁人员进入，检修期间应对防爆区内易燃易爆介质进行检测后方可进入。

对于存在易燃、易爆介质的场所，采用可燃气体浓度检测装置，进行监控、报警。此外，工程应配置便携式可燃气体测定仪，操作人员进入易燃易爆区域时，检测可燃气体浓度小于安全浓度要求时方能进入并工作。当发生火灾、爆炸等事故时，启动装置设计紧急停车系统。

1）防泄漏措施

控制泄漏源，定期对车间相关管线设备、储罐进行检查，消除泄漏点。

对重点的危险岗位，如化验作业，尽量减少现场的作业人员，降低人员接触危险物质的概率。

管道：设计时已根据物质的特性，操作条件（温度、压力等）选择合适的管道材质和壁厚，如压力管道采用碳钢材质，管道焊接采用氩弧焊接铺底，并进行泄漏性试验。

防止误操作，按照《工业管道颜色及标识规范》（FF GCAB-01-2010）对管线涂以不同的颜色以示区别，对阀门采取挂牌、加锁等措施。不同管道上的阀门相隔一定的间距，避免启闭错误。

生产工艺中的各物料流动和加工处理过程设计时采用密闭化作业，减少生产过程中发生跑、冒、滴、漏的现象。

设备选型时考虑设备内的介质危险性、操作条件、耐腐蚀等因素。

阀体材料设计时应考虑介质的压力、温度、腐蚀、冲刷等方面的因素，阀体材质具有足够的强度、刚性和韧性及良好的耐腐蚀性能。

法兰：设计时根据管道的介质和操作条件，选用合理的密封结构及法兰密封面的型式和垫片的种类。

2）防火、防爆措施

生产车间通风采用自然通风与机械通风相结合的方式。车间根据工艺要求对产热、产湿量较大的非空调房间、更衣室、厕所等进行机械通风。

工艺操作、设备的对策措施如下：

① 沼气净化及油罐区、厌氧消化区等甲类防爆区域的电气设备应符合防爆的要求，采用防爆型设备。

② 对具有火灾、爆炸、中毒和窒息危险和人身伤害的作业区域以及企业的配电房等公用设施，设置事故状态时能延续工作的事故照明灯。

③ 生产装置中处理火灾危险性相同的物料的设备，集中布置，便于统筹安排防火防爆措施。

④ 工艺装置内各类机械设备布置的间距，按规范要求考虑防火、防爆距离及安全疏散通道，且留有合适的道路及空间便于作业人员操作检修。

⑤ 室内有爆炸危险的装置，靠外近厂房的外墙布置，且设置必要的泄压面积。

防爆区域内相关工具选用铜制件或铝制件，以免产生火花。

压力容器及安全附件等特种设备选用具备有关操作规定资质厂家的设备，并定期检验、检测合格，保证安全附件齐全有效。

3）防腐蚀措施

对设备、管线、阀、泵及其设施等，选择合适的防腐材料及涂覆防腐层予以保护。

根据介质及温度、压力等选择合适的耐腐蚀材料或接触介质的表面涂覆涂层或加入缓蚀剂。

在经常操作、有可能泄漏腐蚀性介质的地方，设置相应的防腐地坪。

在腐蚀危害的作业环境中，设计了洗眼器，其服务半径小于 15m。

对涉及液碱、硫酸等腐蚀性介质的工作场所的地面、金属设备、钢平台、钢斜梯等进行防腐蚀后处理。金属设备或构件、钢斜梯、金属管道在除锈后，刷环氧富锌防腐底漆（两遍）、环氧防腐面漆（两遍）进行防腐施工。地面防腐材料用花岗石板材，用耐酸水泥和水玻璃砂浆材料嵌缝。

4）防静电措施

容器的对外连接管线，设置可靠的隔断装置。易燃、易爆物料设备、储罐的管道，其法兰按相关规范做防静电跨接。容器的对外连接管线，设置可靠的隔断装置。

易燃物料设备、储槽的管道，其法兰按相关规范做静电跨接。

5）防坠落措施

室外设备的放散管，高出本设备 2m 以上，且高出相邻有人操作的最高设备操作平台 2m 以上，便于操作、检查和维修。

厂区内有发生坠落危险的操作岗位时按规定设计便于操作、巡检和维修作业的扶梯、平台、围栏等附属设施，并符合国家标准。

6）防盗、防破坏措施

针对沼气净化装置及油罐区，设置围栏。

针对试剂储罐，罐区设置 1.2m 防火堤，并设钢结构遮阳雨棚。试剂储罐区采用防盗栅栏，防盗门采用乙级（含）以上防盗门。试剂储罐区周界及出入口处设视频监控装置；出入口设出入侵报警装置及出入口控制装置。试剂储罐区内设针对性气体泄漏报警装置。

## 12.2.5.2　生产设备及管道的安全防范措施

1）厨余垃圾处理设备应满足的一般要求

厨余垃圾处理设备均由具有相关资质的公司进行设计和制造，满足以下一般要求：

① 选用设备时，除考虑满足工艺功能外，应对设备的劳动安全性给予足够的重视；保证设备在按规定作业时不会发生任何危险，不排放出超过标准规定的有害物质；选用自动化程度、本质安全程度高的生产设备。

② 生产设备本身具有必需的强度、刚度和稳定性，符合安全人机工程的原则，最大限度地减轻劳动者的体力、脑力消耗以及精神紧张状态，合理地采用机械化、自动化和计算机技术以及有效的安全、卫生防护装置；优先采用自动化和防止人员直接接触生产装置的危险部位和物料的设备，防护装置的设计、制造一般不能留给用户去承担。生产设备满足《生产设备安全卫生设计总则》（GB 5083—1999）的规定以及其他要求。

③ 采购的压力容器等危险性较大的生产设备，由持有安全、专业许可证的单位进行设计、制造、检验和安装，并符合国家标准和有关规定的要求。

④ 在机械的传动部分、操作区、高处作业区、机械的其他运动部分等部位均采取安全防护措施。安全防护装置的设置原则如下：a. 以操作人员所站立的平面为基准，凡高度在 2m 以内的各种运动零部件均需设置防护（罩）；b. 以操作人员所站立的平面为基准，凡高度在 2m 以上，有物料传输装置、皮带传动装置以及在施工机械施工处的

下方，均需设置防护（罩）；c. 凡在坠落高度基准面 2m 以上的作业位置，需设置防护；d. 为避免挤压伤害，直线运动部件之间或直线运动部件与静止部件之间的间距需符合安全距离的要求；e. 运动部件有行程要求、距离要求的，需设置可靠的限位装置，防止因超行程运动而造成伤害；f. 对可能因超负荷发生部件损坏而造成伤害的，设置负荷限制装置；g. 有惯性冲撞的运动部件必须采取可靠的缓冲装置，防止因惯性而造成伤害事故；h. 运动中可能松动的零部件必须采取有效措施加以紧固，防止由于启动、制动、冲击、振动而引起松动；i. 运动机械设置紧急停车装置，使已有的或即将发生的危险得以避开。紧急停车装置的标识清晰、易识别，并可迅速接近其装置，使危险过程立即停止且不产生附加风险。

2）车间设备布置符合安全需要

车间设备布置松散，剩余空间较多，设备与设备、设备与墙体及柱体之间设计足够的通道，保证操作的方便和逃生的顺畅。

3）户外生产设备及管道等做好防冻措施

户外水管、阀门、室外消火栓均考虑冬季防冻措施，其中管道尽量埋至最大冻土深度以下，室外消火栓均选用防冻型。

4）工艺管道涂刷安全色和中文介质走向标志等

工艺管道均涂刷安全色和中文介质走向标志，具体见表 12-7。

表 12-7 工艺管道基本识别色

| 名称 | | 表面色 | 标志色 |
|---|---|---|---|
| 物料管道 | 有机浆液管 | 铜棕色 RAL 8004 | 信号红 RAL 3001 |
| | 沼液管 | 灰蓝色 RAL 5008 | |
| | 碱液管 | 交通紫 RAL 4006 | |
| | 柴油、毛油管 | 信号棕 RAL 8002 | |
| | 废气管 | 灰蓝色 RAL 5008 | |
| | 沼气管 | 信号黄 RAL 1003 | |
| 公用物料 | 工艺用水管 | 黄绿 RAL 6018 | 信号白 RAL 9003 |
| | 软化水管 | 草绿色 RAL 6010 | 信号白 RAL 9003 |
| | 冷却水管 | 石墨黑 RAL 9011 | 信号白 RAL 9003 |
| | 高浓度污水管 | 蛋白石绿色 RAL 6026 | 信号白 RAL 9003 |
| | 生活污水管 | 松绿色 RAL 6028 | 信号白 RAL 9003 |
| | 蒸汽管 | 白铝灰色 RAL 9006 | 信号红 RAL 3001 |
| | 压缩空气管 | 淡蓝 RAL 5012 | 信号红 RAL 3001 |
| | 氮气管 | 油菜黄 RAL 1021 | 信号红 RAL 3001 |
| | 活性炭管 | 交通黑 RAL 9017 | 信号白 RAL 9003 |
| | 紧急放空管（管口） | 火焰红 RAL 3000 | 信号黄 RAL 1003 |
| | 消防管 | 火焰红 RAL 3000 | 信号白 RAL 9003 |
| | 电气、仪表保护管 | 信号黑 RAL 9004 | 信号白 RAL 9003 |
| | 液压油管 | 淡棕 RAL 8025 | 信号白 RAL 9003 |
| 仪表管道 | 仪表风管 | 天蓝 RAL 5015 | 信号白 RAL 9003 |
| | 气动信号管、导压管 | 银灰色 RAL 7001 | |

5）压力容器设备等做好安全防范设施

压力容器设备如沼气柜、锅炉等设计了安全阀、放空管、爆破片等安全设施。

6）管道的破坏形式及安全措施

管道材料的选择充分考虑了介质特性、管道操作条件的要求，从管道的破坏形式，考虑管道的各项防护措施，具体见表 12-8。

表 12-8　管道的破坏形式及其安全措施

| 出现的危险性 | | 安全措施 |
| --- | --- | --- |
| 由移动造成的破坏 | 埋设配管腐蚀造成的破坏 | 为了防止由水分造成的破坏，要在配管的外表面做环氧沥青保护层 |
| | 热收缩造成的破坏 | 由于管内流体和管外温度的变化，使配管产生伸缩，针对这种现象，设计弯管来消除应力，弯管的曲率半径应取配管直径的 4～5 倍以上 |
| | 振动破坏 | 由压缩机、泵设备的脉动作用引起的振动，会使管架等设施产生接触磨耗，结果会造成疲劳破坏。针对这种现象，在配管的支架托上敷设适当的弯管或膨胀节，借以消除振动 |
| | 地基沉降和地震造成的破坏 | ① 在适当的位置设立支架，或将立管做柔性连接；<br>② 针对地震破坏的影响，在配管的整体系统中设置适当的弯管，同时设置适当的支托件，防止破坏 |
| 异常压力造成的破坏 | 误操作产生异常高压，造成破坏 | 在高压和低压系统之间的接点处设置止回阀 |
| 其他 | 防止静电灾害 | 将配管接地或做接地连接 |
| | 防止爆炸性介质泄漏造成的灾害 | 按规范要求采用可靠的防泄漏的措施 |
| | 防止由杂质造成事故 | 在泵和阀门的进口装设管道过滤器，以除去流体中的杂质 |

### 12.2.5.3　总平面布置防范措施

（1）厂区总平面布置概述

厨余垃圾处理设施厂区平面功能一般分为两大区域，即管理区和生产区。区域划分需综合考虑厂区内工艺流程的顺畅性、厂区的功能性要求，以及厂区周边的环境、景观要素。

通常生产区按工艺系统可细分为预处理区、厌氧消化区、沼气处理区、污水处理区、沼气利用及油罐区以及辅助生产区等。

总平面布置应遵循以下基本原则。

1）物流、物料组织顺畅

总图布局应充分考虑交通物流、各物料流程走向，各类车流组织顺畅，互不交叉，并充分考虑车辆回转和错车场地；处理系统单体按照主要物料输送的流向进行布置，主生产区主要物流依次布置，沼气设施顺工艺流线依次布局，保证泥流、气流、水流等各类物料输送的顺畅。

2）设置独立防爆区

项目沼气属于易燃易爆物料，将沼气处理、存储设施集中布局，设置为独立防爆区，有利于项目的安全管控。

竖向布置应遵循以下原则：满足生产、运输及工程管线敷设要求，保证场地水能顺利排出，尽量做到土石方平衡，减少工程费用，同时应与周边地形标高相协调。

（2）项目总平面布置防火间距

建构筑物之间以及装置与建构筑物之间的防火间距应满足《建筑设计防火规范》《大中型沼气工程技术规范》《液化石油气供应工程设计规范》中有关厂房、堆场、设备区、办公生活设施之间的防火间距的规定。厨余垃圾处理设施典型建构筑物防火间距如表 12-9 所列。

表 12-9　建构筑物防火间距

| 序号 | 单体名称 | 周边建构筑物 | 规范要求的防火间距/m | 备注 |
|---|---|---|---|---|
| 1 | 干式厌氧消化罐（构筑物） | 干式厌氧消化罐（构筑物） | — | 《大中型沼气工程技术规范》4.1.4 |
|  |  | 锅炉房 | 12 | 《建筑设计防火规范》3.4.6 |
|  |  | 沼气发电机房 | 12 | 《建筑设计防火规范》3.4.6 |
| 2 | 湿式厌氧消化罐（构筑物） | 湿式厌氧消化罐（构筑物） | — | 《大中型沼气工程技术规范》4.1.4 |
|  |  | 锅炉房 | 12 | 《建筑设计防火规范》3.4.6 |
|  |  | 沼气发电机房 | 12 | 《建筑设计防火规范》3.4.6 |
| 4 | 沼气柜（甲类、膜式气柜，$1000 m^3 < V < 10000 m^3$） | 厌氧消化罐（构筑物） | — | 《大中型沼气工程技术规范》4.1.4 |
|  |  | 沼气净化装置（甲类气体装置） | 12 | 《大中型沼气工程技术规范》表 4.1.5 |
|  |  | 油罐区 | 7.5 | 《建筑设计防火规范》3.4.6 |
|  |  | 锅炉房 | 20 | 《大中型沼气工程技术规范》表 4.1.5 |
|  |  | 火炬（封闭式暗火） | 12.5 | 《大中型沼气工程技术规范》4.1.8 第4 条 |
|  |  | 主要道路 | $\dfrac{—}{10}$ | 《大中型沼气工程技术规范》表 4.1.5 |
|  |  | 次要道路 | 5 | 《大中型沼气工程技术规范》表 4.1.5 |
| 6 | 沼气净化装置（甲类气体装置） | 沼气柜（甲类气体、$1000 m^3 < V < 10000 m^3$） | 12 | 《大中型沼气工程技术规范》表 4.1.5 |
|  |  | 油罐区 | 7.5 | 《建筑设计防火规范》3.4.6 |

续表

| 序号 | 单体名称 | 周边建构筑物 | 规范要求的防火间距/m | 备注 |
|---|---|---|---|---|
| 6 | 沼气净化装置（甲类气体装置） | 主要道路 | 10 | 《大中型沼气工程技术规范》表4.1.5 |
| | | 次要道路 | 5 | 《大中型沼气工程技术规范》表4.1.5 |
| 8 | 油罐区（丙类液体储罐、250m³<V<1000m³） | 锅炉房 | 12 | 《建筑设计防火规范》表4.2.1 |
| | | 沼气柜（甲类、膜式气柜、1000m³<V<10000m³） | 7.5 | 《建筑设计防火规范》3.4.6 |
| | | 沼气净化装置（甲类气体装置） | 7.5 | 《建筑设计防火规范》3.4.6 |
| | | 沼气发电及锅炉房 | 12 | 《建筑设计防火规范》表4.2.1 |
| | | 主要道路 | 10 | 《大中型沼气工程技术规范》表4.1.5 |
| | | 次要道路 | 5 | 《大中型沼气工程技术规范》表4.1.5 |
| 9 | 火炬（封闭式暗火） | 沼气净化装置（室外设备） | 10 | 《大中型沼气工程技术规范》第4.1.8第4条 |
| | | 厌氧消化罐 | 10 | 《大中型沼气工程技术规范》第4.1.8第4条 |
| | | 锅炉房 | 12.5 | 《大中型沼气工程技术规范》第4.1.8第4条 |
| | | 沼气发电机房 | 12.5 | 《大中型沼气工程技术规范》第4.1.8第4条 |
| | | 站内道路 | 1 | 《大中型沼气工程技术规范》表4.1.5 |
| 11 | 试剂储罐（乙类储罐） | 变电所 | 12.0 | 《建筑设计防火规范》表4.2.1 |
| | | 水处理车间 | 12.0 | 《建筑设计防火规范》表4.2.1 |
| | | 管理用房 | 25.0 | 《建筑设计防火规范》表4.2.1 表注 |

（3）防火分区、安全疏散

各建构筑物的总平面布置、相互间的防火间距、防火分区均按有关规范要求进行设计。

生产厂房、办公楼的安全出口数量、疏散楼梯、疏散距离、疏散照明等设计应满足防火规范的要求。

厨余垃圾处理设施典型建构筑物的生产类别、耐火等级、防火分区最大允许占地面积见表12-10。

表12-10 典型建筑物的耐火等级和防火分区占地面积一览表

| 序号 | 名称 | 结构形式 | 耐火等级 | 规范中防火分区最大允许占地面积/m² | 备注 |
|---|---|---|---|---|---|
| 1 | 预处理车间 | 框/排架结构 | 二级 | 不限 | 丁类厂房 |
| 2 | 固液分离车间 | 框架结构 | 二级 | 不限 | 丁类厂房 |

续表

| 序号 | 名称 | 结构形式 | 耐火等级 | 规范中防火分区最大允许占地面积/m² | 备注 |
|---|---|---|---|---|---|
| 3 | 沼渣干化车间 | 框架结构 | 二级 | 不限 | 丁类厂房 |
| 4 | 水处理车间 | 框架结构 | 二级 | 不限 | 丁类厂房 |
| 5 | 锅炉房 | 框架结构 | 二级 | 不限 | 丁类厂房 |
| 6 | 沼气发电机房 | 框架结构 | 二级 | 不限 | 丁类厂房 |
| 7 | 地沟油预处理车间 | 框架结构 | 二级 | 4000 | 丙类厂房 |
| 8 | 消防水池及消防泵房 | 框架结构 | 二级 | 1000 | 丁类厂房 |
| 9 | 机修车间 | 框架结构 | 二级 | 不限 | 丁类厂房 |
| 10 | 管理用房 | 框架结构 | 二级 | 5000（带自喷） | 办公建筑 |
| 11 | 计量间 | 框架结构 | 二级 | 2500 | 办公建筑 |
| 12 | 门卫 | 框架结构 | 二级 | 2500 | 办公建筑 |
| 13 | 变电所 | 框架结构 | 二级 | 不限 | 丁类厂房 |

## 12.2.5.4 建筑安全防范措施

（1）建构筑物的火灾危险性分类、耐火等级

典型厨余垃圾项目建筑物的生产火灾危险类别为：沼气净化设备、气柜、干式厌氧罐、湿式厌氧罐等火灾危险性为甲类；试剂储罐区火灾危险性为乙类；地沟油预处理车间、油罐区火灾危险性为丙类；其他生产车间火灾危险性为丁类或戊类，厂房的耐火等级均不低于二级。

所有新建建筑物的建筑防火设计均严格按照《建筑设计防火规范》及《建筑内部装修设计防火规范》的规定严格执行。

（2）采取的其他安全措施

所有新建建筑物的建筑防火设计均严格按照《建筑设计防火规范》的规定严格执行。

典型建构筑物构件的燃烧性能和耐火极限详见表 12-11。

表 12-11 典型建构筑物构件的燃烧性能和耐火极限

| 序号 | 构件名称 | 结构类型 | 耐火极限/h | 规范要求耐火极限/h | 构件燃烧性能 |
|---|---|---|---|---|---|
| 1 | 防火墙 | 砌体 | 3.00 | 3.00 | 不燃烧体 |
| 2 | 非承重外墙 | 砌体 | 0.50 | 0.50 | 不燃烧体 |
| 3 | 房间隔墙 | 砌体 | 0.50 | 0.50 | 不燃烧体 |
| 4 | 多层的柱 | 混凝土 | 2.50 | 2.50 | 不燃烧体 |
| 5 | 支承单层的柱 | 混凝土 | 2.50 | 2.50 | 不燃烧体 |

续表

| 序号 | 构件名称 | 结构类型 | 耐火极限/h | 规范要求耐火极限/h | 构件燃烧性能 |
|------|----------|----------|------------|---------------------|--------------|
| 6 | 梁 | 混凝土 | 1.50 | 1.50 | 不燃烧体 |
| 7 | 楼板 | 混凝土 | 1.00 | 1.00 | 不燃烧体 |
| 8 | 屋顶承重结构 | 混凝土 | 1.00 | 1.00 | 不燃烧体 |
| 9 | 吊顶 | | 0.25 | 0.25 | 难燃烧体 |

注：本表中的允许值是二级耐火建筑的允许值。

### 12.2.5.5　电气安全防范措施

（1）变配电的设置和安全防护措施

① 应采用两路常用 10kV 电源进线。变电所应配有变压器、相应的高压和低压开关柜等辅助设备。

② 消防设备、部分沼气工艺设备负荷为二级负荷，其余负荷及照明为三级负荷，其中应急照明灯和火灾报警系统自带应急电源装置。

③ 变配电的设计执行《20kV 及以下变电所设计规范》（GB 50053—2013）、《低压配电设计规范》（GB 50054—2011）的要求，变电房的出入口大门均向外开启。

④ 配电室的门窗均要求密闭，与室外相通的门窗、洞、通风孔均设置防止鼠、蛇等小动物进入的挡鼠板和网罩。

⑤ 变压器设置电流速断保护，以防止变压器引出线、套管及内部的短路故障；变压器设置有后备保护，防止外部相间短路引起的变压器过电流。

⑥ 项目配电装置的隔离开关与相应的断路器和接地刀闸之间装有闭锁装置。配电装置设备低式布置时还要求设置防止误入带电间隔的闭锁装置。

⑦ 各个建筑物内连接移动式用电设备的线路末端安装"剩余电流动作保护装置"，以避免触电和电气火灾事故的发生。

⑧ 配电室内设置通风设施和应急照明设施，配置灭火器。

（2）防雷、防静电

1）防雷

根据单体建筑物属性，对建构筑物及设备、人员进行系统防护。

① 防直击雷。单体防雷均按规范要求装设防雷保护。建筑物接闪器采用避雷带，防雷引下线充分利用结构柱内主筋，接地装置利用结构基础内的主筋作为自然接地体。

② 防间接雷。变配电间电源进线侧装设避雷器做雷电侵入波过电压保护。配电间低压进线处及构筑物主配电箱进线处设防电涌过电压保护装置。

2）接地

全厂低压配电系统的接地建议采用三相四线制（TN-C-S）。建筑物电源进线重复接地。

易燃易爆场所及管道、燃气管道均实施防静电接地。

所有构筑物采用结构钢筋作为自然接地装置，电气、仪表、防雷防静电共用接地装置，接地电阻小于 1Ω。

建筑物内可将下列导电体做总等电位连接：保护导体（PE）干线、电气装置接地极的接地干线、建筑物内的金属管道、建筑物金属构件等。

（3）防爆场所的电气设计

厌氧罐中部及以上区域、沼气净化及利用区通常划分为爆炸危险环境 2 区。

在爆炸危险环境 2 区内电气和仪表、照明灯具均选用隔爆型。

电缆采用铠装电缆支架明敷或桥架敷设，绝缘线穿钢管敷设。敷设电气线路的电缆、钢管、进入防爆区穿墙或楼板处的孔洞，应采用非燃性材料严密堵塞。钢管应采用低压流体输送用的热镀锌焊接钢管。与电气设备的连接处宜采用防爆型挠性连接管。钢管配线的电气线路必须做好隔离密封。

在爆炸危险环境内，电气设备的金属外壳应可靠接地。爆炸性气体环境 2 区内除照明灯具以外的其他电气设备，应采用专门的接地线。接地干线应在爆炸危险区域不同方向不少于两处与接地体连接。

（4）照明设施

① 所有消防用电设备均采用双路电源供电并在末端设自动切换装置。

② 厂区内人员密集场所或人员有疏散要求的地方设置应急照明及疏散照明；应急照度值不低于正常照明照度。

③ 出口标志灯、疏散指示灯，疏散楼梯、走道应急照明灯应急照明持续供电时间应大于 90min。消防时人员疏散照明及强弱电间等继续工作场所的备用照明连续供电时间不小于 180min，疏散指示标志灯平时常亮。

④ 疏散走道的地面最低水平照度不应低于 1.0lx；楼梯间内的地面最低水平照度不应低于 5.0lx。

⑤ 消防设备的电源电缆采用阻燃耐火电缆。应急照明及疏散照明回路采用阻燃耐火铜芯塑料线穿热镀锌钢管暗敷，并应敷设在不燃烧体结构内且保护层厚度不应小于30mm。明敷时（包括敷设在吊顶内），应穿金属管或封闭式金属线槽，并应采取防火保护措施。

## 12.2.5.6　自控设计安全措施

（1）总体设计

① 全厂采用集中报警控制系统，设置消防控制室。

② 根据规范要求在预处理车间、锅炉房、沼气发电机房等生产车间，管理用房等辅助设施设置火灾报警控制器，对单体内消火栓系统、喷淋系统进行联动控制。

③ 火灾自动报警系统保护对象等级：预处理车间一般为丁类厂房；管理用房为民用建筑；在管理用房厨房操作间、预处理车间热水设备间、锅炉房、沼气发电机房等用燃气设施设置可燃气体报警装置。

④ 系统组成应包括火灾探测器、手动火灾报警按钮、火灾声光警报器、消防应急广播系统、消防专用电话、消防控制室图形显示装置、火灾报警控制器、消防联动控制器等。

⑤ 消防控制室：消防控制室的报警控制设备由火灾报警控制主机、联动控制柜、显示设备、消防专用电话系统、消防广播系统设备和电源设备等组成；消防控制室可接收感烟、感温等探测器的火灾报警信号及水流指示器、流量开关、信号阀、压力开关、手动报警按钮的动作信号；消防控制室可显示消防水泵、喷淋泵等与消防相关的设备运行状况；消防控制室可联动控制所有与消防有关的设备；在消防控制室设置消防给水设施的控制盘，具有下列控制和显示功能：a. 控制盘应设置开关量或模拟信号手动硬拉线直接启泵的按钮；b. 控制盘应能显示消防设备泵的运行状态；c. 控制盘应有消防水池、高位消防水箱等水源的高水位、低水位报警信号，并能显示消防水池水位。

（2）火灾自动报警系统

① 消防自动报警系统按总线设计。火灾自动报警系统的每回路地址编码总数应留10%的余量。

② 火灾自动报警系统总线上应设置总线短路隔离器，每只总线短路隔离器保护的火灾探测器、手动火灾报警按钮和模块等消防设备的总数不应超过 32 点；总线穿越防火分区时，应在穿越处设置总线短路隔离器。

③ 探测器选型。在层高较高的预处理车间内设置红紫外复合探测器；其余房间根据需要设置智能型感烟探测器；在管理用房厨房操作间、预处理车间热水设备间、锅炉房、沼气发电机房等用燃气设施设置可燃气体探测器。根据燃气性质，可燃气体密度小于空气采取探头吸顶安装，可燃气体密度大于空气采取探头距地 0.3m 安装，在释放源上方及厂房内最高点气体易积聚处均设置可燃气体探测器。

④ 探测器设置。智能型感烟探测器周围水平距离 0.5m 内不应有遮挡物；与送风口边的水平净距应大于 1.5m；与多孔送风顶棚孔口或条形送风口的水平净距应大于 0.5m；与自动喷淋头的净距应大于 0.3m；与墙、梁边或其他遮挡物的距离应大于 0.5m。红紫外复合探测器探测视角内（60°）不应存在遮挡物，避免光源直接照射在探测器的探测窗口。

⑤ 在预处理车间、管理用房、锅炉房、沼气发电机房、地沟油预处理车间、电梯厅、变电所、消防泵房等人员操作区域的适当位置设声光报警器、手动报警按钮及消防电话插孔。手动报警按钮及消防电话插孔底距地 1.4m，报警器距地 2m。

⑥ 火灾自动报警系统应预留与上级消防局报警台联网的接口。

⑦ 每个外控设备设一控制模块，模块严禁设置在配电箱（柜）内，可在设备附近就近安装，并应有尺寸不小于 100mm×100mm 的标识。

（3）消防系统联动及控制要求

火灾报警后，消防控制室应根据火灾情况启动相应消防设备，消防设备的动作信号要反馈至消防控制室。在消防控制室，对消火栓泵、喷淋泵既可通过现场模块进行自动控制，也可在联动控制柜上通过硬线手动控制，并接收其反馈信号。

1）室内消防火栓泵控制

① 采用临时高压给水系统。

② 在消防控制室可通过控制模块编程，自动启动消火栓泵，并接收其反馈信号。

③ 在消防控制室联动控制台上，可通过硬线手动控制消火栓泵，并接收其反馈信号。

④ 在消防泵房设手动应急启泵按钮，可人工启动消火栓泵同时报警。水泵启动后，反馈信号至消火栓处和消防控制室。

⑤ 消火栓泵由水泵出口压力开关直接控制启动，消防水泵控制柜在平时应使消防水泵处于自动控制启泵状态。

⑥ 在高位消防水箱出水管设置流量开关，该流量开关信号直接启泵，不受消防联动控制器手自状态影响。

2）喷淋泵控制

① 在消防控制室可通过控制模块编程，自动启动喷淋泵，并接收其反馈信号。

② 在消防控制室联动控制台上，可通过硬线手动控制喷淋泵，并接收其反馈信号。

③ 喷淋泵由消防泵房内报警阀压力开关直接控制启动。

④ 在消防泵房设手动应急启泵按钮，可人工启动喷淋泵同时报警。水泵启动后反馈信号至喷淋泵处和消防控制室。

3）特殊区域消防自动控制要求

① 确认火灾时，预处理车间等生产车间电梯、电梯厅电梯应迫降至一层待命，同时反馈电梯迫降信号至消防控制室。

② 电梯运行状态信息和停于首层或转换层的反馈信号应传送给消防控制室显示，轿厢内设置直接与消防控制室通话的专用电话。

4）消防联动控制及消防设备要求

① 需要火灾自动报警系统联动控制的消防设备，其联动触发信号应采用两个独立的报警触发装置报警信号的"与"逻辑组合。

② 火灾声光报警器设置带有语音提示功能时，应同时设置语音同步器。

③ 每个报警区域内应均匀设置火灾报警器，其声压级不应小于 60dB；在环境噪声大于 60dB 的场所，其声压级应高于背景噪声 15dB。

5）消防水池液位显示

消防水池设置可现场显示的液位计，高低液位在消火栓泵控制柜面上显示，并送至消防控制室显示液位。同时，控制箱内应提供高低水位信号的触点通过消防模块接入火灾报警设备。

6）非消防电源控制

管理用房的非消防设备配电箱进线总开关设有分励脱扣器，由消防控制室在火灾确认后断开相关非消防电源。

7）消防电源监控

全厂设置消防电源监控系统，主机置于消防控制室内，监测点置于各单体消防电源箱、应急照明箱进线开关处。

（4）消防专用电话系统

消防专用电话网络为独立的消防通信系统。在消防控制室内设置消防专用电话总机，除在各防火分区的手动报警按钮处设置消防电话插孔外，在消防水泵房、变电所、预处理车间、锅炉房、沼气发电机房等经常有人值班的关键生产设施处设置消防专用电话分机，专用电话分机底距地 1.4m。在消防控制室内设置直接报警的外线电话。

（5）消防广播系统

全厂设置消防广播系统，消防主机置于消防控制室。消防应急广播与普通广播或背景音乐广播合用时，应具有强制切入消防应急广播的功能。

（6）电源及接地

① 在消防控制室设置消防控制室专用配电箱（两路进线电源均引自变电所低压配电柜）。消防控制室设备还要求设置蓄电池作为备用电源。

② 交流供电和 36V 以上直流供电的消防用电设备的金属外壳应有接地保护，接地线应与电气保护接地干线（PE）相连接。

③ 消防控制室及各分站实施总等电位连接，火灾自动报警及消防联动系统接地采用各单体共用基础接地装置，接地电阻不应大于 1Ω。

④ 在消防控制室设置专用接地预埋板，专用接地预埋板利用结构钢筋直接与构筑物内利用结构钢筋组成的基础等电位接地网连接。

（7）消防系统线路敷设要求

① 火灾自动报警系统应单独布线，系统内不同电压等级、不同电流类别的线路，不应布在同一管内或线槽的同一槽孔内。

② 火灾自动报警系统的供电线路、消防联动控制线路应采用耐火铜芯电线电缆，报警总线、消防应急广播和消防专用电话等传输线路应采用阻燃或阻燃耐火电线电缆。

③ 明敷管线应采用穿热镀锌钢管并按耐火极限不低于 1.00h 做防火处理。暗敷时应穿难燃型刚性塑料导管保护，并敷设在不燃烧的结构体内，且保护层厚度不应小于30mm。由接线盒至消防设备的明敷线路穿金属耐火（阻燃）波纹管。

④ 接线盒内接头，可采用压接。压接面接触必须良好，保证一定压力，且对外绝

缘性好。

⑤ 线数大于 6 根时需分管敷设。

⑥ 消防系统信号电缆、控制电缆、电源电缆主要采用穿保护管暗敷。

⑦ 电缆在穿越楼板或防火分区时应填防火堵料封堵，穿线管等过构筑物变形缝处需做伸缩过渡处理。

## 12.2.5.7 有限空间作业安全措施

进入如发酵罐、污水处理装置、沼气柜等限制性空间作业应采取以下安全防范措施：

① 在有限空间外敞面醒目处，设置警戒区、警戒线、警戒标志，未经许可，不得入内。

② 对任何可能造成职业危害、人员伤亡的有限空间场所作业应做到先检测后监护再进入的原则。先检测确认有限空间内有害物质浓度，作业前 30min，应再次对有限空间有害物质采样，浓度分析合格后方可进入有限空间。

③ 进入自然通风换气效果不良的有限空间，应采用机械通风，通风换气次数每小时不能少于 3 次。对不能采用通风换气措施或受作业环境限制不易充分通风换气的场所，作业人员必须配备并使用空气呼吸器或软管面具等隔离式呼吸保护器具。严禁使用过滤式面具。

④ 建立有限空间作业审批制度、作业人员健康检查制度、有限空间安全设施监管制度，同时应对有限空间作业人员进行培训教育。

⑤ 有限空间作业人员应具备对工作认真负责的态度，身体无妨碍从事相应工种作业的疾病和生理缺陷，并符合相应工种作业需要的资格。

⑥ 在作业前应针对作业方案，对从事有限空间危险作业的人员进行作业内容、职业危害等教育；对紧急情况下的个人避险常识、中毒窒息和其他伤害的应急救援措施进行教育。

⑦ 有限空间作业现场应明确监护人员和作业人员。监护人员不得进入有限空间。

⑧ 有限空间作业人员应遵守有限空间作业安全操作规程，正确使用有限空间作业安全设施与个体防护用具；应与监护人员进行有效的安全、报警、撤离等双向信息交流；作业人员意识到身体出现危险异常症状时，应及时向监护者报告或自行撤离有限空间。

⑨ 当有限空间作业过程中发生急性中毒和窒息事故时，应急救援人员应在做好个体防护并佩戴必要应急救援设备的前提下才能进行救援。其他作业人员千万不要贸然施救，以免造成不必要的伤亡。

⑩ 设置有限空间管控措施告知牌，设置有限空间有害物质浓度检测分析和含氧量

分析，避免缺氧窒息。

## 12.2.5.8 安全设施设计汇总

结合危害因素分析、安全防范措施分析，典型厨余垃圾处理项目安全设施设计汇总如表 12-12 所列。

**表 12-12 典型厨余垃圾处理项目安全设施汇总**

| 序号 | 安全设施名称 | 设置部位 | 依据标准条款 |
|---|---|---|---|
| 1. 预防事故措施 | | | |
| 1.1 检测、报警设施 | | | |
| 1 | 压力报警设施 | 消防水池及泵房、沼气柜、蒸汽锅炉、汽-水热交换器 | GB/T 12801—2008 第 5.6.5 条 |
| 2 | 温度报警设施 | 锅炉房、沼渣干化车间、地沟油预处理车间、预处理车间 | GB 50160—2008 第 5.1.2 条 |
| 3 | 液位报警设施 | 消防水池及泵房、锅炉房 | GB 50160—2008 第 5.1.2 条 |
| 4 | 流量报警设施 | — | — |
| 5 | 组分报警设施 | — | — |
| 6 | 可燃气体检测和报警设施 | 预处理车间热水设备间、管理用房厨房、锅炉房、沼气发电机房 | GB 50116—2013 第 8 条、GB/T 50493—2019 第 4.2 条 |
| 7 | 有毒气体检测和报警设施 | 沼气发电机房、锅炉房、沼液储池、沼气处理区域、厌氧消化区域、预处理车间、固液分离车间 | GB/T 50493—2019 第 4.2 条 |
| 8 | 氧气检测和报警设施 | 试剂罐区、有限空间位置；检修、维修时 | GBZ/T 205—2007 第 6.1.2 条 |
| 9 | 用于安全检查和安全数据分析检验检测设备、仪器 | — | — |
| 1.2 设备安全防护设施 | | | |
| 10 | 防护罩 | 各运转设备 | GB 5083—1999 第 3.1.6 条 |
| 11 | 防护屏 | 配电柜 | GB 50054—2011 |
| 12 | 负荷限制器 | 起重机 | — |
| 13 | 行程限制器 | 起重机 | — |
| 14 | 制动设施 | 起重机 | — |
| 15 | 限速设施 | 起重机 | — |
| 16 | 防潮 | 所有建构筑物室内地坪以下 | GB/T 50046—2018 |

续表

| 序号 | 安全设施名称 | 设置部位 | 依据标准条款 |
|---|---|---|---|
| 17 | 防雷设施 | 各建构筑物及设备、控制柜 | GB 50057—2010 |
| 18 | 防晒设施 | 试剂罐区 | — |
| 19 | 防冻设施 | 外露输送管道等 | HG 20571—2014 第 4.2.7 条 |
| 20 | 防腐设施 | 厂房、钢构件、设备及管道等 | HG 20571—2014 第 5.6.4 条 |
| 21 | 防渗漏设施 | 罐区、事故水池、消防水池、车间地坪 | GB 50160—2008 第 4.6.5 条 |
| 22 | 传动设备安全锁闭设施 | 厂房内各机械设备 | — |
| 23 | 电器过载保护设施 | 配电柜 | GB 50054—2011 第 4.3.1 条 |

**1.3 防爆设施**

| 序号 | 安全设施名称 | 设置部位 | 依据标准条款 |
|---|---|---|---|
| 24 | 静电接地设施 | 各建构筑物及设备、控制柜 | HG 20571—2014 第 4.2.2 条 |
| 25 | 电气防爆设施 | 沼气预处理设备、厌氧消化区、试剂储罐区、油罐区 | GB 50058—2014 第 3、5 条 |
| 26 | 仪表防爆设施 | 各气体爆炸危险环境 | GB 50058—2014 第 2、5 条 |
| 27 | 抑制助燃物品混入设施 | — | — |
| 28 | 抑制易燃、易爆气体形成设施 | — | — |
| 29 | 抑制粉尘形成设施 | — | — |
| 30 | 阻隔防爆器材 | — | — |
| 31 | 防爆工器具 | — | — |

**1.4 作业场所防护设施**

| 序号 | 安全设施名称 | 设置部位 | 依据标准条款 |
|---|---|---|---|
| 32 | 防辐射设施 | — | — |
| 33 | 防静电设施 | 厂内建筑物及沼气净化装置、沼气柜 | HG 20571—2014 第 4.2 条 |
| 34 | 防噪声设施 | 泵等设备 | HG 20571—2014 第 5.3.4 条 |
| 35 | 通风设施 | 管理用房、预处理车间、固液分离车间、沼渣干化车间、综合水处理车间、地沟油预处理车间、消防水池及消防泵房、计量间、门卫、变电所、锅炉房、水处理车间、沼气发电机房 | GB 50016—2014 第 9.3 条 |
| 36 | 防护栏（网） | 钢平台、钢斜梯 | HG 20571—2014 第 4.6.1 条 |
| 37 | 防滑设施 | 钢平台、钢斜梯踏脚板 | GB 4053.2—2007 第 4.4 条 |

续表

| 序号 | 安全设施名称 | 设置部位 | 依据标准条款 |
|---|---|---|---|
| 38 | 防灼烫设施 | 高温设备、腐蚀性物质场所 | HG 20571—2014 第 4.6 条 |
| 39 | 指示标志 | 有关生产装置、厂区道路 | HG 20571—2014 第 6.1.1 条 |
| 40 | 警示作业安全标志 | 锅炉房、固液分离车间、沼渣干化车间、沼气预处理设备、地沟油及毛油预处理车间 | HG 20571—2014 第 6.2.1 条 |
| 41 | 逃生避难标志 | 各车间、库房、配电室出口及疏散通道 | HG 20571—2014 第 6.2 条 |
| 42 | 风向标志 | 厂区最高处 | HG 20571—2014 第 6.2.3 条 |

**2. 控制事故设施**

**2.1 泄压和止逆设施**

| 序号 | 安全设施名称 | 设置部位 | 依据标准条款 |
|---|---|---|---|
| 43 | 泄压阀门 | 分汽缸、气柜、储油罐、蒸汽锅炉、换热器等高压设备 | GB 50160—2008 第 5.5.1 条 |
| 44 | 爆破片 | — | — |
| 45 | 放空管 | — | — |
| 46 | 止逆阀门 | — | — |
| 47 | 真空系统密封设施 | — | — |

**2.2 紧急处理设施**

| 序号 | 安全设施名称 | 设置部位 | 依据标准条款 |
|---|---|---|---|
| 48 | 紧急备用电源 | 消防备用电源 | GB 50052—2009 |
| 49 | 紧急切断设施 | — | — |
| 50 | 分流设施 | 厂区雨污分流系统 | GB 50014—2021 第 1.0.4 条 |
| 51 | 排放设施 | — | — |
| 52 | 吸收设施 | — | — |
| 53 | 中和设施 | — | — |
| 54 | 冷却设施 | — | — |
| 55 | 通入或加入惰性气体设施 | — | — |
| 56 | 反应抑制剂 | — | — |
| 57 | 紧急停车设施 | 各机械设备 | — |
| 58 | 仪表联锁设施 | — | — |

**3. 减少与消除事故影响设施**

**3.1 防止火灾蔓延设施**

| 序号 | 安全设施名称 | 设置部位 | 依据标准条款 |
|---|---|---|---|
| 59 | 阻火器 | 各生产车间、罐区 | HG 20571—2014 第 3.1.11 条 |
| 60 | 安全水封 | — | — |

续表

| 序号 | 安全设施名称 | 设置部位 | 依据标准条款 |
|---|---|---|---|
| 61 | 回火防止器 | — | — |
| 62 | 防火堤 | 罐区 | GB 50160—2008 第 6.2.11 条 |
| 63 | 防爆墙 | — | — |
| 64 | 防爆门 | — | — |
| 65 | 防火墙 | 车间各防火分区之间 | GB 50016—2014 第 3.3.1 条 |
| 66 | 防火门 | 车间各防火分区之间 | GB 50016—2014 第 3.3.1 条 |
| 67 | 蒸汽幕 | — | — |
| 68 | 水幕 | — | — |
| 69 | 防火材料涂层 | 所有建筑构筑物钢结构部位 | GB 50016—2014 第 3.2.9 条 |

**3.2 灭火设施**

| 序号 | 安全设施名称 | 设置部位 | 依据标准条款 |
|---|---|---|---|
| 70 | 水喷淋设施 | 管理用房 | GB 50974—2014 第 7.3.2 条 |
| 71 | 惰性气体释放设施 | — | — |
| 72 | 蒸气释放设施 | — | — |
| 73 | 泡沫释放设施 | 油罐区 | GB 50974—2014 第 7.3.2 条 |
| 74 | 消火栓 | 生产装置室内消火栓 | GB 50974—2014 第 7.3.2 条 |
| 75 | 高压水枪（炮） | — | — |
| 76 | 消防车 | — | — |
| 77 | 消防水管网 | 环状管网 | GB 50016—2014 第 8.2.7 条 |
| 78 | 消防水站 | — | — |
| 79 | 灭火器 | 车间 | GB 50140—2005 |

**3.3 紧急个体处置设施**

| 序号 | 安全设施名称 | 设置部位 | 依据标准条款 |
|---|---|---|---|
| 79 | 洗眼器 | 腐蚀场所 | HG 20571—2014 第 5.1.6 条 |
| 80 | 喷淋器 | — | — |
| 81 | 逃生器 | — | — |
| 82 | 逃生索 | — | — |
| 83 | 应急照明设施 | 车间、库房、变配电室等出口及疏散通道 | GB 50016—2014 第 10.3.1 条 |

续表

| 序号 | 安全设施名称 | 设置部位 | 依据标准条款 |
|---|---|---|---|
| 3.4 应急救援设施 | | | |
| 84 | 堵漏设施 | — | — |
| 85 | 工程抢险装备 | 车间 | GBZ 1—2010 第 8.2.3 条 |
| 86 | 现场受伤人员医疗抢救装备 | 车间 | GBZ 1—2010 第 8.3 条 |
| 3.5 逃生避难设施 | | | |
| 87 | 安全通道（梯） | 车间 | HG 20571—2014 第 4.1.12 条 |
| 88 | 安全避难所 | — | — |
| 89 | 避难信号 | — | — |
| 3.6 劳动防护用品和装备 | | | |
| 90 | 头部防护用品 | — | — |
| 91 | 面部防护用品 | 锅炉房、沼渣干化车间、地沟油预处理车间 | GB 39800.1—2020 |
| 92 | 视觉防护用品 | 锅炉房、沼渣干化车间、地沟油预处理车间 | GB 39800.1—2020 |
| 93 | 呼吸防护用品 | — | — |
| 94 | 听觉器官防护用品 | 各生产岗位 | GB 39800.1—2020 |
| 95 | 四肢防护用品 | 各生产岗位 | GB 39800.1—2020 |
| 96 | 躯干防火用品 | — | — |
| 97 | 防毒、防窒息用品 | 污水池、事故池、厌氧罐、沼液储池及各值班室 | GB 39800.1—2020 |
| 98 | 防灼烫用品 | 锅炉房、沼渣干化车间、地沟油及毛油预处理车间 | GB 39800.1—2020 |
| 99 | 防腐蚀用品 | 锅炉房、水处理车间、试剂罐区、沼渣干化车间、地沟油预处理车间 | GB 39800.1—2020 |
| 100 | 防噪声用品 | 各生产岗位 | GB 39800.1—2020 |
| 101 | 防光射装备 | — | — |
| 102 | 防高处坠落装备 | 设备维修 | GB 39800.1—2020 |
| 103 | 防砸伤装备 | — | — |
| 104 | 防刺伤装备 | — | — |
| 105 | 防淹溺设施 | 生化反应池、污水调节池、初期雨水池、回用水池 | GB 39800.1—2020 |

## 12.2.6　安全管理制度体系

### 12.2.6.1　安全生产管理机构

项目建设单位应成立专业的安全生产管理部门，设置专职安全员，制定安全生产责任制和安全操作规程。

（1）安全生产管理部门的职责

包括：

① 负责贯彻落实国家有关安全生产的各项方针、政策和法规，贯彻"安全第一，预防为主"的方针，对生产、防火、用电、交通、压力容器等安全方面的重大安全工作进行决策，提出年度安全生产目标。领导和部署每年"安全月"与安全大检查活动等工作。

② 对运行、检修、营销、基建、多产、设计等生产经营全过程的安全管理以及其他重大安全问题进行协调和仲裁。

③ 组织编制年度重点"反措"计划，讨论审定有关安全生产的标准和规定。

④ 组织对综合性重大事故进行调查并提出事故对策和处理意见。

⑤ 组织和指导项目安全网活动，发挥各级组织作用。

⑥ 处理其他重大安全问题。

（2）专职安全生产管理人员职责

包括：

① 组织或者参与拟订本单位安全生产规章制度、操作规程和生产安全事故应急救援预案。

② 组织或者参与本单位安全生产教育和培训，如实记录安全生产教育和培训情况。

③ 组织开展危险源辨识和评估，督促落实本单位重大危险源的安全管理措施。

④ 组织或者参与本单位应急救援演练。

⑤ 检查本单位的安全生产状况，及时排查生产安全事故隐患，提出改进安全生产管理的建议。

⑥ 制止和纠正违章指挥、强令冒险作业、违反操作规程的行为。

⑦ 督促落实本单位安全生产整改措施。

### 12.2.6.2　安全管理措施

（1）安全投入

① 企业建立安全生产费用提取和使用管理制度。保证安全生产费用投入，专款专

用，并建立安全生产费用使用台账。制定包含以下方面的安全生产费用的使用计划：a. 完善、改造和维护安全防护设备设施；b. 安全生产教育培训和配备劳动防护用品；c. 安全评价、事故隐患评估和整改；d. 设备设施安全性能检测检验；e. 应急救援器材、装备的配备及应急救援演练；f. 安全标志及标识；g. 其他与安全生产直接相关的物品或者活动。

② 制定职业危害防治，职业危害因素检测、监测和职业健康体检费用的使用计划。

③ 建立员工工伤保险或安全生产责任保险的管理制度。足额缴纳工伤保险费或安全生产责任保险费。保障伤亡员工获取相应的保险与赔付。

（2）安全管理制度体系的制定

① 建立识别、获取、评审、更新安全生产法律法规与其他要求的管理制度。各职能部门和基层单位应定期识别和获取本部门适用的安全生产法律法规与其他要求，并向归口部门汇总。

企业应按照规定定期识别和获取适用的安全生产法律法规与其他要求，并发布其清单。及时将识别和获取的安全生产法律法规与其他要求融入企业安全生产管理制度中。及时将适用的安全生产法律法规与其他要求传达给从业人员，并进行相关培训和考核。

② 建立文件管理制度，确保安全生产规章制度和操作规程编制、发布、使用、评审、修订等效力。

③ 按照相关规定建立和发布健全的安全生产规章制度，至少包含下列内容：安全目标管理、安全生产责任制管理、领导干部现场带班制度、岗位达标管理、法律法规标准规范管理、安全投入管理、文件和档案管理、风险评估和控制管理、安全教育培训管理、特种作业人员管理、设备设施安全管理、建设项目安全"三同时"管理、生产设备设施验收管理、生产设备设施报废管理、施工和检修及维修安全管理、危险物品管理、作业安全管理、相关方及外用工（单位）管理、职业健康管理、劳动防护用品（具）和保健品管理、安全检查及隐患治理、应急管理、事故管理、安全绩效评定管理等。将安全生产规章制度发放到相关工作岗位，并对员工进行培训和考核。

④ 基于岗位生产特点中的特定风险辨识，编制齐全、适用的岗位安全操作规程。编制的安全规程应完善、适用。向员工下发岗位安全操作规程，并对员工进行培训和考核。每年应至少一次对安全生产法律法规、标准规范、规章制度、操作规程的执行情况和适用情况进行检查、评估。根据评估情况、安全检查反馈的问题、生产安全事故案例、绩效评定结果等，对安全生产管理规章制度和操作规程进行修订，确保其有效和适用。

⑤ 建立文件和档案的管理制度，明确责任部门、人员、流程、形式、权限及各类安全生产档案及保存要求等。确保安全规章制度和操作规程编制、使用、评审、修订的效力。

对下列主要安全生产资料实行档案管理：主要安全生产文件、事故、事件记录；培训记录；标准化系统评价报告；事故调查报告；检查、整改记录；职业卫生检查与监护记录；安全生产会议记录；安全活动记录；法定检测记录；关键设备设施档案；特种设备档案；应急演习信息；承包商和供应商信息；维护和校验记录；技术图纸；等等。

（3）教育培训

1）建立安全教育培训的管理制度

确定安全教育培训主管部门，定期识别安全教育培训需求，制定各类人员的培训计划。

2）培训及培训效果评估

按计划进行安全教育培训，并对安全培训效果进行评估和改进。做好培训记录，并建立档案。

3）人员培训

① 法定人员。企业主要负责人、安全管理人员、特种作业人员和特种设备作业人员必须定期参加安全培训，持证上岗。要认真做好职工岗位培训教育，落实企业、车间、班组安全三级教育制度，加强转岗、重新上岗职工的安全培训教育。企业安全培训教育要注重实际，重点强化法律法规、安全知识、企业安全规章制度、操作规程和安全技能的培训。要建立职工培训档案，严格执行安全培训教育考核检查制度。对未经培训、考核不合格的，一律不得上岗。

② 班组长。班组长培训应符合《国务院安委会办公室关于贯彻落实国务院〈通知〉精神加强企业班组长安全培训工作的指导意见》（安委办［2010］27 号）及地方安全生产法规的要求，取得《班组长安全培训合格证》，持证上岗。

③ 其他从业人员。厂级岗前安全培训内容应当包括：本单位安全生产情况及安全生产基本知识；本单位安全生产规章制度和劳动纪律；从业人员安全生产权利和义务；有关事故案例。车间级岗前安全培训内容应当包括：工作环境及危险因素；所从事工种可能遭受的职业伤害和伤亡事故；所从事工种的安全职责、操作技能及强制标准；自救互救、急救方法、疏散和现场紧急情况的处理；安全设备设施、个人防护用品的使用和维护；本车间（工段、区、队）安全生产状况及规章制度；预防事故和职业危害的措施及应注意的安全事项；有关事故案例；其他需要培训的内容。班组级岗前安全培训内容应当包括：岗位安全操作规程、岗位之间工作配合的安全与职业卫生事项、有关事故案例、其他需要培训的内容。从业人员内部调整工作岗位或离岗一年以上重新上岗时，应当重新接受车间和班组级的安全培训。

实施新工艺、新技术或者使用新设备、新材料时，应当对有关从业人员重新进行有针对性的安全培训。

（4）职业健康安全管理

① 建立职业健康管理制度，对可能产生危害健康的场所和岗位进行辨识。

② 按有关要求，为员工提供符合职业健康要求的工作环境和条件。配备与职业健康保护相适应的设施、工具、用具。

③ 建立健全职业卫生档案和员工健康监护档案，定期组织实施职业健康检查。

对职业病患者按规定给予及时的治疗、疗养。对患有职业禁忌证的，应及时调整到合适岗位。

④ 委托具有职业危害检测资质的机构定期对职业危害场所进行检测，并将检测结果公布、存入档案。

⑤ 对可能发生急性职业危害的有毒、有害工作场所，设置有效的通风、换气等设施，设置报警装置，制定应急预案，配置现场急救用品和必要的泄险区。

⑥ 指定专人负责保管、定期校验和维护各种防护用具，确保其处于正常状态。指定专人负责职业健康的日常监测及维护监测系统处于正常运行状态。

⑦ 与从业人员订立劳动合同时，应将保障从业人员劳动安全和工作过程中可能产生的职业危害及其后果、职业危害防护措施、待遇等如实以书面形式告知从业人员，并在劳动合同中写明。

⑧ 向员工普及相关方宣传和培训生产过程中的职业危害、预防和应急处理措施。对存在严重职业危害的作业岗位，按照《工作场所职业病危害警示标识》（GBZ 158—2003）要求，在醒目位置设置警示标志和警示说明。

（5）安全生产事故隐患管理

根据《安全生产事故隐患排查治理暂行规定》（安全监管总局令第 16 号）规定，对事故隐患主要做到如下要求：

① 应当完善事故隐患排查治理和建档监控等制度，逐级建立并落实从主要负责人到每个从业人员的隐患排查治理和监控责任制。应当保证事故隐患排查治理所需的资金，建立资金使用专项制度。

② 应当定期组织安全生产管理人员、工程技术人员和其他相关人员排查本单位的事故隐患。对排查出的事故隐患，应当按照事故隐患的等级进行登记，建立事故隐患信息档案，并按照职责分工实施监控治理。

③ 应当每季、每年对本单位事故隐患排查治理情况进行统计分析，并分别于下一季度 15 日前和下一年 1 月 31 日前向安全监管监察部门和有关部门报送书面统计分析表。统计分析表应当由生产经营单位主要负责人签字。

④ 企业要针对该项目实际，制定领导干部和管理人员值班、带班制度加强现场安全管理，及时发现和解决问题。值班、带班制度要在企业公告，接受职工监督。企业安全管理负责人或现场带班领导有权紧急处置生产事故，必要时应下令停止生产经营活动。

⑤ 公司要建立健全事故事件统计分析制度并每月开展风险分析，加强事故隐患排查和安全风险管理，从源头上杜绝和减少安全生产事故。要切实加强作业现场安全管理，全面实行危险作业许可制度，认真推行作业现场"5S"管理、可视化管理方法，严格工艺设备变更管理。

（6）施工安全管理

建设、设计、施工单位应对本工程项目的施工安全性、可靠性及其施工质量予以高度重视，典型厨余垃圾处理项目施工应符合《沼气工程技术规范 第 3 部分：施工及验收》（NY/T 1220.3—2019）要求。

必须对施工单位的资质进行有效审查，并加强对施工队伍的安全意识教育和安全技能培训，做到警钟长鸣。必须加强施工阶段的安全生产监督和管理工作，建立严格的安全管理制度和监督机制，并严格执行，不可懈怠。施工单位应在基础设施施工和设备安装过程中严格控制质量，应防止施工单位出现施工现场、生活设施、职工宿舍三合一现象。

应严格执行《建设工程施工现场消防安全技术规范》（GB 50720—2011）。

施工现场应当采取的基本安全措施如下：

① 施工现场的入口处应当设置"一图五牌"，即工程总平面布置图及工程概况牌、管理人员和监督电话牌、安全生产规定牌、消防保卫牌、文明施工管理制度牌，以接受群众监督。在场区有高处坠落、触电、物体打击等危险部位应悬挂安全标志牌。

② 施工现场四周用硬质材料进行围挡封闭，施工现场内的地坪应当做硬化处理，道路应当坚实畅通。施工现场应当保持排水系统畅通，不得随意排放。各种设施和材料的存放应当符合安全规定和施工总平面图的要求。

③ 施工现场的孔、洞、沟、坎、井及建筑临边应当设置围挡、盖板和警示标志，夜间应当设置警示灯。

④ 施工现场的各类脚手架（包括操作平台及模板支撑）应当按照标准进行设计，采用符合规定的工具和器具，按专项安全施工组织设计搭设，并用绿色密目式安全网全封闭。

⑤ 施工现场的用电线路、用电设施的安装和使用应当符合临时用电规范和安全操作规程，并按照施工组织设计进行架设，严禁任意拉线接电。

⑥ 施工单位应当采取措施控制污染，做好施工现场的环境保护工作。

⑦ 施工现场应当设置必要的生活设施，并符合国家卫生有关规定要求，应当做到生活区与施工区、加工区分离。

⑧ 进入施工现场必须戴安全帽，攀登悬空作业时必须佩挂安全带。

（7）特种作业和特种设备管理

1）特种作业人员管理

根据《特种作业人员安全技术培训考核管理规定》（安全监管总局令第 30 号）等要求进行。厨余垃圾项目特种作业主要包括电工、焊工作业。

特种作业人员必须按照国家有关规定经专门的安全作业培训，取得特种作业操作资格证书，方可上岗作业。

特种作业人员必须接受与本工种相适应的、专门的安全技术培训，经安全技术理论考核和实际操作技能考核合格，取得特种（设备）作业操作证后，方可上岗作业；未经培训，或培训考核不合格者，不得上岗作业。特种作业操作证每 3 年复审 1 次

2）特种设备作业人员管理

根据《特种设备作业人员监督管理办法》（国家质量监督检验检疫总局令第 140号）等要求，厨余垃圾项目涉及的特种设备作业人员主要有压力容器作业人员、起重机作业人员、特种设备管理人员。

特种设备作业人员经考核合格取得《特种设备作业人员证》，方可从事相应的作业或者管理工作。《特种设备作业人员证》每 4 年复审 1 次，持证人员应当在复审期满 3个月前向发证部门提出复审申请。

（8）生产过程安全管理

① 强化危险作业安全管理。对危险性较大的作业，企业必须实行工作票（作业票）和操作票管理，并实施作业前确认。涉及动火、动土、起重吊装等危险性作业的，必须执行相关审批制度。

② 加强外委外包工程安全管理。企业不得将施工、检修等工程项目发包给不具备相应资质的单位。签订的承包协议应明确规定双方的安全生产责任和义务。承包单位要服从企业统一管理，并对工程或检修项目的现场安全管理负责。工程项目不得违法转包、分包。

# 第13章

# 电气与自控

▶ 电气设计

▶ 仪控设计

# 13.1　电气设计

## 13.1.1　配电系统

### 13.1.1.1　负荷计算

负荷计算是厨余垃圾厂供配电系统设计的基础。在进行负荷计算时，根据工艺专业提交的设备功率和负荷分级，并为各设备选取适当的需要系数。常见用电设备的负荷计算取值见表 13-1。

**表 13-1　常见用电设备的负荷计算取值**

| 序号 | 设备名称 | 负荷等级 | 需要系数 | 功率因素 |
|---|---|---|---|---|
| 1 | 抓斗起重机 | 三级负荷 | 0.25~0.35 | 0.5 |
| 2 | 破碎机 | 三级负荷 | 0.3~0.5 | 0.7 |
| 3 | 输送螺旋 | 三级负荷 | 0.7~0.8 | 0.8 |
| 4 | 出渣机 | 三级负荷 | 0.4~0.5 | 0.8 |
| 5 | 柱塞泵 | 三级负荷 | 0.5~0.6 | 0.75 |
| 6 | 沼气锅炉 | 三级负荷 | 0.6~0.8 | 0.8 |
| 7 | 空压机 | 三级负荷 | 0.6~0.8 | 0.8 |
| 8 | 除臭设备 | 三级负荷 | 0.7~0.8 | 0.8 |
| 9 | 沼气火炬 | 二级负荷 | 0.2~0.4 | 0.9 |
| 10 | 沼气增压风机 | 二级负荷 | 0.6~0.8 | 0.8 |
| 11 | 气柜支撑风机 | 二级负荷 | 0.9 | 0.8 |

常见各工艺段功率估算见表 13-2。

**表 13-2　单位厨余垃圾进料量下的各工艺段功率估算**

| 序号 | 工艺段 | 电耗/[kW/(t·d)] |
|---|---|---|
| 1 | 厨余预处理 | 3.5 |
| 2 | 干式厌氧 | 1.6 |
| 3 | 脱水 | 0.5 |
| 4 | 沼气预处理 | 0.2 |
| 5 | 其他辅助系统（不含除臭） | 0.2 |

## 13.1.1.2　供配电系统设计

（1）变电所布置

电气设计根据用电负荷的计算及总平面布置，在厂区合适的位置设置变电所。为了减少输电线路损耗，变电所宜靠近负荷中心布置。一般来讲，在项目前期阶段，厨余处理项目各工艺段的用电负荷计算功率可根据项目厨余垃圾进料量，用表13-2中数据进行估算。宜根据各工艺段车间厂房的布置，分别在各车间设备集中区域设置变电所/电机控制中心（MCC）。为了便于动力电缆的敷设，在条件允许的情况下变电所宜与 MCC 室上下相通或左右相邻。

（2）接线方式

由于厨余垃圾处理厂的发电容量较大，需要有可靠的发电上网线路，且厂区二级负荷较多，对供电可靠性要求高，所以厂区的外线电源优先采用 2 路不同来源的 10kV 电源作为厂区的进线电源。当上级供电部门无法满足 2 路电源要求时，应设置柴油发电机作为二级负荷的备用电源。柴油发电机的选型必须满足二级负荷最大单机启动电流的启动容量校验，以保障事故状态下的二级负荷供电可靠性。在进行启动校验时，需注意消防设备应采用直接启动或者星三角降压启动方式。

10kV 系统采用单母接线。当采用 2 路 10kV 电源进线时，可根据设备可靠性的需要以及当地供电部门的要求，按需设置高压母联开关。

380V 低压母排采用单母分段的接线方式。当厂区采用 2 路电源进线时，2 段低压母排分别接至 2 台变压器，两侧低压进线开关与中间母联短路器采用"三锁两钥匙"的运行方式，防止 2 路市电并列运行；当厂区采用 1 路电源进线+柴油发电机时，一段低压母排（常用母排）接至变压器，另一段低压母排（应急母排）通过双电源转换开关分别接至常用母排和柴油发电机。

## 13.1.1.3　电能质量

针对厨余垃圾处理厂用电设备的特点，低压负荷在变电所低压母线上集中进行自动补偿，补偿后全厂的功率因数应达到 0.9 以上。

随着发光二极管（LED）照明、变频电机、电力电子设备的数量越来越多，需关注谐波的污染情况。由于电网谐波难以在设计阶段计算确定，可在变电所设计时预留有源滤波装置的安装位置，待项目投运后以实测结果决定是否增设滤波装置。

## 13.1.1.4　电力计量

厂区总用电量的计量采用高供高计方式，在 10kV 侧设总表进行建（构）筑物动力、照明合一计量，计量表安装在高配间计量屏上。

为了便于厂区生产管理，应在厂区 380V 侧对各工艺系统分别进行电力计量，计量表宜采用多功能电力表，安装在低压配电柜上。

### 13.1.1.5 电气保护

（1）高压电器、变压器保护

变电所应采用微机继电保护，对配电系统实行保护和监控。

① 10kV 进线柜采用短路速断保护、延时速断保护、过负荷保护。当 1 路 10kV 电源仅挂载 1 台变压器时，可不设进线开关，此时应采用隔离柜作为进线电源的隔离器。

② 10kV 变压器采用短路速断保护、过负荷保护、高温保护、超温保护、零序保护。

③ 高压操作电源宜采用 110V 直流电源。因厂区直流负荷基本上均为控制负荷，每个回路电流较小，且供电距离不长，采用 110V 电压等级更有利于直流系统的安全运行。

（2）低压电器保护

① 低压进线总开关采用短路速断保护、过负荷保护、单相接地保护。

② 低压馈线回路及用电设备设置短路速断保护、过负荷保护、间接接触防护。

③ 在爆炸危险区域内，电动机均应装设断相保护；当电动机过负荷保护自动断电可能引起比引燃更大的危险时，应采用报警代替自动断电。

④ 在爆炸危险区域内，所选导体的允许载流量不应小于断路器长延时过电流脱扣器整定电流的 1.25 倍；引向 1kV 以下笼型电机的，不应小于电动机额定电流的 1.25 倍。

⑤ 在爆炸危险环境 1 区内，配电线路的相线及中性线均应装设短路保护，并采用适当开关同时断开相线和中性线。

## 13.1.2 电机控制

根据工艺专业要求，输送螺旋、沼气风机等部分设备采用变频控制启动，其余设备电动机均优先采用全电压直接启动方式，电机启动的母线压降控制在10%以内；当全压启动的电动机启动母线压降大于10%时，可采取降压启动方式。

厂内主要用电设备操作采用自动及手动两种方式控制，自动方式时由可编程控制器（PLC）控制，手动方式时可在机旁控制箱或机旁按钮箱上操作。

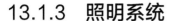

### 13.1.3 照明系统

（1）灯具设置

厂区室外照明地面水平照度≥20lx；室内办公室、会议室等建筑物 0.75m 水平面照度≥300lx；泵房、风机房等构筑物内地面水平照度>100lx；变电所内 0.75m 水平面照度≥200lx；控制室内 0.5m 水平面照度>300lx。

沼气预处理装置等多层钢平台结构，应在每层钢平台上设置工业照明灯具，每层的地面水平照度>100lx。

若锅炉采用开放式摄像头进行双色水位计水位监控，应在摄像头附近设置辅助照明，为视频监控摄像头提供夜间补光，使摄像机能够清晰地录制双色水位计的图像。

变电所、中央控制室、行车抓斗间、多层钢平台、消防泵房内均应装设备用照明。备用照明采用双电源供电方式，与正常照明照度保持一致。

在厂区所有发生火灾时可能有人员滞留的建筑物内，均应设置应急照明与疏散指示标志。厂区应急疏散照明应采用集中控制型灯具，控制主机设于消防控制室内。

在厌氧罐区、沼气预处理区等爆炸危险区域，应选用满足环境要求的防爆型灯具。

（2）检修电源

为满足厂区投运后的局部改造、检修需求，应在各个车间、水池、钢平台设置检修电源的插接点。

常见的检修用电设备有电焊机（9～11kW）、角磨机（<1kW）、移动式潜污泵（6～15kW）、移动式清洗机（0.8～1.2kW）、移动风机（1.1～3.0kW）、移动照明（<1kW）。在项目设计时，应核实厂区检修设备用量，检修电源箱的配电线路及保护开关应能满足检修设备的需要；若无特殊需求，检修电源箱的进线开关可按 32A 进行配置。

检修电源箱的进线开关应配置剩余电流保护，以防止人身触电事故的发生。在反应塔、滚筒刷等受限空间内作业时，必须配备安全电压照明。随着越来越多的检修照明设备自带电压变换模块，检修电源箱内可不设变压模块，使得各检修电源箱的接线形式一致。

常规的检修电源移动插盘的绕线长度最长为 50m，车间内两个检修电源箱间的距离宜小于 80m。在臭气取样平台上必须设置检修电源箱。

### 13.1.4 防雷接地

各构筑物需计算落雷次数并按规范确定防雷级别。防雷装置的冲击接地电阻不大于 10Ω。

10kV 电源进线侧装设避雷器做雷电侵入波过电压保护。在变电所低压进线开关柜、各建筑物总进线配电箱设置电涌保护器。

厂区接地系统采用三相五线制（TN），室外路灯采用局部三相四线制（TT）。变配电间设置集中接地装置，采用联合接地形式（防雷与工作接地合一），接地电阻不大于 1Ω，低压馈线距离超过 50m 时在下级进线的配电盘柜内实施重复接地。各建构筑物分别实施总等电位连接，工作接地、保护共用一套接地装置，接地电阻不大于 1Ω。

在爆炸危险区域内，必须采用三相五线制（TN）接地形式。爆炸危险区域内的所有设备及 I 类灯具，应采用专用的接地导体；不得利用输送可燃物质的管道作为辅助接地导体。接地干线在爆炸危险区域不同的方向不少于两处与接地体连接。

## 13.1.5 电气节能

在电气设计过程中采取以下节能措施：

① 变电所的选址深入负荷中心，减少配电线路的损耗。

② 选用节能型干式变压器，空载损耗低，减少了变压器能耗。

③ 在变电所 380V 侧采用集中式无功补偿装置，补偿后计量功率因数达 0.9 以上。功率因数提高可以减少线路损耗，达到节能目的。电容器组串联 7%电抗器，减小谐波影响，提高电能质量，减少附加损耗。

④ 各建筑物的照明功率密度值执行 GB 50034—2013 规定，减少能耗。

⑤ 照明灯具选用高效的 LED 灯。

⑥ 照明回路三相配电干线的各项负荷分配平衡，减小零点移位，减小电压偏差。

⑦ 采用铜芯电线电缆，有利于用电安全，提高可靠性，同时降低线路电能损耗。

## 13.1.6 弱电系统

（1）综合布线系统

为了实现厂级电信网络的通畅，厂区电话网络系统应采用综合布线的形式。

综合布线系统的主机设置于电信设备间内，电信设备间应位于厂区电信用户集中的位置，一般位于综合楼内。电信设备间应设置电信设备使用的不间断电源设备（UPS），并考虑办公自动化系统（OA 系统）、管理信息系统（MIS）等信息技术（IT）系统预留机柜位置和电源容量，建议至少预留 3 个机柜的位置。

楼宇间布线系统和楼宇内垂直布线系统均采用多芯光缆与大对数电缆，分别传输网络和电话信号。

楼层水平布线系统宜采用超五类八芯四对双绞线（UTP）传输网络和电话信号。电话系统采用的标准插头是 RJ11 插头，可直接插入 RJ45 插座；通过在机柜端的跳线，将UTP线缆中与电话插座对应的两芯接至电话电缆配线架上。若后期在办公终端无电话座机需求，仅需更改跳线，即可将电话插座的功能变换成网络插座。

（2）火灾自动报警系统

厨余垃圾处理厂存在较多消防联动设备，必须设置集中型火灾自动报警系统，报警主机设于消防控制室内。

消防控制室必须有人 24h 值班，消防控制室宜与门卫或控制室合建。因消防规范规定，消防控制室与其他房间合建时需有直通室外的消防通道，一般厨余垃圾处理厂的控制室位于预处理车间二层或三层，较难满足消防控制室的土建要求，所以消防控制室和门卫合建更为简便。

在厂区的一般性火灾危险场合，需设置智能型感烟探测器、智能型感温探测器；在爆炸危险区域，设置可燃气体探测器。

所有火灾报警区域内的出入口设置手报、警铃、消防铭牌。

（3）门禁与周界报警系统

厂区周界安装电子围栏系统，与门卫主机相连，与视频监控系统进行联动，留有对外报警接口，可与公安区域报警系统联系。一旦周界发生入侵，门卫能实时显示报警防区和报警时间，并自动记录储存报警信息。同时，视频监控系统将自动调用报警防区的情况，并进行实时录像。

在厂区四周围墙上方设置电子围栏，大门两侧安装红外对射探测器 24h 监控围墙状态，对非正常进入人员立即给予报警。

在厂区内化验室、罐区、沼气预处理区等需严格管理人员出入的地方，设置门禁系统。门禁主机和发卡器设于管理办公室内，由专职人员对厂区人员权限进行管理。随着技术的发展，可采用指纹识别、人脸识别等新型门禁技术代替读卡器。

（4）视频监控系统

根据厂区生产管理及安全的需要，在车间的关键部位、各建构筑物主要出入口、厂区道路交叉口等处设置视频监控摄像机。

在料坑内，摄像机的布置应能观测到料坑内的物料高度和产线进料口内情况，并在抓斗控制室内设置监视屏，方便抓斗操作工进行抓料控制。

由于厨余垃圾处理厂总的视频点位较多，视频监控网络应采用独立的网络布线。视频监控主机可设于电信设备间或 PLC 机柜间内，通过网络将视频信号送至中控室、抓斗控制室、门卫间内，分别显示生产、料坑、安防的视频图像。

# 13.2 仪控设计

## 13.2.1 仪表选型

### 13.2.1.1 仪表选型原则

仪表在工业生产过程中，起着对工艺参数进行检测、显示、记录或控制的重要作用。正确的仪表选型可以更准确地了解工艺过程的全貌，提高生产效率。仪表的选型主要考虑如下几方面。

（1）工艺过程的条件

工艺过程的温度、压力、流量、黏度、腐蚀性、毒性、脉动等因素是决定仪表选型的主要条件，它关系到仪表选用的合理性、仪表的使用寿命。

厨余垃圾处理厂涉及的介质及主要特性如下。

① 公用工程介质：主要包括循环水、冷却水、蒸汽、蒸汽凝液、软化水、空气、压缩空气等无毒、无可燃性的一般介质。

② 沼气：预处理前沼气湿度接近饱和，含有较高浓度的硫化氢，预处理后沼气相对干燥且硫化氢含量低。

③ 腐蚀性介质：30%NaOH、厨余垃圾滤液。

④ 带颗粒介质：厌氧浆液。

（2）经济性和统一性

仪表的选型也取决于投资的规模，应在满足工艺和自控要求的前提下，进行必要的经济核算，取得适宜的性价比。为便于仪表的维修和管理，在选型时也要注意到仪表的统一性。尽量选用同一系列、同一规格型号及同一生产厂家的产品。

（3）仪表的使用和供应情况

仪表应是较为成熟的产品，经现场使用证明性能是可靠的；同时要注意选用的仪表应当货源供应充沛，安装方便，不会影响工程的施工进度。

## 13.2.1.2　温度仪表选型

厨余垃圾处理厂无特殊高温，远传温度信号可采用热电阻进行检测，就地显示仪表可采用双金属温度计进行检测。

厌氧罐内的温度检测直接关系到发酵工艺的效率，应尽量延长温度传感器的插入深度，且在施工安装过程中在温度套管内注入导热油，以确保罐体的温度检测效果。

## 13.2.1.3　压力仪表选型

压力测量仪表可按表 13-3 选择。压力仪表选型主要以测量范围进行选型，搭配不同材质的附件（如隔离膜片、导压管、冷凝容器等）以满足测量要求。

表 13-3　压力测量仪表选择

| 测点 | 测量范围 | 压力变送器 | 差压变送器 | 一般压力表 | 隔膜压力表 | 膜盒压力表 |
| --- | --- | --- | --- | --- | --- | --- |
| 腐蚀性介质管道 | 0.2～1.6 MPa | ▲ | △ | × | ▲ | × |
| 蒸汽管道 | 1.2～1.5 MPa | ▲ | △ | ▲ | △ | × |
| 清水管道 | 0.2～0.5 MPa | ▲ | △ | ▲ | △ | × |
| 压缩空气管道 | 0.5～1.0 MPa | ▲ | △ | ▲ | △ | × |
| 负压管道 | −100～0 kPa | × | ▲ | ▲ | × | × |
| 微压环境 | 0～100 kPa | × | ▲ | × | × | ▲ |

注：　"▲"表示推荐选用；"△"表示可用（但需经使用条件校验）；"×"表示不推荐。

## 13.2.1.4　流量仪表选型

流量测量仪表可按表 13-4 选择。值得注意的是，在对蒸汽及气体测量时，由于其流量受介质本身温度、压力的影响，流量计需内置温度、压力补偿模块，或与同管线上的温度、压力测量值在中控系统内进行温-压补偿。

表 13-4　流量测量仪表选择

| 测点 | 测量范围 | 电磁流量计 | 涡街流量计 | 孔板流量计 | 超声波流量计 | 热式质量流量计 | 涡轮流量计 |
| --- | --- | --- | --- | --- | --- | --- | --- |
| 蒸汽 | — | × | ▲ | ▲ | × | × | × |
| 浆液 | — | ▲ | × | × | × | × | × |
| 柴油 | — | × | ▲ | △ | △ | × | ▲ |
| 清水 | — | × | ▲ | × | ▲ | × | × |
| 沼气 | — | × | × | × | ▲ | △ | × |
| 生产水/药剂 | — | ▲ | △ | × | × | × | × |
| 压缩空气/废气 | — | × | × | × | × | ▲ | × |

注：　"▲"表示推荐选用；"△"表示可用（但需经使用条件校验）；"×"表示不推荐。

## 13.2.1.5　液位/物位仪表选型

液位测量仪表可按表 13-5 选择。除表中所列仪表类型外，尚有较多其他检测原理的液位计/液位开关，可根据实际工况进行选用。

表 13-5　液位/物位测量仪表选择

| 测点 | 测量范围/m | 超声波液位计 | 雷达液位计 | 压力式液位计 | 磁翻板液位计 | 电接点液位计 | 平衡容器 | 浮球开关 | 阻旋开关 |
|---|---|---|---|---|---|---|---|---|---|
| 水池 | 0～8 | △ | △ | ▲ | × | × | × | ▲ | × |
| 粉料仓 | 0～8 | △ | ▲ | × | × | × | × | × | ▲ |
| 锅炉 | 0～2 | × | × | × | △ | ▲ | ▲ | × | × |
| 厌氧罐 | 0～2 | × | ▲ | ▲ | × | × | × | × | × |
| 水箱/罐 | 0～5 | △ | △ | ▲ | ▲ | × | × | ▲ | × |
| 沼液池 | 0～5 | × | △ | ▲ | × | × | × | ▲ | × |

注：　"▲"表示推荐选用；"△"表示可用（但须经使用条件校验）；"×"表示不推荐。

### 13.2.1.6　分析仪表选型

（1）水分析仪

厨余垃圾处理厂中水分析仪主要有 pH 计和电导率分析仪。pH 计宜选用玻璃电极。由于其受温度影响比较大，因此选型时要对其进行温度补偿以消除温度对 pH 值测量的影响。电导率值测量范围为 0～300mS/cm，宜选用电感式传感器。

（2）沼气分析仪

厨余垃圾处理厂中沼气分析仪主要采用间歇测量式仪表，采样间隔不宜大于 2h。测量参数至少应包含硫化氢浓度和甲烷浓度。

## 13.2.2　控制系统

### 13.2.2.1　控制系统设计原则

① 厨余垃圾处理厂应采用集中操作方式，设置一个中央控制室，在中央控制室内对各车间及附属设备进行集中监控，并根据需要设置就地操作站。

② 整个系统采用模块化设计，分层分布式结构，控制、保护、测量之间既互相独立又互相联系。

③ 系统的配置设计以实现集中操作、控制和管理为目的。设备装置的启、停、联动运转及回路控制均由中央控制室集中远程操纵与调度。

④ 系统具有较高的性价比，控制设备选用已在厨余垃圾处理行业成熟应用，而且反映良好的产品，提高运行可靠性。控制设备的选型要做到尽可能统一，如果无法完全统一则要尽可能地减少控制系统设备的数量或者采取同一家公司不同规格型号的控制设

备，便于运行维护及设备后期的售后服务。

⑤ 系统配置设计多个控制层面，既考虑正常工作时的全自动化运行，同时又考虑多种非正常运行状态下的灵活配合策略。

⑥ 主要工艺设备的控制采用现场控制、就地控制、中央控制的三层控制模式。

## 13.2.2.2 控制系统设计

自控系统按分散控制、集中操作的原则设置。根据厂区平面布置，设置 1 个中央控制站及若干个现场控制站。由现场控制站，对厂区各工艺过程进行分散控制；再由通信系统和监控计算机组成的中央控制系统，对全厂实行集中管理和调度。

设备控制分三级实现，即中央手动控制、控制器自动控制和就地电气控制。控制等级由高到低依次为就地电气控制、控制器自动控制、中央手动控制。

（1）中央控制室

厨余垃圾处理厂一般在厨余垃圾预处理车间内设置中央控制室，对厨余预处理线、大部分公用系统、辅助设施进行过程控制和检测。

中央控制室（站）由操作员站、工程师站、历史数据站、网络设备、工厂网络接口和应用服务器等设备组成，并设打印机等外接设备。运营人员通过操作员站进行控制系统的监视与控制；仪控工程师通过工程师站进行控制系统的工艺组态和程序维护；控制系统的相关运行数据，通过网络设备和网络接口与应用服务上传至上级管理系统。

（2）控制器

按照控制器的类型不同，现场控制器可分为 DCS 控制器和 PLC 控制器。由于其原理的不同，两种控制器分别具有不同的特性。DCS 控制器具备强大的模拟量处理及 PID 控制能力，DCS 组态软件有丰富的模块库可以进行灵活组态，系统稳定性较好，但其系统扫描周期较长，一般大于 100ms。PLC 控制器具有强大的开关量处理能力，能很好地完成顺序逻辑控制，系统拓展能力较强，但其模拟量处理能力较弱，缺少高级 PID 控制功能。

在实际项目中，两种控制器在厨余垃圾处理厂均有采用，且都取得了良好的控制效果。

（3）通信网络

根据控制器的选择不同，采取不同的厂区通信网络。若采用 DCS 控制器，其他公辅系统的成套 PLC 站宜作为 DCS 的子站，采用通信总线接入 DCS 控制器，通过 DCS 的组态画面实现数据的上传和监控。若采用 PLC 控制器，宜采用光纤环网的方式，与其他公辅系统的成套 PLC 站一起，通过光纤网络将数据传输至上位监控与数据采集（SCADA）系统，实现工艺的监控。

（4）大屏展示系统

信息显示系统采用工业以太网通信方式将中控系统的运行信息、视频监控系统的监控信号、车辆物流信息等采集到检查调度中心控制室进行集中显示。控制室内显示大屏可选用小间距发光二极管（LED）屏、液晶显示（LCD）拼接屏、数字光投影（DLP）拼接屏等图形显示设备。在室外需设置公众 LED 屏，实时显示厂内的烟气排放数据供社会监督。

第**14**章

厨余垃圾资源化
项目调试

▶ 调试准备
▶ 调试内容

厨余垃圾资源化项目调试包括单机调试、联动调试和投料调试三个阶段。通过调试，检验系统是否能够满足工艺设计要求，及时发现项目在设计、施工和试车等环节的缺陷并改进，实现厨余垃圾资源化项目快速达到稳定量产。在项目调试期间，探索和总结工程项目在调试阶段的参数指标和运行操作流程与方法，为项目在建成投产后能够长期正常、稳定地运行，延长设备的使用寿命，充分、高效发挥项目的作用做好准备。

# 14.1　调试准备

厨余垃圾资源化项目调试是一项系统工程，需要工业设计、机电安装、运行操作以及分析化验等相关岗位专业人员的共同参与，需要各车间系统的关联和配合，因此在调试工作开始之前，应按照"人、机、料、法、环与安全"原则，进行大量且系统的准备工作。

（1）人员准备

① 组建完整的调试团队，明确团队分工与职责。

② 按照生产工艺流程对调试参与人员进行安全生产与岗位职责方面的岗前培训，确保生产操作人员能正确穿戴各种劳动防护用品，清楚调试现场环境、工作内容、风险因素，掌握设备操作和维护流程、注意事项及应急措施等。

（2）机具与场地准备

① 准备调试过程中必需的万用表、测温枪、测振仪、便携式可燃气体报警器等仪表工具。

② 结合项目现场情况，落实生产调试过程所必需的出渣车辆、收集桶、登高车等相关设备机具。

③ 根据设备操作说明或手册，结合各项目工艺设计资料，检查核实机械、设备、电气以及相关安全防护装置、安全装置和附件是否齐全及是否满足调试启动要求。

④ 厨余垃圾资源化利用项目在调试之前，土建和设备安装工作应完成，相关装置、工艺管线、压力容器应达到设计压力、流量等工艺参数和质量要求，并完成建设单位、勘察单位、设计单位、施工单位和监理单位五方单位的竣工验收工作。

（3）物资准备

① 准备好调试所需的润滑油脂、酸碱药剂、絮凝剂等生产物资。

② 确认调试过程所需的水、电、气、热以及消防安全等必备的辅助配套设施满足调试要求。

③ 对垃圾来源进行全面分析化验，掌握调试生产所需物料的性质、状态。

④ 对厌氧接种底物（菌种）进行分析，确保接种底物满足厌氧系统启动要求。

（4）调试方法

① 按照项目各系统工艺流程和设备性能制定调试相关的人员教育培训、设备安全维保检查、设备操作规程，规范调试流程。

② 结合项目实际情况编制调试进度计划、安全风险点识别、紧急处置措施和制定调试应急预案，形成项目调试方案。

③ 制定并完善工艺指导书、工艺检测分析方法和标准，明确各车间工艺性指标的合理范围。

（5）环境保护措施

我国《环境保护法》规定：建设项目中防治污染的设施，应当与主体工程同时设计、同时施工、同时投产使用；防治污染的设施应当符合经批准的环境影响评价文件的要求，不得擅自拆除或者闲置。因此，厨余垃圾资源化利用项目在调试前，必须明确废水、废气和废渣的去向和处置问题，确认调试启动时，环保设施具备投用条件。

（6）安全管理

厨余垃圾资源化利用项目设计建造过程中涉及诸如有限空间作业、易燃易爆和有毒有害气体泄漏、机械损伤、触电等作业风险，因此在项目调试前，务必对相应的构筑物、机械设备、工艺管道进行检查与确认，规范特殊作业流程，加强特殊作业票管理等工作，保证系统调试的安全开展。

# 14.2 调试内容

当项目调试准备工作均完成之后，形成的调试方案应经国内行业专家评审通过之后才能根据调试方案开展各项调试工作。由于调试过程中不可预见因素很多，具有一定的风险，因此试车过程应先手动后机动，先低速后逐步增加至高速，先空负荷后逐步增加负荷至额定负荷，循序渐进开展。试车过程应以水、空气等为介质，从通水、通电开始，进行单机试车，然后按工艺线路逐步延伸至管道、仪表，最后连成系统。其中各阶段的调试内容大致划分如下。

## 14.2.1 单机调试

厨余垃圾资源化利用项目涉及的设备类型较多，主要包括输送设备、破碎筛分研磨设备以及阀门仪表等。单机调试过程中必须严格按照操作设备随机技术文件以及厂家调试方案进行，结合设备构造进行电压、电流、振动、温度、压力、噪声、精度等相关指标的检测。

### 14.2.1.1 输送设备单机调试要求

（1）固体物料输送设备

厨余垃圾资源化利用项目常用的固体物料输送设备主要有板式给料机、带式输送机、螺旋输送机等，在单机调试前应符合以下基本规定：a. 各润滑点和减速器内所加润滑剂的牌号和数量应符合随机技术文件的规定；b. 输送设备的输送沿线及通道应无影响试运转的障碍物；c. 所有紧固元件应无松动现象；d. 电气系统、安全联锁装置、制动装置、操作控制系统和信号系统应经模拟或操作检验，其工作性能应灵敏、正确、可靠；e. 盘动各运转机构，使传动系统的输出轴至少旋转一周，不应有卡阻现象，电动机的转动方向与输送机运转方向应一致。

1）板式给料机

① 给料机应进行不少于 2h 的连续空载试运转，整机运行应平稳、工作可靠，无异常冲击振动；

② 给料机输送链与链轮应正确啮合，链条无跑偏现象；

③ 给料机输送槽之间的间隙应均匀、无卡碰干涉；

④ 给料机辊轮（或辊子）应转动灵活，拉紧装置调节应灵活；

⑤ 给料机试车过程中，轴承温升、噪声值不应超过随机技术文件的规定，如技术文件无明确规定，则轴承温升不应超过 35℃，最高温度不应超过 65℃，距离给料机轮廓 1m 处，头部、中部和尾部 3 个位置噪声检测平均值不应超过 80dB（A）。

2）带式输送机

① 带式输送机初次试运转应进行间歇空载运转，逐步延长运行时间，直至输送带旋转一个周期或连续运转 30min 以上，然后再进行不少于 2h 的连续空载试运转，所有运动部件应转动灵活、运行应平稳；

② 输送机滚动轴承、滑动轴承温升应满足技术文件要求，如技术文件无规定时，滚动轴承温度不应超过 80℃，温升不应超过 40℃，滑动轴承温度不应超过 70℃，温升不应超过 35℃；

③ 带式输送机空载试运转，启动制动运行可靠，输送带在滚筒无打滑的现象；

④ 带式输送机在空载试运转时，输送机直线段的偏差应满足表 14-1 的规定。

表 14-1　输送带中心线与带式输送机中心线的偏差　　　　　单位：mm

| 带宽（$B$） | $B{<}400$ | $400{<}B{<}800$ | $800{<}B{<}1800$ | $B{>}1800$ |
|---|---|---|---|---|
| 中心线偏差（$D$） | $-25{<}D{<}25$ | $-40{<}D{<}40$ | $-75{<}D{<}75$ 或 $-5\%B{<}D{<}5\%B$（取小值） | $-100{<}D{<}100$ 或 $-4\%B{<}D{<}4\%B$（取小值） |

3）螺旋输送机

① 螺旋输送机空载运行时间不应小于 2h，输送机应运行平稳、工作可靠，无异常声响，旋转部件应运转灵活。

② 测量输送机空载试运转轴承温度时，应用红外测温仪对着轴承座部位测量多次，取平均值，轴承温升应满足随机技术文件要求，如技术文件无规定，轴承温升不应超过 20℃。

③ 测量输送机空载试运转噪声时，如输送机长度≤7m，噪声用声级计（A 档）按 GB/T 3768—2017 测定；当输送机长度>7m 时，应沿输送机长度方向包络面取等分位置布置测试点，等分间隔≤1.5m，距离输送机轮廓 1m 处测定，并根据各测试点噪声测量值计算测量表面平均声压级噪声，噪声声压级不应超过 85dB（A）。1.5m 空负荷试运转的时间不应少于 1h，且不应少于 2 个循环；可变速输送设备最高速空负荷试运转时间不应少于全部试运转时间的 60%。

（2）液体物料输送设备

除了固体输送设备以外，厨余垃圾资源化利用项目还会使用到一些常用的泵送设备来输送液体物料，主要包括离心泵、转子泵、单螺杆泵和隔膜泵等，在单机调试前应符合以下基本规定：a. 润滑、密封、冷却等系统应清洗洁净并保持畅通，其受压部分应进行严密性试验；b. 润滑部位加注的润滑剂的规格和数量应符合随机技术文件的规定；c. 泵的各附属系统应独立试验调整合格，驱动机的转向应与泵的转向相符，运行正常；d. 泵体、泵盖、连杆和其他连接螺栓与螺母应按规定的力矩拧紧，并应无松动，联轴器及其他外露的旋转部分均应有保护罩，并应固定牢固；e. 泵的安全报警和停机联锁装置经模拟试验，其动作应灵敏、正确和可靠；f. 经控制系统联合试验，各种仪表显示、声讯和光电信号等，应灵敏、正确、可靠，并应符合机组运行的要求；g. 盘动转子，其转动应灵活、无摩擦和阻滞；h.泵启动前应打开吸入和排出管路阀门。

1）离心泵

① 试运转的介质宜采用清水。当泵输送介质不是清水时，应按介质的密度折算为清水进行试运转，流量不应小于额定值的 20%，电流不得超过电动机的额定电流。

② 润滑油不得有渗漏和雾状喷油。轴承、轴承箱和油池润滑油的温升应符合随机技术文件规定，如无规定时，滚动轴承温度不应超过 80℃，温升不应超过 40℃，滑动轴承温度不应超过 70℃，温升不应超过 35℃。

③ 泵试运转时，各固定连接部位不应有松动；各运动部件运转应正常，无异常声响和摩擦；附属系统的运转应正常；管道连接应牢固、无渗漏。

④ 轴承的振动速度有效值应在额定转速、最高排出压力和无汽蚀条件下检测，检测及其限值应符合随机技术文件的规定；无规定时，应符合表 14-2 的规定。

**表 14-2　离心泵的类别与振动速度有效值的限值**

| 泵的类别 | 泵的中心高/mm | | | 振动速度有效值 /（mm/s） |
| --- | --- | --- | --- | --- |
| | ≤225 | 225～550 | >550 | |
| | 泵的转速/（r/min） | | | |
| 第一类 | ≤1800 | ≤1000 | — | ≤2.80 |
| 第二类 | >1800～4500 | >1000～1800 | >600～1500 | ≤4.50 |
| 第三类 | >4500～12000 | >1800～4500 | >1500～3600 | ≤7.10 |
| 第四类 | — | >4500～12000 | >3600～12000 | ≤11.20 |

2）转子泵

① 各密封面不应泄漏。

② 泵试运转中应无异响和振动（如撞击声、无规律不均匀的声响和振动等）。

③ 泵在额定工况运行时，原动机不应过载，其噪声值不应超过随机技术文件规定的电机噪声指标值加 3dB（A）。

④ 泵在额定压力下，流量应为额定流量的 95%～110%。

⑤ 轴承温升不应超过随机技术文件规定，无规定时，轴承温度不超过 80℃，温升不应超过 40℃，润滑油压及油位在规定范围内，油池油温不超过 75℃，温升不超过 40℃。

⑥ 泵轴封采用填料密封时，泄漏量不应超过额定流量的 0.01%，额定流量小于 10m³/h 时，总泄漏量不应超过 1L/h，采用机械密封时，泄漏量不超过表 14-3 的规定。

表 14-3　转子泵泄漏量

| 轴径/mm | 泄漏量/（mL/h） |
|---|---|
| ≤50 | 3 |
| >50 | 5 |

3）单螺杆泵

① 泵在输送介质条件下应能连续正常运行，禁止干运转。

② 泵在试运转时，噪声值应满足随机技术文件要求，且不应超过 80dB（A），当驱动机构噪声超过 80dB（A）时，机组噪声按驱动机构噪声加 3dB（A）考核。

③ 泵轴封采用机械密封时，其运行泄漏量允许值同转子泵。当采用填料密封时，其运行泄漏量允许值为：轴径≤50mm 时，15mL/min；50mm<轴径≤100mm 时，20mL/min；轴径>100mm 时，30mL/min。

④ 泵试运转时振动合格范围如表 14-4 所列。

表 14-4　泵试运转时振动合格范围

| 振动烈度级 | 泵的振动级别 | | | |
|---|---|---|---|---|
| | 每 100 转，理论流量 $q$≤10L | 每 100 转，10L<理论流量 $q$≤50L | 每 100 转，50L<理论流量 $q$≤200L | 每 100 转，理论流量 $q$>200L |
| 0.28 | 合格 | 合格 | 合格 | 合格 |
| 0.45 | | | | |
| 0.71 | | | | |
| 1.12 | | | | |
| 1.80 | | | | |
| 2.80 | 不合格 | | | |
| 4.50 | | | | |

续表

| 振动烈度级 | 泵的振动级别 | | | |
|---|---|---|---|---|
| | 每 100 转，理论流量 $q \leqslant 10L$ | 每 100 转，$10L <$理论流量 $q \leqslant 50L$ | 每 100 转，$50L <$理论流量 $q \leqslant 200L$ | 每 100 转，理论流量 $q > 200L$ |
| 7.10 | 不合格 | 不合格 | 合格 | 合格 |
| 11.20 | | | | |
| 18.00 | | | 不合格 | 不合格 |
| 28.00 | | | | |
| 45.00 | | | | |

4）隔膜泵

① 隔膜泵补排液装置运行正常，各密封不得泄漏，储液器不得渗漏。

② 润滑油压及油位在规定范围，油池油温满足随机技术文件要求，无规定时，油温不得超过 75℃。

③ 泵在连续试运转时，不应超过泵的额定工况，气动隔膜泵配器机构工作平稳，泵速稳定，无迟滞卡阻现象。

④ 液压式泵在额定排出压力下，柱塞或活塞杆密封处的泄漏量应满足技术文件规定，无规定时，应不超过泵额定流量的 0.01%，泵额定流量小于 $10m^3/h$ 时，泄漏量不应超过 1L/h。

（3）气体输送设备

厨余垃圾资源化利用项目厌氧系统产生的沼气和臭气等气体介质通常采用风机进行输送，主要包括离心风机、轴流风机、罗茨风机等，在单机调试前应符合以下基本规定：

① 轴承箱和油箱应经清洗洁净、检查合格后，加注润滑油，加注润滑油的规格、数量应符合随机技术文件的规定。

② 电动机等驱动机器的转向应符合随机技术文件要求。

③ 盘动风机转子，不得有摩擦和碰刮。

④ 润滑系统工作应正常，冷却水系统供水正常。

⑤ 风机的安全和联锁报警与停机控制系统应经模拟试验，并符合以下要求：润滑油的油位和压力不应低于规定的最低值，轴承的温度和温升不应高于规定的最高值，轴承的振动速度有效值或峰-峰值不应超过规定值，喘振报警和气体释放装置应灵敏、正确、可靠，风机运转速度不应超过规定的最高速度。

⑥ 机组各辅助设备应按随机技术文件的规定进行单机试运转，且应合格。

⑦ 风机传动装置的外露部分、直接通大气的进口，其防护罩（网）应安装完毕。

⑧ 主机的进气管和与其连接的有关设备应清扫洁净。

风机在试运转过程中应符合以下要求：

① 无负荷调试在启动前，应全开出口阀门和入口阀门，在低负荷下启动电机进行

试车，使风机在无阻力情况下运转 30min，然后逐步提升频率至规定转速、规定压力下连续运行不少于 2h。

② 具有滑动轴承的大型风机，负荷试运转 2h 后应停机检查轴承，轴承应无异常现象，然后再在规定负荷下连续运转不应少于 6h，在规定转速、规定压力下，轴承达到稳定温度后，连续运转时间不应少于 20min。

③ 风机在额定运行条件下的轴承温度、润滑油温度、振动等应符合随机技术文件规定，无规定时，一般用途轴流风机在轴承表面测得的温度不得高于环境温度 40℃，滚动轴承正常工作温度不应超过 70℃，瞬时最高温度不应超过 95℃，温升不应超过 60℃，滑动轴承的正常工作温度不应超过 75℃，刚性支撑振动峰值不应超过 6.5mm/s，挠性支撑振动峰值不应超过 10mm/s。

④ 风机在额定工况下试运转中，密封结构应满足输送气体气密性要求；针对防爆型罗茨风机，试运转时可以用空气为介质进行试运转，后续输送可燃性气体混合物时，其可燃物质浓度应在爆炸极限以外的安全范围内。

### 14.2.1.2　撕碎筛分和研磨设备单机调试要求

厨余垃圾资源化利用项目破碎筛分设备主要包括撕碎机、滚筒筛和磨浆机等设备，设备主要功能是杂质去除和厨余垃圾资源化利用物料的均质处理。由于破碎筛分和研磨设备构造较为复杂，因此在开展单机调试之前，其设备自带的冷却器、液压装置、安全保护装置等必须安装并经初试合格，才可以进行整机的试运转工作，在开展整机试运转工作前，必须满足以下要求：a. 辅助设备应按随机技术文件的规定进行单机试运转，且应合格；b. 冷却系统和润滑系统等工作正确、可靠、稳定且无渗滤、泄漏；c. 安全保护系统限位开关、急停按钮功能满足随机技术文件要求；d. 安全和联锁报警与停机控制系统应经模拟试验，并符合随机技术文件要求，装置应灵敏、正确、可靠，风机运转速度不应超过规定的最高速度；e. 点动设备，确认设备转向正确，无异常。

（1）撕碎机

① 撕碎机刀盘（轴）及运动部件转动应灵活，无卡阻现象，无异常声响；

② 试运转过程中，撕碎机噪声应满足随机技术文件规定，无规定时，采用单电机驱动应不超过 90dB（A），双电机及多电机驱动应不超过 93dB（A）；

③ 空负荷试运转时间应不少于 2h，轴承温升应满足随机技术文件规定，无规定时，轴承温升应不超过 35℃，最高温度应不超过 70℃。

（2）滚筒筛

① 滚筒筛试运转过程中应连续、平稳、无卡滞、干涉和异常响声；

② 滚筒筛在额定工况下试运转时，设备电机、轴承、托辊轴、噪声应满足随机技术文件要求，如无规定时，轴承温升应小于 30℃，最高温度应不超过 70℃，电机最高

温度不应超过 65℃，设备整机噪声值应不超过 80dB（A）。

需要特别说明的是，目前多数滚筒筛的托轮多采用橡胶材质，滚筒筛出厂后长期未运行会造成托轮出现挤压变形，因此，设备试运转相关指标检测前，须以低频速度运转12h 以上，将托轮修复后再进行设备的单机试运转指标测试。

（3）研磨机

针对厨余垃圾资源化利用项目，目前多采用剪切式、锤击式或者挤压式研磨制浆或破碎设备。因此，除了满足各类设备的随机技术文件要求以外，还需根据设备的自身结构特点，满足以下相应要求：

① 设备运转灵活、方向正确，设备运行声音均匀；

② 设备的齿轮、链条、链轮啮合平稳、无磨损；

③ 各运动部件的运转应平稳、无异常现象，衬板无松动，无异常声响；

④ 润滑、液压、气动和冷却系统工作正常、无渗漏、无泄漏；

⑤ 设备随机技术文件无规定时，滑动轴承温升不应超过 35℃，最高温度不应超过70℃，滚动轴承温升不应超过 45℃，最高温度不应超过 90℃，液压泵站进口温度不应超过 60℃，且不得低于 15℃；

⑥ 试运转连续运行时间不应小于 8h；

⑦ 破碎后物料尺寸应符合技术文件要求，破碎量也应满足设备额定处理量。

## 14.2.1.3　阀门、仪表调试要求

阀门调试主要指直径较大的阀门，比如闸阀、蝶阀等。查验内容有：安装方向是否正确，阀门开闭是否轻便灵活，开度指示是否正确，开闭是否到位准确，等等。

当安全阀作为压力容器和压缩设备的安全保障设施时，为保障性能安全可靠，其校验定期应报送政府安监部门进行校验。

仪表校验时，校验点应在全刻度或全量程范围内均匀选取，不应少于 5 个点，且应包括常用点。其正反行程的基本误差不应超过仪表允许的基本误差，且符合国家仪表专业标准或仪表使用说明书的规定。

## 14.2.2　联动调试

按工艺流程划分，厨余垃圾资源化项目可以划分成预处理系统、厌氧消化处理系统、沼气利用系统、脱水系统以及其他公辅系统等，每个系统根据其功能定位还可以细分成接料破碎单元、筛分单元、均质单元、暂存单元等，具体应结合项目的工艺特点和流程归类。联动调试是建立在各机械设备安装、运行合格后的基础上，开始的第二阶段

系统空载调试工作。联动调试可以是系统中一个或多个单元的联动调试，也可以是一个系统整体的联动调试。联动调试主要是规定范围内的机器、设备、管道、电气、自动控制系统等，以水、空气等为介质进行的模拟试运行，以检验系统的制造、安装质量以及其自控回路、设备启停顺序、联锁保护和安全保护等功能是否符合要求。

（1）在开始联动调试之前项目各系统应满足要求

① 系统联动调试范围内的设备、装置、仪表、阀门等均已完成单机调试或校调，且满足设计文件要求；

② 设备或单元之间的工艺管线试压、严密性检验均已完成且合格，设备或单元之间的仪表、阀门开闭状态根据联合调试内容已调整到初始状态；

③ 系统控制柜内部卡件安装、接线和对线的工作完成，PLC 程序经模拟试验合格并上传成功；

④ 自动控制系统的有关参数在单机调试时已确认，并在上位机上预置，联动及报警整定值已确认并下达；

⑤ 不受工艺条件影响的仪表、保护性联锁、报警接应参与联动试车，并应逐步投用自动控制系统；

⑥ 联动调试所需的燃料、水、电、工艺空气、工艺仪表空气等确保稳定供应，各种物资和测试仪表、工具皆已备齐；

⑦ 参与联动试车人员必须经考核合格，应能掌握开车、停车、事故处理和调整工艺条件的技术。

（2）系统启动前检查应对现场进行哪些检查和确认

① 根据联动调试内容，划定试车区，无关人员不得进入；

② 联动调试现场有碍安全的机器、设备、场地、走道处的杂物，已清理干净；

③ 试车范围中相关的阀门、仪表、控制箱按钮已逐项确认状态正确；

④ 设备运行所需的润滑油脂、药剂、水等物资已加注完成，并满足试车条件；

⑤ 设备上电，系统启动，系统联动调试应遵循从低速到高速、低频到高频的过程。

（3）系统联动调试过程应注意观察的工况

① 系统设备的启停顺序是否正确；

② 试车的系统应收尾衔接稳定运行，仪表工作正常；

③ 根据联动调试方案，模拟日常生产过程中容易出现的工况，对系统内安全保护和联锁保护装置进行测试，确认系统报警触发后的动作正确；

④ 填写联动调试过程记录，联动调试完成并经消除缺陷后，签字确认。

## 14.2.3 投料调试

当厨余垃圾资源化利用项目的系统联动调试合格后，项目即可以进入投料调试工作。由于厌氧消化系统的生化菌泥繁殖速度慢、发酵周期长的特点，项目的投料调试周期会长达 2～3 个月，甚至半年。因此，厌氧消化系统的启动和投料调试工作作为厨余垃圾资源化利用项目投料调试的关键工作，应提前开始，然后才是预处理、沼气利用和其他系统的投料调试工作。

（1）厌氧系统的投料调试

厨余垃圾资源化利用项目常规厌氧消化工艺按照厌氧微生物环境划分，可以分为嗜温型和嗜热型，嗜温型工艺温度范围在 35～37℃，称为中温厌氧，嗜热型工艺温度范围在 52～55℃，称为高温厌氧；按照进料含固率浓度划分，可以分为湿式厌氧和干式厌氧工艺两种类型，其中湿式厌氧工艺进料含固率在 15% 以下，干式厌氧工艺进料含固率在 25% 以上。虽然工艺划分的方式和方法有所区别，但是厌氧系统的投料调试工作仍可划分为接种驯化和负荷提升两个阶段，厌氧系统的启动逻辑基本大致相同，厌氧反应器启动逻辑如图 14-1 所示。

不管是湿式厌氧还是干式厌氧，厌氧反应器的投料调试大致如图 14-1 逻辑顺序开展，只是在过程操作上存在少许差异。具体分解步骤如下所述：

① 在厌氧系统启动之前，务必确认反应器的气密性和正负压保护装置功能满足系统启动要求。

② 针对湿式厌氧反应器和带有搅拌轴的干式厌氧搅拌器，反应器在接种底物之前，应注入一定清水，以便能满足厌氧反应器的升温要求和搅拌器的启动要求。

③ 当反应器温度达到设定运行温度后开始投加接种底物。其中湿式厌氧底物的投加量应保证当反应器液位达到设计运行液位时，反应器内污泥浓度不小于 5g/L；干式厌氧反应器内污泥浓度不小于 150g/L。

④ 反应器接种的底物来源可以是已运行稳定的其他厌氧反应器的沼液/泥、市政污水处理厂厌氧工艺段的活性污泥、牛粪等，其中湿式厌氧工艺优选含固率较低的接种底物，干式厌氧优选含固率高的接种底物。

⑤ 一旦厌氧系统开始投加接种底物，反应器内厌氧环境会逐步形成，此时应每 2～4h 进行一次反应器内和排空阀出口气体成分的检测工作。当反应器内气体成分甲烷浓度在 5%～15% 范围时属于甲烷的爆炸范围，必须加强厌氧反应器周围和厌氧罐顶的安全管理和防护工作。严禁无关人员进入反应器区域，严禁在反应器周边施工作业活动。

⑥ 当反应器内甲烷气体成分连续 5d 大于 50% 时，就应关闭罐顶排空阀门，将反应器产生沼气并入沼气管道，并开始投加厨余原料。初始厨余原料的投加量应按照设计负荷的 10%～20% 比例投加。

⑦ 反应器开始投加厨余原料后，应每天定时定点对反应器内物料进行检测分析，检测分析的指标至少包含 pH 值、挥发性脂肪酸、碱度、氨氮、含固率、挥发性固体含量等。监测方法可参照《水和废水监测分析方法》（第四版）或者借助相关国内较为成熟快速便携的检测分析方法。

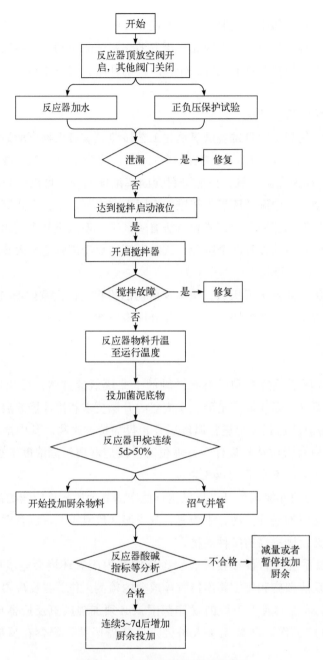

图 14-1　厌氧反应器启动逻辑

⑧　通常情况下，厌氧系统正常稳定运行时，根据目前众多项目案例数据统计分析，反应器内 pH 值在 7.2～8.3 范围，挥发性脂肪酸浓度不高于 3500mg/L，碱度为 8000～13000mg/L，氨氮<5000mg/L，含固率和挥发性固体含量方面，湿式厌氧含固率控制在 1%～5%范围内，挥发性固体含量不高于 75%。

⑨　当连续 3～7d 相同厨余垃圾投加量下，反应器各项指标参数均变化不大时，就

可以在当前的厨余垃圾投加量下再增加 5%～10%的厨余垃圾，如此梯次循环，直至达到反应器设计处理负荷。

（2）沼气利用系统投料调试

厌氧反应器产生的沼气通常含有一定量的硫化氢等杂质气体，在进行沼气利用之前应将硫化氢杂质气体进行分离去除，即所谓的沼气脱硫净化。目前，针对沼气脱硫净化工艺主要有生物脱硫、化学脱硫和干法脱硫三种。其中生物脱硫主要是利用硫化细菌在氧气的作用下将硫化氢转换为硫单质或者硫酸；化学脱硫主要是利用碳酸钠、碳酸氢钠等碱性化学物质将硫化氢进行反应生产硫化金属盐，然后再通过再生方式还原成单质硫；干法脱硫则是利用氧化铁等固体物质与沼气中硫化氢反应生成硫化铁或者二硫化铁。

1）生物脱硫系统调试

当沼气脱硫净化系统采用生物脱硫工艺时，在系统进沼气前，首先应对生物脱硫塔投加硫化菌泥。菌泥通常在市政污水处理厂好氧段的污泥中存在。当菌泥投加后，就可以对生物脱硫塔进行循环喷淋，并按照沼气流量配送 10%～20%的空气，当脱硫塔中 pH 值逐渐下降至 2 左右时，系统的脱硫净化功能就已形成。

在生物脱硫系统投料调试过程中，应保持反应器温度在 25～35℃范围，并定期添加氮、磷营养液供硫化细菌的繁殖。

2）化学脱硫系统调试

当沼气脱硫净化系统采用化学脱硫工艺时，只需将碳酸钠和碳酸氢钠按一定比例稀释成脱硫液泵送到脱硫塔中，保持脱硫塔呈现弱碱性的条件，即可以实现沼气的净化脱硫。吸收硫化氢之后的碱液，再经过化学脱硫塔的再生槽，在曝气的条件下，将硫离子或硫氢根离子还原成单质硫，就可以实现脱硫液的再生利用。其间仅需根据硫化氢浓度适当补充化学药剂和适当的清水即可。

3）干法脱硫系统调试

在进行沼气脱硫净化之前，将富含氧化铁的脱硫剂装填至干法脱硫塔中，然后再送入含硫化氢沼气就可以实现硫化氢的分离去除。该装置较为简单，日常生产运行仅需定期更换脱硫剂即可。

（3）其他系统的投料调试工作

厨余垃圾资源化利用项目还涉及厨余垃圾预处理系统、厌氧脱水系统、锅炉供热系统、发电或者压缩天然气（CNG）系统的投料调试工作，这些系统在投料调试过程中应重点考虑物料输送的平衡、稳定，杜绝跑冒滴漏和联锁保护功能，由于涉及工艺控制的参数较少，且在前述的联动调试时已进行优化和完善，在投料调试过程中重点是应以循序渐进、逐步增加负荷的方式进行，然后逐步达到设计处理负荷。

第**15**章

# 厨余垃圾资源化项目实例

# 15.1　案例 1：常州餐厨废弃物综合处置一期工程

## 15.1.1　项目概述

（1）项目概况

① 项目名称：常州市餐厨废弃物综合处置一期工程。

② 建设地点：常州市武进区雪堰镇常州市工业固体废弃物安全填埋场南侧。

③ 项目处理对象：常州市区范围内的餐厨废弃物，是指除居民日常生活以外的食品加工、餐饮服务、集体供餐等活动中产生的食物残余和废弃食用油脂等废弃物；废弃食用油脂是指不可再食用的动植物油脂和各类油水混合物。

④ 建设规模：按"一次规划、分期实施"原则，一期工程处理餐厨废弃物200t/d、废弃食用油脂 40t/d。

⑤ 投资概算：本工程建设项目总投资为 14871.18 万元，其中第一部分工程费用11238.40 万元。

（2）项目背景

2012 年 10 月，财政部经济建设司、国家发展改革委环资司根据《关于确定第二批餐厨废弃物资源化利用和无害化处理试点城市初选名单及有关事项的通知》（发改办环资〔2012〕2094 号）等有关文件规定，经组织专家评审等程序，明确将常州市列入第二批餐厨废弃物资源化利用和无害化处理试点城市。

本项目于 2012 年 2 月获得项目建议书批复，2012 年 3 月获得项目选址意见书，2012 年 7 月通过项目用地预审，2013 年 6 月通过环境影响评价批复。2013 年 8 月通过工程可行性研究批复。2013 年 10 月 24 日获得初步设计批复。2015 年 1 月开始工程建设，2015 年 12 月 6 日施工完成并开始进入调试阶段。2015 年 12 月 21 日，本项目调试完成，进入试生产阶段。

## 15.1.2　处理对象与工艺路线

### 15.1.2.1　处理对象

餐厨废弃物是食物垃圾中最主要的一种，其成分复杂，是油、水、果皮、蔬菜、米、面、鱼、肉、骨头以及废餐具、塑料、纸巾等多种物质的混合物。餐厨废弃物特点主要是含水量高，水分占到垃圾总量的 80%～90%；有机物含量高，油脂含量高，盐分含量高；易腐烂变质，易发酵，易发臭；易滋长寄生虫、虫卵及病原微生物和霉菌毒素等有害物质。

根据常州市餐厨废弃物应急工程的实际测试，常州市餐厨废弃物的成分分析见表 15-1。

表 15-1 常州市餐厨废弃物的成分分析

| 名称 | | 数据 |
| --- | --- | --- |
| 物理成分 | 水分/% | 83～88 |
| | 有机物/% | 6.5～12.0 |
| | 纸类/% | 0.05～0.50 |
| | 金属/% | 0.01～0.50 |
| | 塑料/橡胶/% | 0.1～0.5 |
| | 木竹/% | 0.01～0.10 |
| | 骨类/% | 1.5～3.0 |
| | 油脂/% | 1.0～2.2 |

根据表 15-1，常州市餐厨废弃物具有以下特性：

① 含水率高，含水率高达约 85%；

② 易腐性，富含有机物，有机干物质占总固体物质高达 85%（干基）；

③ 油脂含量高，可达到 1.3%。

## 15.1.2.2　总体工艺路线

根据本工程的功能定位，拟采用厌氧消化为主的工艺路线，包含以下工艺系统：

① 餐厨废弃物预处理系统；

② 厌氧消化及脱水系统；

③ 沼气净化及利用系统；

④ 废弃食用油脂及生物柴油系统。

除上述主体工艺外，还包括沼渣堆肥、臭气处理等辅助配套工艺。

本工程总体工艺路线如图 15-1 所示。

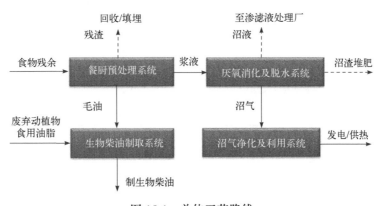

图 15-1　总体工艺路线

## 15.1.2.3　物料和能量平衡分析

（1）设计参数

本工程按照近期实际处理规模 200t/d 餐厨废弃物、20t/d 废弃食用油脂进行总体物料平衡和热量平衡计算。

主要设计数据如下所述。

① 餐厨废弃物：日处理量200t/d；含水率84.8%；日处理干固体量30.4t/d；年处理量 73000t/a。

② 废弃食用油脂：近期日处理量 20t/d；近期年处理量 7300t/a。

（2）物料平衡

项目总体物料平衡以春秋季平均温度 15℃进行计算，整个工程中，总物料输入主要包括餐厨废弃物和废弃食用油脂及其处理过程中所需的添加剂，同时也包括厂区的冲洗水及生活污水等。物料输出主要包括了沼气、预处理过程中分离的物质、生物柴油产品、污水处理出水等。物料平衡见表 15-2，沼气量按进入沼气装置前总量计算，为 13960m³/d，折合约为 15.9t/d。

表 15-2　工艺物料平衡（春秋季）　　　　　　　　　　　　单位：t/d

| 类别 | 名称 | 数值 | 合计 |
| --- | --- | --- | --- |
| 物料输入 | 餐厨废弃物进料 | 200 | 250.4 |
| | 脱水系统自来水 | 10.8 | |
| | 脱水系统药剂（PAM、FeCl₃） | 0.1 | |
| | 直喷蒸汽 | 8.6 | |
| | 冲洗水 | 6 | |
| | 废弃食用油脂 | 20 | |

续表

| 类别 | 名称 | 数值 | 合计 |
|------|------|------|------|
| 物料输入 | 添加剂（甲醇、浓硫酸、NaOH 等） | 1.6 | 250.4 |
| | 堆肥辅料（木屑） | 3.3 | |
| 物料输出 | 总沼气量 | 15.9 | 250.4 |
| | 塑料、金属 | 2.2 | |
| | 惰性物、砂石、纤维杂质 | 10.7 | |
| | 有机肥料 | 2.6 | |
| | 堆肥回用料（回用木屑） | 3.9 | |
| | 水分散失及生物代谢 | 4.4 | |
| | 厌氧出水 | 198.8 | |
| | 生物柴油 | 8.8 | |
| | 生物柴油副产品（甘油、粗甲酯） | 3.1 | |

注：PAM—聚丙烯酰胺。

（3）能量平衡

本工程产生的沼气主要用于：

① 产生蒸汽供给餐厨废弃物预处理单元，用于餐厨废弃物的加热和其中油水的分离；

② 进入生物柴油单元；

③ 进入沼气发电系统发电及产生蒸汽。

因此，能量输入主要是基于厌氧消化产生的沼气热值。能量输出主要用于预处理单元、厌氧消化罐保温、生物柴油单元、蒸汽和导热油锅炉系统。

由于能量平衡受环境温度影响较大，本工程按春秋（进料温度按 15℃）、夏季（进料温度按 25℃）和冬季（进料温度按 5℃）3 个不同季节温度进行能量平衡计算，具体见表 15-3。

表 15-3  能量平衡                          单位：MJ/d

| 类别 | 名称 | | 春秋 | 夏季 | 冬季 |
|------|------|------|------|------|------|
| 能量输入 | 沼气 | | 331500 | 331500 | 331500 |
| | 沼气预处理损失 | | −13527 | −13527 | −13527 |
| 能量输出 | 预处理单元 | 蒸汽锅炉 | 68539 | 63461 | 73612 |
| | 厌氧消化罐保温 | | 1735 | 868 | 2603 |
| | 生物柴油单元 | | 20870 | 20870 | 20870 |
| | 发电设备余热利用回收 | | −37150 | −38178 | −36124 |
| | 生物柴油单元 | 导热油锅炉 | 11874 | 11874 | 11874 |
| | 发电沼气量 | 发电机 | 252105 | 259078 | 245138 |

沼气平衡见表 15-4。

表 15-4 沼气平衡　　　　单位：m³/d(标准状况)

| 类别 | 名称 | | 春秋 | 夏季 | 冬季 |
|---|---|---|---|---|---|
| 沼气产生量 | 沼气 | | 13960 | 13960 | 13960 |
| | 沼气预处理损失 | | −570 | −570 | −570 |
| 沼气消耗量 | 预处理单元 | 蒸汽锅炉 | 2886 | 2672 | 3100 |
| | 厌氧消化罐保温 | | 73 | 37 | 110 |
| | 生物柴油单元 | | 879 | 879 | 879 |
| | 发电设备余热利用回收 | | −1564 | −1608 | −1521 |
| | 生物柴油单元 | 导热油锅炉 | 500 | 500 | 500 |
| | 可利用沼气量 | 发电机 | 10617 | 10910 | 10323 |

## 15.1.3　主体工艺系统

### 15.1.3.1　餐厨垃圾计量与卸料系统

（1）餐厨收集车进出站称重计量

进入厂区的餐厨收集车需称重计量。装满餐厨垃圾的收集车驶进厂区后，以小于 5km/h 的速度匀速通过电子汽车衡称重计量系统，自动完成称重、记录，随后驶向卸料大厅。

（2）餐厨收集车卸料

当餐厨收集车经称重计量后，驶向预处理车间卸料大厅，根据监控室和现场调度指示，倒车驶向指定的卸料位。

餐厨废弃物经餐厨废弃物专用收集车先在放水渠泄水，然后再将垃圾卸料到接收斗中。垃圾水收集到预处理间的滤水除砂集液箱。当餐厨收集车进入指定卸料位后，打开尾部卸料门，将餐厨废弃物卸入料槽内。此时，位于卸料地坑侧面的抽风除尘除臭系统开始除尘除臭工作，抑制收集车卸料时产生的灰尘和臭气并将其抽进除尘除臭系统，处理达标后排放。

当餐厨收集车卸料完毕，收集车驶离预处理车间，经过称重后驶离厂区，完成一次餐厨收集车卸料过程。餐厨收集车的卸料过程受监控室监控或卸料大厅工作人员现场指挥，收集车在卸料大厅流向畅通，不会造成卸料过程不必要的等待。

食物残余经称重后卸至接收料斗，本项目近期设 2 座接收料斗，容量分别为

100m³。每个料斗前设置一个卸料车位，有效斗容满足一天物料量的暂存需求，以应对设备的临时检修。每个料斗底部并排布置两组双螺旋给料机，该双螺旋输送机不仅对大块废弃物及袋装废弃物有粗破碎功能，同时可挤压出废弃物中的水分，产生大量滤液，滤液进入油水分离系统，料斗中剩余物料经螺旋输送机输送至有机物分离机。为防止螺旋底部滤网堵塞，设置人工检修孔。

废弃动植物食用油脂由收运车通过二层卸料斗卸至一层接收缓冲罐内，接收缓冲罐设置 2 座，单座有效容积为 25m³，可满足接收要求。

### 15.1.3.2  餐厨预处理系统

（1）有机物分离技术

餐厨废弃物预处理工艺的技术关键是采用适于复杂成分的有机物分离技术，采用有机物分离机，其已经在餐厨废弃物处理中广泛应用。

含有塑料、玻璃、纤维等杂质的混合餐厨废弃物物料从进料口进入后，在高速旋转的转锤作用下有机物破碎成浆并通过底部的多孔板分离到下层，而塑料、纤维、未破碎的重物质等则通过末端排料口排出。这样，可以有效地将餐厨废弃物的有机物组分与塑料、玻璃、砖石等杂质分离。从底部排出的浆液，通过柱塞泵输送到后续处理工艺。

该技术广泛应用于德国、瑞士、法国等欧洲国家和韩国等亚洲国家的餐厨废弃物处理，不仅分离效果好，由于离心作用，分离出的塑料纤维表面几乎没有水、油和有机附着物，更主要的是对杂质物料的耐冲击性好，性能稳定可靠。

（2）固液分离技术

本工程拟采用加热搅拌及固液分离技术，加热搅拌技术工艺原理是，打浆后的物料进入带有螺旋输送装置的蒸汽淋洗系统，对浆料进行增温。设备内搅拌机是一个高速旋转低速推进的设计。高速旋转的作用是保证蒸汽热介质与浆料的充分混合，低速推进是保证浆料在设备内的停留时间。浆料一方面在螺旋作用下向前运动，另一方面将蒸汽与垃圾充分搅拌，升温至 70～80℃，固态油脂大量溶解。同时，物料中的有机物也在搅拌和加热的共同作用下溶于水中。

升温后的浆料进入固液分离机，也称为螺旋压榨机。分离机内设有一个可调节位置的挡板，垃圾在螺旋作用下与挡板接触产生挤压力，将其中的游离水分挤出，通过分离机底部的孔板流出，流出的物料送入油水分离系统。

（3）油水分离技术

油脂含量高是国内餐厨废弃物的特点，也是大多数处理项目关注的要点。由于能源、资源的日趋紧缺，废油脂市场价格日趋提高，油脂回收成为餐厨废弃物处理的关键技术。

本工程采用油脂加热离心分离技术。其原理是将预处理后的餐厨废弃物经过有机分离、浆料加热、固液分离等程序后，餐厨废弃物中的有机成分绝大部分洗出并溶于液相中，浆料加热后液体升温至 70～80℃，送入油水分离系统进行分油。其优点是乳化油脂经升温后转为游离态的浮油，可大大提高油水分离的效果。

油水分离系统由固液分离和油水分离两部分组成，脱出水首先进入卧式提油机，卧式提油机是利用离心沉降原理分离悬浮液的设备。该设备与物料接触的零件均采用不锈钢材料制造。

固液分离去除 8%～10% 的颗粒固体杂质后，进入油水两相分离立式提纯机。

立式提纯机主要应用于餐厨废弃物处理中的提纯或澄清分离。主要由进出口装置、转鼓、立轴、横轴、机身、测速装置、刹车装置及电动机等组成。采用向心泵结构出料，分离后经向心泵排出，可直接输送到下游设备。所有与物料接触的零件均采用不锈钢制造，防止腐蚀。其转鼓经过了精确的动平衡校验，动力传动中采用了液力偶合器，增速平稳、防止过载、安全可靠。本机整体特点是运转平稳、噪声低、分离能力强、自动化程度高。

### 15.1.3.3 厌氧消化系统

根据前期工艺论证，本工程采用单相中温厌氧消化工艺。由于餐厨废弃物进料组分与进料量不稳定，虽然经过预处理，但餐厨废弃物产生的有机料液仍然存在固相物含量高、物料浓度波动幅度大等特点，因此在本项目实施过程中考虑了以下几点：

① 固相物含量较高，达到 8%～10%，要求后续厌氧消化工艺具有耐高浓度固相性能；

② 物料浓度及固相物浓度受餐厨废弃物组分变化影响波动幅度较大，要求厌氧消化工艺耐冲击负荷能力强；

③ 应保障有效物料在反应器内均匀分布，避免分层，与微生物充分接触，从而保证有效物料反应完全，同时保证产气量；

④ 厌氧消化工艺对"表面浮渣结壳"及"底部沉渣"应有针对性措施。

本项目采用全混式厌氧反应器（CSTR）工艺，对含固量高的物料具有较好的处理效果，并且有较强的耐冲击负荷能力，利用搅拌方式，可以实现物料混合均匀，避免油脂上浮、结壳，同时物料中含有少量油脂可以提高产气率。厌氧消化罐技术参数见表 15-5。

表 15-5　厌氧消化罐技术参数

| 厌氧形式 | 全混式厌氧反应器(CSTR) |
| --- | --- |
| 消化罐数量/套 | 2 |
| 功能 | 生化处理，大幅度降解 COD |

续表

| 反应器形式 | 密闭池体、Lipp 结构 |
|---|---|
| 设计温度/℃ | 35 |
| 水力停留时间/d | 25 |
| 沼气产量(标准状况)/(m³/d) | 13960 |
| 厌氧罐有效容积/m³ | 3547 |
| 厌氧罐水深/m | 16 |
| 罐体外形尺寸/m | $\phi16.8\times19.7$ |

### 15.1.3.4　沼气净化及利用系统

本系统设置沼气过滤设备、脱硫设备、沼气柜和沼气利用系统。

工程中发酵罐产生的沼气通过池顶沼气管汇集后，经过沼气粗过滤后，至沼气净化单元进行脱硫及过滤处理，净化后的沼气进入沼气柜储存，通过沼气柜后的增压机房送至各用气单元。同时，为消耗过剩沼气，防止沼气直接排入大气造成污染，在沼气脱硫后，布置管路通往燃烧塔。

经过净化处理后的沼气，通过增压风机将大部分送至沼气热电联产单元，小部分送至沼气锅炉房，锅炉房设蒸汽锅炉，产生的蒸汽用于餐厨废弃物预处理、废弃食用油脂预处理和生物柴油制取。

### 15.1.3.5　生物柴油系统

生物柴油系统处理对象为废弃食用油脂及来自餐厨废弃物预处理车间产生的废油。生物柴油生产系统包括废弃食用油脂预处理车间、生物柴油预处理车间及生物柴油制取车间三部分。

废弃食用油脂预处理车间产生的废油与餐厨废弃物预处理车间产生的废油汇集于生物柴油预处理车间的熔油池后泵入预处理工序。在预处理车间通过水洗、干燥，得到毛油。

毛油泵入生物柴油制取车间，在酸、碱催化的作用下与甲醇进行甲酯化反应，生成粗甲酯。粗甲酯通过蒸馏、冷却得到生物柴油，送入成品油罐。超量甲醇回收、蒸馏后循环使用；脂肪酸蒸馏后的植物沥青放入沥青罐，桶装后外运；反应得到的甘油储存在甘油罐后外运。

原料的入库、各生产车间的原料与辅料进出、产品与副产品的输出均分别配有固体计量装置和液体计量装置，各车间的蒸汽用量由蒸汽计量器计量。

# 15.1.4　总图布局

## 15.1.4.1　功能分区

餐厨废弃物处理厂用地形状呈五边形，北侧紧邻安全填埋场，南侧紧靠规划的常州市南部高速公路雪堰枢纽。

一期工程厂区总体上达到功能分区明晰、布局合理，见图 15-2。

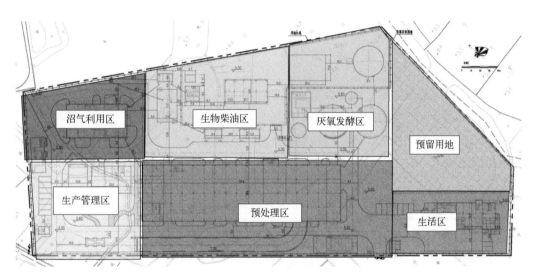

图 15-2　总平面布置

一期工程分为如下几个功能分区。

（1）生产管理区

单独设置生产管理区，主要为综合楼。位于场地东南侧，远离生产区，同时处于工程用地主导风向的上风向，辅以景观绿化，能够获得良好的休息环境。

（2）生产区

生产区内各个工艺系统通过场内道路的划分，既相对独立又能形成有机的联系，保证了工艺流线的顺畅。根据各工艺系统，本工程生产区可分划分四个功能区，具体如下：

1）预处理区

包括坡道、餐厨废弃物与废弃食用油脂预处理车间、堆肥车间、脱水机房和生物滤池等。餐厨废弃物预处理车间、废弃食用油脂预处理车间、堆肥车间及脱水机房合建，生物滤池位于预处理车间东侧，便于管理且除臭便捷；预处理采用高位卸料方式，通过坡道进入卸料大厅进行高位卸料，卸料完毕后原路返回。

2）厌氧发酵区

包括综合池、厌氧消化罐、沼气净化区、沼气包等，位于预处理区东北侧，其中厌氧消化罐、沼气净化区、沼气包与邻近建筑相互之间保证足够的安全距离。

3）沼气利用区

包括沼气发电车间、蒸汽锅炉、导热油锅炉、变电所等，位于预处理区西北侧。

4）生物柴油区

包括生物柴油罐区、生产车间等，位于预处理区北侧，便于预处理产生的废油进一步制取生物柴油。

## 15.1.4.2 竖向设计

厂区现状为部分农田，地势较低，现状标高为 4.39～5.07m。北侧的生活垃圾填埋场管理区和安全填埋场的管理区道路设计标高均为 5.50m，考虑到厂外道路的沟通，以及排水需要，拟将室外地坪标高同样定为 5.50m。建构筑物一览表见表 15-6，主要经济技术指标见表 15-7。

表 15-6　建构筑物一览表

| 序号 | | 名称 | 建筑面积/m² | 占地面积/m² | 备注 |
|---|---|---|---|---|---|
| 预处理及厌氧消化系统 | 101 | 预处理车间 | 5525 | 3300 | |
| | 102 | 厌氧消化罐 | | 402 | |
| | 103 | 厌氧综合水池 | | 275 | 全地下 |
| 沼气存储及利用系统 | 201 | 沼气净化区 | | 145 | |
| | 202 | 沼气发电间及锅炉房 | 641 | 641 | |
| | 203 | 锅炉油罐区 | | 81 | 埋地 |
| | 204 | 沼气柜 | | 201 | |
| | 205 | 火炬 | | 2 | |
| 废弃食用油脂及生物柴油系统 | 301 | 生物柴油生产车间 | 720 | 246 | |
| | 302 | 控制室及配电间 | 52 | 52 | |
| | 303 | 油泵房 | 44 | 44 | |
| | 304 | 甲醇储罐 | | 77 | 埋地 |
| | 305 | 浓硫酸储罐 | | 30 | 埋地 |
| | 306 | 油罐区 | | 528 | 全地上 |
| | 307 | 冷却水池 | | 90 | 全地下 |

续表

| 序号 | | 名称 | 建筑面积/m² | 占地面积/m² | 备注 |
|---|---|---|---|---|---|
| 附属配套设施 | 401 | 生活楼 | 1057 | 530 | |
| | 402 | 管理楼 | 766 | 400 | |
| | 403 | 坡道 | | 800 | |
| | 404 | 生物滤池 | | 420 | |
| | 405 | 消防水池 | | 75 | |
| | 406 | 地衡 | | 37 | |
| | 407 | 停车场 | | 492 | |
| | 408 | 门卫计量间 | 40 | 40 | |
| | 409 | 事故水池 | | 101 | |
| 合计 | | | 8845 | 9009 | |

表 15-7 主要经济技术指标

| 名称 | | 数值 | 备注 |
|---|---|---|---|
| 占地面积 | 总占地面积/hm² | 2.715 | 合 40.7 亩 |
| | 一期用地面积/hm² | 2.331 | |
| | 二期预留面积/hm² | 0.384 | |
| 经济技术指标 | 建筑面积/m² | 8139 | |
| | 建构筑物占地面积/m² | 9129 | |
| | 道路场地铺砌面积/m² | 7836 | |
| | 绿化面积/m² | 6513 | |
| | 容积率/% | 39 | |
| | 建筑系数/% | 43.8 | |
| | 绿化率/% | 31.3 | |

注：1hm²=10000m²。

## 15.1.5 设计特点及运行效果分析

### 15.1.5.1 设计特点

（1）引领国内餐厨行业发展的示范工程

本项目是国家第二批餐厨垃圾试点项目。本项目的实施对加强餐厨废弃物管理，保障食品安全，促进资源循环利用，维护城乡面貌和环境卫生，提高餐厨废弃物无害化处理水平，都具有重要的现实意义和推广价值。同时，项目采用的资源化处理工艺也带来一定的经济效益，为引导餐厨废弃物资源化利用和无害化处理的发展起到积极作用，同时对餐厨行业的发展具有重要示范意义。

（2）工艺技术先进

本项目以餐厨废弃物和废弃食用油脂为原料，制取沼气和生物柴油，将餐厨废弃物变为可再生能源，达到餐厨废弃物无害化处理、资源化利用的目的。

在产品利用上选择成熟、可靠、稳定且适合项目的工艺技术。采用制取生物柴油作为废弃油脂利用技术，避免了油脂被二次利用制取潲水油的风险；采用发电自用作为沼气利用技术，适应项目建设地点偏远的特点，也满足了与周边项目形成静脉产业园的需求。

（3）集约化布置

① 总平面布置（图 15-2）：集约化设置功能设施，分区明确，节省用地；将生产管理与生活分开，单独设置防爆区。

② 预处理车间：卸料设置在二层室内，设置双门，隔绝异味；各工艺设备密闭设置，集中布置，管理方便；车间二层设置专用参观廊道，有序参观和管理，有效减少对周边环境影响。

### 15.1.5.2　运行效果分析

项目调试期间，日均处理餐厨垃圾 125t，提油率达到 2.23%，取得了良好的社会效益和经济效益。

项目建成运营以来，吸引众多专业人员参观考察，在业内获得了良好口碑，成为典型的餐厨垃圾资源化标杆项目，并顺利通过国家餐厨垃圾试点的项目评估。

# 15.2　案例 2：浦东新区有机质固废处理厂新建工程

## 15.2.1　项目概述

（1）项目概况

① 项目名称：浦东新区有机质固废处理厂新建工程。

② 建设地点：上海浦东新区生活垃圾处置产业循环生态园浩江路以西、洁源路以北、小华江路以南、龚卫路以东地块。

③ 项目处理对象及服务范围：餐饮垃圾处置的服务范围为已有收运基础的北片城区（合并前原浦东新区范围）；厨余垃圾为实施分类收集的小区。

④ 建设规模：餐饮垃圾处理规模 200t/d；厨余垃圾处理规模 100t/d。

（2）项目背景

响应上海市生活垃圾分类减量化的要求，浦东新区积极开展干湿垃圾（餐饮垃圾和厨余垃圾）分类工作。原美商餐厨垃圾生化厂由于环境污染问题关闭，为了彻底消除该臭源，改善原美商地块周边环境，浦东新区提出了本项目的建设，本项目采用全封闭式厌氧消化处理工艺替代美商生化厂的好氧堆肥工艺。项目实施后，干垃圾进入黎明焚烧厂进行焚烧处置，湿垃圾（餐饮和厨余垃圾等）进入本项目进行资源化和稳定化处理。

本项目的建设是落实浦东新区垃圾干湿分类工作的后端保障设施，亦是浦东新区政府对垃圾干湿分类终端处置项目的承诺设施，项目的建设切实落实《国务院办公厅关于加强地沟油整治和餐厨废弃物管理的意见》（国办发〔2010〕36 号）、《上海市人民政府关于修改〈上海市餐厨垃圾处理管理办法〉的决定》（上海市人民政府令第 98 号）的相关要求，本项目的建设较好地推动了浦东新区乃至上海市垃圾干湿分类处理的进程。

为落实《国民经济和社会发展第十二个五年规划纲要》和《循环经济发展战略及近期行动计划》提出的循环经济重点工程实施目标，2014 年 7 月 2 日，国家发展改革委环资司、财政部经建司及住房城乡建设部城建司发布了《关于第四批餐厨废弃物资源化利用和无害化处理试点拟选城市名单公示》，本项目被列为国家第四批餐厨垃圾处理试点项目之一。

本项目于 2015 年 12 月主体工程开工建设，2016 年 12 月 31 日进入调试，2017 年 6 月竣工验收。

## 15.2.2　处理对象与工艺路线

（1）处理对象

本项目餐饮垃圾以淀粉类、食物纤维类、动物脂肪类等有机物质为主要成分，具有含水率高、油脂含量高、盐分含量高、易腐变发酵、易发臭的特点，具体理化性质见表 15-8。

**表 15-8　浦东新区餐饮垃圾组分和理化性质**

| 项目 | 纸类/% | 塑料/% | 竹木/% | 布类/% | 厨余/% | 果类/% | 金属/% | 玻璃/% | 渣石/% | 煤灰/% | 有害类/% | 其他 |
|---|---|---|---|---|---|---|---|---|---|---|---|---|
| 数值 | 0.19 | 8.02 | 0.56 | 0.15 | 88.17 | 2.33 | 0.34 | 0.22 | — | — | — | — |

| 项目 | 含水率/% | 低位热值/(kJ/kg) | 容重/(kg/m³) | 悬浮固体/(g/L) | 总固体/(g/L) | 脂肪/% | 有机质/(g/kg) | 生物降解度/% | 含盐量/% | 蛋白质/% | C/N 值 | 含油率/% |
|---|---|---|---|---|---|---|---|---|---|---|---|---|
| 数值 | 82.86 | 1822.26 | 715.25 | — | — | 16.22 | 842.50 | 58.13 | 2.35 | 21.90 | 15.94 | 23.5 |

注：取样为周浦有机质固废处理厂进料处，由上海市环境工程设计科学研究院环境卫生监测中心提供监测数据。

本项目厨余垃圾是指家庭日常生活中丢弃的果蔬及食物下脚料、剩菜剩饭、瓜果皮等易腐有机垃圾。组分和理化性质见表 15-9。

表 15-9　浦东新区厨余垃圾组分和理化性质

| 项目 | 纸类/% | 塑料/% | 竹木/% | 布类/% | 厨余/% | 果类/% | 金属/% | 玻璃/% | 渣石/% | 煤灰/% | 有害类/% | 其他/% |
|---|---|---|---|---|---|---|---|---|---|---|---|---|
| 数值 | 4.04 | 15.64 | 2.00 | 2.42 | 70.52 | 3.47 | 0.30 | 1.61 | — | — | — | |

| 项目 | 含水率/% | 低位热值/(kJ/kg) | 容重/(kg/m³) | 悬浮固体/(g/L) | 总固体/(g/L) | 脂肪/% | 有机质/(g/kg) | 生物降解度/% | 含盐量/% | 蛋白质/% | C/N 值 |
|---|---|---|---|---|---|---|---|---|---|---|---|
| 数值 | 70.0 | 4529.61 | 326.17 | — | — | 12.07 | 777.50 | 56.22 | 1.88 | 18.98 | 11.41 |

注：取样为分类收集试点区域厨余垃圾收集处，由上海市环境工程设计科学研究院环境卫生监测中心提供监测数据。

厨余垃圾与餐饮垃圾的性质较为相近，但由于以生料为主，相对餐饮垃圾盐分、油脂含量要低。

（2）总体工艺路线

本工程工艺系统主要包括预处理系统、厌氧消化系统、沼气净化及储存系统、污水处理系统、臭气处理系统以及辅助配套工艺系统。

本工程总体工艺路线如图 15-3 所示。

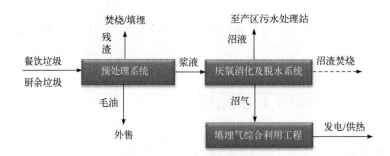

图 15-3　总体工艺路线

# 15.2.3　主体工艺系统

## 15.2.3.1　餐饮预处理系统

餐饮垃圾预处理工艺流程见图 15-4。

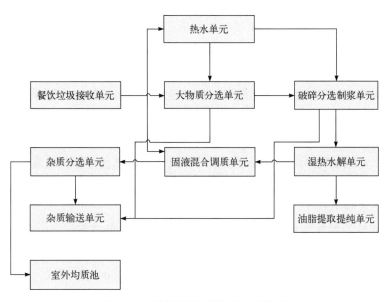

图 15-4　餐饮垃圾预处理工艺流程

（1）餐饮接收单元

专用的餐饮垃圾收运车辆进厂后，首先通过电子汽车衡称重并记录，然后进入预处理车间卸料大厅后（标高+0.2000m），卸料大厅卷帘门关闭，同时料坑快速卷帘门开启，运输车辆将餐饮垃圾投入料坑中。卸料完成后，料坑快速卷帘门关闭，卸料大厅卷帘门开启，餐饮垃圾运输车辆驶出，卸料大厅卷帘门关闭，至此完成卸料作业流程。餐饮垃圾设置有 2 个料坑，每个料坑前设置 1 个卸料车位，料坑容积约 150m³，总容积约300m³。

2 个料坑内的餐饮垃圾滤水及场地清洗水流入滤水坑中暂存，在真空负压泵的作用下进入滤液真空罐中。滤液经预热后，泵入破碎分选制浆一体机设备。滤液真空罐配置 2 台泥泥热交换器，用于冷却卧式三相分离机产生的液相物料，每台泥泥热交换器配置 1 台滤液循环泵，2 台泵互为备用。滤液真空罐内的滤液，作为稀释液泵送入后续破碎分选制浆一体机设备。稀释液泵设备的数量按预处理线进行配置，配置数量为 1 台/线，两台泵互为备用。

卸料区域设置 2 台抓斗设备，将料坑中的餐饮垃圾分别投入接料斗中。每条餐饮垃圾预处理生产线设置 1 台接料斗设备，用于接收、暂存抓斗抓取的餐饮垃圾原料，并通过接料斗部设置的双无轴螺旋输送机将餐饮垃圾原料投入后续破袋机处理。

（2）大物质分选单元

每台接料斗输送螺旋下部设置 1 台双轴破袋机设备，额定处理能力为 12.5t/h。接料斗输送的餐饮垃圾原料被投入破袋机设备，完成大块物料的破解和袋装垃圾的破袋作业。破解后的物料在重力作用下进入粗大物分选机设备进行分选。

每台破袋机下部设置 1 台粗大物分选机设备，额定处理能力为 12.5t/h。粒径>60mm

的物料（泡沫、塑料及其他杂物）被分选排出，粒径≤60mm 的物料进入后续破碎分选制浆一体机处理。

（3）破碎分选制浆单元

餐饮垃圾物料被投入破碎分选制浆一体机设备，与收集的滤液混合，进行破碎制浆和异物分选作业。粒径 10mm 以下的物料通过破碎分选制浆一体机设备的筛网后，泵入后续设备处理。一体机分选出的金属、陶瓷、塑料等筛上物经输送设备外送处理。

每条预处理线设置 1 台破碎分选制浆一体机设备，每台一体机设备的额定处理能力为 12.5t/h。每条预处理线设置 1 台湿热反应器进料泵（柱塞泵）。

（4）湿热水解单元

一体机制成的餐饮垃圾浆料经柱塞泵泵入湿热水解反应器设备，进行蒸煮加热处理。利用蒸汽对浆料进行间接加热，同时湿热反应器配置的搅拌器搅动餐饮垃圾浆料，以便于均匀受热。当餐饮垃圾浆料被加温至 120℃时，停止供应蒸汽，进行自然冷却。处理完成后的浆料，经自然冷却至 95℃后，泵入后续设备进行油脂提取、提纯处理。蒸汽冷凝水经汽水分离器冷却、收集后泵送至黎明焚烧厂。

每台湿热反应器底部均应设置排渣口，排渣口采用手动阀，湿热反应器内的残渣经底部排渣口人工排料。

本系统按 2 条处理线方式配置。每条处理线按 3 用 1 备方式设置 4 台湿热反应器设备。

（5）油脂提取提纯单元

蒸煮处理后的餐饮垃圾浆料先经卧式三相分离机处理，分离出的含水油脂再通过立式三相分离机提纯处理，最后泵入毛油罐；三相分离机分离出的液相和固相物料分别送入后续设备处理。

每台三相分离机进料泵的输送能力不小于 12.5t/h，采用螺杆泵。卧式三相分离机进料泵按 2 条线方式配置。每条处理线按 1 用 1 备方式设置 2 台三相分离机进料泵设备。分离出的含水油脂定量输送至立式三相分离机设备，进行提纯处理，提纯后的毛油经泵投入预处理车间外的毛油罐中暂存。单台立式三相分离机设备的处理能力不小于 1.0t/h，能适应 95～100℃物料温度。经立式三相分离机分离后，毛油中的水杂率不大于 1.0%。在油脂中转罐出料口后端共设置 2 台油脂中转泵设备（1 用 1 备），用于将提纯后的毛油投入毛油罐设备中。

卧式三相分离机分离出的液相物料，在重力作用下送入液相储罐暂存，由液相物料输送泵泵入泥泥热交换器冷却后进入固液混合调质制浆机设备。泵出口侧应设置流量计。

卧式三相分离机分离出的固相物料，在重力作用下进入螺旋输送机设备，投入固液混合调质制浆机设备。

（6）固液混合调质单元

为了保证厌氧系统的稳定长期运行，卧式三相分离机分离出的固相、液相物料投入固液混合调质制浆机设备中处理。混合调质制浆机的功能是对餐饮垃圾浆料总固形物（TS）浓度调节、破碎、去除重质杂质、再次降温处理，减少由于批次原生物料组分的差异对系统造成的冲击，并平衡后端杂质分选系统的处理能力。

卧式三相分离机分离出的液相物料先投入液相储罐，经泥泥热交换器与前段料坑内的滤水换热降温后，再投入固液混合调质制浆机设备；卧式三相分离机分离出的固相物料直接投入固液混合调质制浆机，与液相物料混合、破碎，并加入适量稀释水，将浆料的 TS 浓度调整至 8%，进一步破碎至粒径 6mm 左右。

（7）杂质分选单元

经固液混合调质处理后的餐饮垃圾浆料中仍含有塑料片、木渣、骨头碎屑、蛋壳等杂质，需在投入厌氧消化罐前去除。

经固液混合调质系统处理后的餐饮垃圾浆料，先投入轻物质分选机设备，进行塑料、木筷等杂质的分选，粒径≤6mm 的浆料在重力的作用下通过筛网进入后续设备，选出的杂质经螺旋压榨脱水机处理后外送处理，脱水滤液回收。压榨脱水后的轻质杂质含水率约 60%，外送处理。

经轻物质分选机处理后的餐饮垃圾浆料在重力的作用下，自流进入浆液罐中，除砂泵将浆液投入旋流除砂器设备处理。除砂后的浆液返回至浆液罐中。分离出的砂水混合物在重力作用下进入砂水分离器进行再处理，砂类杂质经砂水分离器螺旋选出，投入杂质输送机外送处理，砂水分离器上部清液溢流回浆液罐中。

除砂处理后的餐饮垃圾浆液泵入厌氧系统均质池。

（8）杂质输送单元

预处理车间内设置 1 个餐饮垃圾出渣间。车间内各子系统设备分选出的杂质和沼液脱水系统产生的脱水污泥经输送设备收集、汇总后投入除渣间内的带式布料器，再分配至杂质转运车辆外送处理。

（9）热水单元

根据预处理系统的工艺要求和设备清洗要求，在车间内设置用于临时储存与移送稀释水、设备清洗水的自来水储罐和移送泵设备。

热水采用厌氧消化保温循环热水，水温约 60℃，采用 2 台稀释水泵供水。

## 15.2.3.2　厨余预处理系统

厨余垃圾预处理工艺流程见图 15-5。

（1）接料输送单元

厨余垃圾收运车辆进厂后，首先通过电子汽车衡称重并记录，然后进入预处理车间卸料大厅后，卸料大厅卷帘门关闭，同时料坑快速卷帘门开启，运输车辆将厨余垃圾投入料坑中。

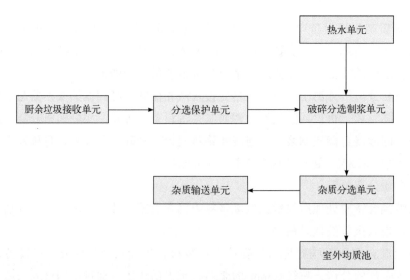

图 15-5　厨余垃圾预处理工艺流程

卸料完成后，料坑快速卷帘门关闭，卸料大厅卷帘门开启，餐饮垃圾运输车辆驶出，卸料大厅卷帘门关闭，至此完成卸料作业流程。厨余垃圾设置有 1 个料坑。

料坑内的垃圾滤水及场地清洗水流入 1 个滤水坑中暂存，在真空负压泵的作用下进入滤液真空罐设备中。卸料区域设置 2 台抓斗设备，将料坑中的餐饮垃圾分别投入接料斗中。

每条厨余垃圾预处理生产线设置 1 台链板输送接料斗设备，用于接收、暂存抓斗抓取的垃圾原料，并通过接料斗底部设置的链板输送机将厨余垃圾原料投入后续拣选皮带机，为实现均料功能，链板输送机出料端口设置均料器。

（2）分选保护单元

为保护后续分选核心装置，本项目前端设置"人工拣选+弹跳筛"的分选保护装置。每条处理线设置 4 个人工拣选位，将大块物料分选出来。

分选后的垃圾进入弹跳筛，弹跳筛网孔径为 80mm，厨余垃圾中粒径≤80mm 的垃圾组分通过筛孔掉入下方皮带机，经磁选机磁选后输送至后续处理装置。物料粒径>80mm 的大块杂质停留在破袋筛分装置内，成为筛上物，筛上物通过皮带输送至厨余出渣间。

（3）破碎分选制浆单元

经磁选后的厨余垃圾进入破碎分选一体机，为匹配滚筒筛选和破碎分选一体机，一体机前端设置缓存装置，缓存装置内部设有进料螺旋，破碎分选制浆后的物料粒径约 10mm，泵至调质制浆机，在调质制浆机内加入稀释水，浆料被进一步破碎至 6mm 左右。

该单元的杂质被分离开来，通过皮带输送至厨余出渣间。

（4）杂质分选单元

经固液调质处理后的厨余垃圾浆料中仍含有塑料片、木渣、骨头碎屑、蛋壳等杂质，需在投入厌氧消化罐前去除。

经破碎分选制浆单元处理后的厨余垃圾浆料，先投入轻物质分选机设备，进行塑料、木筷等杂质的分选，粒径≤6mm 的浆料在重力的作用下通过筛网进入后续设备，选出的杂质经螺旋压榨脱水机处理后外送处理，脱水滤液回收。压榨脱水后的轻质杂质含水率约 60%，外运处理。

经轻物质分选机处理后的厨余垃圾浆料在重力的作用下，自流进入浆液罐中，除砂泵将浆液投入旋流除砂器设备处理。除砂后的浆液返回至浆液罐中。分离出的砂水混合物在重力作用下进入砂水分离器进行再处理，砂类杂质经砂水分离器螺旋选出，投入杂质输送机外送处理，砂水分离器上部清液溢流回浆液罐中。

除砂处理后的厨余垃圾浆液泵入厌氧系统均质池。

（5）杂质输送单元

预处理车间在指定区域内设置 1 个厨余垃圾出渣间。车间内各子系统设备分选出的杂质和沼液脱水系统产生的脱水污泥经输送设备收集、汇总后投入除渣间内的带式布料器，再分配至杂质转运车辆外送处理。

（6）热水单元

根据预处理系统的工艺要求和设备清洗要求，在车间内设置用于临时储存与移送稀释水、设备清洗水的自来水储罐和移送泵设备。

热水采用厌氧消化保温循环热水，水温约 60℃，采用 2 台稀释水泵供水。

## 15.2.3.3　厌氧消化系统

（1）厌氧消化系统

设计参数如下：

消化时间：≥30d；

进料温度：35℃；

消化温度：（35±2）℃

消化负荷：2.5～3.3kg/（m³·d）；

单罐有效容积：4150m³；

消化罐数量：4 座。

厨余垃圾经预处理后进入均质池储存，由综合水池附属设备间的换热系统严格控制厨余垃圾浆料进料温度，然后泵入厌氧消化系统反应器，实现浆料的厌氧消化。

厨余垃圾采用全混式中温厌氧消化系统，厌氧消化温度在 35℃左右，设计正常工况由填埋气缸套热水对厌氧消化反应器进行循环换热保温。应急工况下，由锅炉系统提供蒸汽换热后的热水对厌氧罐进行保温。

厌氧消化产生的沼气经过收集及输送系统收集输送至沼气预处理系统。厌氧反应器设防爆安全措施。

（2）沼液脱水系统

厌氧系统消化后的沼液暂存入沼液储池中，污水处理过程中产生的污泥也进入沼液储池中，经泵送入设置于预处理车间内的沼液脱水机进行固液分离处理。脱水后产生的沼渣及污泥进入预处理车间的杂质输送装置外送处理；脱水滤液送往污水处理系统处理；脱水上清液送至污水调节池。

### 15.2.3.4　沼气净化及储存系统

本系统设置沼气脱硫设备及沼气柜。本工程厌氧消化产生的沼气在满足厂区沼气锅炉利用的前提下，剩余沼气进入南侧填埋气处理厂集中热电联产，发电后通过焚烧厂升压站上送电网，产生的热量用于本工程预处理和厌氧消化单元，热量不足部分由本工程锅炉系统提供。

沼气在利用前需进行脱硫及过滤处理，并设置有储气设施，调节产气和用气的关系。预处理后的沼气送至南侧填埋气处理厂发电机房进行发电。在应急情况下沼气可通过封闭式火炬燃烧排放。

其主要工艺流程为：原始沼气首先进入生物脱硫系统进行粗脱硫，再经沼气过滤器进行粗过滤后进入冷干机进行冷干脱水处理，然后输送至干法脱硫系统进行精脱硫。

预处理后的沼气进入膜干式储气柜进行存储。储气柜中的沼气经粗过滤器后，由沼气增压风机加压、精密过滤器过滤后，输送至南侧填埋气处理厂。

### 15.2.3.5　污水处理系统

本工程污水处理设计规模 450m³/d。本工程污水执行《污水综合排放标准》（GB 8978—1996）中的三级排放标准。

有机浆料餐饮垃圾处理过程中产生的有机浆料经过高效厌氧处理，将有机浆料中的有机物质转化为沼气，出水的有机物浓度大大降低，为保证出水达到《污水排入城镇下水道水质标准》（DB 31/445—2009），在污水处理部分设置了膜生物反应器+纳滤（MBR+NF）系统，处理过程中产生的剩余污泥经离心脱水后焚烧处置，浓缩液经臭氧氧化后回流处置。工艺流程见图 15-6。

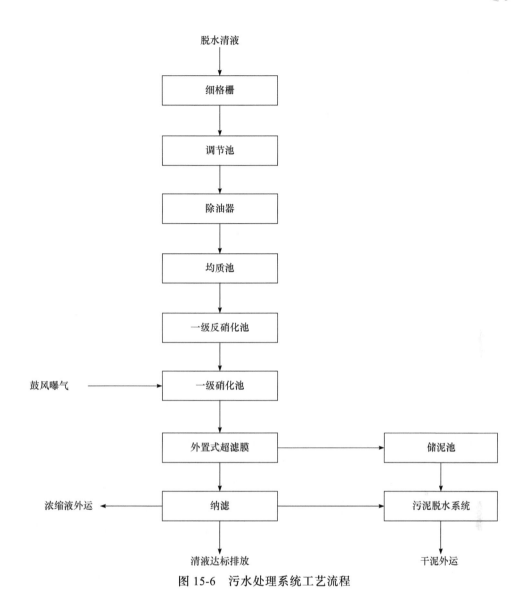

图 15-6 污水处理系统工艺流程

## 15.2.3.6 臭气处理系统

预处理车间密封区域定时换风，预处理系统卸料、接料、分选、制浆、除砂、分离等工序产生的废气，厌氧消化系统、污水处理系统污泥脱水工序产生的恶臭废气收集经二级植物液洗涤塔洗涤处理，其中硫化氢、氨和臭气浓度达到《恶臭污染物排放标准》（GB 14554—93）二级标准要求后由 15m 高排气筒（1 号）排放；水解均质池、沼液储液池、污水处理站产生的恶臭废气经二级植物液洗涤塔洗涤处理，其中硫化氢、氨和臭气浓度达到《恶臭污染物排放标准》（GB 14554—93）二级标准要求后由 15m 高排气筒（2 号）排放；分离油脂处理系统配料、酯化、二级粗甘油蒸煮、真空干燥、精馏工序产生的含甲醇废气收集后经水洗塔吸收处理，甲醇达到《大气污染物综合排放标准》（GB 16297—1996）二级标准要求后由 23.5m 高排气筒排放。

含氨、硫化氢排气筒应安装氨、硫化氢在线监测设施，条件具备时应及时与环保部门联网，并公开恶臭污染物排放数据。

# 15.2.4　总图布局

## 15.2.4.1　功能分区

根据总图布局原则和本工程场地情况，厂区平面按功能单元进行功能分区布局如下：

1）综合管理区：位于厂区东北角，设置包含办公管理、会议及倒班等功能的综合楼。综合管理区位于预处理车间东侧，远离防爆区，并设置有单独的人员通道，兼顾了全厂统筹管理的便利和物流的顺畅。

2）生产区

生产区内各个工艺系统通过场内道路的划分，即相对独立形成有机的联系，保证了工艺流线的顺畅。根据各工艺系统，本工程可分划分六个功能区，具体如下：

（1）预处理区：位于厂区北侧，主要建筑为预处理车间，餐饮垃圾预处理设施、厨余垃圾预处理设施以及除臭设施均布置在内，以便于卸料、管理和除臭的便捷。

（2）厌氧消化区：位于预处理车间南侧，主要单体为均质罐、厌氧罐、沼液罐、脱水机房及固液分离车间等，餐饮与厨余垃圾预处理后的有机浆液以最便捷的路径，经管道输送至厌氧消化区。

（3）污水处理区：位于厂区中部，布置有各污水生化处理单元、污水处理车间和初雨事故池。

（4）粗脂肪酸甲酯区：位于厂区南侧，布置有粗脂肪酸甲酯制取系统、油罐区及附属设施。

（5）沼气存储区：位于厂区最南侧，主要设施为沼气净化装置和沼气柜，厌氧消化过程产生的沼气进入沼气柜进行暂存，经预处理后送至填埋气综合利用工程，本区域紧邻东侧填埋气综合利用工程，便于与填埋场沼气的集中利用。

## 15.2.4.2　竖向设计

工程现状地坪标高约 5.2m，场外道路标高为 6.5～7.4m。本工程出入口设置在规划十路，现状出入口道路标高为 6.5m，因此综合场地道路交通、填埋气利用工程场地标高及厂内排水等因素，本工程场地标高设计为 6.5m。总平面布置图见图 15-7，主要经济技术指标见表 15-10。

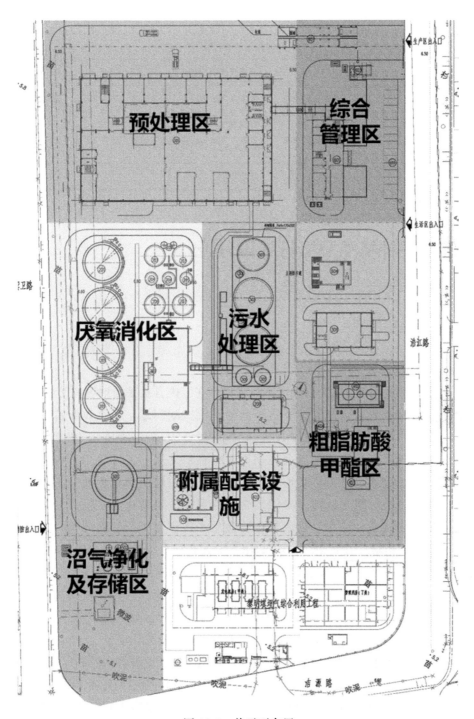

图 15-7　总平面布置

表 15-10　主要经济技术指标

| 序号 | 名称 | 数值 |
|:---:|:---:|:---:|
| 1 | 总占地面积/m² | 36342 |
| 2 | 建筑面积/m² | 8955 |
| 3 | 建构筑物占地面积/m² | 10652 |
| 4 | 道路、场地铺砌面积/m² | 13300 |
| 5 | 绿化面积/m² | 12390 |
| 6 | 容积率/% | 24.6 |
| 7 | 建筑系数/% | 29.3 |
| 8 | 绿地率/% | 34.1 |

## 15.2.5　设计特点及运行效果分析

### 15.2.5.1　设计特点

（1）新技术新工艺应用

该项目列为全国第四批餐厨垃圾试点项目，在国内首次采用地坑式储料+抓斗给料的平进平出式卸料方式，避免了坡道引起的车辆撒漏问题；餐饮垃圾首次采用基于"大物质分选+自动分选一体机+制浆机+轻飘杂质分选+旋流除砂+三相提油"的组合预处理工艺，成功实现餐饮垃圾全自动无人干预预处理；首次采用分级组合式厌氧消化工艺，即通过增设可灵活切换的调配缓冲系统，使厌氧消化环节实现一级消化与二级消化的多模式组合运行，确保混合物料湿式厌氧消化稳定运行；餐饮垃圾分离油脂通过"酸碱联合催化"制成粗脂肪酸甲酯后作为工业原料外售；针对厌氧消化产生的高浓度沼液，在传统"MBR+NF"工艺基础上，增加"格栅+气浮"组合预处理工艺，实现高 COD、高氨氮废水稳定达标排放；项目建成后至今稳定运行，表明该工艺是适合国内餐饮厨余垃圾混合处理的工艺路线，获得国内餐厨处理同行的高度认可，成为上海市乃至全国餐厨垃圾协同处理领域的示范工程。

（2）上海市首座建成投产的大型餐饮厨余垃圾厌氧资源化项目

区别于已有的餐厨垃圾生化制肥、填埋、焚烧等备受诟病的落后处理工艺，本工程作为上海市首座建成投产的餐厨垃圾厌氧消化资源化利用项目，其总体水平达到国内领先水平，符合国家绿色能源和可持续发展的技术导向引领了国内餐厨垃圾处理技术的发展方向，对我国探索解决湿垃圾终端处理技术起到重要的示范意义。

（3）国内首座餐饮厨余垃圾协同湿式厌氧消化项目

考虑餐饮垃圾与厨余垃圾组分的显著差异，分别选取针对性的预处理工艺，有效解决厨余垃圾的杂质分离与干湿混合垃圾的调质处理，克服了厨余垃圾高杂质、低含水率造成的湿式厌氧适应性难题，使其满足湿式厌氧的进料要求，避免了单一物料容易引起的酸化问题，显著提高混合湿式厌氧消化运行的稳定性。

（4）充分利用园区现有设施，遵循因地制宜、循环经济理念，实现园区资源共享

该项目位于浦东黎明生态产业园区内，园区目前已建成包括黎明焚烧厂、黎明填埋场、填埋气综合利用工程、垃圾渗滤液处理厂等固废终端处置中心，秉承集约发展、资源共享、高效节能、生态环保的理念，充分依托浦东黎明生态产业园区内的垃圾焚烧厂、填埋气综合利用工程，焚烧厂余热供给本厂区，本厂预处理杂质运至焚烧厂处置，本厂产生的沼气与填埋气共发电，突显协同、高效、节能、环保的循环产业园新理念。

具体特点如下：

① 余热资源再利用。焚烧厂产生的富余蒸汽、沼气发电余热锅炉产生的蒸汽通过管道输送至本工程，作为餐饮垃圾预处理、厌氧保温及制粗脂肪酸甲酯的热源。

② 电力供应系统。本厂所有用电均由垃圾焚烧厂发电供给，从而极大降低了工程处理成本。

③ 供水系统。通过设置水质净化系统，本工程从长江抽水净化加压后，用作本厂区餐厨稀释水、冲洗水、绿化浇洒用水、冷却用水等，以节约自来水、降低成本。

④ 绿色能源利用。厂区设置溴化锂系统，供给全厂空调及生产制冷水；采用风、光、电一体式路灯，由于地处海边，基本可实现路灯照明全年大部分时间不用电。

⑤ 集中设计理念。全厂压缩空气、冷却系统、制冷系统等均采用一体式集中设计，通过管路输送至各用户，实现全厂的集约布局。

## 15.2.5.2　运行效果分析

一期工程 2015 年 12 月开始施工建设，2016 年 12 月开始垃圾进料调试。在运营过程中根据实际进厂垃圾特性及处理情况将厨余预处理工艺系统中滚筒筛+破碎分选机调整为星盘筛，目前各系统工艺运行稳定。

随着上海市生活垃圾强制分类工作的逐步推进，为弥补浦东新区在有机质固废处置能力的缺口，对浦东新区有机质固废处理厂进行了扩建。扩建工程处理规模为餐厨垃圾 300t/d、厨余垃圾 400t/d。于 2019 年 10 月开始施工建设，2021 年 3 月竣工。餐饮系统已于 2020 年 6 月开始进料调试，厨余系统 2021 年 6 月开始调试，目前已达设计规模，各系统工艺运行稳定。全厂湿式厌氧产气量在 50000m³/d 左右，原料产气率约 50m³/t，全厂减量化率约 57%。

# 15.3　案例 3：上海生物能源再利用工程（一期）

## 15.3.1　项目概述

（1）项目概况

① 项目名称：上海生物能源再利用项目（一期）。

② 建设地点：老港固废基地东北角，东至经三路，西至经六路（引水渠路），北至拱极东路。

③ 项目处理对象：上海市中心城区（包括黄浦区、徐汇区、长宁区、杨浦区、虹口区以及静安区）的湿垃圾。

④ 建设规模：餐饮垃圾 400t/d，厨余垃圾 600t/d。

（2）项目背景

依据《上海市绿化市容"十三五"规划》，上海市中心城区的湿垃圾纳入"东西南北中"布局的湿垃圾集中处理设施及老港湿垃圾集中处理设施处理。全市湿垃圾资源化利用和处理能力达到 7000t/d，其中老港湿垃圾资源化处理设施处理规模为 1000t/d。

本项目于 2017 年 12 月获得项目选址意见书、用地预审，于 2019 年 1 月开始工程建设；2019 年 10 月 23 日开始进料，并进入试生产阶段。

## 15.3.2　处理对象与工艺路线

（1）处理对象

本工程处理对象为上海市中心城区的湿垃圾，具体包括餐饮垃圾和厨余垃圾。

餐饮垃圾是餐馆、饭店、单位食堂等的饮食剩余物以及后厨的果蔬、肉食、油脂、面点等的加工过程废弃物。餐饮垃圾以淀粉类、食物纤维类、动物脂肪类等有机物质为主要成分，具有含水率高、油脂含量高、盐分含量高、易腐变发酵、易发臭的特点。

餐饮垃圾进料性质详见表 15-11。

表 15-11　餐饮垃圾进料性质

| 序号 | 项目 | 数值 |
| --- | --- | --- |
| 1 | 餐厨类含量/% | >85 |
| 2 | 杂质含量/% | 5～15 |
| 3 | 含水率/% | 75～85 |
| 4 | 油脂含量/% | 4～5 |

厨余垃圾是指家庭日常生活中丢弃的果蔬及食物下脚料、剩菜剩饭、瓜果皮等易腐有机垃圾。此外，菜场垃圾的主要成分为丢弃的腐烂水果、蔬菜、鱼类、禽类等动物内脏等有机垃圾，也是厨余垃圾的主要来源。厨余垃圾较餐饮垃圾成分更为复杂，杂质含量更高。厨余垃圾与餐饮垃圾的性质较为相近，但由于以生料为主，盐分、油脂含量要低于餐饮垃圾。

厨余垃圾进料性质详见表 15-12。

表 15-12　厨余垃圾进料性质

| 序号 | 项目 | 数值 |
|---|---|---|
| 1 | 厨余类含量/% | ≥70 |
| 2 | 杂质含量/% | 5～15 |
| 3 | 含水率/% | 70～80 |
| 4 | 油脂含量/% | 1～2 |

（2）总体工艺路线

根据本工程的功能定位，拟采用厌氧消化为主的工艺路线，包含以下工艺系统：a. 餐饮垃圾预处理系统；b. 厨余垃圾预处理系统；c. 湿式厌氧及脱水系统；d. 干式厌氧及脱水系统；e. 沼气净化及存储系统；f. 沼气锅炉及换热系统；g. 沼气发电系统；h. 沼渣干化系统。

除上述主体工艺外，还包括臭气处理等辅助配套工艺。

本工程总体工艺路线如图 15-8 所示。

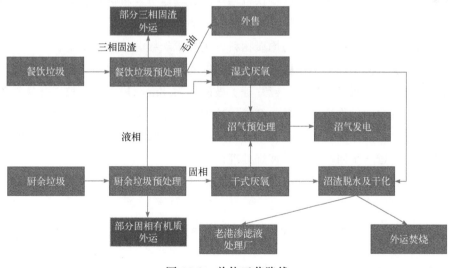

图 15-8　总体工艺路线

## 15.3.3　主体工艺系统

### 15.3.3.1　餐饮垃圾预处理系统

（1）接料粗分单元

餐饮收集车经称重计量后，驶向预处理车间卸料大厅，根据监控室和现场调度指示，倒车驶向指定的卸料位。

餐饮垃圾经专用收集车将垃圾卸料到接收斗中。垃圾水收集到餐饮滤水池。当餐饮收集车进入指定卸料位后，打开尾部卸料门，将餐饮垃圾卸入接料斗。

餐饮收集车卸料完毕，收集车驶离预处理车间，经过称重后驶离厂区。

餐饮收集车的卸料过程受监控室监控或卸料大厅工作人员现场指挥，收集车在卸料大厅流向畅通，不会造成卸料过程不必要的等待。

本项目设 4 座接收料斗，4 个卸料泊位。料斗底部布置螺旋给料机，螺旋给料机带滤水功能，产生的大量滤液存储至餐饮滤水池后泵送至精分制浆系统进行后续处理。

本工程餐饮垃圾接收输送系统处理量为 400t/d，预处理前端接收和分选制浆系统采用 4 条生产线。接收输送系统按每天 12h 运行设计，每条线设置有效容积为 45m³ 的接收斗，整个系统的存储能力可满足高峰期的缓存要求。

（2）精分制浆单元

分选制浆系统的主要作用是将提升机送来的餐饮垃圾中轻物质和部分不易破碎的杂质分离出来，同时将有机物料破碎制成浆液。

滤水后的固相物质由无轴螺旋输送机输送至大物质分拣机进行餐厨原料的粗分选，分拣机以机械分选方式将物料中粒径大于 60mm 的大块金属、瓷片、玻璃瓶及塑料袋等杂物分离出，得到以有机质为主的均质物料，进入下一级分选制浆系统。

餐饮垃圾进入分选制浆一体机后，其中大的固体有机物（食品、骨头、纸张等）和易被破碎的重物质（贝壳、玻璃、瓷片等）被破碎为 8mm 以下的颗粒，并从设备下部滤网排出，而其中的轻物质（塑料、纤维、竹木等）和不易破碎的金属等杂质被分选制浆一体机输送至尾端排出，再通过无轴螺旋直接送至杂质收集箱。分离出的塑料等轻物质比较干燥，可进一步回收利用或焚烧处理。

该设备设置有回用水喷淋系统，餐饮滤水泵送至该系统以调整浆液 TS 值至满足厌氧消化系统要求。

本项目设置分选制浆一体机 4 台，单台处理能力 8～12.5t/h，按每天 12h 运行设计。

（3）除砂除杂单元

除砂除轻飘物系统主要作用是去除有机浆液中的重物质（贝壳、玻璃、瓷片、砂石等）及细碎纤维等轻飘物，防止其对油水分离机、泵、管道等设备造成损害。

除砂除轻飘物去除率高，能够对各粒径范围内的砂石进行有效去除。保障后端工艺段罐内积砂较少，设备磨损小。

（4）油水分离单元

油脂含量高是国内餐厨废弃物的特点，也是大多数处理项目关注的要点。由于能源、资源的日趋紧缺，废油脂市场价格日趋提高，油脂回收成为餐厨废弃物处理的关键技术。

本工程采用加热离心提油工艺。精分制浆出料先进入卧离进料器，通过蒸汽直喷加热至约 80℃后送入三相离心机（卧式离心机）进行分离，分离出三种状态的物料——水相、渣相、油相，分离出的粗油脂暂存至室外毛油储罐，外运处置，水相与三相离心机分离出的水相和渣相分别暂存在水相池和渣相池，水相直接进入湿式厌氧系统，渣相可进入湿式厌氧系统，也可直接外运。

## 15.3.3.2 厨余垃圾预处理系统

（1）接料粗破单元

本工程厨余垃圾通过水路联运集装箱车辆运至本厂，集装箱有效容积 24m³，厨余垃圾经称重后进入卸料大厅，本项目厨余卸料采用料坑，料坑总有效容积 1200m³。料坑内的厨余垃圾通过抓斗进入三层平台的步进式给料机，给料机末端设置均料器，之后通过皮带输送至人工拣选小屋，人工拣选后物料至粗破碎机进行破碎。人工分拣对象主要为易碎的瓶子、超大粒径杂质、砖石等硬质杂质等。

粗破碎机采用撕扯式，整体高强度结构设计，坚固耐用；低转速、大扭矩、高效率；卓越的组合式密封，杜绝泄漏；扭矩监控、过载保护、自动反转等多重设备运行保障。

厨余料坑中的滤水自流至厨余滤水池，厨余滤水池中暂存的厨余滤水泵送至滤水砂水分离器，滤水分离出砂石后进入餐饮垃圾混合浆液箱，之后进入后续湿式厌氧系统。

（2）厨余筛分单元

厨余垃圾经粗破碎磁选后的物料进入碟形筛，碟形筛筛孔尺寸为 60mm 级，筛上物通过皮带输送至出渣间外运，筛下物经变径螺旋挤压后，液相经除砂除杂后进入餐饮提油系统，固相用皮带输送至有机质缓存坑。

（3）出渣单元

出料站由一条双向皮带输送机、两条移动式皮带输送机组成。垃圾物料输送至双向皮带输送机，输送机两侧出口各有一条可移动式皮带输送机。双向皮带机向一侧输送时，同侧可移动皮带机通过前后移动，将垃圾物料均匀布置在下方运输车厢内。该侧车厢装满后双向皮带输送机反转，向另一侧可移动皮带输送机送料，并在对应车厢内布料。餐饮垃圾预处理系统和厨余垃圾预处理系统共用出渣单元。

### 15.3.3.3 湿式厌氧及脱水系统

（1）湿式厌氧单元

本工程采用中温厌氧消化工艺，配置5座厌氧消化罐。

厌氧系统来料为餐饮垃圾预处理后的混合浆液，预处理出料先进入系统均质罐混合均质，经均质罐调节温度及匀浆，由提升泵进入厌氧系统发酵。

本工程湿式厌氧采用高固态全混式发酵罐，主要特点如下：

① 发酵罐内物料均匀分布，避免分层，避免了浮渣、结壳、堵塞、气体逸出不畅和短流现象，增加了底物浆料和微生物的接触机会。

② 发酵罐内温度分布均匀。

③ 厌氧消化罐设置大阻力布水系统，使得物料分布曲线平缓，物料分布均匀，避免出现死区和沟流的现象。

④ 厌氧消化罐内搅拌系统采用三叶螺旋桨形状，长纤维也不易堵塞，轴密封采用机械密封，能够高效旋转，并设置外循环搅拌系统。通过内外两级搅拌系统实现了高效的固液混合效果，提高了微生物和底物（有机物）接触效能，可有效避免厌氧反应的酸化问题，并提高了沼气产量。

⑤ 厌氧消化罐的出料系统设置破除浮沫装置，防止浮渣结盖，防止表面浮油积累，保证出料的稳定及流畅。

⑥ 厌氧消化罐底部为锥底结构，大重型异物质会沿着斜坡滑至锥底底部，底部设有沼渣、砾砂收集装置，可以有效去除沼渣、砾砂，保障厌氧消化系统的稳定运行。

⑦ 厌氧消化罐沼气收集系统包含集气罩、旋沫分离器和连接及输气管道等。沼气经旋沫分离器分离后，分离下来的杂质回至发酵罐，防止后续沼气管道的堵塞，分离后的沼气至水封罐。沼气经安全压力控制器后进入脱水罐，减少沼气中所携带的水分，降低后续沼气处理难度。湿式厌氧消化主要工艺参数见表15-13。

**表 15-13 湿式厌氧消化主要工艺参数表**

| 厌氧形式 | 湿式中温厌氧消化反应器 |
| --- | --- |
| 厌氧罐数量/座 | 5 |
| 单罐有效容积/m³ | 4900 |
| 单罐处理能力/(t/d) | 140 |
| 搅拌形式 | 机械搅拌 |
| 设计温度/℃ | 35～38 |
| 恒温控制 | 管式换热器，通过温度 PID 调节蒸汽自动阀门开启度 |
| 水力停留时间/d | 35 |
| 容积负荷/[kg/（m³·d）] | 2～4 |
| 沼气产量/（m³/d） | 69412 |

（2）脱水单元

沼渣自沼渣储罐泵至离心脱水机进行脱水处理，离心脱水机位于脱水机房二层。脱水沼渣由螺旋输送至一层（地坑）中的湿污泥料仓进行暂存，之后由柱塞泵泵送至污泥干化车间进行后续处理。

### 15.3.3.4　干式厌氧及脱水系统

（1）干式厌氧单元

干式厌氧消化系统包括垃圾暂存系统及厌氧消化系统两个部分。预处理后的有机垃圾通过皮带输送至有机质缓存料坑（有效容积 600m³）。有机质缓存料坑功能为预发酵，同时平衡预处理工作时间（12h）和厌氧消化罐进料时间（24h）之间的差异。

由有机质缓存料坑出来的物料，通过螺旋进料斗和螺旋输送机进入混料器进行物料的混合均质，混料箱中配有双轴混料系统，使得物料充分挤压与混合，这个过程中会使得物料中携带的空气挤出，同时保证了大颗粒的干扰物进一步破碎，不对罐内造成过多磨损。物料会通过配有液压系统的柱塞泵分多次打入罐内。

发酵罐采用机械搅拌器进行搅拌，以防止物料表面结壳和沉积，并对多样化的物料展开均匀而持续性的发酵。发酵罐内部发酵温度约为 55℃，平均干物质含量大于25%，停留时间约为 21d。物料每天通过出料装置部分进入脱水间，部分回流至进料段，回流进入发酵罐。

干式厌氧消化主要工艺参数见表 15-14。

表 15-14　干式厌氧消化主要工艺参数

| 厌氧形式 | 干式高温厌氧消化反应器 |
| --- | --- |
| 厌氧罐数量/座 | 2 |
| 单罐有效容积/m³ | 2250 |
| 单罐处理能力/(t/d) | 75 |
| 搅拌形式 | 机械搅拌 |
| 设计温度/℃ | 55 |
| 恒温控制 | 外盘管加热，通过温度 PID 调节热水自动阀门开启度 |
| 水力停留时间/d | 18～21 |
| 沼气产量/(m³/d) | 19630 |

（2）脱水单元

厨余垃圾干式厌氧消化后的沼渣采用螺杆挤压工艺进行一次脱水，脱水后沼液直接进离心机磨损较大，采用振动筛去除其中大块尖锐无机物后再经离心脱水机进一步脱水，脱水后污泥进入后续热干化系统，沼液进入污水调节池。螺杆挤压和振动筛处理后的固相收集后外运至焚烧厂。干式厌氧沼渣离心脱水投加聚合氯化铝（PAC）和聚丙烯酰胺（PAM），与湿式厌氧脱水系统共用加药系统。

## 15.3.3.5　沼气净化及存储系统

本系统设置沼气过滤设备、脱硫设备、沼气柜。

工本工程采用"沼气生物脱硫+沼气冷干脱水+干法脱硫+双膜干式储气柜+过滤增压+应急火炬系统"，其工艺流程为：厌氧消化所产生的沼气经脱硫、脱水、精脱硫处理后进入沼气储存单元进行储存，再通过过滤增压系统为后续沼气发电机组输送合格的净化沼气，应急情况下通过封闭式火炬燃烧排放。

本工程沼气净化系统处理规模为 3000m³/h。

## 15.3.3.6　沼气锅炉及换热系统

锅炉系统主要包括燃油/燃气蒸汽锅炉及热力系统等。蒸汽锅炉产生的饱和蒸汽作为餐厨垃圾预处理、干式厌氧罐供热、沼渣干化等的热源。餐厨垃圾厌氧消化系统产生的沼气经湿法脱硫和干法脱硫后通过架空管道输送至锅炉房，作为蒸汽锅炉的燃料；锅炉产生的饱和蒸汽通过管道送至各耗能单元，产生的可回收的冷凝水回送至锅炉房内的软水箱，循环回用。

本工程设 2 台 6t/h 蒸汽锅炉。

## 15.3.3.7　沼气发电系统

沼气经预处理后进入燃气内燃机，燃气内燃机利用四冲程、涡轮增压、中间冷却、高压点火、稀释燃烧的技术，将沼气的化学能转换成机械能。沼气与空气进入混合器后，通过涡轮增压器增压，冷却器冷却后进入气缸，通过火花塞高压点火，燃烧膨胀推动活塞做功，带动曲轴转动，通过发电机输出电能。

内燃发电机在发电的同时会排放出大量的高温烟气，排烟温度约为 450℃。内燃发电机后设置余热锅炉，回收内燃机排放的高温烟气的余热，生产 1.0MPa 的饱和蒸汽，供工艺生产使用。若余热锅炉检修或者不需使用蒸汽时，高温烟气通过三通阀后的旁路烟囱,经消声器后排入大气。

其中内燃发电机配有 SCR 尾气脱硝系统,使尾气出口 $NO_x$ 排放满足国家标准。

本工程设 2 台 1.5MW 发电机和 2 台 0.6t/h 余热锅炉。

### 15.3.3.8　沼渣干化系统

离心脱水后的沼渣采用干化机将沼渣含水率从 80% 降至 40%,热源为锅炉系统产生的 1.0MPa/184℃ 的饱和蒸汽,采用间接干化形式,沼渣干化系统处理规模为 100t/d。

干式厌氧及湿式厌氧离心脱水沼渣含水率为 80% 左右,输送至湿沼渣仓,由柱塞泵输送至沼渣干化车间的干燥机内,利用饱和蒸汽作为加热介质,间接加热沼渣,将含水率降至 40% 以下。

沼渣干化过程产生的载气通过引风机排出,维持干燥机及辅助设备、系统管路微负压运行,尾气经预除尘器降低粉尘量后,进入间接式水冷换热器进行冷凝,冷凝水排入污水调节池。不凝气体(主要是一些恶臭气体)由尾气引风机抽引至全厂统一设置的除臭设备降解后达标排放。

干燥机出泥经间接冷却降温后,通过螺旋输送机、刮板输送机送至干物料仓暂存,定期由车辆外运处置。

## 15.3.4　总图布局

### 15.3.4.1　功能分区

根据功能分为综合管理区和生产区。其中,生产区包括预处理区、干式厌氧区、湿式厌氧及沼渣脱水区、沼气预处理及存储区、沼气利用及沼渣干化区、除臭区和附属配套设施区。

(1)综合管理区

主要包括综合楼以及门卫、停车场等管理配套建构筑物,布置在场地西南侧,与综合预处理车间之间有绿化带相隔。

(2)生产区

根据各工艺系统,可划分为以下功能分区。

① 预处理区。位于场地西北侧,紧邻生产出入口,主要包括综合预处理车间,综合预处理车间内包括卸料大厅、餐饮预处理车间、厨余预处理车间、化验室、仓库等。

② 干式厌氧区。位于场地中心,紧邻综合预处理车间。主要包括干式厌氧罐、干

式沼液池、湿式均质罐、湿式厌氧罐、湿式沼渣罐、湿式沼液罐、脱水机房、固液分离车间、调节池等。

③ 沼气预处理及存储区。位于厌氧消化区东侧，主要包括沼气柜、沼气净化装置、火炬等。

④ 沼气利用及沼渣干化区。位于厂区东北侧，主要单体为沼气及沼渣利用车间。

⑤ 除臭区。位于厂区北侧，紧邻综合预处理车间和沼气利用及沼渣干化区，臭气收集便利。

⑥ 附属配套设施区。位于厂区西侧，预处理车间以西，包括油罐区、消防水池及泵房、初雨事故池等。

⑦ 预留用地。位于场地东南侧，做绿化布置，作为厂区储备用地。

厂区功能分区见图 15-9。

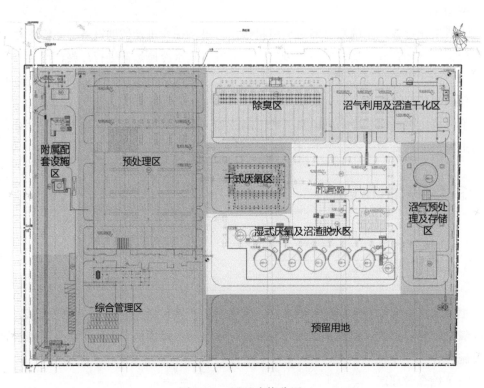

图 15-9　厂区功能分区

### 15.3.4.2　竖向设计

现状场地标高为 2.4～4.4m，厂区西侧河道堤顶标高 4.40m 左右，考虑本工程场地标高略高于西侧和北侧道路，并结合基地内其他项目室外地坪的设计标高，本工程室外地坪设计标高取 5.20m。主要经济技术指标见表 15-15。

表 15-15 主要经济技术指标

| 序号 | 名称 | 数值 |
|---|---|---|
| 1 | 用地面积/m² | 84342 |
| 2 | 建筑面积/m² | 21806.0 |
| 3 | 建构筑物占地面积/m² | 27501.4 |
| 4 | 道路、场地铺砌面积/m² | 22246.1 |
| 5 | 绿地面积/m² | 34594.5 |
| 6 | 容积率/% | 25 |
| 7 | 建筑系数/% | 32.6 |
| 8 | 绿地率/% | 41 |

## 15.3.5 设计特点及运行效果分析

### 15.3.5.1 设计特点

（1）领先的湿式+干式协同厌氧消化技术

餐饮垃圾和厨余垃圾液相进行湿式协同厌氧消化，固相进行协同干式厌氧消化，充分发挥湿式厌氧对预处理要求高、生化效率高，干式厌氧对预处理要求低、污水产量低的优势。

餐饮垃圾和厨余垃圾协同耦合使微生物营养条件更均衡，沼气产量较国内同类处理厂提高 30%以上。

（2）集约化布置

① 总平面布置：总图分区明确，功能设施集约化布局，显著节省用地。

② 预处理车间：设置专用卸料间，料斗/料坑与室外共设置三道隔断门，隔绝异味；各工艺设备密闭设置，集中布置；车间二层设置专用参观廊道，方便参观和管理，有效减少对周边环境影响。

（3）设计引领、工艺系统 PID 集成

以设计为引领，按化工标准对工艺全流程进行 PID 设计，优选各子系统设备，工艺系统实现无人值守，引领行业发展。

（4）全过程 BIM 技术

建筑物、工艺设备采用建筑信息模型（BIM）正向设计，有序组织工艺设备和管线，确保工艺流线、管理巡视流线简洁顺畅。

### 15.3.5.2　运行效果分析

项目自运行以来，实际可处理规模达到 1200t/d，每天产生沼气达 72000m³，发电量达 72000kW·h/d。项目运行稳定，抗冲击力负荷能力强，调度灵活。项目运行后吸引众多专业人员参观考察，在业内成为湿垃圾资源化的标杆。

# 15.4　案例 4：珠海中信生态环保产业园餐厨垃圾处理一期工程

## 15.4.1　项目概述

（1）项目概况

① 项目名称：珠海中信生态环保产业园餐厨垃圾处理一期工程。

② 建设地点：珠海市中信生态环保产业园。

③ 项目处理对象：珠海市全市（除海岛外）范围内的餐厨废弃物，包括香洲区、高新区、保税区、横琴新区、金湾区、斗门区和高栏港区。

④ 建设规模：餐厨垃圾处理规模 300t/d，废油脂处理规模 30t/d。

（2）项目背景

根据《珠海市城市总体规划（2001—2020）》（2015 年修订）中城市环境卫生设施规划，规划在斗门区建设中信生态环保产业园，总占地面积为 35hm²。在中信生态环保产业园内规划建设餐厨垃圾处理厂，处理能力为 200t/d，占地 5hm²，服务范围为珠海市域。

## 15.4.2　处理对象与工艺路线

（1）处理对象

餐厨废弃物是食物垃圾中最主要的一种，其成分复杂，是油、水、果皮、蔬菜、米、面、鱼、肉、骨头以及废弃餐具、废塑料、废弃纸巾等多种物质的混合物。餐厨废弃物特点主要是：a. 含水量高，水分占到垃圾总量的 80%～90%；b. 有机物含量高，油脂含量高，盐分含量高；c. 易腐烂变质，易发酵，易发臭；d. 易滋长寄生虫、卵及病原微生物和霉菌毒素等有害物质。

珠海市区餐厅、食堂等公共餐饮服务部门产生餐厨垃圾理化性质及组分如表 15-16 所列。

表 15-16　餐厨废弃物成分分析

| 项目 | 纸类/% | 塑料/% | 竹木/% | 布类/% | 厨余/% | 果类/% | 金属/% | 玻璃/% | 渣石/% | 煤灰/% | 有害类/% | 其他 |
|---|---|---|---|---|---|---|---|---|---|---|---|---|
| 数值 | 0.19 | 8.02 | 0.56 | 0.15 | 88.17 | 2.33 | 0.34 | 0.22 | — | — | — | |

| 项目 | 含水率/% | 低位热值/(kJ/kg) | 容重/(kg/m³) | 悬浮固体/(g/L) | 总固体/(g/L) | 脂肪/% | 有机质/(g/kg) | 生物降解度/% | 含盐量/% | 蛋白质/% | C/N 值 | 含油率/% |
|---|---|---|---|---|---|---|---|---|---|---|---|---|
| 数值 | 82.86 | 1822.26 | 715.25 | — | — | 16.22 | 842.50 | 58.13 | 2.35 | 21.90 | 15.94 | 23.5 |

根据表 15-16，珠海市餐厨废弃物具有以下特性：

① 含水率高，含水率高达 80%～85%；

② 易腐性，富含有机物，有机干物质占总固体物质高达 85%（干基）；

③ 油脂含量高，可达到 4%。

（2）总体工艺路线

根据本工程的功能定位，拟采用厌氧消化为主的工艺路线，包含以下工艺系统：

① 餐厨废弃物预处理系统；

② 厌氧消化及脱水系统；

③ 沼气净化及利用系统；

④ 废油脂预处理系统。

除上述主体工艺外，还包括污水处理、臭气处理等辅助配套工艺。

工程总体工艺路线如图 15-10 所示。

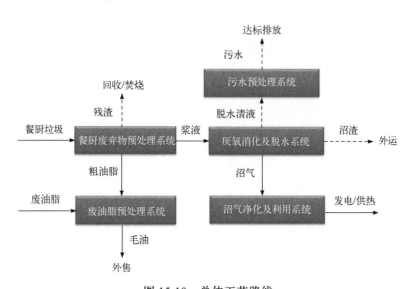

图 15-10　总体工艺路线

## 15.4.3　主体工艺系统

### 15.4.3.1　餐厨垃圾计量与卸料系统

（1）餐厨收集车进出站称重计量

进入厂区的餐厨收集车需称重计量。装满餐厨垃圾的收集车驶进厂区后，以小于5km/h的速度匀速通过电子汽车衡称重计量系统，自动完成称重、记录，随后驶向卸料大厅。

（2）餐厨收集车卸料

餐厨收集车经称重计量后驶向预处理车间卸料大厅，根据监控室和现场调度指示，倒车驶向指定的卸料位。

餐厨废弃物经餐厨废弃物专用收集车先在放水渠泄水，然后再将垃圾卸料到接收斗中。渗滤液收集到预处理间的滤水池。当餐厨收集车进入指定卸料位后，打开尾部卸料门，将餐厨卸入料槽内。卸料地坑侧面的除臭系统抽吸收集车卸料时产生的灰尘和臭气，处理达标后排放。

本项目设3座接收料斗，3个卸料泊位。料斗底部布置螺旋给料机，螺旋给料机带滤水功能，产生的大量滤液汇入餐厨滤水池后泵送至精分制浆系统进行后续处理。

餐厨垃圾接收输送系统处理规模为300t/d，设置3条预处理生产线，按照每天8h运行设计，每条线设置有效容积为30m³的接收斗，整个系统的存储能力可满足高峰期的缓存要求。

废弃动植物食用油脂由收运车通过二层卸料斗卸至一层接收缓冲罐内，接收缓冲罐设置2座，单座有效容积为10m³，可满足接收要求。

### 15.4.3.2　餐厨预处理系统

（1）初筛、精分制浆技术

分选制浆系统的主要作用是将餐厨垃圾中轻物质和部分不易破碎的杂质分离出来，同时将有机物料破碎制成浆液。

滤水后的固相物质由无轴螺旋输送机输送至大物质分拣机进行餐厨原料的粗粉选，分拣机以机械分选方式将物料中粒径>60mm的大块金属、瓷片、玻璃瓶及塑料袋等杂物分离出，得到以有机质为主的均质物料，进入下一级分选制浆系统。

精分制浆一体机集餐厨垃圾破碎制浆和轻物质分离于一体，具有一体化程度高、功能完善、结构紧凑、杂质分离效果好的优点。餐厨垃圾进入精分制浆一体机后，其中大的固体有机物（食品、骨头、纸张等）和易被破碎的重物质（贝壳、玻璃、瓷片等）被破碎为 8mm 以下的颗粒，并从设备下部滤网排出，而其中轻物质（塑料、纤维、竹木等）和不易破碎的金属等杂质被精分制浆一体机输送至尾端排出，再通过无轴螺旋直接送至杂质收集箱。

本项目设置精分制浆一体机 3 台，单台处理能力 10～12.5t/h，按 8h 运行时间设计。该设备设置有回用水喷淋系统，餐厨滤水泵送至该系统以调整浆液 TS 值至满足厌氧消化系统要求。

（2）除砂除轻飘物技术

除砂除轻飘物系统主要作用是去除有机浆液中的重物质（贝壳、玻璃、瓷片、砂石等）及细碎纤维等轻飘物，防止其对油水分离机、泵、管道等设备造成损害。

除砂除轻飘设备具有以下特点：

① 除砂除轻飘物去除率高，能够对各粒径范围内的砂石进行有效去除。保障后端工艺段内罐内积砂较少，设备磨损小。

② 采用主动式除砂工艺，对除砂效果可以进行控制。

③ 设备与物料接触部分均采用 304 不锈钢材质，耐腐蚀性强。

④ 系统耗电设备少，运行电耗较少。

（3）油水分离技术

本工程采用加热离心提油工艺。精分制浆出料先进入卧离进料器，通过蒸汽直喷加热至 55～65℃后送入三相离心机（卧式离心机）进行分离，分离出三种状态的物料——水相、渣相、轻相（油水混合物料），轻相（油水混合物料）再经输送泵输送至立离进料器，通过蒸汽直喷将轻相物质加热至 80～90℃后，再进入立式离心机进行立式分离提油；分离出的粗油脂暂存至室外毛油储罐，外运处置，水相与三相离心机分离出的水相和渣相暂存在混浆池，之后泵送至湿式厌氧消化系统。该工艺流程具有如下特点：

① 固液分离，最大限度地分出油水混合物。

② 连续式湿热水解工艺，生产高效、顺畅、稳定。

③ 离心式分离，确保工艺指标的达成，所得粗油脂品质高。

### 15.4.3.3  厌氧消化系统

本工程采用单相高温厌氧消化工艺。

厌氧反应器采用全混式厌氧反应器（CSTR），其对含固量高的物料具有较好的处理效果，并且有较强的耐冲击负荷能力，利用搅拌方式，可以实现物料混合均匀，避免油脂上浮、结壳，同时物料中含有少量油脂可以提高产气率。

本项目厌氧消化系统采用利浦罐方式，利浦罐具有以下特点。

（1）整体性能好、寿命长

利浦罐在卷制过程中，罐外壁咬成一条 5 倍于材料厚度 30～40mm 宽的螺旋凸条，加强了罐体的承载能力，使利浦罐的整体强度、稳定性、抗震性能优良。

（2）气密性能好

利浦罐由于采用利浦专用设备弯折、咬口，密封性能优良。

（3）建造工期短、造价低

利浦罐现场施工，罐顶地面安装。利浦建造设备的成形、弯折线速度可达到 5m/min，不需要搭脚手架及其他辅助设施，工期极短。同时，利浦罐可用双层弯折法将罐体内外两种不同的材料弯折、成型，可较大幅度降低罐体内壁的防腐造价。同时，厌氧系统采用利浦罐，可将沼气储存组合于利浦罐上端，节约用地。

厌氧消化罐技术参数见表 15-17。

**表 15-17　本项目厌氧消化罐技术参数**

| 厌氧形式 | CSTR |
|---|---|
| 消化罐数量/套 | 3 |
| 功能 | 生化处理，大幅度降解 COD |
| 反应器形式 | 密闭池体、Lipp 结构 |
| 设计温度/℃ | 55±1 |
| 水力停留时间/d | 45 |
| 沼气产量/(m³/d) | 23319 |
| 厌氧罐有效容积/m³ | 5000 |
| 储气装置 | 约 880m³，组合在利浦罐上部 |
| 罐体外形尺寸/m | $\phi23×17$ |
| 换热器形式 | 利浦罐体缠绕式 PB 管 |
| 罐体材质 | 不锈钢复合板，外层为双面热镀锌钢板，内侧为 316L |
| 罐顶材质 | 双面热镀锌钢材 |
| 储气囊材质 | 纤维加强沼气专用膜材，内膜的拉伸强度为 5500N/5cm（经）、5000N/5cm（纬），厚度 1.1mm，撕裂强度 900N/5cm（经）、800N/5cm（纬），剥离强度 125N/5cm，质量 1300g/m²，聚偏二氟乙烯（PVDF）涂层，适应温度-30～+70℃ |

### 15.4.3.4　沼气净化及利用系统

本工程采用"沼气生物脱硫+沼气冷干脱水+干法脱硫+双膜干式储气柜+过滤增压+应急火炬"系统，其工艺流程为：厌氧消化所产生的沼气经脱硫、脱水、精脱硫处理后进入沼气储存单元进行储存，再通过过滤增压系统为后续沼气发电机组输送合格的净化沼气，应急情况下通过封闭式火炬燃烧排放。

### 15.4.3.5　污水处理系统

本项目废水规模为 300m³/d。

本项目污水包括厌氧系统脱水后的沼液、厂区生活污水、洗车与冲洗地坪等生产废水，总的进水水质指标见表 15-18。

**表 15-18　废水进水水质指标**

| 项目 | COD$_{Cr}$/<br>（mg/L） | BOD$_5$/<br>（mg/L） | NH$_4^+$-N/<br>（mg/L） | TN/<br>（mg/L） | SS/<br>（mg/L） | 动植物油/<br>（mg/L） | 温度/℃ |
|---|---|---|---|---|---|---|---|
| 进水水质 | 18000 | 10000 | 2800 | 3500 | 8000 | 600～800 | ≤50 |

本项目出水重金属指标执行广东省《电镀水污染物排放标准》（DB 44/1597—2015）中表 3 标准，常规生化指标执行广东省《电镀水污染物排放标准》（DB 44/1597—2015）中表 3 标准的 2 倍。

废水出水水质指标见表 15-19。

**表 15-19　废水出水水质指标**

| 项目 | COD$_{Cr}$/<br>（mg/L） | BOD$_5$/<br>（mg/L） | NH$_4^+$-N/<br>（mg/L） | TN/<br>（mg/L） | TP/<br>（mg/L） | SS/<br>（mg/L） | pH 值 |
|---|---|---|---|---|---|---|---|
| 出水水质 | ≤100 | ≤50 | ≤16 | ≤30 | ≤1 | ≤60 | 6～9 |

标准中无 BOD$_5$ 值，暂按接纳水厂进水要求取值。

同时本项目要求生化系统出水的 COD、NH$_4^+$-N 和 TN 达到表 15-20 的标准。

**表 15-20　废水生化系统出水水质指标**

| 项目 | COD$_{Cr}$/（mg/L） | NH$_4^+$-N/（mg/L） | TN/（mg/L） |
|---|---|---|---|
| 出水水质 | ≤800 | ≤16 | ≤70 |

废水处理工艺流程见图 15-11。

厂内生产生活污废水（约 30m³/d）经收集直接进入调节池，脱水后沼液（约为270m³/d）为餐厨垃圾高温厌氧消化后排出的混合液，温度较高且含有油脂及悬浮物，宜先经混凝气浮或进入提油预处理环节，去除沼液中过多的油脂及悬浮物，再经冷却处理后进入后续系统。

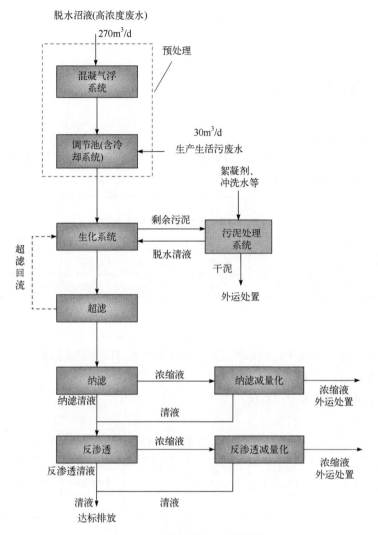

图 15-11　废水处理工艺流程

预处理后的废水由进水泵提升，通过布水系统进入生化系统，生化系统出水进入外置式膜生物反应器，为保护后续的膜处理单元，在布水系统前设置过滤级别为 800～1000μm 的袋式过滤器，以防止大颗粒固体物进入后续的处理单元。

深度处理采用纳滤（NF）+反渗透（RO），去除难生化降解的有机物及 TN。纳滤系统产生的浓缩液，先经膜减量化处理后产生清液与 NF 系统出水混合再后进入反渗透系统，反渗透系统产生的浓缩液经膜减量处理后产生的清液与 RO 系统出水混合达标排放，减量化后 NF、RO 浓液外运妥善处置。

生化系统产生的剩余污泥送至脱水机房进行脱水，脱水后污泥外运处置。

### 15.4.3.6　臭气处理系统

本工程除臭区域包括预处理车间（卸料大厅、料斗平台、预处理车间、预处理车间设备局部排风点、出渣间）、均质罐、沼液罐、沼气净化系统、组合水池（调节池、浓缩液池、储泥池）等。

餐厨垃圾处理除臭控制措施主要有：

① 选用密封性较好的卸料车、垃圾存储容器、餐厨输送及处理设备，并对有缝隙的工艺设施进行定期维护保养。

② 卸料间、卸料坑采用土建封闭隔断，卸料泊位处宜设置带自控感应的快速卷帘门，卸料间仅在垃圾卸料时打开快速卷帘门，不卸料时关闭快速卷帘门形成密封区间，从而减少卸料间臭气外逸。卸料间优先设除臭收集口，减少臭气外逸。同时在卸料口设置雾化降尘系统，感应卸料车辆信号，由自动控制系统开启雾化风炮，可大幅度降低卸料时产生的高浓度臭气，同时起到抑尘和降尘作用。

③ 卸料大厅、预处理车间、出渣间主要入口大门处设置风幕隔离系统，降低车辆进出车间时引起的气流扰动，减少臭气通过出入口外逸。

除臭系统有如下设计。

（1）前端离子氧送风系统

预处理车间设置 2 套总送风能力 90000m³/h 的离子氧送风系统，将室外空气转换为离子氧新风后，分支路送至卸料大厅、预处理车间、分拣小屋、经常行人的通道、容易聚集臭味等区域，降低室内臭气浓度，减少卸料坑臭气扩散至卸料大厅。在车间内合理布置送风系统，每个支风管分配若干送风口（万向球型可调风口、双层百叶风口或散流器风口）或设置多孔送风管、风量调节阀，通过管道送风系统实现均匀送风。离子氧送风系统为 8～10h/d 运行，除臭工艺系统要保证 24h 运行，各分区域主干管应设电动风量调节阀，配套送风机为变频风机。

（2）前端植物液空间雾化喷淋辅助净化系统

预处理车间内共设 3 套植物液空间雾化喷淋辅助净化系统，定时或根据工艺信号要求喷洒植物液，降低各车间室内的臭气浓度。应设必要的电磁阀，使植物液喷淋系统可根据实际使用需要，按区域实现部分功能区的雾化喷淋。

（3）密封加罩要求

根据实际情况对工艺未密封、未加罩设备进行必要的加罩密封，对工艺已加罩或密封设备进行密封复核，如密封性较差则应补充密封（并设置必要的检修口，不得影响工艺设施的正常使用）。

（4）1 号末端除臭系统

用于预处理车间臭气密封、收集和净化，总净化风量 165000m³/h。设 3 套处理能力 55000m³/h 的末端净化设备，各套设备出口设止回风阀。含局部排风和全面排风，在各个需净化区域合理布置收集系统，每个支风管分配若干吸风口（吸风罩）、风量调节阀，通过管道收集至末端净化设备处理（高低浓度臭气应分开收集），处理达标后通过尾气排气筒排放。1 号除臭系统为 24h 运行，各主要收集点和干支管设必要的电动风量调节阀，可根据实际情况调整各主要收集点和干支管的收集风量分配，并配合配套变频排风机实现节能运行。

（5）2 号末端除臭系统

用于组合水池臭气密封、收集和净化，总净化风量 5000m³/h。设 1 套处理能力 5000m³/h 的末端净化设备。主要为水池上部空间的局部排风，在各个需净化区域合理布置收集系统，每个支风管分配若干吸风口（吸风罩）、风量调节阀，通过管道收集至末端净化设备处理，处理达标后通过尾气排气筒排放。2 号除臭系统为 24h 运行，各主要收集点、干支管、各处理车间总收集管设必要的手动风量调节阀，实现收集风量分配，通过变频排风机实现节能运行。

通过通风除臭设计，使厂内工作区域环境臭气满足《工业企业设计卫生标准》（GBZ 1—2010）浓度要求，净化处理后排气筒排放值满足《恶臭污染物排放标准》（GB 14554—93）中有组织排放标准值（排气筒高度为 15m）要求，厂界内污染物满足《恶臭污染物排放标准》中无组织排放限值新改扩建二级要求，在气体排放口设置废气监测口，定期对排放气体进行检测。

通过通风除臭设计，使除臭净化后排放尾气的颗粒物排放执行《大气污染物综合排放标准》（GB 16297—1996）表 2 标准，各类恶臭污染物符合《恶臭污染物排放标准》中有组织排放标准值（排气筒高度为 15m）要求。

## 15.4.4　总图布局

### 15.4.4.1　近远期统筹规划、集约布局

餐厨项目用地内设施集约、紧凑布局，在满足近期设施布置要求的同时，兼顾扩展、统筹安排、合理布局，功能分区明确，满足生产和生活需求。

### 15.4.4.2　合理规划总图功能分区

管理区独立设置，通过围栏与生产区隔离，提高生产作业的安全性。管理区位置结合风向，避开常年主导风向，同时将厂内沼气处理区域（易燃易爆区）远离管理区。

厂区功能分区见图 15-12。

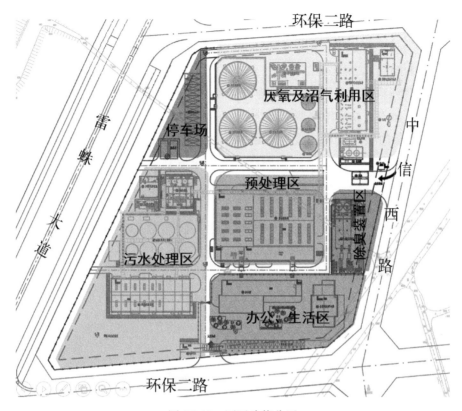

图 15-12 厂区功能分区

### 15.4.4.3 交通组织便利通畅

（1）厂区出入口

本工程分为管理区和生产区域两个分区，针对主要功能分区，结合周边现有及规划道路，全厂共设置 2 个出入口，实现人车分流。

生产出入口位于厂区东侧，与中信西路联通，用于餐厨车辆、沼渣外援车辆出入，宽度为 12.0m。

管理出入口位于厂区南侧，供管理车辆和人员出入，宽度为 12.0m。

通过合理设置出入口，有利于用地的功能区域划分；有利于合理组织人流、物流，污物通道最短化；有利于形成洁污分区完全清晰的总体布局形式，减少污物运输的干扰。

（2）物流交通组织

厂内物流主要包括餐厨垃圾收运车、脱水沼渣及脱水污泥运输车、毛油运输车。

主要车辆作业路径如下。

① 餐厨运输车作业：由东侧生产出入口进厂，进入预处理车间卸料，卸料完成后

原路出厂。

② 沼渣及污泥外运车：由东侧生产出入口进厂，至预处理车间装完沼渣及污泥后从生产出入口出厂。

③ 预处理残渣运输车：由预处理车间出渣间从生产出入口出厂。

④ 毛油运输车：由毛油罐西侧道路装完毛油后从生产出入口出厂。

工程中配备的辅助设施主要有地衡等，这些辅助设施的设置也直接关系到总图的物流交通组织及生产的便捷性，地衡主要为垃圾收集车进出站计量，设在收集车物流通道上。

（3）人流组织

交通组织中实行人车分流，同时充分考虑生产管理的便捷性和人性化。

管理人员：管理出入口→管理用房→作业区。

（4）总图消防通道设计

结合总平面布置，在场地内沿车间设置 6m 宽环形通道，结合进厂道路及厂内交通主干道，实现全厂环形消防通道。

主要经济技术指标见表 15-21。

表 15-21　主要经济技术指标

| 序号 | 名称 | 数值 |
|---|---|---|
| 1 | 总面积/m² | 32568.25 |
| 2 | 经济技术指标 | |
| 2.1 | 建筑面积/m² | 8718.45 |
| 2.2 | 计容面积/m² | |
| 2.3 | 建构筑物占地面积/m² | 13911.0 |
| 2.4 | 道路场地铺砌面积/m² | 6952.80 |
| 2.5 | 绿化面积/m² | 9770.50 |
| 2.6 | 容积率/% | 0.00 |
| 2.7 | 建筑系数/% | 42.71 |
| | 建筑密度/% | |
| 2.8 | 绿化率/% | 30.00 |
| 2.9 | 围墙/m | 712.00 |
| 2.10 | 管理区围栏/m | 150 |
| 2.11 | 大门/座 | 2 |

## 15.4.5 设计特点

（1）总图布局远近统筹、交通物流组织顺畅

总图布局是整个项目实施的关键环节，本项目总图布局综合考虑了各功能处理区之间的相互关系和交通物流组织，在满足各功能设施安全生产的前提下做到统筹规划，远近结合，物流合理，整洁美观。

结合用地红线、出入口要求和周边设施，将拟建场地分成管理区、生产区两个相对独立的区域。

① 管理区地块：根据珠海全年风玫瑰图，将管理区布设于东南侧区，位于全年主导风向上风向，降低生产区臭气对员工的影响。

② 生产区地块：在满足物料、水、气等流向顺畅的基础上，因地制宜地布置各项处理设施，便于子项间物质和能量交换；餐厨废弃物以尽量短的路径进入厂区预处理系统的卸料大厅，各子项围绕预处理车间布置，与预处理环节紧密衔接。

总体布局对远期实施的功能设施统筹规划，为远期留有充分的发展空间。

（2）多元组合除臭措施

本项目餐厨废弃物采用统一的密闭式专用运输车辆，保证运输过程中的全密闭。车辆进厂经过的道路、坡道均设置定时自动地坪冲洗系统，定期自动对车辆经过的地坪进行冲洗，确保整个运输环节异味的控制。

餐厨废弃物卸料、预处理统一布置在预处理车间，污泥与沼渣脱水布置于脱水机房，通过集约化的布局对臭气进行集中控制和处理，避免臭气的无组织排放。

本项目臭气源浓度最高区域为垃圾料槽，通过双层快速卷帘门将卸料坑和室外分隔，并在卸料大厅入口处设置风幕，进一步阻隔卸料过程的臭气外逸；料坑与预处理区通过墙体和密闭式设备分隔，避免其臭气扩散至预处理区内；设置独立的出渣间，将预处理残渣臭气控制在较小空间。

所有预处理设备以及输送设备均选用全封闭的设备，并在设备上直接连接除臭风管，保持整个处理系统的微负压运行，保证车间内部空气质量。

设置全封闭的巡视通道，将巡检通道与作业区完全隔离，提升作业管理人员工作环境。同时设置新风系统，使参观通道维持微正压。

预处理车间卸料回转场地及卸料大厅设置植物液喷淋装置，在一定程度上降解挥发的臭气分子，可产生使人愉悦的气味。

对主要臭气产生源（预处理车间、厌氧区、污水区）均设置大风量除臭吸风，厂区分别设置 1 套风量为 165000m³/h 和 1 套风量为 5000m³/h 的除臭系统，均采用"化学碱洗+化学酸洗+生物除臭+光催化氧化"的组合式除臭工艺，确保臭气排放达标。

（3）工艺技术先进

① 考虑到珠海餐厨垃圾来料特性，根据国内已建成的餐厨废弃物处理厂相关预处

理设施运转情况，通过综合比选，采用以"大物质分拣+精分制浆+除砂除杂+二级提油"为核心的餐厨垃圾预处理工艺，可经济效益最大化，同时满足后端厌氧进料要求。

② 综合对比湿式厌氧和干式厌氧的适应性，本工程厌氧消化采用单相、连续、湿式、高温厌氧消化，采用全物料混合机械搅拌工艺，具有成熟、稳定、工程案例多等优点，可确保项目平稳、安全生产。

③ 沼气净化采用"生物+干法脱硫"工艺，净化后通过厂区设置的发电机组发电上网。同时厂内设置蒸汽锅炉，在备用情况下供锅炉产热供餐厨处理系统加热用，可实现沼气的合理化、高效利用。

# 15.5 案例5：南京江北废弃物综合处置中心一期工程

## 15.5.1 项目概述

（1）项目概况

① 项目名称：南京江北废弃物综合处置中心一期工程。

② 建设地点：南京市浦口区江北环保产业园内。

③ 项目处理对象：餐厨垃圾、家庭厨余垃圾、废弃食用油脂。

④ 建设规模：餐厨垃圾 400t/d，家庭厨余垃圾 200t/d，废弃食用油脂 50t/d，分两阶段实施。

（2）项目建设时序

本项目分两阶段实施，土建一次性建成，设备分阶段安装：

一阶段 2018 年 5 月开工建设，2019 年 7 月施工完成并开始进入调试阶段；

二阶段 2019 年 12 月开工建设，2020 年 5 月施工完成并开始进入调试阶段。

## 15.5.2 处理对象与工艺路线

### 15.5.2.1 处理对象

（1）餐厨垃圾组分

根据 2019 年 4 月、11 月对南京市各区取样检测，南京市餐厨垃圾组分及理化性质见表 15-22。

表 15-22　南京市餐厨垃圾组分及理化性质

| | 名称 | 数据 |
|---|---|---|
| 组分 | 食物残渣/% | 91.2 |
| | 纸张/% | 2.0 |
| | 金属/% | 0.1 |
| | 骨头/% | 5.3 |
| | 木头/% | 0.1 |
| | 塑料/% | 0.6 |
| 理化性质 | 含水率/% | 76.9 |
| | TS/% | 23.1 |
| | VS/% | 20.4 |
| | （VS/TS）/% | 88.3 |
| | C/N 值 | 12.3 |
| | 含盐量/% | 1.1 |
| | 容重/（kg/L） | 1.1 |
| | 蛋白质[①]/% | 27.1 |

① 蛋白质以干基计算。

根据表 15-22，南京市餐厨垃圾具有以下特性：

① 含水率低于其他城市，平均含水率为 76.9%；

② 易腐性，富含有机物，食物残渣占总固体物质高达 90%以上；

③ C/N 值较低，为 12.3。

（2）厨余垃圾组分

项目建设时，南京尚未开展垃圾分类，预测垃圾组分见表 15-23。

表 15-23　南京市餐厨垃圾组分（预测）

| 组分 | 数据 |
|---|---|
| 厨余/% | 70.5 |
| 纸类/% | 4.0 |
| 橡塑类/% | 15.6 |
| 木竹/% | 2.0 |
| 织物/% | 2.4 |
| 金属/% | 0.3 |
| 玻璃/% | 1.6 |
| 灰土/% | 0.0 |
| 骨头/% | 3.6 |
| 有害类/% | 0.0 |

2020 年 11 月南京市正式开始实施垃圾分类，分类后厨余垃圾与原设计组分有一定差别，分类后厨余垃圾照片见图 15-13，具有如下特点：

① 垃圾破袋投放，厨余类组分提高，占 85%以上，橡塑类杂质含量低；

② 餐后垃圾占比多，垃圾含水率较高，含油率较高。

图 15-13 南京市生活垃圾分类实行后厨余垃圾照片

## 15.5.2.2 总体工艺路线

根据本工程的功能定位，采用厌氧消化为主的工艺路线，包含以下工艺系统：a.餐厨垃圾预处理系统；b.湿式厌氧消化系统；c.厨余垃圾预处理系统；d.干式厌氧消化系统；e.油脂处理系统；f.沼渣脱水及干化系统；g.沼气净化及利用系统；h.污水处理系统；i.除臭系统。

本工程总体工艺路线见图 15-14。

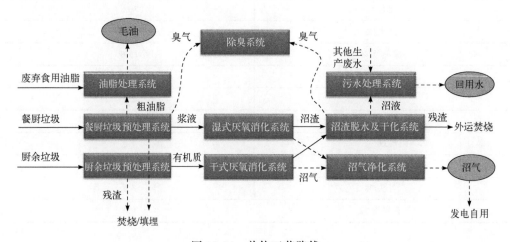

图 15-14 总体工艺路线

## 15.5.3　主体工艺系统

### 15.5.3.1　垃圾计量系统

本项目在东侧厂区生产出入口处设置 3 台电子汽车衡，2 进 1 出。

进入厂区的餐厨垃圾收集车及厨余垃圾收集车需称重计量。装满餐厨垃圾的收集车驶进厂区后，以小于 5km/h 的速度匀速通过电子汽车衡称重计量系统，自动完成称重、记录，随后驶向卸料大厅。

### 15.5.3.2　餐厨垃圾预处理系统

餐厨垃圾预处理规模 400t/d，采用"接料斗+大物质分选+制浆+除砂除杂+提油"处理工艺，设置 4 条预处理线。其中 2 条预处理线采用加热制浆机制取浆液，另 2 条预处理线采用螺旋挤压机制取浆液。

工艺流程如下。

（1）接料及大物质分选

餐厨垃圾运输车辆进入卸料大厅后，卸料大厅卷帘门关闭，同时卸料平台快速卷帘门开启，运输车辆将餐厨垃圾投入卸料斗中。卸料完成后，卸料平台快速卷帘门关闭，卸料大厅卷帘门开启，餐厨垃圾运输车辆驶出，卸料大厅卷帘门关闭，至此完成卸料作业流程。

接收料斗底部设置中转箱（接收料斗自带）与滤水移送泵，用于收集和中转卸料斗中的滤液到滤水收集箱。滤水收集箱内的滤液通过滤水输送泵泵入后续的装置。

餐厨垃圾经由接收料斗底部螺旋输送机输送至粗破碎机，破碎机的双轴旋转，带动进入的餐厨垃圾向下运动，设置于旋转轴上的刀片在运动过程中将餐厨垃圾中的大块有机质切碎，通过物的直径≤50mm。粗破碎处理后的餐厨垃圾在重力的作用下均匀进入大物质自动分选机。

进入大物质自动分选机的物料，在三角盘组的拨动下，上下翻滚式向前传送，转动的三角盘可有效将缠结的粗大物质进行破解拨散，将塑料袋、粗大物质翻滚排出，在重力的作用下进入输送机设备送入打包机处理；穿过三角盘组间恒定间隙的物料，通过物的物料粒径≤50mm，在重力作用下进入螺旋输送设备。

（2）制浆

粗物料通过螺旋输送机输送至加热制浆机或螺旋挤压一体机，将餐厨垃圾制成浆液，浆液流至滤水罐，脱水后的杂物通过螺旋输送机送入出渣皮带输送机，最后外运焚烧处置。

（3）除砂除杂

滤水罐内浆液通过水泵送入固相水力除渣机，固相水力除渣机采用水力平流除砂原理，在重力作用下，浆液中的细砂、蛋壳类杂物在流动的过程中沉淀分层，沉淀分层后的杂物经固相水力除渣机底部的螺旋输送机排出。

（4）提油

除砂除杂后的浆液经浆液缓冲箱提升泵送入浆液加热罐。

有机料液加热到 65℃后，再由泵输送至三相提油机进行提油，产生含水率小于15%的油水混合液，同时产生含水率在 80%左右的固渣，油脂回收与提纯产生的固相，单独外运养殖黑水虻利用，浆液经冷却后进入后续厌氧消化系统。

### 15.5.3.3　湿式厌氧消化系统

本项目餐饮垃圾浆液进行湿式厌氧消化产沼利用，湿式厌氧罐为单相中温厌氧反应器，CSTR 厌氧罐，搅拌方式为立式机械搅拌器。共设 4 座厌氧消化罐，总有效容积14400m³。

工艺参数见表 15-24。

表 15-24　湿式厌氧消化主要工艺参数

| 名称 | 参数 |
| --- | --- |
| 厌氧罐数量/座 | 4 |
| 总有效容积/m³ | 14400 |
| 反应器形式 | CSTR |
| 搅拌形式 | 立式机械搅拌 |
| 设计温度/℃ | 35±1 |
| 水力停留时间/d | 36 |
| 设计有机负荷/[kg/(m³·d)] | 2.2～2.5 |

### 15.5.3.4　厨余垃圾预处理系统

厨余垃圾预处理规模 200t/d，采用"接料斗+匀料器+人工分拣+破袋滚筒筛+星盘筛+螺旋挤压"预处理工艺，设 1 条预处理线。

工艺流程见图 15-15。

（1）接料及人工分拣单元

厨余垃圾接料采用不锈钢料斗，底部配板式给料机，有效容积 130m³，设两个卸料泊位。

车料将厨余垃圾直接卸入卸料斗，通过板式给料机及料斗末端匀料器往预处理线均匀送料，垃圾先经皮带进入人工分拣小屋，挑选出对后端预处理线或干式厌氧系统影响较大的干扰物，如玻璃瓶、大件织物等。

（2）破袋筛分单元

人工分拣后的厨余垃圾进入一级破袋滚筒筛，将塑料袋等大粒径杂质去除。一级筛筛网孔径120mm，粒径≥120mm 的筛上物外送焚烧，粒径<120mm 的筛下物进入后续预处理单元。一级滚筒筛内设有凸起刀盘，滚筒筛旋转过程中垃圾被抛起，与刀盘碰撞后达到破袋的效果。

一级滚筒筛筛下物先经双轴破碎机破碎，然后进入二级星盘筛，进一步筛分去除无机杂质，二级筛孔径 55mm，筛上物与一级筛筛上物一并外运焚烧，筛下物继续处理。

（3）挤压除杂单元

此单元对二级筛分的筛下物进一步处理，考虑国内厨余垃圾含水率较高，筛下物先经螺旋挤压机进行固液分离，降低有机质的含水率，再进入 X 光选机分选出砖瓦等无机杂质，剩余有机质进入后续干式厌氧消化系统。挤压出的浆液泵送至餐饮预处理线。

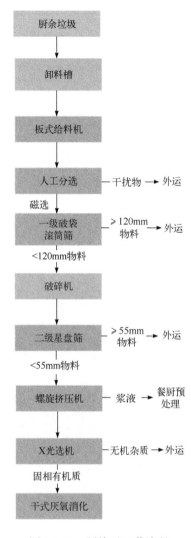

图 15-15　预处理工艺流程

### 15.5.3.5　干式厌氧消化系统

本项目厨余垃圾预处理后的固相有机质进行干式厌氧消化产沼利用。

干式厌氧罐为单相高温厌氧反应器，卧式罐，搅拌器采用长轴机械搅拌器。共设 2 座厌氧消化罐，总有效容积 3600m³。

工艺参数见表 15-25，干式厌氧反应器照片见图 15-16。

表 15-25　干式厌氧消化主要工艺参数表

| 名称 | 参数 |
| --- | --- |
| 厌氧罐数量/座 | 2 |
| 总有效容积/m³ | 3600 |
| 反应器形式 | 卧式推流 |
| 搅拌形式 | 长轴机械搅拌 |
| 设计温度/℃ | 55±1 |
| 水力停留时间/d | 30 |
| 设计有机负荷/[kg/(m³·d)] | 6 |

图 15-16　干式厌氧反应器照片

### 15.5.3.6　沼渣脱水及干化系统

（1）沼渣脱水单元

项目沼渣脱水系统处理对象包括干式厌氧出料、湿式厌氧出料及污水系统污泥。因各干式、湿式厌氧出料性状差异较大，所以采用不同的脱水工艺。

厨余垃圾干式厌氧后的沼渣采用螺旋挤压机进行一级脱水，脱水后液相经振动脱水机去除其中砂石，这两部分脱水固相含水率为 60%～70%，直接外运处置，振动脱水后液相再经离心脱水机三级脱水，离心脱水沼渣进入干化单元，沼液送至污水处理系统处理。

餐饮垃圾湿式厌氧后的沼渣直接采用离心脱水机进行脱水，沼渣进入后续热干化系统，沼液进入污水处理系统。沼渣脱水工艺流程见图 15-17。

（2）沼渣干化单元

沼渣干化采用圆盘干化机，共设置 2 套 80t/d 沼渣干化处理线。

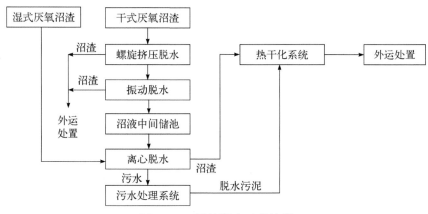

图 15-17　沼渣脱水工艺流程

沼渣经脱水后含水率降至 75%~80%，由柱塞泵直接输送至沼渣干化车间的圆盘干燥机内，利用饱和蒸汽作为加热介质，间接加热沼渣，将含水率降至 40% 以下。

沼渣干化过程产生的载气通过引风机排出，维持干燥机及辅助设备、系统管路微负压运行，尾气经预除尘器降低粉尘量后，进入一个间接式水冷换热器进行冷凝，冷凝水排入污水管网。不凝气体（主要是一些恶臭气体）由尾气引风机抽引至除臭设备降解后达标排放。

干燥机出泥经间接冷却降温后，通过水平及倾斜螺旋输送机送至室外干物料仓暂存，定期由车辆外运处置。沼渣干化工艺流程见图 15-18。

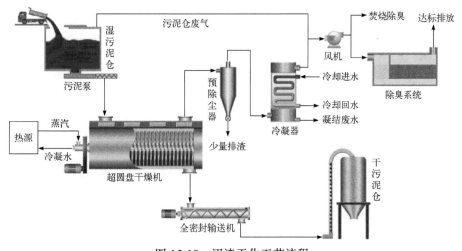

图 15-18　沼渣干化工艺流程

## 15.5.3.7　沼气净化及利用系统

（1）沼气净化单元

沼气净化采用"湿法+干法"两级脱硫，设置 2 套处理能力 1200m³/h 的沼气净化处理线，2 座 3000m³ 双膜气柜。

流程如下：

厌氧反应产生的沼气首先进入沼气柜存放，经汽水分离后进入湿法脱硫系统，脱除以硫化氢为主的硫化物，原料气中硫化氢含量降至 $200 \times 10^{-6}$（体积分数）以下，脱除的硫化氢转化为单质硫排出系统。湿法脱硫后的沼气经汽水分离器去除液滴后进入干法脱硫系统进一步脱硫，原料气中硫化氢含量降至 $50 \times 10^{-6}$（体积分数）以下。脱硫后的沼气经初级过滤器去除 50μm 以上的杂质；之后进入沼气-水换热器，将沼气降温，使沼气中的水蒸气冷凝出来；然后再次经过汽水分离器分离出水分，沼气再经罗茨风机加压，使沼气压力满足发电机组对燃气压力的要求；最后经精密过滤器去除 3μm 以上的杂质，使沼气中的粉尘粒径及含量达到发电机组对粉尘的要求。系统运行过程中产生的冷凝液收集至集水井，送至污水处理系统处理。

预处理后的沼气送至各用气单元，当沼气利用设备检修，或沼气量超出其处理能力时，多余的气体经火炬燃烧后安全排放。

沼气净化工艺流程见图 15-19。

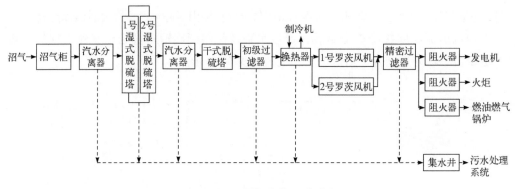

图 15-19　沼气净化工艺流程

（2）沼气发电单元

项目沼气利用方式为沼气发电上网，配备 2 套 1.2MW 沼气发电机组，2 套 250kW 沼气发电机组。

发电机后设置余热锅炉，对排出的高温烟气中的余热进行回收利用。

（3）锅炉单元

项目设 3 套 4t 燃油/燃气蒸汽锅炉，供全厂用热。

### 15.5.3.8　污水处理系统

项目污水处理设计规模 780m³/d，设 3 条处理线。

近期污水处理排放执行《城镇污水处理厂污染物排放标准》（GB 18918—2002）一级 A 标准（总氮执行一级 B 标准）后先进行厂内回用，其余部分经厂外人工湿地工程处理，COD、BOD、氨氮、TP、阴离子表面活性剂达到《地表水环境质量标准》（GB 3838—2002）Ⅳ类标准后排放至周边河道。

远期园区污水厂建成，本项目污水经处理后执行《污水排入城镇下水道水质标准》（GB/T 31962—2015）B 级标准和园区接管标准。污水处理工艺流程见图 15-20。

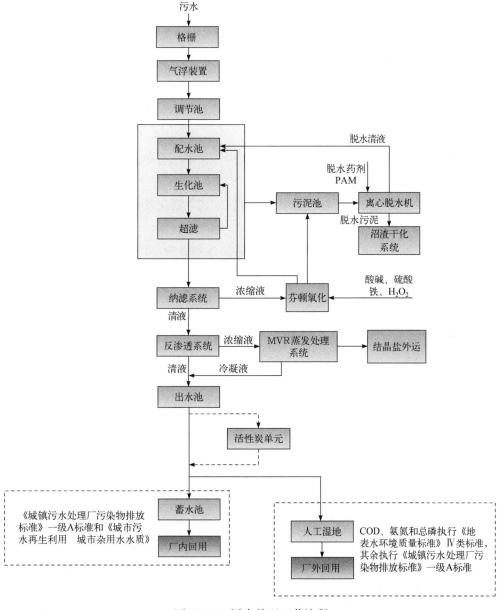

图 15-20　污水处理工艺流程

### 15.5.3.9 除臭系统

项目除臭采用前端"离子氧送风+植物液雾化喷淋"+末端"化学洗涤+生物滤池"组合工艺，总除臭风量 800000m³/h。

## 15.5.4 总图布局

### 15.5.4.1 功能分区

一期工程从南至北划分为管理区、预处理区、厌氧消化及脱水区、污水处理区、沼气净化及利用区、沼渣干化及地沟油处理区等，其分区情况如下。

（1）管理区

管理区位于场地西南侧，主导风向的上风向，包括综合楼、倒班休息楼等。

（2）生产区

生产区按工艺系统可分为餐饮厨余预处理区、厌氧消化及脱水区、沼渣干化及地沟油预处理区、沼气净化及利用区、污水处理区、辅助生产区。

① 餐饮厨余垃圾预处理区。由餐饮厨余垃圾预处理车间组成，位于场地东南靠近入口处，便于餐饮厨余垃圾的进料。同时，餐饮厨余垃圾预处理车间为本工程最大体量的建筑单体，位于环保大道和规划能源大道交叉口的西北侧，可形成视觉上的焦点。

② 厌氧消化及脱水区。包括均质池、中间储料车间、干式厌氧消化罐、湿式厌氧消化罐、沼液脱水车间、沼液中间储池等，位于餐饮厨余预处理区的北侧，便于预处理后餐饮厨余垃圾物料的输送。

③ 沼渣干化及地沟油预处理区。位于厌氧消化及脱水区北侧靠东，包括沼渣干化车间及地沟油预处理车间。

④ 沼气净化及利用区。本区内含有沼气净化设备、沼气柜、封闭式火炬、发电机房以及油罐区。沼气净化与暂存设施及油罐区均设在防爆区内，并用防爆围栏隔离。

⑤ 污水处理区。位于沼气净化及利用区的南侧，包括生化反应池、综合水处理车间及污水深度处理设施。

⑥ 辅助生产区。厂区管理区入口、餐饮厨余垃圾预处理区东侧和沼渣干化及地沟油预处理区西侧为辅助生产区，分别布置有消防水池及消防泵房、初雨事故池、洗车间、变电所、储水池、除臭装置和沼气发电机房及锅炉房等。其中餐饮厨余垃圾预处理区西侧辅助生产区除变电所以外均做好绿化，形成绿化走廊，使之成为管理区与餐饮厨

余垃圾预处理区的天然绿色屏障。

## 15.5.4.2　总平面布置及主要经济技术指标

总平面布置见图 15-21，总图主要经济技术指标见表 15-26。

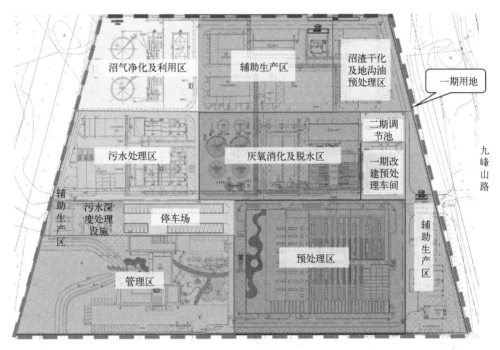

图 15-21　总平面布置

**表 15-26　总图主要经济技术指标**

| 序号 | 名称 | 调整后 | 备注 |
|---|---|---|---|
| 1 | 一期工程用地面积/m² | 90061 | 约 135.1 亩 |
| 2 | 建筑面积/m² | 34822.60 | |
| 3 | 建构筑物占地面积/m² | 31262.49 | |
| 4 | 道路面积/m² | 27943.61 | |
| 5 | 绿地面积/m² | 30854.90 | |
| 6 | 容积率/% | 39 | |
| 7 | 建筑系数/% | 34.71 | |
| 8 | 绿地率/% | 34.26 | |

续表

| 序号 | 名称 | 调整后 | 备注 |
|------|------|--------|------|
| 9 | 围墙长度/m | 1225 | |
| 10 | 大门/座 | 2 | |

### 15.5.5　设计特点及运行效果分析

（1）干式+湿式协同厌氧技术

项目对餐饮垃圾采用 CSTR 湿式厌氧消化技术，对厨余垃圾采用干式厌氧消化技术，实现有机质全量化资源化利用。具有能耗低、资源化率高、有机负荷高等特点。

（2）建设标准高

项目污水排放执行 GB 18918 一级 A 标准，其中 COD、氨氮等部分指标执行 GB 3838 地表水Ⅳ类标准。处理后水供全厂生产、冲洗用水，对水资源进行最大限度的资源化利用。

项目沼渣及污泥经圆盘干化机干化至含水率 40%，可大幅降低沼渣总量，提高热值，便于外运焚烧处理。

项目臭气控制采用多重措施，卸料、出渣等高浓度臭气区设双重卷帘门与外界隔离，臭气处理采用前端送离子风+末端组合式除臭工艺提高臭气净化效率。

（3）处理设施全

本项目是国内处理单元最齐全的餐厨垃圾处理厂之一。处理系统包含各物料预处理、湿式厌氧、干式厌氧、沼渣干化、沼液处理、沼气净化、沼气发电等多个系统，其中污水处理系统包含 MBR、NF、RO、芬顿（Fenton）氧化、MVR 等子单元。

# 15.6　案例6：重庆洛碛餐厨垃圾处理工程

## 15.6.1　项目概述

（1）项目概况

① 项目名称：重庆洛碛餐厨垃圾处理工程。

② 建设地点：重庆市渝北区洛碛镇。

③ 项目处理对象：餐厨垃圾、家庭厨余垃圾、废弃食用油脂、市政污泥。

④ 建设规模：餐厨垃圾 2100t/d，家庭厨余垃圾 1000t/d，废弃食用油脂 100t/d，协同处理市政污泥 600t/d。

（2）项目建设时序

项目于 2018 年开工建设，2020 年 9 月餐厨开始进料调试。

## 15.6.2　处理对象与工艺路线

（1）餐厨垃圾组分

重庆市餐厨垃圾组分及理化特性见表 15-27 和表 15-28。

表 15-27　餐厨垃圾组分

| 食物残余/% | 竹木/% | 塑料/% | 纸类/% | 骨类/% | 织物/% |
|---|---|---|---|---|---|
| 94.13 | 0.02 | 0.19 | 0.30 | 5.24 | 0.12 |

表 15-28　餐厨垃圾理化性质

| 有机干物质/% | 含水率/% | 容重/（kg/m³） | 总脂肪率/% | 动力学黏度/（mPa·s） |
|---|---|---|---|---|
| 约 92.88 | 约 80 | 约 1096 | 约 17.02 | 约 4875 |

餐厨垃圾特点：

① 含水率高，含水率高达 80%～90%。

② 易腐性，富含有机物，混合测试样有机干物质含量高达 92%～94%（干基）。

③ 油脂含量高。

（2）厨余垃圾组分

重庆市垃圾分类尚在开展过程中，服务范围内各区域厨余垃圾组分差异较大，某区域的厨余垃圾组分见表 15-29，厨余垃圾照片见图 15-22（书后另见彩图）。

表 15-29　厨余垃圾组分

| 项目 | 厨余 | 纸类 | 橡塑 | 纺织 | 木竹 |
|---|---|---|---|---|---|
| 占比/% | 61.33 | 16.62 | 21.04 | 0.56 | 0.20 |
| 项目 | 灰土 | 陶瓷 | 玻璃 | 金属 | 其他 |
| 占比/% | 0.00 | 0.20 | 0.00 | 0.05 | 0.00 |

（3）总体工艺路线

根据本工程的功能定位，采用厌氧消化为主的工艺路线，包含以下工艺系统：a. 餐厨垃圾预处理系统；b. 湿式厌氧消化系统；c. 市政污泥处理系统；d. 厨余垃圾预处理系统；e. 干式厌氧消化系统；f. 油脂处理系统；g. 沼气净化及利用系统；h. 地沟油处理系统；i. 污水处理系统。

本工程总体工艺路线见图 15-23。

图 15-22　重庆市厨余垃圾照片

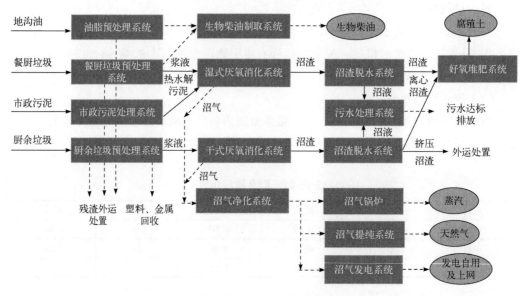

图 15-23　总体工艺路线

## 15.6.3　主体工艺系统

（1）垃圾计量系统

本项目在厂区 2 个生产出入口处分设 2 台电子汽车衡。

进入厂区的餐厨垃圾收集车及厨余垃圾收集车需称重计量。装满餐厨垃圾的收集车驶进厂区后，通过电子汽车衡称重计量系统，自动完成称重、记录，随后驶向卸料大厅。

（2）餐厨垃圾预处理系统

餐厨垃圾 2100t/d，配置 8 条预处理生产线；餐厨垃圾预处理系统按 2 班制考虑，每班设备最长工作时间 8h。

餐厨垃圾进厂进入卸料区，进行卸料，物料通过底部带滤水功能的无轴双螺旋输送机输送至大物质分拣机，以机械分选方式将物料中粒径大小在 60mm 以上的杂物分离出去，主要为大块金属、瓷片、玻璃瓶及塑料袋等杂物，得到以有机质为主的均质物料进入除杂制浆系统。除杂制浆系统将均质物料进行破碎得到以有机质 8mm 以下粒度的浆状物料为主的浆液，同时除杂设备将物料中杂物分离出系统，如小粒径的塑料、金属、纤维等杂物，杂物外运处理，浆液由浆液输送泵送至缓冲罐。

（3）市政污泥处理系统

设计规模：600t/d。

理化特性：含固率 15%～25%，按 20%设计，其中有机质（VS）占比约 40%；物料粒径≤10mm，其中≥8mm 的固体不超过总含固量的 1%；黏度为 100000～200000mPa·s（或 cP）；pH 值为 6.5～7.5。

本项目污泥预处理采用"接料+热水解+均质除砂"工艺。污泥预处理系统包括污泥接料单元、热水解单元和均质除砂单元三部分。

服务范围内污水处理厂的脱水污泥集中收运至本污泥处置厂内，先经过计量后，再倾倒至污泥接受仓；然后通过污泥输送泵将污泥接受仓内的原泥，输送到浆化罐；送至水热系统的污泥进行水热预处理；水热预处理通过采用高温（155～170℃）高压蒸汽对污泥进行蒸煮和瞬时卸压汽爆闪蒸的工艺，使污泥中的颗粒污泥溶解，胞外聚合物水解，提高污泥的流动性，提高污泥颗粒的分散度，提高污泥的可生化程度，从而提高厌氧消化的效率和产气量，改善消化污泥的脱水性能，并保证完全杀灭所有病原菌；污泥经过多次闪蒸后，水热污泥自流至热泥储池，并通过与餐厨垃圾换热降温至 60℃；降温后的热泥通过供料泵打入均质池与餐厨垃圾进行调质除砂。

污泥预处理工艺见图 15-24。

（4）湿式厌氧消化系统

项目共设 6 座湿式厌氧消化罐，采用高温厌氧消化。

该系统设备及设施主要包括浆液均质罐、浆液均质罐搅拌器、除砂设备、厌氧进料泵等配套设备。

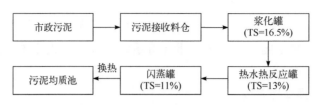

图 15-24　污泥预处理工艺

本项目为高温厌氧消化，采用立轴式机械搅拌方式；厌氧消化罐为完全混合式圆柱形发酵罐，底部为平面，罐体为碳钢防腐密封结构，内部保持轻微的负压状态，厌氧消化罐温度设置为（55±3）℃。

厌氧消化罐总有效容积 72000m³，罐体数量为 6 个，直径 28.0m，高度 19.5m，发酵罐接料挥发性固体负荷≥3.2kg/（m³·d），停留时间 20～25d。

沼渣脱水采用离心脱水机，脱水后沼液去污水处理系统处理，沼渣进行好氧堆肥资源化利用。

（5）厨余预处理系统

本项目厨余垃圾来源不同，主要包括居民厨余垃圾和公共区域厨余垃圾两类，其中居民厨余垃圾处理规模为 500t/d，公共区域厨余垃圾处理规模为 500t/d，总处理规模为 1000t/d。

1）居民厨余垃圾

处理规模：500t/d；

每日作业班制：2 班/d；

每班设备作业时间：6h/班；

高峰时段卸料量：60%/3h。

居民厨余垃圾收集车经称重计量后，进入厨余垃圾预处理车间二层卸料。料槽中垃圾通过板式给料机及皮带输送投入粗破碎机中，经破碎机后袋装垃圾基本全部破除，大件物料被撕碎成 250mm 以下尺寸，保证后续机械设备稳定运行，加强处理线的可靠性。然后物料先经过 80mm 的滚筒筛将物料分为 80mm 以上的物料（以可回收物及残渣为主）及 80mm 以下的物料（以有机质及无机玻璃砂砾为主）。对于 80mm 以上物料设置磁选、风选和红外光选，提高可回收物和其他物料分离的效果，最大限度地将厨余垃圾中铁质金属、易拉罐、聚乙烯（PE）、聚丙烯（PP）及薄膜塑料等可回收物挑选出来。对于 80mm 以下物料设置磁选、40mm 星盘筛、一级风选和二级风选，最大限度地将厨余垃圾中的有机物挑选出来，同时满足后续干式厌氧消化进料粒径要求。

居民厨余垃圾预处理设置 1 条生产线，设计处理能力为 50t/h，每天设备运转时间按 10～12h 考虑，两班制运行。

2）公共区域厨余垃圾

处理规模：500t/d；

每日作业班制：2 班/d；

每班作业时间：6h/班；

高峰时段卸料量：60%/3h。

公共厨余垃圾收集车经称重计量后，进入厨余垃圾预处理车间二层卸料。料槽中垃圾通过板式给料机及皮带输送投入粗破碎机中，经破碎机后，袋装垃圾基本全部破除，大件物料被撕碎成 250mm 以下尺寸，保证后续机械设备稳定运行，加强处理线的可靠性。然后物料经过 40mm 星盘筛筛分，筛上物经风选、红外光选，将垃圾中的 PE、PP 及薄膜塑料等可回收物挑选出来。对于 40mm 以下的物料设置一级风选和二级风选，最大限度地将厨余垃圾中的有机物挑选出来，同时满足后续干式厌氧消化进料粒径要求。

公共区域厨余垃圾预处理设置 1 条生产线，设计处理能力为 50t/h，每天设备运转时间按 10~12h 考虑，两班制运行。

（6）干式厌氧消化系统

本项目厨余垃圾预处理后的固相有机质采用干式厌氧消化产沼利用。

项目干式厌氧罐共 10 套，其中 7 套采用卧式罐，搅拌形式采用长轴机械搅拌；3 套采用立式罐，搅拌形式采用水力循环搅拌。

干式厌氧反应器设计参数见表 15-30。

**表 15-30　干式厌氧反应器设计参数**

| 名称 | 参数一 | 参数二 | 参数三 |
|---|---|---|---|
| 厌氧罐数量/座 | 5 | 2 | 3 |
| 单罐有效容积/m³ | 1800~2100 | 2250 | 2900 |
| 罐体材质 | 钢制罐体 | 钢筋混凝土罐体 | 钢制罐体 |
| 反应器形式 | 卧式 | 卧式 | 立式 |
| 搅拌形式 | 长轴机械搅拌 | 长轴机械搅拌 | 水力循环搅拌 |
| 发酵温度/℃ | 55±1 | 55±1 | 37±1 |
| 水力停留时间/d | 20~22 | 20~23 | 25~30 |
| 设计有机负荷/[kg/(m³·d)] | 6.5~7.2 | 6.5~7.2 | 6.5~7.2 |

沼渣脱水工艺流程见图 15-25。

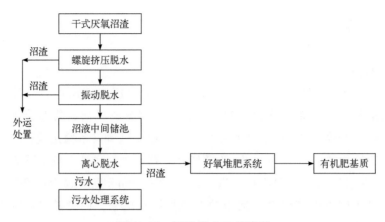

图 15-25　沼渣脱水工艺流程

（7）沼气净化及利用系统

洛碛餐厨一期沼气净化脱硫规模为 11250m³/h；采用"湿法+干法"脱硫工艺；配置 2 套 7000m³ 双膜气柜，2 套 5500m³/h 应急火炬。

本项目沼气利用采用两种方式：提纯制天然气和发电上网。

脱碳提纯制天然气规模为 3400m³/h，经过脱碳、变温、变压吸附脱除水蒸气，使净化气达到《车用压缩天然气》。

洛碛餐厨同时配置装机规模为 12×1500kW 沼气内燃发电机组，用于沼气发电上网。

（8）地沟油处理系统

地沟油的处理量为 100t/d，每天生产 10h，年运行时间为 330d。

罐车收运来的地沟油和桶装收运来的地沟油分别卸入卸料池或熔油箱接料池，卸料池的原料自流到滤渣机进行除渣；除渣后加热箱加热至 70～80℃，然后进入三相分离机分离出毛油，毛油经反应釜反应处理后再由泵送至粗油脂计量罐。

后续生物柴油规模为 160t/d，采用酯交换工艺，主要产品是生物柴油，产品产率≥90%。

系统主要分为四个操作单元：一为预处理单元，经过水洗、干燥后除去大部分杂质和水分；二为可重复使用离子液催化反应单元；三为油脂蒸馏单元；四为甲醇蒸馏回收单元。

（9）污水处理系统

项目污水处理设计规模 4000m³/d。

污水处理规模 4000m³/d，产生的生产废水经过污水处理系统后出水执行《污水综合排放标准》（GB 8978—1996）一级标准后，依托洛碛垃圾填埋场项目配套建设的污水输送管道经沙公溪排入长江。

污水处理工艺采用"预处理+生化处理+深度处理"工艺，其中生化处理采用膜生物反应器（MBR）工艺，深度处理采用"Fenton 氧化+两级曝气生物滤池（BAF）"处理工艺。

## 15.6.4 总图布局

（1）竖向及分区

结合地势情况厂区共分四级台阶进行布置。

其中厂区西侧靠南边为第一级台阶，该区域为挖方区域，主要布置管理区、厨余垃圾处理系统、市政污泥处理系统、生物柴油处理系统等设施，该台阶竖向设计标高为280.0～282.0m。

厂区西侧靠北边为第二级台阶，该区域为半填半挖方区域，主要布置地沟油预处理车间、沼渣干化车间、沼气利用系统等，该台阶竖向设计标高为276.0m。

厂区中部为第三级台阶，此区域为以填方为主，有少量挖方，主要布置餐厨垃圾处理系统等，该台阶竖向设计标高为253.0m。

厂区东侧为第四级台阶，此区域为填方区域，主要布置污水处理设施等，该台阶竖向设计标高为243.0m。

（2）总图主要经济指标

总图主要经济指标见表15-31。

表 15-31　总图主要经济技术指标

| 序号 | 名称 | 数值 | 备注 |
|---|---|---|---|
| 1 | 工程总征地面积/m² | 259038.5 | 388.557 亩 |
| 其中 | 防护绿地面积/m² | 10899.21 | 16.349 亩 |
| | 规划路代征地/m² | 17547.15 | 26.321 亩 |
| | 厂区占地面积/m² | 230592.15 | 345.888 亩 |
| 2 | 建筑物面积/m² | 79899.2 | |
| 3 | 容积率/% | 35 | |
| 4 | 建构筑物占地面积/m² | 95326.3 | — |
| 5 | 建筑密度/% | 41.3 | |
| 6 | 绿地面积/m² | 46161.0 | |
| 7 | 绿地率/% | 20.0 | |
| 8 | 道路及广场面积/m² | 48430 | 厂内：37790 m²<br>规划路：10640 m² |
| 9 | 土石方总挖方量/m² | 1817200 | |
| 10 | 土石方总填方量/m² | 1557700 | |

### 15.6.5  设计特点

（1）国内最大的有机垃圾处理厂

洛碛餐厨垃圾处理厂总处理规模 3700t/d，在国内具有示范作用。

（2）先进的工艺技术

项目核心工艺均采用了目前国内或国际上最先进的工艺技术。

湿式厌氧消化采用高温厌氧消化技术，单罐有效容积 12000m³，有机负荷达到 3.5kg/（m³·d）。

项目干式厌氧消化系统采用了三种干式厌氧消化技术，分别为瑞典 Kompogas 工艺、奥地利 Thöni 公司干式发酵技术、比利时 OWS 公司 Dranco 干式发酵技术。这三种技术均为欧洲先进的有机垃圾资源化处理技术，对于国内刚起步的厨余垃圾处理具有借鉴作用。

项目高浓度沼液采用"预处理+MBR+Fenton 氧化+两级 BAF"工艺线路，可避免传统工艺中浓缩液的产生。

# 15.7  案例 7：青岛市小涧西生化处理厂改扩建暨青岛厨余垃圾处理工程

## 15.7.1  项目概述

（1）项目概况

① 项目名称：青岛市小涧西生化处理厂改扩建暨青岛厨余垃圾处理工程。

② 建设地点：小涧西固体废物综合处置园区内，填埋场一期东侧。

③ 项目处理对象：青岛市市南区、市北区、崂山区、李沧区、城阳区的厨余垃圾。

④ 建设规模：厨余垃圾处理 500t/d。

（2）项目背景

为响应国家关于垃圾分类工作的开展要求，满足青岛市厨余垃圾处理需要，青岛市城管局联合市发展改革委、市财政局以及市住建局于 2019 年 10 月报青岛市政府请示建设青岛市垃圾分类终端处理设施（青城管〔2019〕80 号）。

本项目于 2020 年 12 月开始工程建设，2022 年 7 月调试完成。

## 15.7.2 处理对象与工艺路线

（1）处理对象

厨余垃圾指居民分类产生的易腐生活垃圾。根据青岛市目前的垃圾分类情况，对青岛市厨余垃圾组分预测见表 15-32。

**表 15-32 青岛市厨余垃圾组分预测**

| 序号 | 项目 | 数值 |
|------|------|------|
| 1 | 厨余类含量/% | ≥65 |
| 2 | 杂质含量/% | ≤35 |
| 3 | 含水率/% | 65～75 |

（2）总体工艺路线

根据本工程的功能定位，拟采用厌氧消化为主的工艺路线，包含以下工艺系统：a.厨余预处理系统；b.干式厌氧消化系统；c.沼渣脱水系统；d.沼渣干化系统；e.沼气净化及储存系统；f.沼气锅炉系统；g.沼气发电系统。

除上述主体工艺外，还包括臭气处理等辅助配套工艺。

本工程总体工艺路线如图 15-26 所示。

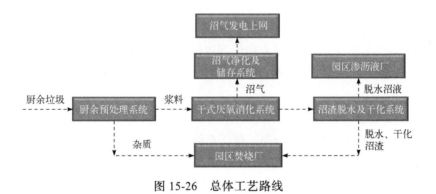

图 15-26 总体工艺路线

## 15.7.3 主体工艺系统

### 15.7.3.1 厨余垃圾预处理系统

厨余垃圾预处理系统工艺流程如图 15-27 所示。厨余垃圾预处理系统主要包括物料接收、厨余垃圾筛分和出渣三个处理单元。

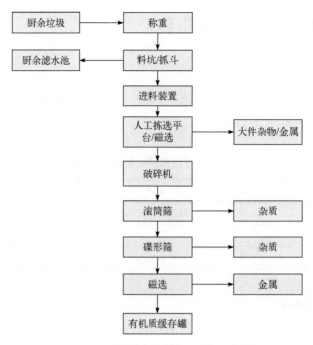

图 15-27　厨余垃圾预处理系统工艺流程

本项目厨余垃圾采用"人工拣选+机械分选"的预处理工艺。厨余垃圾由运输车卸至垃圾料坑，由抓斗提升至板式给料机，经皮带输送机输送至人工拣选平台，拣出影响后续机械设备运行的干扰物（如玻璃瓶、超大粒径杂质、砖石等大颗粒硬物质），然后送至破碎机，将袋装的厨余垃圾破袋，以便进入后续处理设备。滚筒筛筛孔孔径为120mm，筛上物出渣，筛下物料进入碟形筛进行筛分，碟形筛筛网孔径为50mm级，筛下物以有机质为主，通过输送机进入干式厌氧暂存单元；碟形筛上物与滚筒筛筛上物汇总进入出渣单元。

处理规模：厨余垃圾 500t/d。

处理目标：将厨余垃圾杂质分离，便于后续进行厌氧处理。

每日作业班制：8h/班，1 班制。

高峰时段进料量：40%/3h。

收集车辆装载量：最大 15t。

厨余垃圾预处理后出料性质详见表 15-33。

表 15-33　厨余垃圾预处理后出料性质

| 项目 | 粒径 | 硬质杂质含量/% | 有机质含量/% |
|---|---|---|---|
| 进料组分 | 平均粒径<60mm，且 ≥60mm 粒径不超过 10% | ≤5 | ≥65 |

（1）物料接收单元

厨余垃圾经称重后进入卸料大厅，厨余垃圾卸料采用料坑，料坑总有效容积不小于1000m³。料坑内的厨余垃圾通过抓斗抓料至链板给料机，给料机末端设置均料器，之后通过皮带输送至人工拣选小屋，人工拣选后物料至后续处理设备。人工分拣对象主要为易碎的瓶子、超大粒径杂质、砖石等大颗粒硬质杂质等。

厨余料坑中的滤水通过料坑侧壁的开孔，自流至厨余滤水池，厨余滤水池中暂存的厨余滤水泵送至组合池，最终通过泵送入园区渗滤液处理厂。

（2）厨余垃圾筛分单元

输送链板末端设置均料器保证均匀出料，之后经皮带输送机送至人工拣选平台，将垃圾中大件干扰物分拣出来，抛入下方的接料箱里，其余物料再用皮带输送机送入破碎机，使袋装的厨余垃圾破袋，物料能够与后续的预处理设备充分接触，保证后续机械设备稳定运行，加强处理线的可靠性。处理后的物料在滚筒筛内筛分，经 120mm 的筛孔将物料分为 120mm 以上的物料（以无机杂质为主）及 120mm 以下的物料（以有机质及无机砂砾为主）。对于 120mm 以上物料外运焚烧处置，对于 120mm 以下物料设置碟形筛装置筛分，最大限度地将厨余垃圾中的有机物挑选出来，同时满足后续干式厌氧消化进料粒径要求。

二级筛分选择筛分孔径为 50mm 级的碟形筛作为精筛分。碟形筛通过多组并列同向转动的多角盘组对厨余垃圾进行上下翻滚式传送，转动的多角盘可有效将缠结的大物质进行破解拨散，并将大物质翻滚排出，剩余物料穿过多角盘组间的间隙直接掉入接料输送设备，实现厨余垃圾的有效分选。筛下物料经磁选筛分出金属，以保护后续输送设备的稳定运行。

（3）出渣单元

出料站由一组皮带组成。垃圾物料输送至双向皮带输送机，输送机两侧出口各有一条可移动式皮带输送机。双向皮带机向一侧输送时，同侧可移动皮带机通过前后移动，将垃圾物料均匀布置在下方运输车厢或压缩箱内。该侧箱体装满后，双向皮带输送机反转，向另一侧可移动皮带输送机送料，并在对应箱体内布料。

## 15.7.3.2　干式厌氧消化系统

干式厌氧消化系统包括中间储料系统及厌氧消化系统两个部分。预处理后的有机垃圾通过皮带输送至中间储料仓。中间储料仓功能为预消化，同时平衡预处理工作时间（8h）和厌氧消化罐进料时间（24h）之间的差异。由中间储料罐出来的物料，通过输送机、螺旋给料机均匀送到 3 组厌氧消化罐内。消化罐采用机械搅拌器进行搅拌，以防止物料表面结壳和沉积。每天通过出料装置排放的物料进入脱水间。

如前所述，消化罐实现 24h 均匀进料，保证生物气均匀产生，便于选配后续设备，充分利用生物气。厌氧消化工艺参数见表 15-34。

表 15-34　厌氧消化工艺参数

| 序号 | 项目 | | 数值 |
|---|---|---|---|
| 1 | 物料进罐能力/（t/d） | | 300 |
| 2 | 消化罐有效容积/m³ | | 2400×3 |
| 3 | 设计负荷（以有效容积计）/[kg/（m³·d）] | | 7.5 |
| 4 | 停留时间/d | | 24 |
| 5 | 消化温度/℃ | | 约 35 |
| 6 | 生物气体 | 产量（标准状况）/m³ | 34905 |
| | | 甲烷含量/% | ≥55 |

（1）中间储料系统

中间储料仓示意见图 15-28。

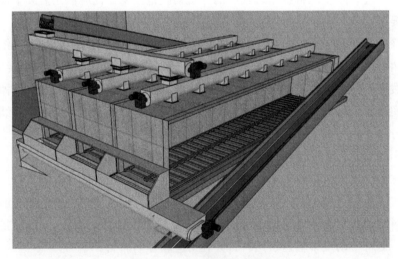

图 15-28　中间储料仓示意

将厨余垃圾预处理环节选出的有机垃圾，通过输送机送至中间储料仓，再通过布料螺旋在中间储料仓内布料，螺旋输送机设置于料仓的顶部，从顶部向料仓内均匀布料。当一个料仓储满物料后，可自动切换至另一料仓进行供料。

1）布料系统

在布料螺旋的作用下将来自预处理工段的有机质进料至 3 套储料仓内，同时在自动控制系统作用下由液压驱动的活动推杆作用下将料仓内物料定时定量输送至指定消化罐进行厌氧消化。物料在中间储料单元内平衡缓冲预处理车间和厌氧车间的工时不同，同时消化物料在储料单元内暂存一定时间，滤水和预消化可改善其消化性能。

储料仓的设计避免物料的起拱和架桥，并考虑污水和臭气的收集。

储料仓的出料口设计避免物料堵塞，便于清理。

2）液压滑架出料系统

在每个小隔仓内设有两套液压驱动的活动推杆，通过液压油缸推杆的往复式运行将料仓内的物料输送至储料仓的仓口卸至出料螺旋上。该液压驱动站由配设变频器的电机驱动，根据后续物料流量需求及测定值进行频率的调整，调节物料输出量，实现可靠稳定的生产运行。

（2）厌氧消化系统

厌氧消化工艺的核心是厌氧反应器，本项目厌氧反应器采用水平推流短轴搅拌厌氧反应器，主体为卧式长方体形钢筋混凝土箱体，箱体中心长轴两端分别为带进料螺旋的进料端和连接真空出料系统的出料端。在厌氧反应器内，从进料端到出料端，沿反应器长轴方向，均匀布置了 8 台垂直于长轴方向水平布置的搅拌轴，每个搅拌轴上面带有均布的 4 个门式搅拌桨叶。

有机垃圾从给料螺旋进料后，在搅拌器的搅拌下，物料混合均匀，确保生化反应的均质性要求；进入反应器的固相物料，水解酸化为浆液，在水力作用下，逐渐由进料端往出料端缓慢移动，最终经真空出料系统出料，排出厌氧反应器，移动过程中，有机质在厌氧微生物的作用下，逐渐分阶段进行有机质水解、酸化、产甲烷的生物转化和生化反应，最终完成有机质降解转化产生沼气的全过程。本项目设计进料含固率 20%～35%，垃圾状况差时，通过前分选选出物料，中间料仓滤水，必要时增加部分园林垃圾或回流沼液方式控制进料含固率。

厌氧反应器示意见图 15-29。

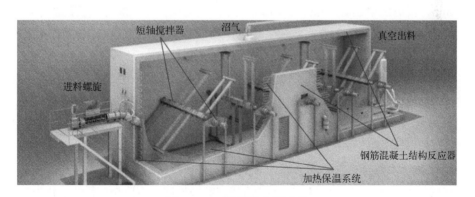

图 15-29 厌氧反应器示意

### 15.7.3.3 沼渣脱水系统

厌氧沼渣脱水系统由螺杆挤压系统、二级脱水系统组成。

自厌氧反应器真空出料的沼渣高压输送至一级螺杆挤压脱水机上部的缓存罐，物料经阀门控制后通过进料段的料槽自流入螺杆挤压脱水机，在脱水机内由变径螺旋带动物料前行，螺旋为变径式设计，出料端有气顶挡板，物料在挡板受阻被越压越紧，内含液体经筛孔流出，完成挤压过程，压力可以通过调整出料口气顶挡板调整，直到物料达到设定的含水率。经螺杆挤压机挤压脱水后的固相含水率为 55%～60%，通过螺旋输送机送至出渣间，由自卸车直接运送至垃圾焚烧厂焚烧处理。螺杆挤压脱水机筛孔直径5mm，小于 5mm 的固形物也会通过筛孔进入挤压脱水的液相，固形物主要是未消解转化的有机质纤维，以及部分泥沙、碎玻璃、砂石等杂质，含固率为 10%～15%，这样的水不能直接进污水处理系统，需要进行二级脱水处理，以满足渗滤液处理厂进水要求。

脱水机用可拆卸的检查盖板覆盖，便于在任何时候对格网进行检查和清理。螺旋挤压脱水机设计处理能力应与厌氧出料流量匹配，并能适应进料含固率和量在一定范围内的变化。

挤压脱水后液相中含有部分泥沙、细碎贝壳、玻璃等惰性物和未消化降解的纤维类固相，为减少二次挤压脱水负荷和防止中间缓存池沉积，需要先进行惰性物分离，分离采用"沉淀+螺旋捞渣"为主要工艺的惰性物分离装置，一级脱水液相在惰性物分离装置内进行分层沉降，上清液溢流外排至缓存池，惰性物在分离装置内沉降并由斜螺旋缓慢捞出沼渣，经惰性物分离装置去除液相中的砂子等固相物与一级挤压脱水后的沼渣一并外运焚烧，液相流入缓存池，再泵送至二级螺杆挤压脱水机进行再次固液分离。

二级脱水采用微滤螺杆挤压脱水机，其工作原理与一级螺杆挤压脱水机工艺原理一样、结构类似，也是利用变径螺旋移动物料，在顶端随着物料聚集形成压力，将物料中的水分挤压出来，但螺杆螺旋片间距更小，更适合小粒径物料的脱水，同时筛孔孔径只有 1.25mm，根据需要还有 1mm 和 0.75mm 孔径可更换。与一级螺杆挤压脱水机工作不同的是，二级挤压脱水机自带絮凝剂混凝搅拌罐，沼液分离时需要添加絮凝剂并充分搅匀后，再进二级螺杆挤压脱水机脱水。

工作时，经惰性物分离装置去除泥沙等惰性杂质的沼液，在缓存池内缓存，由隔膜泵泵送至絮凝剂混凝搅拌罐，添加絮凝剂并充分搅拌，由进料口进入挤压脱水机，水相经由过滤栅板流出，固相部分通过变径螺杆的缓慢旋转和推送，逐步送至挤压脱水机的出料处，由于此处螺杆的锥形变径与筛网间距越来越小，形成污泥料塞，推送的污泥逐渐增多，挤出压力逐渐加大，将多余水分挤出，达到挤压脱水的目的。

挤出的污泥含水率在 72% 以下，不能直接送焚烧处理，需要先进行热干化去除水分，将含水率控制在 60% 以下后，再与一级螺杆挤压脱水机出料一并送至焚烧厂焚烧处理。

### 15.7.3.4 沼渣干化系统

二级脱水沼渣含水率约80%，送至沼渣干化车间，经接收仓内进料螺旋破碎预处理后由输送泵送入干燥机干化，含水率降至 60%以下，出泥离开干化机前必须冷却降温后，通过水平及倾斜螺旋输送机送至干仓暂存，定期由车辆外运处置。

沼渣干化过程产生的载气通过引风机排出干燥机，维持微负压运行，尾气经预除尘器降低粉尘量后，进入一个间接式水冷换热器进行冷凝，冷凝水排入污水管网，不凝气体（主要是一些恶臭气体）进入除臭设备。

## 15.7.3.5　沼气净化及储存系统

沼气在利用前需进行脱硫及过滤处理，并设置有储气设施，调节产气和用气的关系。预处理后的沼气正常工况下送至沼气发电及锅炉房，在满足全厂蒸汽用量的情况下，发电自用，余电上网。应急情况下通过封闭式火炬燃烧排放。

厌氧反应产生的沼气首先经初级过滤器去除 50μm 以上的杂质进入沼气柜存储，后进入湿法脱硫系统，脱除以硫化氢为主的硫化物，原料气中硫化氢含量降至 $150×10^{-6}$（体积分数）以下。湿法脱硫后的沼气经汽水分离器去除液滴后进入干法脱硫系统进一步脱硫，原料气中硫化氢含量降至 $50×10^{-6}$（体积分数）以下再通过沼气-水换热器，将沼气降温，使沼气中的水蒸气冷凝出来，气柜中的沼气经罗茨风机加压升温，最后经精密过滤器去除 3μm 以上的杂质，使沼气中的粉尘粒径及含量达到沼气锅炉和沼气发电机组对粉尘的要求，满足沼气发电机组和沼气锅炉对燃气品质的要求。系统运行过程中产生的冷凝液收集至集水井，经过泵提升排至厂区污水管网。

预处理后的沼气送至各用气单元，当产气量大于用气量时多余的气体经火炬燃烧后安全排放。

## 15.7.3.6　沼气锅炉系统

锅炉系统主要包括燃油/燃气蒸汽锅炉及热力系统等。蒸汽锅炉产生的饱和蒸汽作为干式厌氧罐供热、沼渣干化等的热源。厌氧消化系统产生的沼气经湿法脱硫和干法脱硫后通过架空管道输送至锅炉房，作为蒸汽锅炉的燃料；锅炉产生的饱和蒸汽通过管道送至各耗能单元，产生的可回收的冷凝水回送至锅炉房内的软水箱，循环回用。

## 15.7.3.7　沼气发电系统

沼气经预处理后进入燃气内燃机，燃气内燃机利用四冲程、涡轮增压、中间冷却、高压点火、稀释燃烧的技术，将沼气的化学能转换成机械能。沼气与空气进入混合器后，通过涡轮增压器增压，冷却器冷却后进入气缸，通过火花塞高压点火，燃烧膨胀推动活塞做功，带动曲轴转动，通过发电机输出电能。

内燃发电机在发电的同时会排放出大量的高温烟气，排烟温度约为 450℃。内燃发电机后设置余热锅炉，回收内燃机排放的高温烟气的余热，生产 1.0MPa 的饱和蒸汽，供工艺生产使用。若余热锅炉检修或者不需使用蒸汽时，高温烟气通过三通阀后的旁路烟囱，经消声器后排入大气。

其中内燃发电机配有选择性催化还原（SCR）尾气脱硝系统，使尾气出口 $NO_x$ 排放满足国家及山东省地方标准。

燃机本体管道系统包括沼气管道、空气管道、缸套水管道、中冷水管道、润滑油管道、曲轴箱呼吸管道和排烟管道等。

## 15.7.4　总图布局

青岛市小涧西生化处理厂改扩建暨青岛厨余垃圾处理工程项目位于青岛市城阳区小涧西生活垃圾处理园区内，西侧为已封场生活垃圾填埋堆体，北侧为小涧西生活垃圾焚烧厂，东侧为泰和路，南侧为桃源河。本项目占用厂区内原后处理Ⅱ、初堆肥和精堆肥堆放车间用地。对原后处理Ⅱ、初堆肥和精堆肥堆放车间等进行拆除处理。厂区新增厨余垃圾干式厌氧设施，新建综合预处理车间、干式厌氧进料间、干式厌氧罐、干式厌氧出料间、沼气净化装置、沼气柜、火炬、沼渣沼液处理车间、沼气发电机房及锅炉房，以及其他生产或管理配套建构筑物。

改扩建实施后，本工程厂区平面功能分为两大区域，即堆肥生产区（原工程保留）和厨余垃圾厌氧处理区。综合考虑厂区内工艺流程的顺畅性、厂区的功能性要求，以及厂区周边的环境、景观要素，确定厂区的平面位置，详见图 15-30（书后另见彩图）。

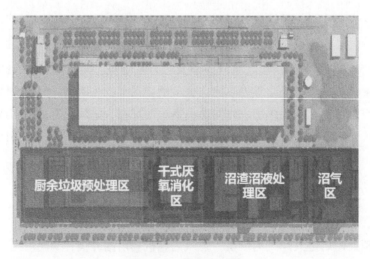

图 15-30　总平面布置

（1）堆肥生产区

位于场地东侧，为原生化处理厂卸料大厅、前分选车间、生化处理车间保留。

（2）厌氧处理区

按工艺系统可分为厨余垃圾预处理区、干式厌氧消化区、沼液沼渣处理区、沼气预处理及存储区。

① 厨余垃圾预处理区。由综合预处理车间组成，在厂区北侧空地场址新建，靠近园区进厂 16m 宽道路，便于厨余垃圾的进料。同时，厨余综合预处理车间为本工程最大体量的建筑单体，与园区内生活垃圾焚烧厂以进厂道路对称布置，视觉景观效果较佳。

预处理车间北侧布置 1 组除臭装置，工艺产臭过程主要为预处理及车辆卸料过程，除臭装置区紧邻恶臭产生源，有利于就近处理工艺臭气，减少除臭风量损失，且节约用地。

② 干式厌氧消化区。包括干式厌氧进料间、干式厌氧罐、干式厌氧出料间等，位于厨余垃圾预处理区的南侧，便于预处理后厨余垃圾物料的输送。

③ 沼液沼渣处理区。位于干式厌氧消化区南侧，包括沼渣沼液处理车间、组合池，用于厌氧沼液、沼渣脱水及干化处理。

④ 沼气区。包括沼气发电机房及锅炉房、沼气净化装置、沼气柜、封闭式火炬。考虑到沼气柜等建构筑物的防爆要求，将该区放置在工艺布置的最南侧。

⑤ 厂区出入口。位于厂区东北角，外接市政道路，进厂道路宽度 16m。

主要技术经济指标见表 15-35。

表 15-35　主要经济技术指标

| 序号 | 名称 | 指标 | 备注 |
| --- | --- | --- | --- |
| 1 | 厨余垃圾处理规模/（t/d） | 500 | |
| 2 | 用地面积/m² | 32810.6 | 约 49 亩 |
| 3 | 建筑面积/m² | 14925.96 | |
| 4 | 建构筑物占地面积/m² | 17738.22 | |
| 5 | 道路、场地铺砌面积/m² | 5229.2 | |
| 6 | 绿地面积/m² | 9843.18 | |
| 7 | 容积率/% | 64 | |
| 8 | 建筑密度/% | 32 | |
| 9 | 绿地率/% | 32 | |
| 10 | 劳动定员/人 | 48 | |

## 15.7.5　设计特点

（1）国内厨余垃圾首项水平多轴搅拌干式厌氧示范工程

本项目厌氧消化采用"中间储料仓预发酵＋水平推流式多轴搅拌干式厌氧"工艺。

厌氧消化反应器为水平式布局，垃圾从进料到出料的消化过程，遵循了厌氧系统"水解产酸、脱氢产甲烷化"的生化反应过程，符合厌氧产沼的基本规律。垃圾厌氧消化充分，无短流。物料从进料到出料为推流式顺次移动，参与厌氧反应的全过程，无短流，有机质分解消化充分，满足有机垃圾最大化资源化处理目标要求。

（2）工艺系统技术适应性强

厨余垃圾中杂质含量较多，预处理难度大，本工程采用适应性较强的两级筛分作为厨余垃圾预处理工艺；厨余垃圾有机固渣进行干式厌氧，厌氧罐纵向排布，集约布置。

沼气净化采用湿法脱硫＋干法脱硫两级工艺，节省投资，降低运行成本。

本项目工艺选择充分考虑园区的总体规划及现有设施，利用焚烧资源，将本项目沼渣进行协同焚烧处置；利用渗滤液处理厂将本项目的污水进行处理，考虑利用达到回用标准的尾水作为本项目的回用水源；减少投资，发挥集群优势，实现资源共享。

（3）集约化布置

本项目用地紧张，地形狭长，需要将厨余垃圾全流程处理设施布置在用地范围内，包含厨余垃圾预处理、厌氧消化、沼气利用、臭气控制和处理等主要子项，各子项之间物质和能量交换复杂，总图布局综合考虑各功能处理区之间的相互关系和交通物流组织，在满足各功能设施安全生产的前提下，统筹规划，物流合理，整洁美观。

# 15.8　案例8：杭州萧山餐厨生物能源利用项目

## 15.8.1　项目概述

杭州萧山餐厨生物能源利用项目位于杭州市萧山区，用地面积约为 20000m² （合 30 亩）。设计处理能力为餐厨垃圾 200t/d、地沟油 20t/d。

采用"预处理+厌氧消化+沼气利用"的主流工艺路线。

工程于 2016 年底开工，2017 年底正式投运。

## 15.8.2　处理对象与工艺路线

（1）处理对象

根据实际调研数据，餐厨垃圾组分分析详见表 15-36 和表 15-37。

表 15-36　餐厨垃圾组分　　　　　　　　　单位：%

| 指标 | 食物残渣 | 油脂 | 纸类 | 金属 | 骨贝类 | 塑料 | 竹木 | 织物 | 玻璃陶瓷 |
|---|---|---|---|---|---|---|---|---|---|
| 数值 | 90.9 | 3.0 | 0.9 | 0.1 | 3.0 | 0.9 | 0.9 | 0.1 | 0.2 |

表 15-37　餐厨垃圾理化性质

| 指标 | 含水率/% | 含油率/% | TS/% | VS/TS/% | 容重/（kg/m³） |
|---|---|---|---|---|---|
| 数值 | 82.5 | 3.0 | 17.5 | 80 | 970～1010 |

（2）项目建设目标

从可持续发展战略角度出发，工程设计采用可靠、先进的工艺技术，力争建设成为"现代、先进、环保、集约"的现代化餐厨垃圾资源化处置中心。

① 预处理残杂：经运渣车运送至杭州天之岭静脉产业园进行安全填埋。

② 厌氧沼渣：经处理后由运渣车运送至杭州天之岭静脉产业园进行安全填埋。

③ 污水处理：生产废水经污水处理系统处理后排入市政污水管网，排放标准执行《污水综合排放标准》（GB 8978—1996）三级标准。

④ 沼气处理：部分沼气用于蒸汽锅炉，蒸汽供餐厨垃圾提油及地沟油提纯过程使用，剩余沼气用于沼气发电。

⑤ 废气处理：产生的臭气经过风管收集后经除臭系统集中处理后排放。厂界恶臭污染物排放限值满足《恶臭污染物排放标准》（GB 14554—93）二级标准。

⑥ 废油处理：餐厨垃圾分离出的油脂，与地沟油提纯的油脂合并对外销售，毛油纯度≥98%。

⑦ 噪声控制：厂界噪声满足《工业企业厂界环境噪声排放标准》（GB 12348—2008）3 类标准。

（3）总体工艺流程

根据功能定位，总体工艺分为预处理系统、地沟油提纯系统、厌氧消化及脱水系统、污水处理系统、沼气净化及利用系统以及辅助生产系统 6 大系统。总体工艺流程如图 15-31 所示。

① 餐厨垃圾预处理系统：餐厨垃圾经收集后运至餐厨垃圾预处理车间，分离油水、残渣等，达到厌氧消化的原料要求。

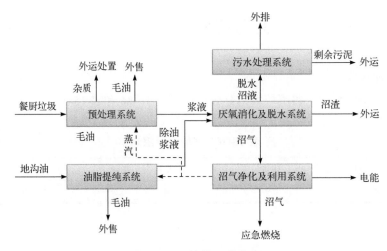

图 15-31　总体工艺流程

② 地沟油提纯系统：地沟油经除渣及提纯后获得纯度 98%以上的毛油，与餐厨预处理分离的毛油一并销售给有资质的生物柴油企业或化工企业。

③ 厌氧消化及脱水系统：经预处理后的垃圾浆液进入厌氧消化罐进行厌氧消化，有效利用餐厨垃圾中的有机质生产沼气，回收资源，消化沼液经脱水后沼渣外运处置。

④ 污水处理系统：脱水沼液及其他生产废水经收集后进入厂内污水处理系统，处理后出水满足排放要求。

⑤ 沼气净化及利用系统：厌氧消化产生的沼气通过净化装置后，达到锅炉及发电机组用气要求，锅炉产生蒸汽供餐厨垃圾预处理系统提油及地沟油提纯使用，剩余沼气进行沼气发电，同时考虑应急火炬燃烧系统。

⑥ 辅助配套系统：为满足生产需求，配备除臭系统、地衡等辅助配套设施。

## 15.8.3　主体工艺系统

（1）预处理系统

餐厨垃圾经地衡称重后进入卸料大厅，将餐厨垃圾卸至接收料斗。接收料斗中的餐厨垃圾，经螺旋输送机提升进入分选制浆系统。分选制浆系统分离出的大件杂质和无机固渣外运处置，分离出的有机浆状物与料斗滤水经过除砂除渣后输送至浆料加热系统，通过蒸汽直接加热至 80℃，加热后的浆料通过三相分离机分离出毛油、残渣（固相）、水相三种物料，其中固相和水相混合后进行后续厌氧消化，毛油暂存后对外销售。

预处理系统工艺流程详见图 15-32。

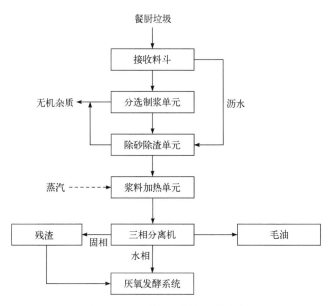

图 15-32　预处理系统工艺流程

餐厨垃圾预处理能力为 200t/d，每天工作时间 8h，为了适应高峰流量的冲击负荷，预处理系统共设置 2 条预处理线，单线处理能力 20t/h。考虑处理设备检修情况，每条预处理线配置一个容积 75m³ 的接收料斗。

预处理车间为局部两层的一体化综合处理车间。主要功能区包括卸料大厅、餐厨垃圾及地沟油处理间、出渣间、沼渣/污泥脱水间、污水膜处理间以及辅助配套的变配电间、辅助办公区，同时在二楼设置专用的参观廊道。处理间的集中布置便于巡视管理以及臭气的集中收集处置。

（2）地沟油提纯系统

地沟油收运车辆经地衡称重后进入卸料大厅，将地沟油倾倒入地沟油接收箱，地沟油在接收箱内进行粗过滤，过滤后的地沟油再经螺旋除渣机除杂后进入粗油脂加热罐，地沟油在加热罐内加热至 65℃泵送入卧式提油机进行油脂初步提取，产生的油水混合物在调温箱内进行二次加热，加热至 80℃后，采用立式提油机进行再次提纯，最终得到纯度≥98%的毛油，进行暂存。

地沟油提纯系统工艺流程详见图 15-33。

预处理车间内设置一套地沟油接收及提纯系统，处理能力为 20t/d，设置 1 座有效容积为 2m³ 的地沟油接收箱、2 座 15m³ 的油脂加热罐以及 1 座 8m³ 的调温罐；卧式提升机的处理能力为 8m³/h，立式提油机的处理能力为 3m³/h。

（3）厌氧消化及脱水系统

预处理后的有机浆液经泵送至厌氧进水罐，以保证厌氧消化罐的稳定进料。厌氧进水罐设有换热系统，以调节物料的温度，通过均料和控温后（40℃）的有机物料由厌氧进料泵提升入厌氧消化器，设计采用中温[（35±2）℃]厌氧，消化器采用完全混合厌氧反应器（CSTR），物料在厌氧反应器内充分混合搅拌，停留时间为 43d，经过厌氧消化后的沼液经厌氧消化罐排入厌氧出水罐，进行脱水前的暂存，然后泵送至沼液脱水系统，工艺流程详见图 15-34。厌氧消化系统设计参数见表 15-38。

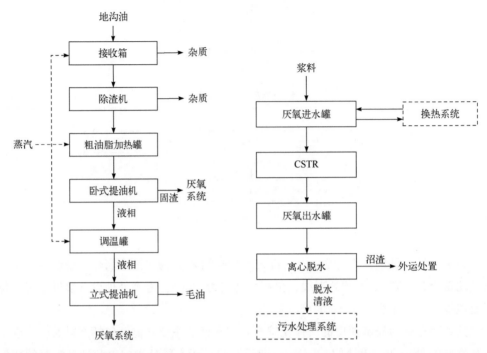

图 15-33　地沟油提纯系统工艺流程　　　　图 15-34　厌氧消化及脱水系统工艺流程

表 15-38　厌氧消化系统主要工艺设计参数

| 项目 | 参数 | 结构形式 |
| --- | --- | --- |
| 厌氧形式 | 全混式厌氧消化罐 | |
| 进水罐 | 2 座（$\phi$6m×12m） | Lipp 罐 |
| 出水罐 | 1 座（$\phi$8m×15m） | Lipp 罐 |
| 消化罐数量 | 2 座 | |
| 发酵罐外形尺寸 | $\phi$16.8m×21m（单座） | Lipp 罐 |
| 发酵罐容积 | 有效容积为 2×4430m³ | |
| 水力停留时间 | 43d | |
| 设计温度 | 35℃（中温厌氧） | |
| 反应器形式 | 钢结构密闭池体 | |
| 容积负荷（以 COD 计） | 3.5kg/（m³·d） | |
| 沼气产量（标准状况） | 14200m³/d | |

本项目沼液脱水系统采用离心脱水机进行，脱水后的沼渣含水率在 75%～80% 之间，沼渣由建设单位外运处置。离心脱水系统设计采用 2 台离心脱水机（1 用 1 备），单台设计参数为 $Q$=20m³/h。同时脱水系统配套 PAM/PAC 投加装置。

（4）污水处理系统

项目生产废水主要为厌氧沼液脱水清液、除臭废液及生产冲洗废水等。污水处理系统采用"预处理系统+MBR+NF"工艺，排放标准执行《污水综合排放标准》（GB 8978—1996）三级标准。

污水处理系统主要进出水指标见表 15-39。

表 15-39 污水处理系统主要进出水指标

| 指标 | pH 值 | $COD_{Cr}$/（mg/L） | $BOD_5$/（mg/L） | SS/（mg/L） | TN/（mg/L） | $NH_4^+$-N/（mg/L） |
|------|-------|--------------------|-----------------|------------|------------|--------------------|
| 进水 | 6～9 | 12000 | 4500 | 4000 | 3800 | 3200 |
| 出水 | 6～9 | 500 | 300 | 400 | 150 | 35 |

厂区生产废水首先经过沉淀池，然后进入调节池，而后泵送至混凝气浮系统；经过沉淀及气浮预处理后的污水泵送至均衡池，经泵提升至袋式过滤器过滤处理后进入膜生物反应器（MBR）系统。经过 MBR 系统处理的出水的 $NH_4^+$-N、SS 等指标均能达到排放要求，但超滤出水 COD 仍存在超标风险，故设置 150m³/d 的纳滤系统，部分超滤出水经纳滤处理后与超滤出水合并后混合排放，确保出水满足排放要求。纳滤浓缩液回流至厌氧系统循环处理。MBR 剩余污泥与沉淀、气浮泥渣合并采用离心脱水处置，脱水污泥外运处置。工艺流程详见图 15-35。

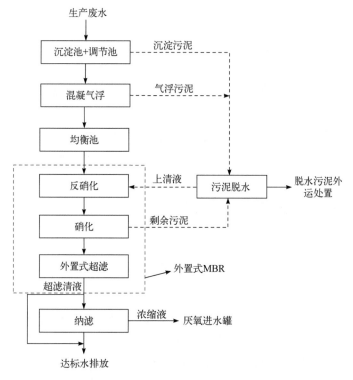

图 15-35 污水处理系统工艺流程

项目污水处理系统设计规模为 220m³/d。设计设置一座组合池，包括沉淀池、调节池、均衡池、反硝化池、硝化池、出水池、污泥池。MBR 池有效水深为 8m，系统污泥负荷 0.15kg COD/（kg MLSS·d），理论前置反硝化回流比 30，设计反硝化速率 0.065kg $NO_3^-$-N/（kg MLSS·d），设计硝化速率 0.03kg $NH_4^+$-N/（kg MLSS·d）。反硝化池 1 格，池容 780m³，停留时间 3.55d；硝化池 2 格，总池容 1560m³，停留时间 7.09d。设计设置 1 间污水处理间，与预处理车间合建。内设计 1 套 220m³/d 超滤系统及 1 套 150m³/d 纳滤系统。

（5）沼气净化及利用系统

沼气净化及利用系统主要由沼气生物脱硫单元、沼气气液分离单元、沼气存储单元、沼气增压单元以及沼气利用单元等组成。厌氧消化产生的沼气通过生物脱硫去除沼气中的硫化氢，脱硫后沼气通过过滤器、冷干机等汽液分离单元将沼气中的水分离出来，达到脱水目的，然后进入双膜气柜进行存储，再通过罗茨风机进行增压，使沼气压力满足后续用气单元（发电机组、锅炉以及应急火炬）对沼气压力的要求。工艺流程详见图 15-36。

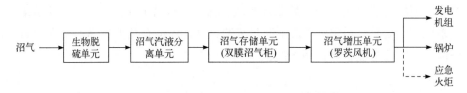

图 15-36 沼气净化及利用系统工艺流程图

项目餐厨垃圾处理沼气总产量约 14200m³/d，考虑到沼气产率的高峰系数（本工程沼气高峰系数取 1.4）及处理设备的富余能力等因素，沼气净化系统设计规模 850m³/h，设置 1 座双膜沼气柜，有效容积为 2000m³。

项目设置 1 座锅炉及发电机房，车间内设置 1 套沼气锅炉系统、1 套沼气发电系统，同时设置 1 套应急火炬系统的室外装置。锅炉采用燃气燃油两用锅炉，锅炉技术参数为：额定蒸发量 6t/h，额定蒸汽温度 145℃，额定压力 0.4MPa。经核算，本项目的日发电量约为 21920kW·h/d，设计配置 1 套发电机组，考虑一定安全余量，设计其输出功率为 1.2MW。设计设置一套 850m³/h 的应急燃烧火炬（暗火火炬）。

（6）除臭设计

项目臭气主要来自卸料大厅、餐厨垃圾预处理区、出渣间、沼液脱水车间及剩余污泥脱水间。臭气的主要成分为 $H_2S$ 和 $NH_3$，还有少量有机气体如甲硫醇、甲胺、甲基硫等。为了减少臭气对环境的影响，结合项目特点，采用"前端植物液喷淋+负压收集+酸碱化学洗涤+光催化"组合方式进行恶臭控制。首先对各臭气产生源头进行封闭处理，在卸料大厅等臭气浓度较高区域设置植物液喷淋进行臭气控制；对卸料大厅、预处理设备、脱水间、出渣间区域进行负压收集，收集的臭气经酸碱化学洗涤塔和光催化反应处理达标后通过 15m 烟囱高空排放。

项目末端除臭设施（化学洗涤塔和光催化反应）处理总气量为 80000m³/h。由于项目用地紧张，末端除臭设施设置在预处理车间屋顶。

## 15.8.4 总图布局

（1）功能分区与布局

根据各工艺段工艺特点，全厂总平面布置分为 5 个功能区，分别为垃圾预处理区、厌氧消化及污水处理区、沼气净化及利用区、毛油暂存区、综合管理区。

预处理区包括岗亭、地衡、预处理车间。厌氧消化及污水处理区包括厌氧进水罐、厌氧罐、厌氧出水罐、初期雨水事故池、一体化组合池及池顶气浮装置，该区紧邻预处理车间。沼气净化及利用区包括沼气净化设备、沼气柜、应急火炬及锅炉与发电机房。毛油暂存区包括埋地毛油罐。综合管理区为综合楼及景观。

根据杭州市常年的主导风向，综合管理区布置在厂区南侧，位于主导风向的上风向，确保办公人员良好的工作环境，同时争取最优的采光面；生产作业区域布置在厂区西北侧，靠近厂区出入口，便于物流的运输。厌氧消化及污水处理区位于预处理车间东侧，紧邻预处理车间，便于物料的输送。厂区东侧布置油罐区和沼气净化及利用区，将易燃易爆的装置及设备集中布置，便于管理，并保证与管理区的安全距离。总平面布置见图 15-37（书后另见彩图）。

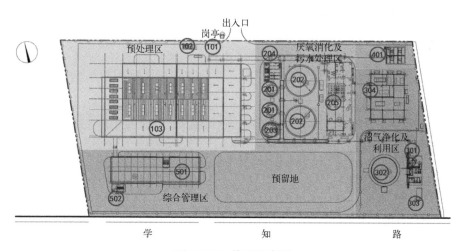

图 15-37 总平面布置

101—岗亭；102—地衡；103—预处理车间；201—厌氧进水罐；202—厌氧消化罐；203—厌氧出水罐；204—初期雨水池；205—一体化组合池；301—沼气净化装置；302—双膜沼气柜；303—封闭式火炬；304—锅炉与发电机房；401—埋地油罐；501—综合管理楼；502—消防泵坑

（2）主要建构筑物参数

项目主要建构筑物参数如表 15-40 所列。

表 15-40　项目主要建构筑物参数

| 名称 | 占地面积/m² | 建筑面积/m² | 层数 | 几何参数（$L×B×H$）/m | 结构形式 |
|------|-----------|-----------|------|---------------------|---------|
| 预处理车间 | 3148 | 4012 | 2 | 77.6×41.6×13.6 | 框架，局部钢屋面 |
| 一体化组合池 | 609 | 44 | 1 | 41.9×15.1×10.3 | 钢筋混凝土 |
| 锅炉及发电机房 | 498 | 498 | 1 | 25.5×19.5×9.9 | 框架 |
| 综合楼 | 711 | 1491 | 2 | 49.6×14.2×9.9 | 框架 |

## 15.8.5　设计特点

（1）主流工艺路线，运行稳定

项目采用"预处理+厌氧消化+沼气利用"的主流工艺路线。经过多年运行，工艺段运行稳定，处理效果良好。该工艺适用于大中规模餐厨垃圾的处理处置，对类似餐厨垃圾项目的设计具有较高的借鉴意义。

（2）集约化用地，布局典范

采用一体化处理车间的布置形式，将不同功能的车间进行组合，降低独立车间消防间距的要求；同时利于除臭风管的布置，避免除臭风管横跨厂区，影响美观。

（3）注重安全防爆分区设计

将易燃易爆的装置及设备集中布置，设置集中的防爆区，设置独立围墙，将该区域进行物理分割，便于集中管理。

# 参 考 文 献

[1] CJJ 184—2012.

[2] GB/T 40133—2021.

[3] GB/T 51063—2014.

[4] 王艳明, 黄安寿. 厨余垃圾干式厌氧工程接种过程研究[J]. 环境卫生工程, 2021（5）: 56-61.

[5] 石广甫. 基于协同厌氧进行餐厨垃圾处理的实践探究——以上海老港餐厨垃圾处理厂工程为例[J]. 节能与环保, 2021（1）: 63-64.

[6] 邹锦林. 餐厨垃圾厌氧消化预处理工艺研究[J]. 自动化应用, 2017（7）: 3.

[7] 曹伟华, 孙晓杰, 赵由才. 污泥处理与资源化应用实例[M]. 冶金工业出版社, 2010.

[8] 陈冠益, 马文超, 钟磊. 餐厨垃圾废物资源综合利用[M]. 北京: 化学工业出版社, 2018.

[9] 魏泉源, 吴树彪, 阎中, 等. 城市餐厨垃圾处理与资源化[M]. 北京: 化学工业出版社, 2019.

[10] 任连海. 我国餐厨废油的产生现状、危害及资源化技术[J]. 北京工商大学学报（自然科学版）, 2011（6）: 11-14.

[11] 环境保护部科技标准司. 城市生活垃圾处理知识问答[M]. 中国环境科学出版社, 2012.

[12] 张红玉, 邹克华, 杨金兵, 等. 厨余垃圾堆肥过程中恶臭物质分析[J]. 环境科学, 2012（8）: 2563-2568.

[13] 王纯, 张殿印. 废气处理工程技术手册[M]. 北京: 化学工业出版社, 2013.

[14] 刘天齐. 三废处理工程技术手册: 废气卷[M]. 北京: 化学工业出版社, 1999.

[15] 野池达也. 甲烷发酵[M]. 刘兵, 薛咏梅, 译. 北京: 化学工业出版社, 2014.

[16] 郭晓慧. 餐厨垃圾厌氧消化产甲烷工艺特性及其微生物学机理研究[D]. 杭州: 浙江大学, 2014.

[17] 李叶青. 复合有机物料厌氧消化特性及产气优化工艺与机理研究[D]. 北京: 北京化工大学, 2014.

[18] 庞艳. 半连续式与序批式餐厨垃圾与猪粪混合厌氧消化试验研究[D]. 成都: 西南交通大学, 2011.

[19] 周富春. 完全混合式有机固体废物厌氧消化过程研究[D]. 重庆: 重庆大学, 2006.

[20] Baere L D . Will anaerobic digestion of solid waste survive in the future[J]. Water Science & Technology A Journal of the International Association on Water Pollution Research, 2006, 53（8）: 187-194.

[21] 王岩. 养殖业固体废弃物快速堆肥化处理[M]. 北京: 化学工业出版社, 2015.

[22] 陈彬, 赵由才, 曹伟华, 等. 水葫芦厌氧发酵工程化应用研究[J]. 环境污染与防治, 2007, 29（6）: 455-458.

# 彩　　图

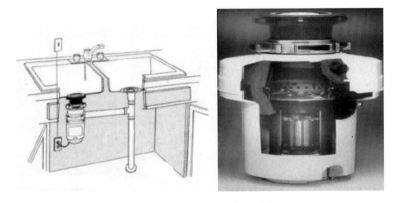

图 1-1　餐厨垃圾研磨粉碎机

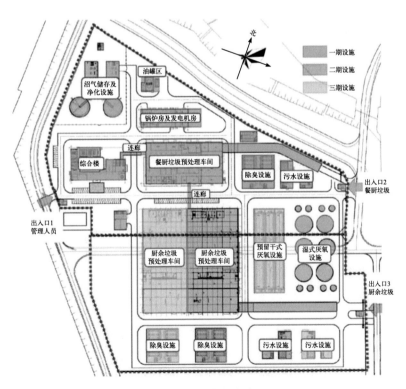

图 3-1　总图布局方案一

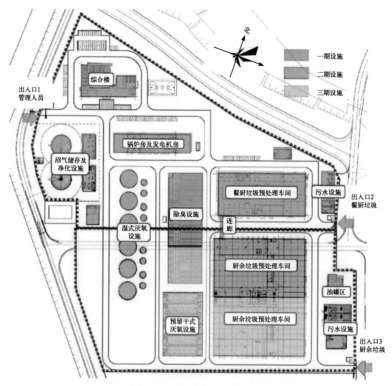

图 3-2　总图布局方案二

图 3-3　总图功能分区

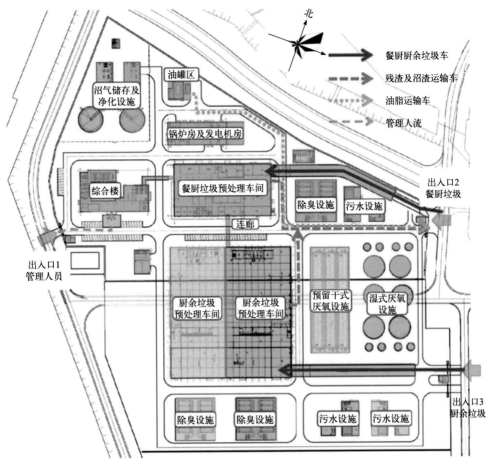

图 3-4　厂内物流交通组织

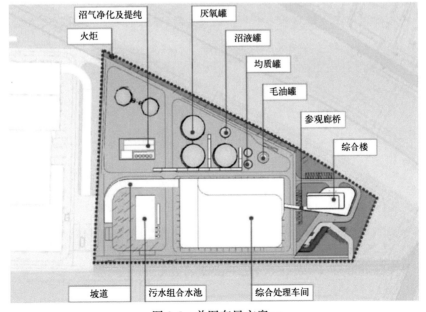

图 3-5　总图布局方案一

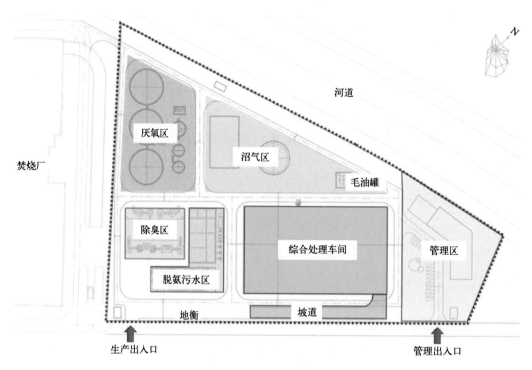

图 3-6　总图布局方案二

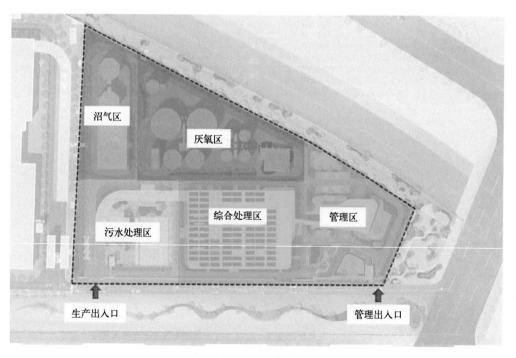

图 3-7　厂区功能分区图

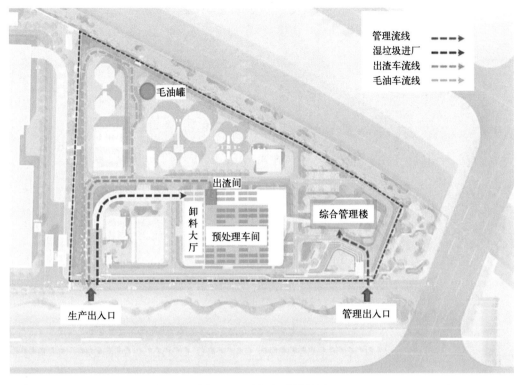

图 3-8　厂内交通组织图

(a) 湿热水解前　　　　　　　　(b) 湿热水解后

图 4-5　湿热水解前后样品对比

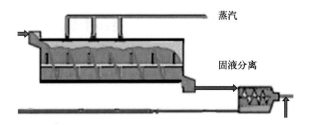

图 4-8　初级水解器工作示意

图 4-12　分离出的纸屑、塑料等

图 4-13　分离出的金属等杂物

图 4-14　分离出的有机质浆液放大图

图 4-17　挤压脱水机挤压后的固渣

图 5-9　TTV 厌氧设备

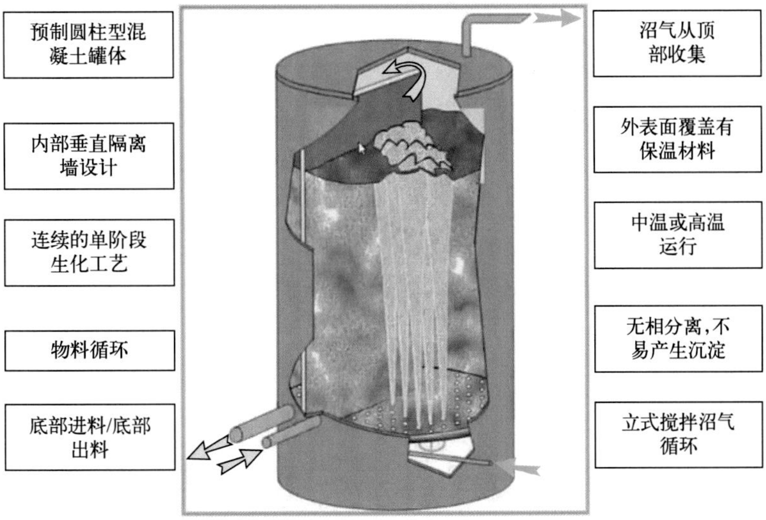

图 5-11　Valorga 工艺流程

预制圆柱型混凝土罐体

内部垂直隔离墙设计

连续的单阶段生化工艺

物料循环

底部进料/底部出料

沼气从顶部收集

外表面覆盖有保温材料

中温或高温运行

无相分离，不易产生沉淀

立式搅拌沼气循环

(a)　　　　　　　　　　　　　　　　　　(b)

图 10-8　雌虫产卵

图 15-22　重庆市厨余垃圾照片

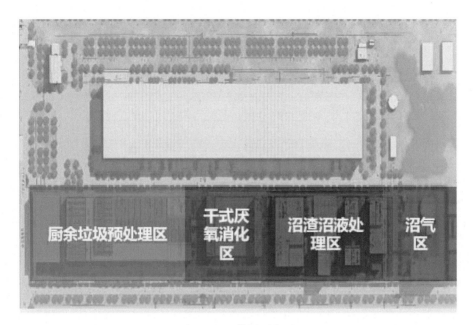

图 15-30　总平面布置

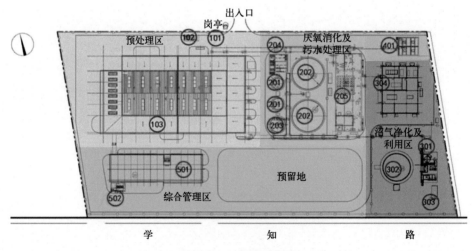

图 15-37　总平面布置

101—岗亭；102—地衡；103—预处理车间；201—厌氧进水罐；202—厌氧消化罐；203—厌氧出水罐；204—初期雨水池；205—一体化组合池；301—沼气净化装置；302—双膜沼气柜；303—封闭式火炬；304—锅炉与发电机房；401—埋地油罐；501—综合管理楼；502—消防泵坑